Einführung in die Nachrichtentechnik

Herausgegeben von Alfons Gottwald

Im Zeitalter der Kommunikation ist die ELEKTRISCHE NACHRICHTENTECHNIK eine vielschichtige Wissenschaft: Ihre rasche Entwicklung und Auffächerung zwingt Studenten, Fachleute und Spezialisten immer wieder, sich erneut mit sehr unterschiedlichen physikalischen Erscheinungen, mathematischen Hilfsmitteln, nachrichtentechnischen Theorien und ihren breiten oder sehr speziellen praktischen Anwendungen zu befassen.

EINFÜHRUNG IN DIE NACHRICHTENTECHNIK ist daher eine ebenso vielfältige Aufgabe. Dieser Vielfalt wollen unsere Autoren gerecht werden: Aus ihrer fachlichen und pädagogischen Erfahrung wollen sie in einer REIHE verschiedenartiger Darstellungen verschiedener Schwierigkeitsgrade EINFÜHRUNG IN DIE NACHRICHTENTECHNIK vermitteln.

Estimations-
theorie II

Anwendungen - Kalman-Filter

von
Privatdozent Dr.-Ing. Otmar Loffeld

Mit 58 Bildern

R. Oldenbourg Verlag München Wien 1990

Titel der Habilitationsschrift
„Grundlagen, Konzepte und Anwendungen der Estimationstheorie"

CIP-Titelaufnahme der Deutschen Bibliothek

Loffeld, Otmar:
Estimationstheorie / von Otmar Loffeld. – München ; Wien :
Oldenbourg
(Einführung in die Nachrichtentechnik)

2. Anwendungen – Kalman-Filter. – 1990
ISBN 3-486-21627-9

Gesamtherstellung: Huber KG, Dießen

ISBN 3-486-21627-9

Inhalt

Estimationstheorie II: Anwendungen – Kalman–Filter

Estimationstheorie I: Grundlagen und stochastische Konzepte

Vorwort

Die vorliegende, zweibändige Darstellung der Grundlagen, Konzepte und Anwendungen der Estimationstheorie entstand während meiner Lehr– und Forschungstätigkeit am Institut für Nachrichtenverarbeitung der Universität–GH–Siegen. Diese Darstellung stellt eine stoffliche Obermenge zu einer zweisemestrigen Wahlvorlesung dar, die ich seit 1986 für alle Elektrotechniker im Hauptstudium an der Universität Siegen halte.

Die Konzepte der Estimationstheorie sind in der ingenieurwissenschaftlichen Ausbildung, speziell in der elektrischen Nachrichtentechnik, noch verhältnismäßig neu und wenig arriviert. Dies stellt ein krasses Mißverhältnis zu ihrer Bedeutung und auch Leistungsfähigkeit dar. Andererseits sind die Grundlagen der Estimationstheorie in Form von Wahrscheinlichkeitstheorie und Stochastik in der Mathematik sehr wohl vorhanden und sehr gut ausgebaut. Dieser Fundus an Grundlagen ist jedoch, selbst für ausgebildete Ingenieure, häufig nur wenig nutzbar, da der durch die Rigorosität der Darstellung bedingte mathematische Formalismus (etwa die Satz–Beweis–Struktur vieler mathematischer Darstellungen) häufig den Blick auf die technisch nutzbare Anwendung verstellt. Eine andere Schwierigkeit der Anwendung mathematischen Grundlagenwissens besteht zum anderen auch häufig darin, daß die 'Ingenieurkunst' aus einer 'Gratwanderung' zwischen nur unter speziellen mathematischen Randbedingungen gültigen Sätzen und ingenieurwissenschaftlichen, rigoros mathematisch allerdings wenig nachvollziehbaren Abstraktionen der realen Welt (wie etwa dem 'weißen Rauschen') besteht.

Die Grundlagen der Estimationstheorie ergeben sich grob aus vier verschiedenen Gebieten. Zwei dieser Gebiete, die Beschreibung von Systemen im Zustandsraum und die Beschreibung von linearen, zeitinvarianten Systemen mit Hilfe von Übertragungsfunktionen im Laplace–, Fourier– und Z–Bereich sind in der ingenieurwissenschaftlichen Ausbildung sehr wohl vertreten. Jedoch werden diese Gebiete häufig wenig zusammenhängend und noch dazu mit verschiedenartiger Zielsetzung zum einen in der Regelungstechnik und zum anderen in der klassischen Nachrichtentechnik vorgestellt. Die beiden anderen Grundlagenlieferanten sind die Wahrscheinlichkeitstheorie und die Stochastik, die häufig immer noch als mathematische Spezialgebiete gelten. Aus dieser Situation heraus ergab sich die Notwendigkeit, die benötigten Grundlagen in einer zusammenhängenden und einheitlichen Form darzustellen und damit gleichzeitig die intermediäre Denkweise der Estimationstheorie klar zu machen. Die Anwendungen dieser Grundlagen in der Estimationstheorie ergeben sich danach umittelbar einleuchtend.

Die Aufteilung dieser inhaltlichen Gesamtheit auf zwei Teilbände mag auf den ersten Blick vielleicht gegen den Anspruch einer zusammenhängenden Darstellung verstoßen, doch erscheint sie nach längerer Betrachtung durchaus (und nicht nur drucktechnisch) sinnvoll: Band I der Darstellung bringt die Grundlagen der Estimationstheorie in Form von Zustandsraumdarstellungen, Wahrscheinlichkeitstheorie und Stochastik und schafft so die Voraussetzungen zum Verständnis der Anwendungen der Estimationstheorie in Form von Kalman–Filtern, die den Inhalt des zweiten Bandes bilden. Damit bilden beide Bände die angestrebte zusammenhängende Darstellung. Um diesen Zusammenhang weiter zu fördern, besitzen beide Teilbände das Gesamt–Inhaltsverzeichnis, zusätzlich wurde eine durchgehende Seitennummerierung gewählt. Auch verfügen beide Bände über das Gesamtsachwortverzeichnis.

Aber auch jeder Teilband bildet allein schon eine abgeschlossene Einheit. Wegen der ausführlichen Darstellung der Grundlagen der modernen Regelungstechnik, der Wahrscheinlichkeitstheorie und der linearen stochastischen Systemtheorie ist Band I für einen breiten Leserkreis interesant, vom Ingenieurstudenten im Hauptdiplom bis zum Ingenieur mit abgeschlossener Ausbildung. Darüberhinaus bietet Band I neben allen wahrscheinlichkeitstheoretischen Grundlagen durchaus schon Anwendungen der Estimationstheorie in Form der Parameterestimation. Band II wendet sich an solche Leser, die schon über die in Band I präsentierten Grundlagen verfügen, mit diesen Grundlagen werden verschiedene Kalman–Filterformulierungen mit verschiedenen Ansätzen abgeleitet und ausführlich diskutiert. Ein Kapitel über die Anwendung von Kalman–Filtern vervollständigt diesen Band.

Abschließend möchte ich mich für die Ermutigung und das positive Interesse von Herrn Prof. Dr.–Ing. R. Schwarte und Herrn Prof. Dr. rer. nat. H. Rühl bedanken. Besonders danke ich meinen Kollegen Dipl.–Ing. I. Aller, Dipl.–Ing. L. Tran Duc, Dr.–Ing. K. Hartmann, sowie den Herren Cand.–Ing. E. Schubert, Cand.–Ing. U. Steinbrecher und Cand.–Ing. F. Klaus, die mir bei den Programmier–, Zeichen– und redaktionellen Arbeiten eine wichtige Hilfe waren.

Ich möchte diese Arbeit meiner Frau Marita widmen. Sie war von der Entstehung dieser Arbeit in vielerlei Hinsicht am unmittelbarsten betroffen, nicht nur durch die Mithilfe bei den Schreibarbeiten. Ich danke ihr für ihre Geduld und Liebe.

Siegen, im Januar 1990 Otmar Loffeld

5 Optimale Estimation mit linearen, stochastischen Systemmodellen – Kalman–Filter

5.1 Einleitung und Zielsetzung

Dieses Kapitel stellt das eigentliche Ziel und die Verknüpfung aller vorangegangenen Kapitel dar. Wir wollen für lineare, dynamische Systemmodelle mit stochastischer Erregung einen optimalen Estimationsalgorithmus ableiten, der es gestattet, den zeitlich veränderlichen Systemzustand aus den gestörten Beobachtungen dieses Zustandes in einer optimalen Weise zu schätzen. Es sollen in diesem Kapitel drei voneinander unabhängige und in sich abgeschlossene Herleitungen des Kalman–Filteralgorithmus vorgestellt werden. Zum einen werden wir das Kalman–Filter über einen Bayes–orientierten Ansatz ableiten, der die Beschreibung eines optimalen Estimationsvorganges durch die vollständige Berechnung der bedingten Verteilungsdichtefunktionen vorsieht. Die anderen Ableitungen dieses Algorithmus erfolgen über orthogonale Projektionen und über den sogenannten 'Innovationsansatz'. Dieser, auf den ersten Blick vielleicht unbegründet erscheinende Aufwand hat im wesentlichen drei Gründe:

1.) Die Herleitung über das zeitliche Verhalten der bedingten Verteilungsdichtefunktionen bietet profunden Einblick in die stochastische Natur des Algorithmus und liefert das für eine erfolgreiche Anwendung des Kalman–Filteralgorithmus wichtige Verständnis seiner Arbeitsweise. Dieses Verständnis soll durch eine eingehende Betrachtung der stochastischen Prozesse im Kalman–Filter noch vertieft werden.

2.) Die Begründung für die weiteren Herleitungen des Kalman–Filters liegt in der Eleganz und der Leistungsfähigkeit der damit verbundenen Darstellungen. So kann der Innovationsansatz auch zur Behandlung nichtlinearer Estimationsprobleme verwendet werden. Ein weiterer Aspekt, der für die zusätzliche Herleitung über den Ansatz orthogonaler Projektionen spricht, ist die Originalität – Kalman selbst benutzte diesen Ansatz zur Herleitung dieses Algorithmus /2/.

3.) Alle Ansätze liefern unterschiedliche, einander sehr sinnvoll ergänzende Einsichten. Wegen der Wichtigkeit eines fundierten Verständnisses für die erfolgreiche Anwendung des Kalman–Filters erscheint dies allein schon Grund genug für den getriebenen Aufwand.

Die Gliederung ist dabei wie folgt: Nach der Ableitung des Kalman–Filters über die bedingten Verteilungsdichtefunktionen werden einige interne, stochastische Prozesse des Kalman–Filters betrachtet. Diese Betrachtung soll das Verständnis weiter vertiefen und

wichtige Voraussetzungen für spätere Erweiterungen des Kalman–Filters, z.B. zum adaptiven Kalman–Filter etc., liefern. Danach erfolgt die Ableitung des Kalman–Filters über orthogonale Projektionen. Es schließt sich dann die Darstellung und Anwendung des Innovationsansatzes zur Ableitung des Kalman–Filters an. Wichtige Filtereigenschaften, wie z.B. Optimalität und Stabilität, werden anschließend diskutiert.
Schließlich wird mit dem sogenannten 'Innovationsmodell' ein Einblick in eine nachrichtentechnische Betrachtungsweise der Kalman–Filtertheorie ermöglicht. Mit dem Innovationsmodell kann auch der Übergang vom Kalman–Filter zum klassischen Wiener–Optimalfilter vollzogen werden.

5.2 Das zeitdiskrete Kalman–Filter

5.2.1 Modellierung des Estimationsproblems

5.2.1.1 Systemmodell

Wir gehen davon aus, daß die Modellbildung nach Kapitel 4 abgeschlossen ist und als Ergebnis ein zeitdiskretes, lineares, stochastisches Zustandsraummodell vorliegt, welches die Realität hinreichend genau beschreibt. Dieses Modell kann das Ergebnis einer zeitdiskretisierten kontinuierlichen Modellierung sein, oder aber direkt als zeitdiskrete Beschreibung eines zeitdiskreten Meß– und Verarbeitungsproblems entstanden sein.
Das zeitdiskrete Systemmodell werde dann durch die folgende vektorielle Differenzengleichung beschrieben:

$$\underline{x}(k+1) = A(k)\cdot\underline{x}(k) + \underline{u}(k) + G(k)\cdot\underline{w}(k) \tag{5.1}$$

Dabei ist $\underline{x}(k)$ ein $[n\times 1]$–Vektor von Zuständen, $\underline{u}(k)$ ein $[n\times 1]$ Vektor deterministischer Eingangsgrößen, und $\underline{w}(k)$ ist ein $[l\times 1]$–Vektor stochastischer, weißer Eingangsgrößen.
$A(k) = \phi(k+1,k)$ ist eine $[n\times n]$–Matrix und stellt die lokale Zustandsübergangsfunktion dar. $G(k)$ verteilt die l Komponenten von $\underline{w}(k)$ auf die n Komponenten des Zustandsvektors, ist also eine $[n\times l]$–Matrix und heißt stochastic control matrix.

Die stochastische Eingangsgröße $\underline{w}(k)$ wird als gaußverteilt und weiß, zusätzlich als unabhängig von $\underline{x}(k)$ und von den Meßfehlern $\underline{v}(k)$, angenommen. $\underline{w}(k)$ wird als driving noise bezeichnet. Die stochastischen Parameter sind gegeben durch:

$$E\{\underline{w}(k)\} = \underline{0} \tag{5.2a}$$

$$E\{\underline{w}(k)\cdot\underline{w}(j)^T\} = Q(k)\cdot\delta(k,j) \tag{5.2b}$$

Der Startwert von $\underline{x}(k) = \underline{x}(0)$ wird als gaußverteilte Zufallsvariable modelliert mit:

$$E\{\underline{x}(0)\} = \underline{x}_0 \tag{5.3a}$$

$$E\{(\underline{x}(0) - E\{\underline{x}(0)\})\cdot(\underline{x}(0) - E\{\underline{x}(0)\})^T\} = P_0 \tag{5.3b}$$

Gleichzeitig wird die Zufallsvariable $\underline{x}(0)$ als unabhängig von allen anderen Zufallsvariablen angenommen.

5.2.1.2 **Beobachtungsmodell:**

Die Beobachtung des Zustandes $\underline{x}(k)$ sei linear und von weißem, gaußverteiltem Rauschen $\underline{v}(k)$ gestört.

$$\underline{y}(k) = C(k)\cdot\underline{x}(k) + \underline{v}(k) \tag{5.4}$$

$\underline{y}(k)$ ist ein $[m\times 1]$–Vektor gestörter Beobachtungen und modelliert die zur Verfügung stehenden vektoriellen Messungen des unbekannten Systemzustandes. $C(k)$ ist die im allgemeinen zeitvariante $[m\times n]$–Beobachtungsmatrix, und $\underline{v}(k)$ ist ein weißer $[m\times 1]$–Vektor stochastischer, gaußverteilter Störungen, die von allen anderen Prozessen unabhängig sind. Die Störungen werden stochastisch beschrieben durch:

$$E\{\underline{v}(k)\} = \underline{0} \tag{5.5a}$$

$$E\{\underline{v}(k)\cdot\underline{v}(j)^T\} = R(k)\cdot\delta(k,j) \tag{5.5b}$$

Die Unabhängigkeit der Meßfehler $\underline{v}(k)$ von den stochastischen Eingangsgrößen wird mathematisch durch die folgende Forderung beschrieben:

$$E\{\underline{v}(k)\cdot\underline{w}(j)^T\} = 0 \quad \text{für alle k,j} \tag{5.6}$$

Stochastische Bindungen zwischen $\underline{v}(k)$ und $\underline{w}(k)$, die gelegentlich auftreten können, werden in einer Erweiterung des Kalman–Filters zu einem späteren Zeitpunkt berücksichtigt. Zur Beschreibung der Gesamtheit aller zurückliegenden Messungen $\underline{y}(1)$ ... $\underline{y}(k)$ führt man bei der Herleitung des Kalman–Filters über die bedingten Verteilungsdichtefunktionen einen vergrößerten Beobachtungsvektor $\underline{Y}(k)$ ein mit:

$$\underline{Y}(k)^T = [\underline{y}(1)^T \mid \underline{y}(2)^T \ldots \mid \underline{y}(k)^T] \tag{5.7a}$$

$\underline{Y}_k = \underline{Y}(k,\omega_i)$ sei dann der Vektor aller vektoriellen Realisationen, die $\underline{Y}(k)$ angenommen hat, mit:

$$\underline{Y}_k^T = [\underline{y}_1^T | \underline{y}_2^T | \ldots | \underline{y}_k^T] \tag{5.7b}$$

Mit der Vorstellung orthogonaler Projektionen spannen die zurückliegenden vektoriellen Beobachtungen eine lineare Mannigfaltigkeit $\mathcal{M}_k$ auf, auf die der Zustandsvektor $\underline{x}(k)$ zur optimalen Estimation projiziert werden muß. Diese Vorstellung wird später konkretisiert.

5.2.2 Kalman–Filter und bedingte Verteilungsdichtefunktion

Vom Bayes'schen Standpunkt betrachtet gilt das Hauptinteresse der Estimation der Berechnung der bedingten Verteilungsdichtefunktion $f_{\underline{x}(k)/\underline{Y}(k)}(\underline{\xi}_k/\underline{Y}_k)$ der Zufallsvariablen $\underline{x}(k)$, bedingt darauf, daß die bis einschließlich zum Zeitpunkt t_k betrachteten Meßvektoren die Realisationen $\underline{y}_1 \ldots \underline{y}_k$ angenommen haben. Diese Verteilungsdichte beinhaltet alle Information über den Zufallsvektor $\underline{x}(k)$, die in den Meßwerten enthalten ist. Die Berechnung dieser Verteilungsdichte sowie ihres zeitlichen Verhaltens wäre das Idealziel des Estimationsvorganges, ist aber in geschlossener Form nur in wenigen Fällen möglich. Einer dieser ausgezeichneten Spezialfälle liegt vor, wenn gesichert ist, daß die gesuchte bedingte Dichte gaußförmig ist und dies im Verlauf der Zeit auch bleibt. In diesem Fall genügt die Berechnung der ersten beiden Momente dieser Dichte, also von bedingtem Erwartungswert und bedingter Kovarianz, zur vollständigen Beschreibung. Es wird sich im Verlauf dieses Kapitels zeigen, daß die gewählte Modellierung durch lineare Zustandsraummodelle mit weißem, gaußverteiltem Rauschen die Gaußförmigkeit der betrachteten bedingten Dichten garantiert. Damit besteht in diesen Fällen die optimale Estimation lediglich aus der Berechnung des bedingten Erwartungswertes und der bedingten Kovarianz der gesuchten Größe. Weiterhin wird die Ableitung zeigen, daß die bedingte Erwartungswertberechnung bei den hier betrachteten vektoriellen Gauß–Markov–Prozessen auf einen linearen Estimationsalgorithmus führt, ohne dies explizit vorher zu verlangen. Dies bedeutet nichts anderes, als daß für diese Prozesse das optimale Estimationsfilter ein lineares Filter ist. Im Fall gaußförmiger, bedingter Dichten ist der bedingte Erwartungswert (conditonal mean) nach Kapitel 3 gleichzeitig Maximum der bedingten Verteilungsdichte (conditional mode) oder auch Maximum–a–posteriori–Schätzwert und auch bedingter Median–Schätzwert (conditional median). Ebenso ist dieser Wert der Maximum–Likelihood–Schätzwert und minimiert auch, wie in Kapitel 3 gezeigt wurde, jede quadratische Schätzfehlerkostenfunktion und darüberhinaus jedes erdenkliche, vernünftige Fehlerkriterium. Aus diesem Grunde verlangen wir bei dieser Ableitung des

Kalman–Filters auch nicht die Erfüllung eines speziellen Fehlerkriteriums, das Ziel ist vielmehr die Ableitung eines Algorithmus, der die gesamte bedingte Verteilungsdichtefunktion in Form von bedingtem Erwartungswert und bedingter Kovarianz berechnet. Wichtigste Forderung bei dieser Berechnung ist die rekursive Struktur der Berechnung – diese Forderung wird durch die im folgenden dargestellte zeitliche Aufgliederung des Estimationsvorganges berücksichtigt.

5.2.2.1 Arbeitsweise des Filteralgorithmus:

Die Arbeitsweise des Filteralgorithmus ist in Abbildung 5.1 dargestellt.

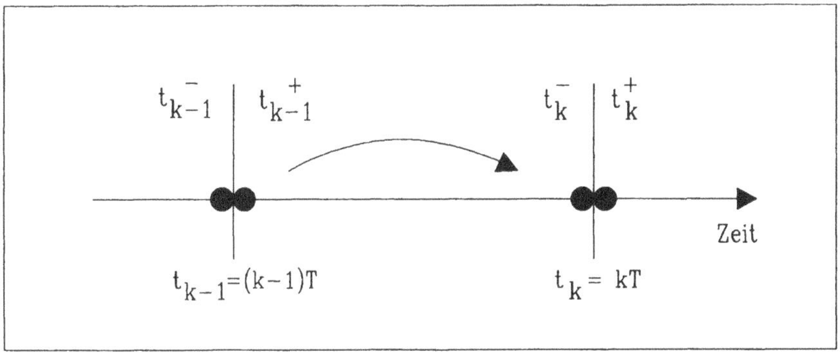

Bild 5.1: Rekursive Struktur des Kalman–Filteralgorithmus

Zum Zeitpunkt t_k=kT fällt eine Messung $\underline{y}(k,\omega_i) = \underline{y}_k$ an. Dieser Zeitpunkt wird nun aufgegliedert in einen Zeitpunkt t_k^- unmittelbar vor Eintreffen und Verfügbarwerden der Messung $\underline{y}_k$ und in einen Zeitpunkt t_k^+ unmittelbar nach Verfügbarwerden der Messung. Alle dem Zeitpunkt t_k^- zugeordneten Größen erhalten zur Kennzeichnung ein hochgestelltes '–'–Zeichen, alle dem Zeitpunkt t_k^+ zugeordneten Größen erhalten ein hochgestelltes '+'–Zeichen. Was wird durch die Betrachtung dieser links– und rechtsseitigen Grenzwerte des Zeitpunktes t_k erreicht? In Kapitel 3 stellte sich der Estimationsvorgang bei statischen Problemen als Prädiktor–Korrektor–Algorithmus dar, bei dem ein neuer Schätzwert aus dem korrigierten, vorangegangenen Schätzwert berechnet wurde. Der Korrekturterm enstand dabei durch die optimale stochastische Gewichtung der Differenz zwischen den schon vorliegenden Kenntnissen und der neuen Messung. Die Betrachtung von links– und rechtsseitigem Grenzwert des Zeitpunktes t_k ermöglicht auch hier diese Vorstellung: Vor Eintreffen der neuen Messung $\underline{y}_k = \underline{y}(k,\omega_i)$ liegen aufgrund der Meßwertvergangenheit $\underline{Y}(k-1)$ schon gewisse Informationen über die Zufallsvariable $\underline{x}(k)$ zum Zeitpunkt t_k vor. Diese Informationen sind in der bedingten Verteilungsdichte $f_{\underline{x}(k)/\underline{Y}(k-1)}(\xi_k/\underline{Y}_{k-1})$ zusammengefaßt. Der Estimationsvorgang ist in diesem Sinn nichts anderes als die Berechnung der optimalen Kombination der in der bedingten Verteilungsdichtefunktion $f_{\underline{x}(k)/\underline{Y}(k-1)}$ enthaltenen Vorkenntnisse mit der in der Messung $\underline{y}(k)$ enthaltenen neuen Information. Das Ergebnis dieser optimalen Kombination ist dann die bedingte Verteilungsdichtefunktion $f_{\underline{x}(k)/\underline{Y}(k)}(\xi_k/\underline{Y}_k)$.

Der Estimationsvorgang besteht damit aus zwei Schritten:

1.) Berechnung der Vorkenntnisse in Form der <u>Prädiktionsdichte</u> $f_{\underline{x}(k)/\underline{Y}(k-1)}(\xi_k/\underline{Y}_{k-1})$
2.) Berechnung der optimalen Kombination von Vorkenntnissen und neuer Information – Berechnung der sogenannten <u>Filterdichte</u> $f_{\underline{x}(k)/\underline{Y}(k)}(\xi_k/\underline{Y}_k)$

Wir werden bei der Ableitung folgendermaßen vorgehen:
Zunächst wird jeweils gezeigt, daß die zu berechnende bedingte Verteilungsdichte gaußförmig ist und damit durch die Angabe von bedingtem Erwartungswert und bedingter Kovarianz vollständig beschrieben wird. Dabei wird unter anderem auch die vollständige Induktion benutzt. Nachdem die Gaußverteiltheit gezeigt ist, werden dann die ersten beiden bedingten Momente berechnet.

5.2.3 Berechnung der Prädiktionsdichte

Zunächst soll die bedingte Verteilungsdichte $f_{\underline{x}(k)/\underline{Y}(k-1)}(\xi_k/\underline{Y}_{k-1})$ berechnet werden. Diese Verteilungsdichtefunktion beschreibt die Wahrscheinlichkeit, mit der die Zufallsvariable $\underline{x}(k)$ zum Zeitpunkt t_k einen Wert aus dem Intervall $(\xi_k, \xi_k+d\xi_k]$ annimmt, wenn die Meßvektoren $\underline{y}(1)...\underline{y}(k-1)$ die Realisationen $y(1)...y(k-1)$ angenommen haben und enthält damit alle mögliche Information über $\underline{x}(k)$, die aus der Beobachtung der Vergangenheit gewonnen werden kann. Aus Sicht der zurückliegenden Meßwerte stellt diese bedingte Verteilungsdichtefunktion eine Voraussage dar, da sie Auskünfte über $\underline{x}(k)$, basierend auf den Meßwerten bis zum Zeitpunkt t_{k-1}, gibt.

Zur Berechnung dieser Verteilungsdichte nehmen wir an, daß die Verteilungsdichte $f_{\underline{x}(k-1)/\underline{Y}(k-1)}(\xi_{k-1}/\underline{Y}_{k-1})$ <u>bekannt und gaußförmig</u> ist. Diese Verteilungsdichte beschreibt die Wahrscheinlichkeit, mit der der Zufallsvektor $\underline{x}(k-1)$ zum Zeitpunkt t_{k-1} einen Wert aus dem Intervall $(\xi_{k-1}, \xi_{k-1}+ d\xi_{k-1}]$ annimmt, unter der Bedingung, daß die Meßwerte bis einschließlich t_{k-1} die Realisationen $\underline{y}(1)...\underline{y}(k-1)$ angenommen haben.

Zum Beweis dieser Annahme verwenden wir das Schema der vollständigen Induktion.

1. Zunächst wollen wir zeigen, daß die bedingte Verteilungsdichte $f_{\underline{x}(0)/\underline{Y}(0)}(\underline{\xi}_0/\underline{Y}_0)$ gaußförmig ist, daß daraus auch die Gaußform von $f_{\underline{x}(1)/\underline{Y}(1)}(\underline{\xi}_1/\underline{Y}_1)$ folgt.

Es gilt:

$$f_{\underline{x}(0)/\underline{Y}(0)}(\underline{\xi}_0/\underline{Y}_0) = f_{\underline{x}(0)/\underline{y}(0)}(\underline{\xi}_0/\underline{y}_0) = f_{\underline{x}(0)}(\underline{\xi}_0) \tag{5.8}$$

Diese Identität folgt aus der Tatsache, daß zum Zeitpunkt t_0 noch keinerlei Messung vorliegt. Demzufolge ist die bedingte Dichte gleich der unbedingten Dichte der Zufallsvariablen $\underline{x}(0) = \underline{x}_0$. Diese Zufallsvariable ist aber nach Voraussetzung gaußverteilt und besitzt die durch die Gleichungen 5.3a und 5.3b beschriebenen Parameter. Damit ist gezeigt, daß $f_{\underline{x}(0)/\underline{Y}(0)}(\underline{\xi}_0/\underline{Y}_0)$ gaußförmig ist.

2. Wir betrachten nun die Prädiktionsdichte $f_{\underline{x}(1)/\underline{Y}(0)}(\underline{\xi}_1/\underline{Y}_0)$ und wollen zeigen, daß auch diese Dichte gaußförmig ist.

Aus Gleichung 5.1 ergibt sich für den Wert $\underline{x}(1)$:

$$\underline{x}(1) = A(0)\cdot \underline{x}(0) + \underline{u}(0) + G(0)\cdot \underline{w}(0) \tag{5.9}$$

Damit ist $\underline{x}(1)$ eine lineare Funktion von $\underline{x}(0)$, $\underline{w}(0)$ und $\underline{u}(0)$. $\underline{u}(0)$ ist eine deterministische Kenngröße, die nur den Erwartungswert einer Verteilungsdichte verändert, nicht aber ihre Form. Damit kann der Vektor $\underline{x}'(1) = \underline{x}(1) - \underline{u}(0)$ als eine lineare Abbildung des vergrößerten Vektors $\underline{x}_a(0)$ betrachtet werden, der gegeben ist durch:

$$\underline{x}_a(0) = \begin{bmatrix} \underline{x}(0) \\ \underline{w}(0) \end{bmatrix} \tag{5.10}$$

Lineare Abbildungen von gaußverteilten Zufallsvariablen sind gaußverteilte Zufallsvariablen, demnach ist die bedingte Verteilungsdichte $f_{\underline{x}(1)/\underline{Y}(0)}(\underline{\xi}_1/\underline{Y}_0)$ dann gaußförmig, wenn $f_{\underline{x}_a(0)/\underline{Y}(0)}(\underline{\xi}_{a0}/\underline{Y}_0) = f_{\underline{x}(0),\underline{w}(0)/Y(0)}(\underline{\xi}_0,\underline{\eta}_0/\underline{Y}_0)$ gaußförmig ist. Laut Voraussetzung ist $\underline{w}(0)$ aber unabhängig von allen anderen Größen, so daß sich folgende Umformung ergibt:

$$f_{\underline{x}(0),\underline{w}(0)/\underline{Y}(0)}(\xi_0,\eta_0/Y_0) = f_{\underline{x}(0),\underline{w}(0),\underline{Y}(0)}(\xi_0,\eta_0,Y_0)\cdot \frac{1}{f_{\underline{Y}(0)}(Y_0)}$$

$$= f_{\underline{x}(0),\underline{Y}(0)}(\xi_0,Y_0)\cdot \frac{1}{f_{\underline{Y}(0)}(Y_0)}\cdot f_{\underline{w}(0)}(\eta_0)$$

$$= f_{\underline{x}(0)/\underline{Y}(0)}(\xi_0/Y_0)\cdot f_{\underline{w}(0)}(\eta_0) \tag{5.11}$$

Laut Gleichung 5.8 ist $f_{\underline{x}(0)/\underline{Y}(0)}(\xi_0/Y_0)$ gaußförmig, und laut Voraussetzung ist $f_{\underline{w}(0)}(\eta_0)$ gaußförmig. Somit ist auch das Produkt der Verteilungsdichten nach Gleichung 5.11 eine Gaußfunktion mit reskalierter Kovarianz. Damit ist gezeigt, daß die Prädiktionsdichte $f_{\underline{x}(1)/\underline{Y}(0)}(\xi_1/Y_0)$ gaußförmig ist.

3. In einem weiteren Schritt betrachten wir nun die Filterdichte zum Zeitpunkt t_1 und wollen zeigen, daß $f_{\underline{x}(1)/\underline{Y}(1)}(\xi_1/Y_1)$ gaußförmig ist.

Es gilt nämlich:

$$f_{\underline{x}(1)/\underline{Y}(1)}(\xi_1/Y_1) = f_{\underline{x}(1)/\underline{y}(1),\underline{Y}(0)}(\xi_1/y_1,Y_0)$$

$$= f_{\underline{x}(1),\underline{y}(1),\underline{Y}(0)}(\xi_1,y_1,Y_0)\cdot \frac{1}{f_{\underline{y}(1),\underline{Y}(0)}(y_1,Y_0)}$$

$$= f_{\underline{y}(1),\underline{x}(1),\underline{Y}(0)}(y_1,\xi_1,Y_0)\cdot \frac{1}{f_{\underline{y}(1),\underline{Y}(0)}(y_1,Y_0)} \tag{5.12}$$

Die Verbundverteilungsdichtefunktionen in Gleichung 5.12 kann man mit der Bayes–Regel durch das Produkt von bedingten Verteilungsdichten und Randverteilungsdichten beschreiben, so daß man weiter folgern kann:

$$f_{\underline{x}(1)/\underline{Y}(1)}(\xi_1/Y_1) = f_{\underline{y}(1),\underline{x}(1)/\underline{Y}(0)}(y_1,\xi_1/Y_0)\cdot f_{\underline{Y}(0)}(Y_0)$$

$$\cdot \frac{1}{f_{\underline{y}(1)/\underline{Y}(0)}(y_1/Y_0)}\cdot \frac{1}{f_{\underline{Y}(0)}(Y_0)}$$

$$= f_{\underline{y}(1),\underline{x}(1)/\underline{Y}(0)}(y_1,\xi_1/Y_0)\cdot \frac{1}{f_{\underline{y}(1)/\underline{Y}(0)}(y_1/Y_0)} \tag{5.13}$$

Da zum Zeitpunkt t_0=0 noch keine Messung vorliegt, ist die bedingte Dichte

$f_{\underline{y}(1),\underline{x}(1)/\underline{Y}(0)}$ gleich der unbedingten Dichte. Damit gilt:

$$f_{\underline{y}(1),\underline{x}(1)/\underline{Y}(0)}(\underline{y}_1,\underline{\xi}_1/\underline{Y}_0) = f_{\underline{y}(1),\underline{x}(1)}(\underline{y}_1,\underline{\xi}_1) \tag{5.14a}$$

Mit der gleichen Argumentation schreiben wir auch:

$$f_{\underline{y}(1)/\underline{Y}(0)}(\underline{y}_1/\underline{Y}_0) = f_{\underline{y}(1)}(\underline{y}_1) \tag{5.14b}$$

Nach Gleichung 5.4 folgt nun für $\underline{y}(1)$:

$$\underline{y}(1) = C(1)\cdot \underline{x}(1) + \underline{v}(1) \tag{5.15}$$

$\underline{y}(1)$ ist eine Linearkombination der unabhängigen, gaußverteilten Zufallsvariablen $\underline{x}(1)$ und $\underline{v}(1)$ und damit selbst eine gaußverteilte Zufallsvariable. Damit ist $f_{\underline{y}(1)}(\underline{y}_1)$ gaußförmig. Die Verteilungsdichte $f_{\underline{y}(1),\underline{x}(1)}(\underline{y}_1,\underline{\xi}_1)$ ist ebenso gaußförmig, da der vergrößerte Vektor

$$\underline{y}_a(1) = \begin{bmatrix}\underline{x}(1)\\ \underline{y}(1)\end{bmatrix} = C_a\cdot \underline{x}_a'(1) = C_a\cdot \begin{bmatrix}\underline{x}(1)\\ \underline{v}(1)\end{bmatrix} \tag{5.16}$$

als lineare Abbildung des gaußverteilten Vektors $\underline{x}_a'(1)$ mit den unabhängigen Komponenten $\underline{x}(1)$ und $\underline{v}(1)$ aufgefaßt werden kann.

Nach Gl. 5.13 entsteht $f_{\underline{x}(1)/\underline{Y}(1)}(\underline{\xi}_1/\underline{Y}_1)$ damit als Quotient zweier Gaußfunktionen und ist damit selbst wieder eine Gaußfunktion. Zusammenfassend ist damit der erste Induktionsschritt von t_0 nach t_1 vollzogen, und es ist gezeigt worden, daß die Filterdichte vom Startzeitpunkt t_0 nach t_1 gaußförmig bleibt, ebenso wie gezeigt wurde, daß aus der gaußverteilten Filterdichte zum Zeitpunkt t_0 eine gaußverteilte Prädiktionsdichte für den Zeitpunkt t_1 folgt. Zum vollständigen Beweis muß nun noch ein allgemeiner Induktionsschritt vom Zeitpunkt t_k nach t_{k+1} vollzogen werden, der zeigt, daß die Gaußförmigkeit für beliebige Zeitpunkte t_k und t_{k+1} gilt, und das Verhalten für t_0 und t_1, welches gerade hergeleitet wurde, von diesem Induktionsschritt miterfaßt wird. Dieser Induktionsschritt ist Teil der nun folgenden allgemeinen Herleitung.

Wir starten mit der Annahme, daß die Filterdichte $f_{\underline{x}(k-1)/\underline{Y}(k-1)}(\underline{\xi}_{k-1}/\underline{Y}_{k-1})$ zum Zeitpunkt t_{k-1} gaußförmig ist und damit wie folgt beschrieben werden kann:

$$f_{\underline{x}(k-1)/\underline{Y}(k-1)}(\underline{\xi}_{k-1}/\underline{Y}_{k-1}) = [(2\pi)^{n/2}\cdot |P^+(k-1)|^{1/2}]^{-1} \exp[\otimes] \tag{5.17a}$$

mit:

$$[\otimes] = -1/2\,[\underline{\xi}_{k-1}-\underline{\hat{x}}^{+}_{k-1}]^{T}\cdot P^{+}(k-1)^{-1}\cdot[\underline{\xi}_{k-1}-\underline{\hat{x}}^{+}_{k-1}] \tag{5.17b}$$

Diese bedingte Verteilungsdichtefunktion wird vollständig durch ihre ersten beiden bedingten Momente beschrieben. Der bedingte Erwartungswert ist gegeben durch:

$$\underline{\hat{x}}^{+}_{k-1} = E\{\underline{x}(k-1)/\underline{Y}(k-1) = \underline{Y}_{k-1}\} = \int_{-\infty}^{\infty} \underline{\xi}_{k-1}\cdot f_{\underline{x}(k-1)/\underline{Y}(k-1)}(\underline{\xi}_{k-1}/\underline{Y}_{k-1})\,d\underline{\xi}_{k-1} \tag{5.17c}$$

Für die bedingte Kovarianz schreiben wir:

$$P^{+}(k-1) = E\{[\underline{x}(k-1)-\underline{\hat{x}}^{+}_{k-1}]\cdot[\underline{x}(k-1)-\underline{\hat{x}}^{+}_{k-1}]^{T}/\underline{Y}(k-1)=\underline{Y}_{k-1}\}$$

$$= \int_{-\infty}^{\infty} [\underline{\xi}_{k-1}-\underline{\hat{x}}^{+}_{k-1}]\cdot[\underline{\xi}_{k-1}-\underline{\hat{x}}^{+}_{k-1}]^{T}\cdot f_{\underline{x}(k-1)/\underline{Y}(k-1)}(\underline{\xi}_{k-1}/\underline{Y}_{k-1})\,d\underline{\xi}_{k-1} \tag{5.17d}$$

Diese Annahme wird später im letzten Induktionsschritt verifiziert werden, dadurch daß gezeigt wird, daß $f_{\underline{x}(k)/\underline{Y}(k)}$ gaußförmig ist, und eine Substitution k= k–1 die Verteilungsdichte $f_{\underline{x}(k-1)/\underline{Y}(k-1)}$ liefert.

Aus Gleichung 5.1 ergibt sich für $\underline{x}(k)$:

$$\underline{x}(k) = A(k-1)\cdot\underline{x}(k-1) + \underline{u}(k-1) + G(k-1)\cdot\underline{w}(k-1) \tag{5.18}$$

$\underline{u}(k-1)$ ist eine deterministische Konstante, deren Addition nur den Erwartungswert einer Zufallsvariablen ändert, nicht aber die Form ihrer Verteilungsdichte. Deshalb führen wir nun zunächst einen von dieser deterministischen Eingangsgröße bereinigten Hilfsvektor $\underline{x}'(k)$ ein, für den wir schreiben:

$$\underline{x}'(k) = \underline{x}(k) - \underline{u}(k-1) = A(k-1)\cdot\underline{x}(k-1) + G(k-1)\cdot\underline{w}(k-1) \tag{5.19}$$

Wir führen nun den vergrößerten Vektor $\underline{x}_a(k-1)$ ein, den wir folgendermaßen definieren:

$$\underline{x}_a(k-1) = \left[\frac{\underline{x}(k-1)}{\underline{w}(k-1)}\right] \tag{5.20}$$

Laut Voraussetzung ist der Teilvektor $\underline{w}(k-1)$ gaußverteilt und unabhängig von $\underline{x}(k-1)$. Auch $\underline{x}(k-1)$ ist gaußverteilt, da der Vektor $\underline{x}(k-1)$ die dem Zeitpunkt t_{k-1} zugeordnete Zufallsvariable des vektoriellen Gauß–Markov–Prozesses $\underline{x}(\cdot,\cdot)$ ist. Aufgrund der Unabhängigkeit von $\underline{x}(k-1)$ und $\underline{w}(k-1)$ ist dann auch $\underline{x}_a(k-1)$ gaußverteilt.

Wir wollen nun zunächst zeigen, daß die bedingte Verteilungsdichte:

$$f_{\underline{x}_a(k-1)/\underline{Y}(k-1)}(\underline{\xi}_{ak-1}/\underline{Y}_{k-1}) = f_{\underline{x}(k-1),\underline{w}(k-1)/\underline{Y}(k-1)}(\underline{\xi}_{k-1},\underline{\eta}_{k-1}/\underline{Y}_{k-1}) \tag{5.21}$$

gaußförmig ist. Dazu schreiben wir:

$$f_{\underline{x}(k-1),\underline{w}(k-1)/\underline{Y}(k-1)}(\underline{\xi}_{k-1},\underline{\eta}_{k-1}/\underline{Y}_{k-1}) = f_{\underline{x}(k-1),\underline{w}(k-1),\underline{Y}(k-1)}(\underline{\xi}_{k-1},\underline{\eta}_{k-1},\underline{Y}_{k-1}) \cdot \frac{1}{f_{\underline{Y}(k-1)}(\underline{Y}_{k-1})} \tag{5.22}$$

Nach Voraussetzung ist $\underline{w}(k-1)$ unabhängig von der zurückliegenden Meßwertgeschichte $\underline{Y}(k-1)$ und von $\underline{x}(k-1)$, so daß wir Gleichung 5.22 folgendermaßen umformen können:

$$\begin{aligned} f_{\underline{x}(k-1),\underline{w}(k-1)/\underline{Y}(k-1)}(\underline{\xi}_{k-1},\underline{\eta}_{k-1}/\underline{Y}_{k-1}) &= f_{\underline{x}(k-1),\underline{Y}(k-1)}(\underline{\xi}_{k-1},\underline{Y}_{k-1}) \cdot \frac{1}{f_{\underline{Y}(k-1)}(\underline{Y}_{k-1})} \cdot f_{\underline{w}(k-1)}(\underline{\eta}_{k-1}) \\ &= f_{\underline{x}(k-1)/\underline{Y}(k-1)}(\underline{\xi}_{k-1}/\underline{Y}_{k-1}) \cdot f_{\underline{w}(k-1)}(\underline{\eta}_{k-1}) \end{aligned} \tag{5.23}$$

Nach Gleichung 5.17a ist der erste Faktor in Gl. 5.23 eine Gaußfunktion, und laut Voraussetzung ist auch der zweite Faktor eine Gaußfunktion. Damit ist aber zusammenfassend auch $f_{\underline{x}_a(k-1)/\underline{Y}(k-1)}(\underline{\xi}_{ak-1}/\underline{Y}_{k-1})$ nach Gleichung 5.21 eine Gaußfunktion, was gezeigt werden sollte.

Nach Gleichung 5.19 kann der Vektor $\underline{x}'(k)$ als lineare Abbildung des Vektors $\underline{x}_a(k-1)$ interpretiert werden mit:

$$\underline{x}'(k) = \left[A(k-1) \,|\, G(k-1)\right] \cdot \begin{bmatrix} \underline{x}(k-1) \\ \hline \underline{w}(k-1) \end{bmatrix} = C_a(k-1) \cdot \underline{x}_a(k-1) \tag{5.24}$$

Damit ist aber auch die bedingte Verteilungsdichtefunktion $f_{\underline{x}'(k)/\underline{Y}(k-1)}(\underline{\xi}'_k/\underline{Y}_{k-1})$ genau dann gaußförmig, wenn $f_{\underline{x}_a(k-1)/\underline{Y}(k-1)}(\underline{\xi}_{ak-1}/\underline{Y}_{k-1})$ gaußförmig ist. Dies ist nach den Gleichungen 5.23 und 5.17a der Fall, womit gezeigt ist, daß die Verteilungsdichtefunktion $f_{\underline{x}'(k)/\underline{Y}(k-1)}(\underline{\xi}'_k/\underline{Y}_{k-1})$ tatsächlich gaußförmig ist.

Der Vektor $\underline{x}(k)$ unterscheidet sich nach Gl. 5.19 nur durch den deterministischen Term $\underline{u}(k-1)$ von $\underline{x}'(k)$, so daß damit auch gezeigt ist, daß $f_{\underline{x}(k)/\underline{Y}(k-1)}(\underline{\xi}_k/\underline{Y}_{k-1})$ gaußförmig ist. Damit ist auch der allgemeine Induktionsschritt von t_{k-1} nach t_k für die Prädiktionsdichte vollzogen, der zeigt, daß die Prädiktionsdichte für beliebige Zeitpunkte gaußförmig bleibt, wenn die Filterdichte zum vorangegangenen Zeitpunkt gaußförmig war. Setzt man nun noch k = 1 und k–1 = 0, dann ergibt sich der erste Induktionsschritt von t_0 nach t_1, bei dem gezeigt wurde, daß die gaußförmige Filterdichte zum Zeitpunkt t_0 in die gaußförmige Prädiktionsdichte zum Zeitpunkt t_1 übergeht.

5.2.3.1 Berechnung der bedingten Momente der Prädiktionsdichte

5.2.3.1.1 Bedingter Erwartungswert (Voraussageschätzwert)

Für den bedingten Erwartungswert $\hat{\underline{x}}_k^-$ der Zufallsvariablen $\underline{x}(k)$, auf der Basis der Meßwerte $\underline{y}_1 \ldots \underline{y}_{k-1}$, schreiben wir:

$$\hat{\underline{x}}_k^- = E\{\underline{x}(k)/\underline{Y}(k-1)=\underline{Y}_{k-1}\} = \int_{-\infty}^{\infty} \underline{\xi}_k \cdot f_{\underline{x}(k)/\underline{Y}(k-1)}(\underline{\xi}_k/\underline{Y}_{k-1}) d\underline{\xi}_k \qquad (5.25)$$

Basierend auf den Realisationen $\underline{y}_1 \ldots \underline{y}_{k-1}$ ist der bedingte Erwartungswert $\hat{\underline{x}}_k^-$ ein Zahlenwert und damit selbst eine Realisation der Zufallsvariablen:

$$\hat{\underline{x}}^-(k) = E\{\underline{x}(k)/\underline{Y}(k-1)=\underline{Y}(k-1,\cdot)\} \qquad (5.26)$$

Damit kann Gleichung 5.25 als Realisationengleichung von 5.26 verstanden werden. Zur Berechnung des bedingten Erwartungswertes $\hat{\underline{x}}_k^-$ von $\underline{x}(k)$ unter der Bedingung, daß die Messungen $\underline{y}(1)\ldots\underline{y}(k-1)$ die Realisationen $\underline{y}(1)\ldots\underline{y}(k-1)$ angenommen haben, verwenden wir den ersten Teil von Gleichung 5.25, in die wir Gleichung 5.1 einsetzen, so daß wir schreiben können:

$$\hat{\underline{x}}_k^- = E\{[A(k-1)\cdot \underline{x}(k-1) + \underline{u}(k-1) + G(k-1)\cdot \underline{w}(k-1)]/\underline{Y}(k-1)=\underline{Y}_{k-1}\} \qquad (5.27)$$

Die bedingte Erwartungswertbildung ist linear, deshalb kann man die bedingten Erwartungswertbildungen einzeln durchführen und erhält aus Gl. 5.27, indem man die bezüglich der Erwartungswertbildung konstanten Matrizen aus der Erwartungswertbildung herauszieht und berücksichtigt, daß die Erwartungswertbildung über die deterministische Größe $\underline{u}(k-1)$ die Größe selbst ergibt:

$$\hat{\underline{x}}_k^- = A(k-1) \cdot E\{\underline{x}(k-1)/\underline{Y}(k-1)=\underline{\mathcal{Y}}_{k-1}\} + \underline{u}(k-1)$$

$$+ G(k-1) \cdot E\{\underline{w}(k-1)/\underline{Y}(k-1)=\underline{\mathcal{Y}}_{k-1}\} \qquad (5.28a)$$

$\underline{w}(k-1)$ ist aber laut Voraussetzung unabhängig von $\underline{x}(k-1)$, $\underline{x}(k-2)$ ... $\underline{x}(0)$ und von allen Störungen $\underline{v}(j)$ für beliebige j. Damit ist $\underline{w}(k-1)$ auch unabhängig von $\underline{Y}(k-1)$, das heißt:

$$f_{\underline{w}(k-1),\underline{Y}(k-1)}(\underline{\eta}_{k-1},\underline{\mathcal{Y}}_{k-1}) = f_{\underline{w}(k-1)}(\underline{\eta}_{k-1}) \cdot f_{\underline{Y}(k-1)}(\underline{\mathcal{Y}}_{k-1}) \qquad (5.28b)$$

und:

$$f_{\underline{w}(k-1)/\underline{Y}(k-1)}(\underline{\eta}_{k-1}/\underline{\mathcal{Y}}_{k-1}) = f_{\underline{w}(k-1)}(\underline{\eta}_{k-1}) \qquad (5.28c)$$

Damit gilt für den bedingten Erwartungswert von $\underline{w}(k-1)$, bedingt auf die zurückliegenden Meßwertrealisationen:

$$E\{\underline{w}(k-1)/\underline{Y}(k-1)=\underline{\mathcal{Y}}_{k-1}\} = E\{\underline{w}(k-1)\} = \underline{0} \qquad (5.28d)$$

Durch Einsetzen von Gl. 5.28d in Gl. 5.28a ergibt sich mit der Definition nach Gleichung 5.17c:

$$\hat{\underline{x}}_k^- = A(k-1) \cdot \hat{\underline{x}}_{k-1}^+ + \underline{u}(k-1) \qquad (5.29)$$

Basierend auf den zurückliegenden Meßwertrealisationen $\underline{y}(1)...\underline{y}(k-1)$ ist $\hat{\underline{x}}_k^-$ derjenige Zahlenwert, den man für die Zufallsvariable $\underline{x}(k)$ aufgrund der beobachteten Vergangenheit 'erwartet' (bedingter Erwartungswert), oder den die Zufallsvariable $\underline{x}(k)$ aufgrund der beobachteten Vergangenheit mit höchster Wahrscheinlichkeit annimmt (Maximum–a–posteriori–Schätzwert). Dieser Wert ist aufgrund der Tatsache, daß er nur aus den zurückliegenden Meßwerten berechnet wird und deshalb schon zum Zeitpunkt t_{k-1} berechnet werden kann, der optimale Voraussageschätzwert von $\underline{x}(k)$ (Prädiktionsschätzwert). Folglich beschreibt die Zufallsvariable:

$$\underline{\delta}^-(k) = \underline{x}(k) - \hat{\underline{x}}_k^- \qquad (5.30)$$

den Estimationsfehler, den man in Kauf nimmt, wenn man aufgrund der beobachteten Meßwerte $\underline{y}(1)\ldots\underline{y}(k-1)$ den Zahlenwert $\hat{\underline{x}}^-(k)$ als Schätzwert von $\underline{x}(k)$ verwendet. Diese Zufallsvariable entsteht aus der gaußverteilten Zufallsvariablen $\underline{x}(k)$, von der der feste Zahlenwert $\hat{\underline{x}}_k^-$ subtrahiert wird. Damit ist auch der Prädiktionsfehler $\underline{\delta}^-(k)$ gaußverteilt. Der bedingte Erwartungswert des Prädiktionsschätzfehlers $\underline{\delta}^-(k)$ ist gegeben durch:

$$E\{\underline{\delta}^-(k)/\underline{Y}(k-1)=\underline{Y}_{k-1}\} = E\{[\underline{x}(k) - \hat{\underline{x}}_k^-]/\underline{Y}(k-1)=\underline{Y}_{k-1}\}$$

$$= E\{\underline{x}(k)/\underline{Y}(k-1)=\underline{Y}_{k-1}\} - \hat{\underline{x}}_k^- = \underline{0} \qquad (5.31)$$

Die Tatsache, daß der Schätzfehler $\underline{\delta}^-(k)$ bedingt erwartungswertfrei ist, ist eine sehr schöne Eigenschaft, sie definiert einen erwartungstreuen Schätzwert (unbiased estimate). Man macht also im Mittel keinen Fehler, wenn man $\hat{\underline{x}}_k^-$ als Schätzwert von $\underline{x}(k)$ verwendet. Andererseits folgt aufgrund der Medianeigenschaft von $\hat{\underline{x}}_k^-$ aber auch, daß die Wahrscheinlichkeit dafür, daß $\underline{x}(k)$ tatsächlich einen Wert $\underline{x}_k$ annimmt, der größer ist als $\hat{\underline{x}}_k^-$, genauso groß ist, wie die Wahrscheinlichkeit dafür, daß $\underline{x}_k$ kleiner ist als $\hat{\underline{x}}_k^-$. Die Erwartungstreue des Schätzwertes allein reicht also zur Beschreibung der Estimationsgüte nicht aus. Die noch fehlende Größe zur vollständigen Beschreibung der bedingten Verteilungsdichte des Prädiktionsfehlers ist die bedingte Kovarianz des Prädiktionsfehlers $P_\delta^-(k)$. Dafür schreibt man:

$$P_\delta^-(k) = E\Big\{\Big[\underline{\delta}^-(k) - E\{\underline{\delta}^-(k)/\underline{Y}(k-1)=\underline{Y}_{k-1}\}\Big]$$

$$\cdot\Big[\underline{\delta}^-(k) - E\{\underline{\delta}^-(k)/\underline{Y}(k-1)=\underline{Y}_{k-1}\}\Big]^T/\underline{Y}(k-1)=\underline{Y}_{k-1}\Big\}$$

$$= E\Big\{\underline{\delta}^-(k)\cdot\underline{\delta}^-(k)^T/\underline{Y}(k-1)=\underline{Y}_{k-1}\Big\} \qquad (5.32)$$

wobei sich die letzte Umformung aufgrund der bedingten Erwartungswertfreiheit von $\underline{\delta}^-(k)$ ergibt. Setzt man nun noch die Definitionsgleichung 5.30 für den Schätzfehler $\underline{\delta}^-(k)$ ein, erhält man folgende Identität:

$$P_{\delta}^{-}(k) = E\left\{\left[\underline{x}(k) - \hat{\underline{x}}_k^{-}\right] \cdot \left[\underline{x}(k) - \hat{\underline{x}}_k^{-}\right]^T / \underline{Y}(k-1)=\underline{Y}_{k-1}\right\}$$

$$= E\left\{\left[\underline{x}(k) - E\{\underline{x}(k)/\underline{Y}(k-1)=\underline{Y}_{k-1}\}\right]\right.$$

$$\left. \cdot \left[\underline{x}(k) - E\{\underline{x}(k)/\underline{Y}(k-1)=\underline{Y}_{k-1}\}\right]^T / \underline{Y}(k-1)=\underline{Y}_{k-1}\right\} \qquad (5.33)$$

Die rechte Seite von Gleichung 5.33 ist die bedingte Kovarianz von $\underline{x}(k)$, bedingt auf die Tatsache, daß $\underline{Y}(k-1)$ die Realisation $\underline{Y}_{k-1}$ angenommen hat. Wir führen für diese bedingte Kovarianz folgende Abkürzung ein:

$$P^{-}(k) = E\left\{\left[\underline{x}(k) - E\{\underline{x}(k)/\underline{Y}(k-1)=\underline{Y}_{k-1}\}\right]\right.$$

$$\left. \cdot \left[\underline{x}(k) - E\{\underline{x}(k)/\underline{Y}(k-1)=\underline{Y}_{k-1}\}\right]^T / \underline{Y}(k-1)=\underline{Y}_{k-1}\right\}$$

$$= E\left\{\left[\underline{x}(k) - \hat{\underline{x}}_k^{-}\right] \cdot \left[\underline{x}(k) - \hat{\underline{x}}_k^{-}\right]^T / \underline{Y}(k-1)=\underline{Y}_{k-1}\right\} \qquad (5.34)$$

Zusammen mit Gleichung 5.33 folgt daraus, daß:

$$P_{\delta}^{-}(k) = P^{-}(k) \qquad (5.35)$$

Die bedingte Prädiktionsschätzfehlerkovarianz ist ein Maß für die Streuung der tatsächlichen Realisationen $\underline{x}_k$ der Zufallsvariablen $\underline{x}(k)$ um den Schätzwert $\hat{\underline{x}}_k^{-}$ und damit auch ein Maß für die 'Breite' der bedingten Verteilungsdichtefunktion des Prädiktionsfehlers. Je kleiner diese bedingte Fehlerkovarianz ist, umso enger liegen die tatsächlichen Realisationen von $\underline{x}(k)$ um den Schätzwert $\hat{\underline{x}}_k^{-}$ verteilt, und umso 'besser' ist der Schätzwert. Nach Gleichung 5.35 ist die bedingte Prädiktionsfehlerkovarianz gleich der bedingten Kovarianz der Zufallsvariablen $\underline{x}(k)$. Diese bedingte Kovarianz soll nun im folgenden Abschnitt berechnet werden.

5.2.3.1.2 Bedingte Kovarianz

Für die bedingte Kovarianz $P^-(k)$ folgt aus Gleichung 5.34 durch Einsetzen der Gleichungen 5.1 und 5.29:

$$P^-(k) = E\Big\{\Big[A(k-1)\cdot \underline{x}(k-1) + \underline{u}(k-1) + G(k-1)\cdot \underline{w}(k-1) - A(k-1)\cdot \hat{\underline{x}}^+_{k-1} - \underline{u}(k-1)\Big]$$

$$\cdot \Big[A(k-1)\cdot \underline{x}(k-1) + \underline{u}(k-1) + G(k-1)\cdot \underline{w}(k-1)$$

$$- A(k-1)\cdot \hat{\underline{x}}^+_{k-1} - \underline{u}(k-1)\Big]^T \,/\, \underline{Y}(k-1)=\mathcal{Y}_{k-1}\Big\}$$

$$= E\Big\{\Big[A(k-1)\cdot [\underline{x}(k-1) - \hat{\underline{x}}^+_{k-1}] + G(k-1)\cdot \underline{w}(k-1)\Big]$$

$$\cdot \Big[A(k-1)\cdot [\underline{x}(k-1) - \hat{\underline{x}}^+_{k-1}] + G(k-1)\cdot \underline{w}(k-1)\Big]^T \,/\, \underline{Y}(k-1)=\mathcal{Y}_{k-1}\Big\} \tag{5.36}$$

Ausrechnen der Produkte und Herausziehen der bezüglich der bedingten Erwartungswertbildung konstanten Terme liefert in Verbindung mit der Unabhängigkeit von $\underline{w}(k-1)$ von $\underline{x}(k-1)$ und $\underline{Y}(k-1)$ und der Tatsache, daß $\underline{w}(k)$ erwartungswertfrei ist, die Vereinfachung:

$$P^-(k) = A(k-1)\cdot E\Big\{[\underline{x}(k-1) - \hat{\underline{x}}^+_{k-1}]\cdot [\underline{x}(k-1) - \hat{\underline{x}}^+_{k-1}]^T / \underline{Y}(k-1)=\mathcal{Y}_{k-1}\Big\}\cdot A(k-1)^T$$

$$+ G(k-1)\cdot E\Big\{\underline{w}(k-1)\cdot \underline{w}(k-1)^T\Big\}\cdot G(k-1)^T \tag{5.37}$$

wobei die Gleichheit von bedingtem und unbedingtem Erwartungswert im letzten Summanden von Gl. 5.37 aus der Unabhängigkeit von $\underline{w}(k-1)$ und $\underline{Y}(k-1)$ folgt. Der im ersten Summand auftretende bedingte Erwartungswert ist nach Gl. 5.17d die bedingte Kovarianz $P^+(k-1)$ der Zufallsvariablen $\underline{x}(k-1)$, bedingt darauf, daß die Messungen $\underline{y}(1)\ldots \underline{y}(k-1)$ die Realisationen $\mathcal{y}(1)\ldots\mathcal{y}(k-1)$ ergeben haben. Wenn wir weiterhin noch Gleichung 5.2b zur Vereinfachung in Gl. 5.37 einsetzen, erhalten wir das bedeutsame Endergebnis:

$$P^-(k) = A(k-1)\cdot P^+(k-1)\cdot A(k-1)^T + G(k-1)\cdot Q(k-1)\cdot G(k-1)^T \tag{5.38}$$

Damit kann die bedingte Kovarianz der Zufallsvariablen $\underline{x}(k)$, bedingt auf die zurückliegenden Meßwerte bis einschließlich zum Zeitpunkt t_{k-1}, aus der bedingten Kovarianz der Zufallsvariablen $\underline{x}(k-1)$ zum Zeitpunkt t_{k-1} berechnet werden.

Zusammenfassend können damit die Parameter der bedingten Verteilungsdichtefunktion $f_{\underline{x}(k)/\underline{Y}(k-1)}(\underline{\xi}_k/\underline{Y}_{k-1})$ (Prädiktionsdichte) und damit wegen der Gaußeigenschaft die gesamte Prädiktionsdichte $f_{\underline{x}(k)/\underline{Y}(k-1)}(\underline{\xi}_k/\underline{Y}_{k-1})$ aus den Parametern der Filterdichte $f_{\underline{x}(k-1)/\underline{Y}(k-1)}(\underline{\xi}_{k-1}/\underline{Y}_{k-1})$ zum zurückliegenden Zeitpunkt t_{k-1} berechnet werden. Dies ist für die rekursive Arbeitsweise sehr wichtig. Damit erhalten wir abschließend die:

5.2.3.1.3 Zusammenfassende Darstellung der Prädiktionsdichte

Die Prädiktionsdichte ist die bedingte Verteilungsdichte der Zufallsvariablen $\underline{x}(k)$, bedingt darauf, daß die Zufallsvariable $\underline{Y}(k-1)$ die Realisation $\underline{Y}_{k-1}$ angenommen hat. Diese bedingte Verteilungsdichte ist gaußförmig und wird beschrieben durch:

$$f_{\underline{x}(k)/\underline{Y}(k-1)}(\underline{\xi}_k/\underline{Y}_{k-1}) = [(2\pi)^{n/2} \cdot |P^-(k)|^{1/2}]^{-1} \exp[\otimes] \tag{5.39a}$$

mit:

$$[\otimes] = -1/2\, [\underline{\xi}_k - \hat{\underline{x}}_k^-]^T \cdot P^-(k)^{-1} \cdot [\underline{\xi}_k - \hat{\underline{x}}_k^-] \tag{5.39b}$$

und den Parametern:

$$\hat{\underline{x}}_k^- = A(k-1) \cdot \hat{\underline{x}}_{k-1}^+ + \underline{u}(k-1) \tag{5.39c}$$

$$P^-(k) = A(k-1) \cdot P^+(k-1) \cdot A(k-1)^T + G(k-1) \cdot Q(k-1) \cdot G(k-1)^T \tag{5.39d}$$

Damit ist die Berechnung der Prädiktionsdichte abgeschlossen.

5.2.3.1.4 Interpretation von Voraussage und Voraussagefehlerkovarianz

Betrachtet man Gl. 5.39c für den besten Voraussageschätzwert des Zustandes $\underline{x}(k)$ zum Zeitpunkt t_k auf der Basis der bekannten Meßwerte bis einschließlich zum zurückliegenden Zeitpunkt t_{k-1}, so erkennt man, daß diese Gleichung nichts anderes darstellt als eine deterministische Extrapolation um ein Abtastzeitintervall in die Zukunft. Ausgangspunkt der Extrapolation ist der beste Schätzwert, der zu einem gegebenen Zeitpunkt vorliegt. Die beste Voraussage für den nächsten Zeitpunkt ergibt sich aus der Extrapolation des Zustandes aus dem Schätzwert, entsprechend der homogenen Systemzustandsübergangsfunktion. Man nimmt also denjenigen Wert als beste Voraussage für den nächsten Zeitpunkt, der sich ergeben würde, wenn der vorliegende Schätzwert absolut richtig wäre und man das System dann sich selbst überließe. Diese Extrapolation wird durch den ersten Summanden in Gl. 5.39c beschrieben und muß nur noch entsprechend der Wirkung der deterministischen und bekannten Eingangsgrößen korrigiert werden. Diese Korrektur erfolgt durch den zweiten Summanden in Gl. 5.39c. Die Wirkung der stochastischen Eingangsgröße $\underline{w}(k-1)$ wird bei der Voraussage ignoriert. Dies erscheint logisch, da der Erwartungswert dieser Größe eingangs zu Null angenommen wurde und außerdem vorausgesetzt wurde, daß diese Größe unabhängig von dem Zustand $\underline{x}(k-1)$, von allen Störungen und damit auch von den Meßwerten $\underline{y}(j)$ bis einschließlich zum Zeitpunkt t_{k-1} ist. Demzufolge kann aus der Kenntnis dieser Meßwerte keinerlei Aussage über den Wert der stochastischen Eingangsgröße gemacht werden, so daß die Vernachlässigung auch intuitiv richtig erscheint. Ein völlig anderer Sachverhalt liegt allerdings vor, wenn statistische Bindungen und Zusammenhänge zwischen den Realisationen der in den Messungen enthaltenen Störungen und den Realisationen der stochatischen Eingangsgröße $\underline{w}(k-1)$ bestehen. In diesem Fall können aus der Beobachtung der Meßwertrealisationen Aufschlüsse über die Größe des Prozeßrauschens $\underline{w}(k-1)$ gewonnen werden, und die Prädiktionsgleichung 5.39c erhält eine andere Form. Diese Problematik wird zu einem späteren Zeitpunkt betrachtet.

Die Voraussagefehlerkovarianz nach Gl. 5.39d ergibt sich völlig analog zur Voraussage nach Gl. 5.39c als Summe zweier Beiträge: Der erste Summand beschreibt das Anwachsen der Fehlerkovarianz durch die Wirkung der Extrapolation – aus einem fehlerbehafteten Anfangszustand kann man durch Extrapolation nur eine Voraussage gewinnen, deren Fehlerkovarianz größer wird, die quadratische Form des ersten Summanden erscheint also intuitiv richtig. Der zweite Term beschreibt das Anwachsen der Fehlerkovarianz durch die Vernachlässigung der Wirkung der stochastischen Eingangsgröße $\underline{w}(k-1)$. Diese Vernachlässigung war richtig aufgrund der Tatsache, daß im voraus nichts über die Realisationen dieser Größe und damit über ihre Wirkung ausgesagt werden konnte – man 'erwartete' einen Wert von Null und damit eine Wirkung von Null. Tatsächlich nimmt das Prozeßrauschen $\underline{w}(k-1)$ aber eine Realisation an, die von diesem Erwartungswert verschieden ist. Der Grad der Verschiedenheit wird durch ihre Kovarianzmatrix Q(k–1) beschrieben. Die Von–links– und Von–rechts–Multiplikation mit der stochastischen Steuermatrix G(k–1) beschreibt dann den Grad der Verschiedenheit vom Erwartungswert der Wirkung dieser Eingangsgröße und damit das Anwachsen der Kovarianz. Die Summation der beiden Terme ergibt sich aus der Unabhängigkeit der beiden Phänomene.

5.2.4 Berechnung der Filterdichte

5.2.4.1 Bedeutung der Filterdichte: $f_{\underline{x}(k)/\underline{Y}(k)}(\xi_k/Y_k)$

Zum Zeitpunkt $t_k = kT$ wird eine neue Messung $\underline{y}(k) = \underline{y}_k$ verfügbar, damit vergrößert sich der Meßwertgeschichtsvektor und der Realisationsvektor um diese vektorielle Messung, bzw. deren Realisation. Aufgrund der in dieser Messung enthaltenen Information soll nun ein neuer Schätzwert berechnet werden. Vom Bayes'schen Standpunkt betrachtet ist das Ziel wieder die Berechnung der vollständigen bedingten Verteilungsdichte $f_{\underline{x}(k)/\underline{Y}(k)}$, basierend auf allen Messungen, einschließlich $\underline{y}(k)$, wobei wir aufgrund der Voraussetzungen wieder hoffen, daß diese Verteilungsdichte gaußförmig sein wird und damit die Berechnung von Erwartungswert und Kovarianz zur vollständigen Beschreibung ausreicht. Es wird deshalb zunächst durch wiederholte Anwendung der Bayes'schen Regel gezeigt, daß diese Verteilungsdichte tatsächlich gaußförmig ist. Damit ist gleichzeitig der zweite Teil der vollständigen Induktion vollzogen. Die gesuchte Verteilungsdichte ergibt sich als Quotient mehrerer Einzelverteilungsdichten, die zunächst einzeln berechnet werden. Danach wird durch einige Umformungen der Quotient auf die gesuchte Gaußform der Verteilungsdichte gebracht. Die beiden gesuchten ersten Momente, Erwartungswert und Kovarianz, können dann sofort angegeben werden.

5.2.4.2 Allgemeine Herleitung der Filterdichte

In dieser Herleitung werden der Einfachheit und Übersichtlichkeit halber die Argumente der Verteilungsdichtefunktionen ausgelassen. Mit der Regel von Bayes kann man für die gesuchte bedingte Verteilungsdichtefunktion schreiben:

$$f_{\underline{x}(k)/\underline{Y}(k)} = f_{\underline{x}(k),\underline{Y}(k)} \cdot \frac{1}{f_{\underline{Y}(k)}} = \frac{f_{\underline{x}(k),\underline{y}(k),\underline{Y}(k-1)}}{f_{\underline{y}(k),\underline{Y}(k-1)}}$$

$$= \frac{f_{\underline{y}(k)/\underline{x}(k),\underline{Y}(k-1)} \cdot f_{\underline{x}(k),\underline{Y}(k-1)}}{f_{\underline{y}(k)/\underline{Y}(k-1)} \cdot f_{\underline{Y}(k-1)}}$$

$$= \frac{f_{\underline{y}(k)/\underline{x}(k),\underline{Y}(k-1)} \cdot f_{\underline{x}(k)/\underline{Y}(k-1)} \cdot f_{\underline{Y}(k-1)}}{f_{\underline{y}(k)/\underline{Y}(k-1)} \cdot f_{\underline{Y}(k-1)}}$$

$$= \frac{f_{\underline{y}(k)/\underline{x}(k),\underline{Y}(k-1)} \cdot f_{\underline{x}(k)/\underline{Y}(k-1)}}{f_{\underline{y}(k)/\underline{Y}(k-1)}} \qquad (5.40a)$$

Fügt man nun der Vollständigkeit halber wieder die Argumente der Verteilungsdichtefunktionen hinzu, erhält man:

$$f_{\underline{x}(k)/\underline{Y}(k)}(\underline{\xi}_k/\underline{Y}_k) = \frac{f_{\underline{y}(k)/\underline{x}(k),\underline{Y}(k-1)}(\underline{y}_k/\underline{\xi}_k,\underline{Y}_{k-1}) \cdot f_{\underline{x}(k)/\underline{Y}(k-1)}(\underline{\xi}_k/\underline{Y}_{k-1})}{f_{\underline{y}(k)/\underline{Y}(k-1)}(\underline{y}_k/\underline{Y}_{k-1})} \tag{5.40b}$$

Dieses bedeutsame Zwischenergebnis sagt aus, daß die bedingte Verteilungsdichtefunktion der Zufallsvariablen $\underline{x}(k)$, bedingt auf $\underline{Y}(k)$, als Produkt und Quotient von drei anderen bedingten Verteilungsdichtefunktionen berechnet werden kann. Der zweite Faktor im Zähler von Gl. 5.40a,b ist die Prädiktionsdichte, die schon zuvor berechnet wurde und durch die Gleichungen 5.39a – 5.39c bestimmt ist.

Zwei weitere Terme müssen nun noch berechnet werden:

1.) $f_{\underline{y}(k)/\underline{x}(k),\underline{Y}(k-1)}$

Dies ist die bedingte Verteilungsdichtefunktion der Messung $\underline{y}(k)$, bedingt darauf, daß die Zufallsvariable $\underline{x}(k)$ die Realisation $\underline{\xi}_k$ und die Meßwertgeschichte $\underline{Y}(k-1)$ die Realisation $\underline{Y}_{k-1}$ angenommen hat. Diese Verteilungsdichte enthält alle Information über die aktuelle Messung, die aus der Beobachtung der Meßwertvergangenheit und der Kenntnis der Realisation der Zufallsvariablen $\underline{x}(k,\omega) = \underline{\xi}_k$ gewonnen werden kann.

2.) $f_{\underline{y}(k)/\underline{Y}(k-1)}$

Dieser Term stellt die bedingte Verteilungsdichtefunktion der Messung $\underline{y}(k)$, bedingt auf die Meßwertgeschichte $\underline{Y}(k-1)$, dar und beschreibt damit die Information, die aus der Beobachtung der Meßwertvergangenheit über die aktuelle Messung gewonnen werden kann. Diese bedingte Verteilungsdichtefunktion ist damit eine Prädiktionsdichte der aktuellen Messung aufgrund der Meßwertvergangenheit.

5.2.4.2.1 Berechnung der Einzelverteilungsdichten

5.2.4.2.1.1 Berechnung von Term 1

Die bedingte Verteilungsdichtefunktion der aktuellen Messung $\underline{y}(k)$, bedingt auf die Realisation $\underline{\xi}_k$ der Zufallsvariablen $\underline{x}(k)$ und die Realisation $\underline{Y}_{k-1}$ der Zufallsvariablen $\underline{Y}(k-1)$, läßt sich wie folgt vereinfachen:

$$f_{\underline{y}(k)/\underline{x}(k),\underline{Y}(k-1)}(\underline{\rho}_k/\underline{\xi}_k,\underline{Y}_{k-1}) = f_{\underline{y}(k)/\underline{x}(k)}(\underline{\rho}_k/\underline{\xi}_k) \tag{5.41}$$

Zur Begründung dieser, auf den ersten Blick vielleicht verwunderlich aussehenden Umformung betrachten wir das Beobachtungsmodell nach Gl. 5.4:

$$\underline{y}(k) = C(k)\cdot \underline{x}(k) + \underline{v}(k)$$

Dann kann man die bedingte Verteilungsdichtefunktion $f_{\underline{y}(k)/\underline{x}(k),\underline{Y}(k-1)}(\underline{\rho}_k/\underline{\xi}_k,\underline{Y}_{k-1})$ folgendermaßen interpretieren:

$$f_{\underline{y}(k)/\underline{x}(k),\underline{Y}(k-1)}(\underline{\rho}_k/\underline{\xi}_k,\underline{Y}_{k-1})\cdot d\underline{\rho}_k$$

$$= P(\{\omega\colon \underline{\rho}_k < \underline{y}(k,\omega) \le \underline{\rho}_k + d\underline{\rho}_k \text{ / vorausgesetzt daß: } \underline{x}(k)=\underline{\xi}_k \text{ \underline{und} } \underline{Y}(k-1)=\underline{Y}_{k-1}\})$$

$$= P(\{\omega\colon \underline{\rho}_k < C(k)\cdot \underline{x}(k,\omega) + \underline{v}(k,\omega) \le \underline{\rho}_k + d\underline{\rho}_k \text{ / vorausgesetzt daß: } \underline{x}(k)=\underline{\xi}_k \text{ \underline{und} } \underline{Y}(k-1)=\underline{Y}_{k-1}\}) \tag{5.42a}$$

$$= P(\{\omega\colon \underline{\rho}_k < C(k)\cdot \underline{\xi}_k + \underline{v}(k,\omega) \le \underline{\rho}_k + d\underline{\rho}_k \text{ / vorausgesetzt daß: } \underline{x}(k)=\underline{\xi}_k \text{ \underline{und} } \underline{Y}(k-1)=\underline{Y}_{k-1}\}) \tag{5.42b}$$

wobei beim Übergang von 5.42a nach 5.42b nur die Bedingung $\underline{x}(k)=\underline{\xi}_k$ eingesetzt wurde.

Durch Subtraktion des festen Vektors $C(k)\cdot \underline{\xi}_k$ auf beiden Seiten der Ungleichung 5.42b erhalten wir dann:

$$f_{\underline{y}(k)/\underline{x}(k),\underline{Y}(k-1)}(\varrho_k/\xi_k,Y_{k-1})\cdot d\varrho_k$$

$$= P(\{\omega: \varrho_k - C(k)\cdot\xi_k < \underline{y}(k) \le \varrho_k - C(k)\cdot\xi_k + d\varrho_k \;/\; \text{vorausgesetzt daß: } \underline{x}(k)=\xi_k \text{ und } \underline{Y}(k-1)=Y_{k-1}\})$$

$$= f_{\underline{y}(k)/\underline{x}(k),\underline{Y}(k-1)}(\varrho_k - C(k)\cdot\xi_k \;/\; \xi_k,Y_{k-1})\cdot d\varrho_k \qquad (5.42c)$$

Nimmt man nun entsprechend der Voraussetzung an, daß die Realisationen $\underline{v}(k,\omega)$ unabhängig von den Realisationen der Zufallsvariablen $\underline{x}(k)$ und von den zurückliegenden Meßwerten auftreten, kann man folgern:

$$f_{\underline{y}(k)/\underline{x}(k),\underline{Y}(k-1)}(\varrho_k/\xi_k,Y_{k-1})\cdot d\varrho_k = f_{\underline{v}(k)}(\varrho_k - C(k)\cdot\xi_k)\cdot d\varrho_k \qquad (5.42d)$$

Damit ist die gesuchte erste bedingte Verteilungsdichtefunktion gefunden und gleichzeitig gezeigt, daß diese gaußförmig ist. Die ersten beiden bedingten Momente identifiziert man leicht aus Gl. 5.42d:

Bedingter Erwartungswert:

$$E\{\underline{y}(k) \;/\underline{x}(k) = \xi_k, \underline{Y}(k-1) = Y_{k-1}\} = C(k)\cdot\xi_k \qquad (5.43a)$$

Bedingte Kovarianzmatrix:

$$E\{(\underline{y}(k) - C(k)\cdot\xi_k)\cdot(\underline{y}(k) - C(k)\cdot\xi_k)^T / \;\underline{x}(k) = \xi_k, \underline{Y}(k-1) = Y_{k-1}\} = R(k) \qquad (5.43b)$$

Insgesamt erhalten wir damit für die erste gesuchte bedingte Verteilungsdichte in Gl. 5.40b:

$$f_{\underline{y}(k)/\underline{x}(k),\underline{Y}(k-1)}(y_k/\xi_k,Y_{k-1}) = [(2\pi)^{m/2}|R(k)|^{1/2}]^{-1}\exp[\oplus] \qquad (5.44a)$$

mit:

$$\oplus = -1/2\,[y_k - C(k)\cdot\xi_k]^T\cdot R(k)^{-1}\cdot[y_k - C(k)\cdot\xi_k] \qquad (5.44b)$$

Damit ist der erste Term in Gl. 5.40b vollständig berechnet.

5.2.4.2.1.2 Berechnung des Nenners

Zunächst wollen wir zeigen, daß diese bedingte Verteilungsdichtefunktion auch gaußförmig ist: Dazu formulieren wir die

Behauptung: $f_{\underline{y}(k)/\underline{Y}(k-1)}(\underline{\rho}_k/\underline{Y}_{k-1})$ ist gaußförmig!

Für den Beweis gehen wir vom Beobachtungsmodell nach Gl. 5.4 aus:

$$\underline{y}(k) = C(k)\cdot \underline{x}(k) + \underline{v}(k) = C_a(k)\cdot \underline{x}_a(k) \tag{5.45}$$

wobei wir einen vergrößerten Zufallsvektor $\underline{x}_a(k)$ und eine vergrößerte Abbildungsmatrix $C_a(k)$ eingeführt haben mit:

$$\underline{x}_a(k)^T = [\underline{x}(k)^T \,|\, \underline{v}(k)^T] \tag{5.46a}$$

und:

$$C_a(k) = [C(k) \,|\, I] \tag{5.46b}$$

Damit kann $\underline{y}(k)$ als lineare Abbildung des vergrößerten Zufallsvektors $\underline{x}_a(k)$ dargestellt werden.

Die bedingte Verteilungsdichte $f_{\underline{y}(k)/\underline{Y}(k-1)}$ ist dann gaußförmig, wenn $f_{C_a(k)\cdot \underline{x}_a(k)/\underline{Y}(k-1)}$ gaußförmig ist. Dies ist dann der Fall, wenn $f_{\underline{x}_a(k)/\underline{Y}(k-1)}$ gaußförmig ist.

Dazu muß nun gezeigt werden, daß $f_{\underline{x}_a(k)/\underline{Y}(k-1)} = f_{\underline{x}(k),\underline{v}(k)/\underline{Y}(k-1)}$ eine gauß'sche Verteilungsdichte ist. Mit der Regel von Bayes können wir schreiben:

$$f_{\underline{x}(k),\underline{v}(k)/\underline{Y}(k-1)} = f_{\underline{x}(k),\underline{v}(k),\underline{Y}(k-1)}\cdot \frac{1}{f_{\underline{Y}(k-1)}} \tag{5.47a}$$

$\underline{v}(k)$ wurde als unabhängig von $\underline{x}(k)$ und $\underline{Y}(k-1)$ angenommen, auch als unkorreliert mit $\underline{v}(k-1)$, was wegen der Gaußverteiltheit gleichbedeutend mit der Unabhängigkeit ist. Deshalb kann aus der Verbundverteilungsdichte in Gl. 5.47a die Verteilungsdichte von $\underline{v}(k)$ herausgezogen werden, und es ergibt sich:

$$f_{\underline{x}(k),\underline{v}(k),\underline{Y}(k-1)} \cdot \frac{1}{f_{\underline{Y}(k-1)}} = f_{\underline{x}(k),\underline{Y}(k-1)} \cdot f_{\underline{v}(k)} \cdot \frac{1}{f_{\underline{Y}(k-1)}}$$

$$= f_{\underline{x}(k)/\underline{Y}(k-1)} \cdot f_{\underline{v}(k)} \qquad (5.47b)$$

Damit ist der gesuchte Term das Produkt von zwei Verteilungsdichten. Die erste Verteilungsdichte ist die Prädiktionsdichte, die nach den Gleichungen 5.39a – 5.39c gaußverteilt ist. $\underline{v}(k)$ ist laut Annahme gaußverteilt und erwartungswertfrei. Damit ist die Behauptung bewiesen, nach der $f_{\underline{y}(k)/\underline{Y}(k-1)}$ gaußförmig ist.

Berechnung von Erwartungswert und Kovarianz

Bedingter Erwartungswert:

$$E\{\underline{y}(k)/\underline{Y}(k-1)=\underline{Y}_{k-1}\} = E\{C(k)\cdot \underline{x}(k) + \underline{v}(k) \;/\; \underline{Y}(k-1)=\underline{Y}_{k-1}\}$$

$$= C(k)\cdot\; E\{\underline{x}(k)/\underline{Y}(k-1)=\underline{Y}_{k-1}\} + E\{\underline{v}(k)/\underline{Y}(k-1)=\underline{Y}_{k-1}\}$$

$$= C(k)\cdot \hat{\underline{x}}_k^- + \underline{0} = C(k)\cdot \hat{\underline{x}}_k^- \qquad (5.48)$$

Dabei wurde berücksichtigt, daß $E\{\underline{v}(k)/\underline{Y}(k-1)\} = \underline{0}$ ist, da $\underline{v}(k)$ als unkorreliert und unabhängig von der Zufallsvariablen $\underline{x}(k-1)$ angenommen wurde.

Berechnung der bedingten Kovarianz:

$$E\{(\underline{y}(k)-C(k)\cdot \hat{\underline{x}}_k^-)\cdot (\underline{y}(k)-C(k)\cdot \hat{\underline{x}}_k^-)^T \;/\; \underline{Y}(k-1)=\underline{Y}_{k-1}\}$$

$$= E\{(C(k)\cdot \underline{x}(k)+\underline{v}(k)-C(k)\cdot \hat{\underline{x}}_k^-)\cdot (C(k)\cdot \underline{x}(k)+\underline{v}(k)-C(k)\cdot \hat{\underline{x}}_k^-)^T \;/\; \underline{Y}(k-1)=\underline{Y}_{k-1}\}$$

$$= E\{C(k)\cdot (\underline{x}(k)-\hat{\underline{x}}_k^-)\cdot (\underline{x}(k)-\hat{\underline{x}}_k^-)^T\cdot C(k)^T \;/\; \underline{Y}(k-1)=\underline{Y}_{k-1}\} + R(k) \qquad (5.49a)$$

Alle gemischten Glieder verschwinden wegen der Unabhängigkeit des Rauschens von $\underline{x}(k)$. Damit ergibt sich abschließend für die bedingte Kovarianz:

$$E\{(\underline{y}(k)-C(k)\cdot \hat{\underline{x}}_k^-)\cdot (\underline{y}(k)-C(k)\cdot \hat{\underline{x}}_k^-)^T/\underline{Y}(k-1)=\underline{Y}_{k-1}\} = C(k)\cdot P^-(k)\cdot C(k)^T + R(k) \qquad (5.49b)$$

und für die gesamte Verteilungsdichte:

$$f_{\underline{y}(k)/\underline{Y}(k-1)}(\underline{y}_k/\underline{Y}_{k-1}) = [(2\pi)^{m/2} | C(k)\cdot P^{-}(k)\cdot C(k)^T + R(k)|^{1/2}]^{-1}\cdot \exp[\oplus] \tag{5.50a}$$

mit:

$$\oplus = -1/2\, [\underline{y}_k - C(k)\cdot \hat{\underline{x}}_k^-]^T\cdot [C(k)\cdot P^{-}(k)\cdot C(k)^T + R(k)]^{-1} [\underline{y}_k - C(k)\cdot \hat{\underline{x}}_k^-] \tag{5.50b}$$

Alle zur Berechnung der gesamten Filterdichte benötigten Einzelverteilungsdichtefunktionen liegen nun vor, und somit ist es möglich, die gesuchte Filterdichte anzugeben.

5.2.4.2.2 Zusammenfassung der Filterdichte

Mit den drei berechneten Einzelverteilungsdichten ergibt sich für die gesuchte Filterdichte nach Gl. 5.40b:

$$f_{\underline{x}(k)/\underline{Y}(k)}(\underline{\xi}_k/\underline{Y}_k) = \frac{| C(k)\cdot P^{-}(k)\cdot C(k)^T + R(k)|^{1/2}}{(2\pi)^{n/2}\cdot | P^{-}(k)|^{1/2}\cdot | R(k)|^{1/2}}\cdot \exp[\oplus] \tag{5.51a}$$

mit:

$$\oplus = -1/2 \Big[[\underline{y}_k - C(k)\cdot \underline{\xi}_k]^T\cdot R(k)^{-1}\cdot [\underline{y}_k - C(k)\cdot \underline{\xi}_k] + [\underline{\xi}_k - \hat{\underline{x}}_k^-]^T\cdot P^{-}(k)^{-1}\cdot [\underline{\xi}_k - \hat{\underline{x}}_k^-]$$

$$- [\underline{y}_k - C(k)\cdot \hat{\underline{x}}_k^-]^T\cdot [C(k)\cdot P^{-}(k)\cdot C(k)^T + R(k)]^{-1}\cdot [\underline{y}_k - C(k)\cdot \hat{\underline{x}}_k^-]\Big] \tag{5.51b}$$

Dieser Ausdruck hat zunächst noch sehr wenig Ähnlichkeit mit einer Gaußverteilung, so daß noch einige Umformungen durchgeführt werden müssen.

5.2.4.3 Umformungen der Filterdichte

Bei den nun folgenden Umformungen der Filterdichte nach den Gl. 5.51a und 5.51b werden verschiedene Äquivalenzen und Identitäten verwendet, die aus Gründen der Übersichtlichkeit im Anhang dieses Kapitels abgeleitet und bewiesen werden. Die Umformung gliedert sich in zwei Teile: Zunächst soll der Quotient der Determinanten in Gl. 5.51a zu einer Determinanten zusammengefaßt werden. Danach wird das Argument der Exponentialfunktion, welches aus der Summe dreier quadratischer Formen besteht, zu einer quadratischen Form zusammengefaßt. Dazu wird ausgiebig Gebrauch vom Matrixinversionslemma gemacht, welches im Anhang des Kapitels in seinen verschiedenen Formen abgeleitet wird.

5.2.4.3.1 Umformung der Determinanten

Wir gehen von dem Determinantenausdruck in Gl. 5.51a aus, in dem wir der Einfachheit halber die Zeitabhängigkeit weglassen und abgekürzt schreiben:

$$\frac{|C(k)\cdot P^{-}(k)\ C(k)^{T} + R(k)|^{1/2}}{(2\pi)^{n/2}\cdot|P^{-}(k)|^{1/2}\cdot|R(k)|^{1/2}} = \frac{|CP^{-}C^{T} + R|^{1/2}}{a\cdot|P^{-}|^{1/2}\cdot|R|^{1/2}} \text{ (abgekürzt)} \quad (5.52)$$

$|\cdot|$ kennzeichnet die Determinante einer quadratischen Matrix

A) Einige wichtige Determinantenidentitäten

Wir benötigen zur weiteren Umformung einige leicht einsehbare Determinantenidentitäten, die als Voraussetzungen nun kurz angegeben werden:

Es seien die quadratischen $[n\times n]$–Matrizen A und B gegeben. Dann gilt für die Determinanten der Matrizen:

$$1.)\ |A\,B| = |A|\cdot|B| \quad (5.53a)$$

$$2.)\ |A| = |A^{T}| \quad (5.53b)$$

Für drei quadratische $[n\times n]$–Matrizen A_1, A_2 und A_3 und eine aus diesen drei Matrizen gebildete partitionierte Matrix U und deren Determinante gilt auch:

$$3.)\ \det(U) = |U| = \left|\begin{array}{c|c} A_1 & A_2 \\ \hline 0 & A_3 \end{array}\right| = |A_1|\cdot|A_3| \quad (5.53c)$$

Um diese Determinantenidentitäten zur Vereinfachung von Gl. 5.52 anwenden zu können, benötigen wir noch:

B) Eine wichtige Matrixzerlegung für partitionierte Matrizen:

Eine partitionierte, quadratische Matrix P^{*} sei gegeben durch:

$$P^{*} = \left[\begin{array}{c|c} P^{-} & P^{-}C^{T} \\ \hline CP^{-} & CP^{-}C^{T} + R \end{array}\right] \quad (5.54a)$$

Diese Matrix soll wie folgt zerlegt werden:

$$P^* = \left[\begin{array}{c|c} P^- & P^-C^T \\ \hline CP^- & CP^-C^T + R \end{array}\right] = \left[\begin{array}{c|c} P^+ & P^-C^T \\ \hline 0 & CP^-C^T + R \end{array}\right] \cdot \left[\begin{array}{c|c} I & 0 \\ \hline K^T & I \end{array}\right] \qquad (5.54b)$$

Damit diese Zerlegung gültig ist, werden die unbekannten Matrizen K^T und P^+ durch einen Koeffizientenvergleich bestimmt. Durch Anwenden der Rechenregeln für partitionierte Matrizen erhalten wir folgende Bestimmungsgleichungen:

1.) $$P^+ + P^- \cdot C^T \cdot K^T = P^- \qquad (5.54c)$$

2.) $$P^- \cdot C^T = P^- \cdot C^T \qquad (5.54d)$$

3.) $$CP^- = (C \cdot P^- \cdot C^T + R) \cdot K^T \qquad (5.54e)$$

4.) $$C \cdot P^- \cdot C^T + R = C \cdot P^- \cdot C^T + R \qquad (5.54f)$$

Aus Gl. 5.54e folgt unter der Annahme, daß die Inverse existiert:

$$K^T = (C \cdot P^- \cdot C^T + R)^{-1} \cdot C \cdot P^- \qquad (5.54g)$$

Daraus ergibt sich durch Transponieren

$$K = [(C \cdot P^- \cdot C^T + R)^{-1} \cdot C \cdot P^-]^T = P^{-T} \cdot C^T \cdot [C \cdot P^- \cdot C^T + R]^{-1T} \qquad (5.54h)$$

P^- und R sind bei dieser Herleitung symmetrische Kovarianzmatrizen. Damit ist auch die Matrix $C \cdot P^- \cdot C^T + R$ und ihre Inverse symmetrisch, so daß man schreiben kann:

$$K = P^- \cdot C^T \cdot [C \cdot P^- \cdot C^T + R]^{-1} \qquad (5.54i)$$

Damit folgt aus Gl. 5.54c:

$$P^+ = P^- - P^- \cdot C^T \cdot K^T \qquad (5.54j)$$

Mit Gl. 5.54g folgt daraus sofort:

$$P^+ = P^- - P^- \cdot C^T \cdot (C \cdot P^- \cdot C^T + R)^{-1} \cdot C \cdot P^- \qquad (5.54k)$$

Damit ist P^+ die Summe von zwei symmetrischen Matrizen und ebenfalls symmetrisch. Dann kann man aber aus Gl. 5.54j sofort folgern:

$$P^+ = P^- - K \cdot C \cdot P^- = (I - K \cdot C) \cdot P^- \qquad (5.54l)$$

Die Matrixzerlegung nach Gleichung 5.54b ist damit mit den Bestimmungsgleichungen für K und P^+ verifiziert und soll nun mit den Determinantenidentitäten zusammengefaßt werden.

P^-, P^+ und R sind symmetrisch, deshalb gilt für die Determinante von P^* mit Gl. 5.53c:

$$|P^*| = \det(P^*) = |P^+| \cdot |C \cdot P^- \cdot C^T + R| \qquad (5.55a)$$

Wir merken an, daß der letzte Faktor in Gl. 5.55a die Zählerdeterminante von Gl. 5.52 bildet. Aufgelöst erhält man dann für die Zählerdeterminante von Gl. 5.52:

$$|C \cdot P^- \cdot C^T + R| = |P^*| \cdot |P^+|^{-1} \qquad (5.55b)$$

Es muß nun nur noch gezeigt werden, daß das Produkt der Nennerdeterminanten in Gl. 5.52 die Determinante $|P^*|$ kürzt. Dazu bestimmen wir zunächst die Inverse von P^* mit Hilfe einer sogenannten LDL^T–Zerlegung ($LDL^{(T)}$ = Lower Diagonal Lower(transposed)), d.h., wir zerlegen die Matrix P^* in das Produkt einer Matrix mit unterer Dreiecksgestalt, einer Diagonalmatrix und einer Matrix mit oberer Diagonalgestalt. Für eine quadratische, symmetrische, partitionierte Matrix X mit:

$$X = \left[\begin{array}{c|c} X_{11} & X_{12} \\ \hline X_{12}^T & X_{22} \end{array}\right] \qquad (5.56a)$$

gilt die folgende LDL^T Zerlegung (Herleitung im Anhang):

$$X = \left[\begin{array}{c|c} I & 0 \\ \hline X_{12}^T \cdot X_{11}^{-1} & I \end{array}\right] \cdot \left[\begin{array}{c|c} X_{11} & 0 \\ \hline 0 & X_{22} - X_{12}^T \cdot X_{11}^{-1} \cdot X_{12} \end{array}\right] \cdot \left[\begin{array}{c|c} I & X_{11}^{-1} \cdot X_{12} \\ \hline 0 & I \end{array}\right] \qquad (5.56b)$$

Die Determinante von X bestimmt man mit Hilfe der Gl. 5.53a – 5.53c zu:

$$|X| = \det(X) = \det\left\{\left[\begin{array}{c|c} I & 0 \\ \hline X_{12}^T \cdot X_{11}^{-1} & I \end{array}\right]\right\} \cdot \det\left\{\left[\begin{array}{c|c} X_{11} & 0 \\ \hline 0 & X_{22} - X_{12}^T \cdot X_{11}^{-1} \cdot X_{12} \end{array}\right]\right\} \cdot \det\left\{\left[\begin{array}{c|c} I & X_{11}^{-1} \cdot X_{12} \\ \hline 0 & I \end{array}\right]\right\}$$

$$= \det(X_{11}) \cdot \det(X_{22} - X_{12}^T \cdot X_{11}^{-1} \cdot X_{12}) \qquad (5.56c)$$

Die Inverse von X kann durch Invertieren der LDL^T–Zerlegung berechnet werden (Herleitung im Anhang) und ist gegeben durch:

$$X^{-1} = \left[\begin{array}{c|c} I & -X_{11}^{-1} \cdot X_{12} \\ \hline 0 & I \end{array}\right] \cdot \left[\begin{array}{c|c} X_{11}^{-1} & 0 \\ \hline 0 & [X_{22} - X_{12}^T \cdot X_{11}^{-1} \cdot X_{12}]^{-1} \end{array}\right] \cdot \left[\begin{array}{c|c} I & 0 \\ \hline -X_{12}^T \cdot X_{11}^{-1} & I \end{array}\right] \qquad (5.56d)$$

Auch die Determinante von X^{-1} kann mit den Gl. 5.53a – 5.53c analog zur vorangegangenen Berechnung sofort angegeben werden:

$$|X^{-1}| = \det(X^{-1}) = \det(X_{11}^{-1}) \cdot \det(X_{22} - X_{12}^T \cdot X_{11}^{-1} \cdot X_{12})^{-1} \qquad (5.56e)$$

Wie man leicht überprüft, gilt für die Determinanten der zueinander inversen Matrizen :

$$\det(X^{-1}) = 1/\det(X) \qquad (5.57)$$

Wir wenden nun die vorangegangenen Überlegungen an, indem wir die Matrix X mit der Matrix P^* aus Gl. 5.54b identifizieren, d.h., wir setzen:

$$P^* = X \qquad (5.58)$$

Damit erhalten wir folgende Identitäten:

$$X_{11} = P^- \qquad (5.59a)$$

$$X_{12} = P^- \cdot C^T \qquad (5.59b)$$

$$X_{22} = C \cdot P^- \cdot C^T + R \qquad (5.59c)$$

Dann erhalten wir für die gesuchte Determinante in Gleichung 5.55b durch Anwenden der Gleichungen 5.58 und 5.56c mit den Identitäten von Gl. 5.59a – 5.59c:

$$|P^*| = \det(P^*) = \det(P^-) \cdot \det\left\{C \cdot P^- \cdot C^T + R - \left[C \cdot P^- \cdot (P^-)^{-1} \cdot P^- \cdot C^T\right]\right\}$$

$$= \det(P^-) \cdot \det(R) = |P^-| \cdot |R| \tag{5.60}$$

Einsetzen dieses wichtigen Zwischenergebnisses in Gl. 5.55b ergibt dann:

$$|C \cdot P^- \cdot C^T + R| = |P^*| \cdot |P^+|^{-1} = |P^-| \cdot |R| \cdot |P^+|^{-1} \tag{5.61}$$

Wir setzen nun abschließend Gl. 5.61 in Gl. 5.52 ein und erhalten:

$$\frac{|C \cdot P^- \cdot C^T + R|^{1/2}}{a \cdot |P^-|^{1/2} \cdot |R|^{1/2}} = \frac{|P^-|^{1/2} \cdot |R|^{1/2} \cdot |P^+|^{-1/2}}{a \cdot |P^-|^{1/2} \cdot |R|^{1/2}} = \frac{1}{(2\pi)^{n/2} \cdot |P^+|^{1/2}} \tag{5.62a}$$

bzw. durch Hinzufügen der Zeitabhängigkeiten das endgültige Determinantenendergebnis:

$$\frac{|C(k) \cdot P^-(k)\ C(k)^T + R(k)|^{1/2}}{(2\pi)^{n/2} \cdot |P^-(k)|^{1/2} \cdot |R(k)|^{1/2}} = \frac{1}{(2\pi)^{n/2} \cdot |P^+(k)|^{1/2}} \tag{5.62b}$$

Die Bestimmungsgleichungen für $P^+(k)$ ergeben sich aus den Gl. 5.54l und 5.54i durch Hinzufügen der Zeitabhängigkeit:

$$P^+(k) = P^-(k) - K(k) \cdot C(k) \cdot P^-(k) = \left[I - K(k) \cdot C(k)\right] \cdot P^-(k) \tag{5.62c}$$

und:

$$K(k) = P^-(k) \cdot C(k)^T \cdot [C(k) \cdot P^-(k) \cdot C(k)^T + R(k)]^{-1} \tag{5.62d}$$

Damit ist die Determinantenumformung von Gl. 5.52 abgeschlossen, und es ist gezeigt, daß sich der Quotient der gegebenen 3 Matrixdeterminanten auf eine einzige Determinante zurückführen läßt.

5.2.4.3.2 Umformung des Exponenten

Wir kommen nun zur Umformung des Exponenten. Diese Umformung benutzt mehrere Formen des Matrixinversionslemmas, deren Herleitung im Anhang dieses Kapitels enthalten ist.

In einem <u>ersten Schritt</u> wird der Exponent durch Ausmultiplizieren der Produkte expandiert. Aus Gl. 5.51b für den Exponenten erhalten wir:

$$
\begin{aligned}
-2\oplus = {} & [\underline{y}_k - C(k)\cdot \underline{\xi}_k]^T \cdot R(k)^{-1} \cdot [\underline{y}_k - C(k)\cdot \underline{\xi}_k] + [\underline{\xi}_k - \hat{\underline{x}}_k^-]^T \cdot P^-(k)^{-1} \cdot [\underline{\xi}_k - \hat{\underline{x}}_k^-] \\
& - [\underline{y}_k - C(k)\cdot \hat{\underline{x}}_k^-]^T \cdot [C(k)\cdot P^-(k)\cdot C(k)^T + R(k)]^{-1} \cdot [\underline{y}_k - C(k)\cdot \hat{\underline{x}}_k^-]
\end{aligned}
\tag{5.63}
$$

Durch Ausmultiplizieren ergibt sich dann der Ausdruck:

$$
\begin{aligned}
-2\oplus = {} & \underline{y}_k^T \cdot R(k)^{-1} \cdot \underline{y}_k - \underline{y}_k^T \cdot R(k)^{-1} \cdot C(k)\cdot \underline{\xi}_k - \underline{\xi}_k^T \cdot C(k)^T \cdot R(k)^{-1} \cdot \underline{y}_k \\
& + \underline{\xi}_k^T \cdot C(k)^T \cdot R(k)^{-1} \cdot C(k)\cdot \underline{\xi}_k \\
& + \underline{\xi}_k^T \cdot P^-(k)^{-1} \cdot \underline{\xi}_k + \hat{\underline{x}}_k^{-T} \cdot P^-(k)^{-1} \cdot \hat{\underline{x}}_k^- - \hat{\underline{x}}_k^{-T} \cdot P^-(k)^{-1} \cdot \underline{\xi}_k - \underline{\xi}_k^T \cdot P^-(k)^{-1} \cdot \hat{\underline{x}}_k^- \\
& - \underline{y}_k^T \cdot [C(k)\cdot P^-(k)\cdot C(k)^T + R(k)]^{-1} \cdot \underline{y}_k \\
& + \underline{y}_k^T \cdot [C(k)\cdot P^-(k)\cdot C(k)^T + R(k)]^{-1} \cdot C(k)\cdot \hat{\underline{x}}_k^- \\
& + \hat{\underline{x}}_k^{-T} \cdot C(k)^T \cdot [C(k)\cdot P^-(k)\cdot C(k)^T + R(k)]^{-1} \cdot \underline{y}_k \\
& - \hat{\underline{x}}_k^{-T} \cdot C(k)^T \cdot [C(k)\cdot P^-(k)\cdot C(k)^T + R(k)]^{-1} \cdot C(k)\cdot \hat{\underline{x}}_k^-
\end{aligned}
\tag{5.64}
$$

Im <u>nächsten Schritt</u> werden die Terme des Exponenten neu zusammengefaßt. Dabei wird gleichzeitig berücksichtigt, daß alle Summanden Skalare sind, und daß damit alle gemischten Glieder mit den entsprechenden transponiert auftretenden gemischten Gliedern zusammengefaßt werden können. Dann erhält man:

$$
\begin{aligned}
-2\Phi = {} & \underline{\xi}_k^T \cdot [P^-(k)^{-1} + C(k)^T \cdot R(k)^{-1} \cdot C(k)] \cdot \underline{\xi}_k \\
& - 2 \cdot \underline{\xi}_k^T \cdot [P^-(k)^{-1} \cdot \hat{\underline{x}}_k^- + C(k)^T \cdot R(k)^{-1} \cdot \underline{y}_k] \\
& + \underline{y}_k^T \cdot \left\{ R(k)^{-1} - [C(k) \cdot P^-(k) \cdot C(k)^T + R(k)]^{-1} \right\} \cdot \underline{y}_k \\
& + \hat{\underline{x}}_k^{-T} \cdot \left\{ P^-(k)^{-1} - C(k)^T \cdot [C(k) \cdot P^-(k) \cdot C(k)^T + R(k)]^{-1} \cdot C(k) \right\} \cdot \hat{\underline{x}}_k^- \\
& + 2 \cdot \hat{\underline{x}}_k^{-T} \cdot C(k)^T \cdot [C(k) \cdot P^-(k) \cdot C(k)^T + R(k)]^{-1} \cdot \underline{y}_k
\end{aligned}
\tag{5.65}
$$

Als dritter Schritt erfolgt die Betrachtung der Einzelsummanden:

Wir betrachten zunächst den dritten Summanden in Gl. 5.65 etwas genauer. Mit dem Matrixinversionslemma M5 (s. Anhang) gilt:

$$
\begin{aligned}
& R(k)^{-1} - [C(k) \cdot P^-(k) \cdot C(k)^T + R(k)]^{-1} \\
& \qquad = R(k)^{-1} \cdot C(k) \cdot \left[P^-(k)^{-1} + C(k)^T \cdot R(k)^{-1} \cdot C(k) \right]^{-1} \cdot C(k)^T \cdot R(k)^{-1}
\end{aligned}
\tag{M5}
$$

Einsetzen dieser Identität in den dritten Summanden liefert:

$$
\begin{aligned}
& \underline{y}_k^T \cdot \left\{ R(k)^{-1} - [C(k) \cdot P^-(k) \cdot C(k)^T + R(k)]^{-1} \right\} \cdot \underline{y}_k \\
& \qquad = \underline{y}_k^T \cdot R(k)^{-1} \cdot C(k) \cdot \left[P^-(k)^{-1} + C(k)^T \cdot R(k)^{-1} \cdot C(k) \right]^{-1} \cdot C(k)^T \cdot R(k)^{-1} \cdot \underline{y}_k
\end{aligned}
\tag{5.66}
$$

Setzt man die Invertierbarkeit von $P^-(k)$ voraus, kann die im letzten Summanden auftretende Matrixklammer nun unter Zuhilfenahme des Matrixinversionslemmas M6 (s. Anhang) folgendermaßen vereinfacht werden:

$$
\begin{aligned}
& C(k)^T \cdot [C(k) \cdot P^-(k) \cdot C(k)^T + R(k)]^{-1} \\
& \qquad = P^-(k)^{-1} \cdot [P^-(k)^{-1} + C(k)^T \cdot R(k)^{-1} \cdot C(k)]^{-1} \cdot C(k)^T \cdot R(k)^{-1}
\end{aligned}
\tag{5.67}
$$

so daß sich der letzte Summand mit Gl. 5.67 folgendermaßen darstellen läßt:

$$2\cdot \hat{\underline{x}}_k^{-T}\cdot C(k)^T\cdot [C(k)\cdot P^-(k)\cdot C(k)^T + R(k)]^{-1}\cdot \underline{y}_k$$

$$= 2\cdot \hat{\underline{x}}_k^{-T}\cdot P^-(k)^{-1}\cdot [P^-(k)^{-1} + C(k)^T\cdot R(k)^{-1}\cdot C(k)]^{-1}\cdot C(k)^T\cdot R(k)^{-1}\cdot \underline{y}_k \tag{5.68}$$

Zuletzt wird der vierte Summand betrachtet. Die hier auftretende Matrixklammer lautet:

$$P^-(k)^{-1} - C(k)^T\cdot [C(k)\cdot P^-(k)\cdot C(k)^T + R(k)]^{-1}\cdot C(k)$$

Verwendet man das Matrixinversionslemma M1 für $P^-(k)^{-1}$, welches von links und von rechts mit $P^-(k)^{-1}$ multipliziert wird, stellt man fest, daß:

$$P^-(k)^{-1}\cdot \left[P^-(k)^{-1} + C(k)^T\cdot R(k)^{-1}\cdot C(k)\right]^{-1}\cdot P^-(k)^{-1}$$

$$= P^-(k)^{-1} - C(k)^T\cdot [C(k)\cdot P^-(k)\cdot C(k)^T + R(k)]^{-1}\cdot C(k) \tag{5.69}$$

Diese Äquivalenz wird zur Umformung des vierten Summanden verwendet, so daß man schreiben kann:

$$\hat{\underline{x}}_k^{-T}\cdot \left\{P^-(k)^{-1} - C(k)^T\cdot [C(k)\cdot P^-(k)\cdot C(k)^T + R(k)]^{-1}\cdot C(k)\right\}\cdot \hat{\underline{x}}_k^-$$

$$= \hat{\underline{x}}_k^{-T}\cdot \left\{P^-(k)^{-1}\cdot \left[P^-(k)^{-1} + C(k)^T\cdot R(k)^{-1}\cdot C(k)\right]^{-1}\cdot P^-(k)^{-1}\right\}\cdot \hat{\underline{x}}_k^- \tag{5.70}$$

Mit den Umformungen des 3., 4. und letzten Summanden nach den Gl. 5.66, 5.70 und 5.68 kann man den Exponenten nach Gl. 5.65 folgendermaßen umformen und zusammenfassen:

$$
\begin{aligned}
-2\Phi = {} & \underline{\xi}_k^T \cdot [P^-(k)^{-1} + C(k)^T \cdot R(k)^{-1} \cdot C(k)] \cdot \underline{\xi}_k \\
& - 2 \cdot \underline{\xi}_k^T \cdot [P^-(k)^{-1} \cdot \hat{\underline{x}}_k^- + C(k)^T \cdot R(k)^{-1} \cdot \underline{y}_k] \\
& + \underline{y}_k^T \cdot R(k)^{-1} \cdot C(k) \cdot \left[P^-(k)^{-1} + C(k)^T \cdot R(k)^{-1} \cdot C(k)\right]^{-1} \cdot C(k)^T \cdot R(k)^{-1} \cdot \underline{y}_k \\
& + \hat{\underline{x}}_k^{-T} \cdot \left\{P^-(k)^{-1} \cdot \left[P^-(k)^{-1} + C(k)^T \cdot R(k)^{-1} \cdot C(k)\right]^{-1} \cdot P^-(k)^{-1}\right\} \cdot \hat{\underline{x}}_k^- \\
& + 2 \cdot \hat{\underline{x}}_k^{-T} \cdot P^-(k)^{-1} \cdot [P^-(k)^{-1} + C(k)^T \cdot R(k)^{-1} \cdot C(k)]^{-1} \cdot C(k)^T \cdot R(k)^{-1} \cdot \underline{y}_k
\end{aligned}
$$

$$
\begin{aligned}
= {} & \underline{\xi}_k^T \cdot [P^-(k)^{-1} + C(k)^T \cdot R(k)^{-1} \cdot C(k)] \cdot \underline{\xi}_k \\
& - 2 \cdot \underline{\xi}_k^T \cdot [P^-(k)^{-1} \cdot \hat{\underline{x}}_k^- + C(k)^T \cdot R(k)^{-1} \cdot \underline{y}_k] \\
& + \left[\underline{y}_k^T \cdot R(k)^{-1} \cdot C(k) + \hat{\underline{x}}_k^{-T} \cdot P^-(k)^{-1}\right] \\
& \cdot \left[P^-(k)^{-1} + C(k)^T \cdot R(k)^{-1} \cdot C(k)\right]^{-1} \cdot \left[C(k)^T \cdot R(k)^{-1} \cdot \underline{y}_k + P^-(k)^{-1} \cdot \hat{\underline{x}}_k^-\right]
\end{aligned}
\tag{5.71}
$$

Damit ist der Exponent umgeformt und neu zusammengefaßt. Wir führen nun zur Erhöhung der Übersichtlichkeit der weiteren Umformung einige Abkürzungen ein. Zunächst definieren wir die $[n \times n]$–Matrix A mit:

$$
A = [P^-(k)^{-1} + C(k)^T \cdot R(k)^{-1} \cdot C(k)] \tag{5.72}
$$

Des weiteren definieren wir zur Vereinfachung des gemischten Gliedes den $[m \times 1]$–Vektor $\underline{a}$ mit:

$$
\underline{a} = [P^-(k)^{-1} \hat{\underline{x}}_k^- + C(k)^T \cdot R(k)^{-1} \cdot \underline{y}_k] \tag{5.73}
$$

Mit diesen Abkürzungen vereinfacht sich der Exponent in Gl. 5.71 zu:

$$
-2\Phi = \underline{\xi}_k^T \cdot A \cdot \underline{\xi}_k - 2 \cdot \underline{\xi}_k^T \cdot \underline{a} + \underline{a}^T \cdot A^{-1} \cdot \underline{a} \tag{5.74}
$$

Erweitern des mittleren Summanden mit $A \cdot A^{-1}$ liefert dann:

$$-2\oplus = \underline{\xi}_k^T \cdot A \cdot \underline{\xi}_k - 2 \cdot \underline{\xi}_k^T \cdot A \cdot A^{-1} \cdot \underline{a} + \underline{a}^T \cdot A^{-1} \cdot \underline{a}$$

$$= \underline{\xi}_k^T \cdot A \cdot \underline{\xi}_k - \underline{\xi}_k^T \cdot A \cdot A^{-1} \cdot \underline{a} - \underline{a}^T \cdot A^{-1} \cdot A \cdot \underline{\xi}_k + \underline{a}^T \cdot A^{-1} \cdot \underline{a} \qquad (5.75)$$

wobei wieder ausgenutzt wurde, daß transponierte Skalare und nichttransponierte Skalare identisch sind. Im nächsten Schritt werden nun die Terme $\underline{\xi}_k^T \cdot A$ und $\underline{a}^T \cdot A^{-1} \cdot A$ ausgeklammert, so daß wir erhalten:

$$-2\oplus = \underline{\xi}_k^T \cdot A \cdot [\underline{\xi}_k - A^{-1} \cdot \underline{a}] - \underline{a}^T \cdot A^{-1} \cdot A \cdot [\underline{\xi}_k - A^{-1} \cdot \underline{a}] \qquad (5.76a)$$

Ein weiteres Ausklammern des Terms in eckigen Klammern liefert das Endergebnis:

$$-2\oplus = [\underline{\xi}_k^T - \underline{a}^T \cdot A^{-1}] \cdot A \cdot [\underline{\xi}_k - A^{-1} \cdot \underline{a}] = [\underline{\xi}_k - A^{-1} \cdot \underline{a}]^T \cdot A \cdot [\underline{\xi}_k - A^{-1} \cdot \underline{a}] \qquad (5.76b)$$

Für den Exponenten erhalten wir daraus:

$$\oplus = -1/2 \cdot [\underline{\xi}_k - A^{-1} \cdot \underline{a}]^T \cdot A \cdot [\underline{\xi}_k - A^{-1} \cdot \underline{a}] \qquad (5.77)$$

Dies ist die gewünschte quadratische Form für den Exponenten. Wir erkennen sofort, daß diese quadratische Form des Exponenten die Gauß'sche Verteilungsdichtefunktion definiert. Diese bedingte Verteilungsdichte wird formal beschrieben durch:

$$f_{\underline{x}(k)/\underline{Y}(k)}(\underline{\xi}_k/\underline{Y}_k) = [(2 \cdot \pi)^{n/2} \cdot |P^+(k)|^{1/2}]^{-1} \cdot \exp(\oplus) \qquad (5.78a)$$

mit:

$$\oplus = -1/2 \cdot [\underline{\xi}_k - \hat{\underline{x}}_k^+]^T \cdot P^+(k)^{-1} \cdot [\underline{\xi}_k - \hat{\underline{x}}_k^+] \qquad (5.78b)$$

Dabei ist der <u>bedingte Erwartungswert</u> gegeben durch:

$$E\{\underline{x}(k)/\underline{Y}(k)=\underline{Y}_k\} = \hat{\underline{x}}_k^+ \qquad (5.78c)$$

Die bedingte Kovarianz ist gegeben durch:

$$E\left\{\left[\underline{x}(k)-\hat{\underline{x}}_k^+\right]\cdot\left[\underline{x}(k)-\hat{\underline{x}}_k^+\right]^T / \underline{Y}(k)=\underline{Y}_k\right\} = P^+(k) \tag{5.78d}$$

Durch einen Koeffizientenvergleich von Gl. 5.78b mit Gl. 5.77 bestimmen wir nun die unbekannten Größen $\hat{\underline{x}}_k^+$ und $P^+(k)$:

$$\hat{\underline{x}}_k^+ = A^{-1}\cdot\underline{a} \tag{5.79}$$

und

$$P^+(k) = A^{-1} \tag{5.80}$$

Nach Rücksubstituieren der Definitionsgleichungen 5.72 und 5.73 erhalten wir dann aus den Gl. 5.79 und 5.80 Bestimmungsgleichungen für $\hat{\underline{x}}_k^+$ und $P^+(k)$.

Für den bedingten Erwartungswert ermitteln wir:

$$\hat{\underline{x}}_k^+ = [P^-(k)^{-1} + C(k)^T\cdot R(k)^{-1}\cdot C(k)]^{-1}\cdot [P^-(k)^{-1}\hat{\underline{x}}_k^- + C(k)^T\cdot R(k)^{-1}\cdot \underline{y}_k] \tag{5.81a}$$

Auf die inverse Matrix in Gl. 5.81a wenden wir nun das Matrixinversionslemma M1 (s. Anhang) an, so daß wir schreiben können:

$$\begin{aligned}
\hat{\underline{x}}_k^+ &= \left[P^-(k) - P^-(k)\cdot C(k)^T\cdot [C(k)\cdot P^-(k)\cdot C(k)^T + R(k)]^{-1}\cdot C(k)\cdot P^-(k)\right] \\
&\quad \cdot [P^-(k)^{-1}\hat{\underline{x}}_k^- + C(k)^T\cdot R(k)^{-1}\cdot \underline{y}_k] \\
&= \hat{\underline{x}}_k^- + P^-(k)\cdot C(k)^T\cdot R(k)^{-1}\cdot \underline{y}_k \\
&\quad - P^-(k)\cdot C(k)^T\cdot [C(k)\cdot P^-(k)\cdot C(k)^T + R(k)]^{-1}\cdot C(k)\cdot \hat{\underline{x}}_k^- \\
&\quad - P^-(k)\cdot C(k)^T\cdot [C(k)\cdot P^-(k)\cdot C(k)^T + R(k)]^{-1}\cdot C(k)\cdot P^-(k)\, C(k)^T\cdot R(k)^{-1}\cdot \underline{y}_k \\
&= \hat{\underline{x}}_k^- - P^-(k)\cdot C(k)^T\cdot [C(k)\cdot P^-(k)\cdot C(k)^T + R(k)]^{-1}\cdot C(k)\cdot \hat{\underline{x}}_k^- \\
&\quad + P^-(k)\cdot C(k)^T\cdot \left[I - [C(k)\cdot P^-(k)\cdot C(k)^T + R(k)]^{-1}\cdot C(k)\cdot P^-(k)\, C(k)^T\right] \\
&\quad \cdot R(k)^{-1}\cdot \underline{y}_k
\end{aligned} \tag{5.81b}$$

Wir betrachten nun die Klammer im dritten Summanden von Gl. 5.81b genauer. Es gilt nämlich:

$$\left[I - [C(k)\cdot P^{-}(k)\cdot C(k)^{T} + R(k)]^{-1}\cdot C(k)\cdot P^{-}(k)\, C(k)^{T}\right]$$

$$= [C(k)\cdot P^{-}(k)\cdot C(k)^{T} + R(k)]^{-1}$$
$$\cdot \left[C(k)\cdot P^{-}(k)\cdot C(k)^{T} + R(k) - C(k)\cdot P^{-}(k)\, C(k)^{T}\right]$$

$$= [C(k)\cdot P^{-}(k)\cdot C(k)^{T} + R(k)]^{-1}\cdot R(k) \tag{5.81c}$$

wie sich durch Ausklammern leicht nachrechnen läßt. Einsetzen dieser Vereinfachung in Gl. 5.81b liefert dann:

$$\underline{\hat{x}}_k^{+} = \underline{\hat{x}}_k^{-} - P^{-}(k)\cdot C(k)^{T}\cdot [C(k)\cdot P^{-}(k)\cdot C(k)^{T} + R(k)]^{-1}\cdot C(k)\cdot \underline{\hat{x}}_k^{-}$$

$$+ P^{-}(k)\cdot C(k)^{T}\cdot [C(k)\cdot P^{-}(k)\cdot C(k)^{T} + R(k)]^{-1}\cdot \underline{y}_k$$

$$= \underline{\hat{x}}_k^{-} - P^{-}(k)\cdot C(k)^{T}\cdot [C(k)\cdot P^{-}(k)\cdot C(k)^{T} + R(k)]^{-1}\cdot [\underline{y}_k - C(k)\cdot \underline{\hat{x}}_k^{-}] \tag{5.81d}$$

Mit dem Matrixinversionslemma M1 (s. Anhang) erhalten wir analog für die <u>bedingte Kovarianz</u>:

$$P^{+}(k) = [P^{-}(k)^{-1} + C(k)^{T}\cdot R(k)^{-1}\cdot C(k)]^{-1}$$

$$= P^{-}(k) - P^{-}(k)\cdot C(k)^{T}\cdot [C(k)\cdot P^{-}(k)\cdot C(k)^{T} + R(k)]^{-1}\cdot C(k)\cdot P^{-}(k) \tag{5.82}$$

Damit sind die beiden Parameter der gesuchten bedingten Verteilungsdichtefunktion berechnet. Mit der Einführung der Abkürzung:

$$K(k) = P^{-}(k)\cdot C(k)^{T}\cdot [C(k)\cdot P^{-}(k)\cdot C(k)^{T} + R(k)]^{-1} \tag{5.83}$$

die identisch mit der Definition nach Gl. 5.62d ist, erhalten wir aus den Gl. 5.81d und

5.82 folgende übersichtliche Bestimmungsformeln:

$$\underline{\hat{x}}_k^+ = \underline{\hat{x}}_k^- + K(k)\cdot [\underline{y}_k - C(k)\cdot \underline{\hat{x}}_k^-] \qquad (5.84)$$

und

$$P^+(k) = P^-(k) - K(k)\cdot C(k)\cdot P^-(k) \qquad (5.85)$$

5.2.4.4 Abschließende Zusammenfassung der Filterdichte

Die gesuchte Filterdichte ist tatsächlich gaußförmig, wie die vorangegangene Ableitung gezeigt hat und wird zusammenfassend beschrieben durch:

$$f_{\underline{x}(k)/\underline{Y}(k)}(\underline{\xi}_k/\underline{Y}_k) = [(2\cdot \pi)^{n/2}\cdot |P^+(k)|^{1/2}]^{-1}\cdot \exp(\oplus) \qquad (5.86a)$$

mit:

$$\oplus = -1/2 \cdot [\underline{\xi}_k - \underline{\hat{x}}_k^+]^T\cdot P^+(k)^{-1}\cdot [\underline{\xi}_k - \underline{\hat{x}}_k^+] \qquad (5.86b)$$

Der bedingte Erwartungswert ist:

$$\underline{\hat{x}}_k^+ = \underline{\hat{x}}_k^- + K(k)\cdot [\underline{y}_k - C(k)\cdot \underline{\hat{x}}_k^-] \qquad (5.86c)$$

und die bedingte Kovarianz ist gegeben durch:

$$P^+(k) = P^-(k) - K(k)\cdot C(k)\cdot P^-(k) \qquad (5.86d)$$

mit der sogenannten 'Kalman–Gainmatrix':

$$K(k) = P^-(k)\cdot C(k)^T\cdot [C(k)\cdot P^-(k)\cdot C(k)^T + R(k)]^{-1} \qquad (5.86e)$$

An dieser Stelle schließt sich auch der induktive Beweis, daß die bedingte Verteilungsdichte $f_{\underline{x}(k)/\underline{Y}(k)}$ gaußverteilt ist. Damit ist der allgemeine Schritt von k nach k+1, bzw. von k–1 nach k vollzogen.

5.2.4.4.1 Formulierung und Interpretation des Filterschätzwertes

Basierend auf der bedingten Verteilungsdichtefunktion des Zustands zum Zeitpunkt $k \cdot T$, bedingt auf die zurückliegende Meßwertgeschichte $\underline{Y}(k)$, kann man nun den optimalen Schätzwert des Zustandes formulieren. Wir verwenden, entsprechend den Vorüberlegungen zur Ableitung des Kalman–Filters, den bedingten Erwartungswert als optimalen Schätzwert. Dieser Schätzwert ergibt sich nach Gl. 5.86c als Linearkombination des Voraussageschätzwertes $\hat{\underline{x}}_k^-$ und des mit der Kalman–Gainmatrix $K(k)$ gewichteten 'Residuums' $\underline{r}_k = \underline{y}_k - C(k) \cdot \hat{\underline{x}}_k^-$. Dieses Residuum besteht aus der vektoriellen Differenz zwischen der neuen Meßwertrealisation $\underline{y}_k$ und dem beobachtbaren Teil der Voraussage und beinhaltet die in der neuen Messung enthaltene Korrekturinformation zur Voraussage. Die Gewichtung dieser Korrekturinformation wird durch die Kalman–Gainmatrix bestimmt. Diese ergibt sich, heuristisch formuliert, als Matrixverhältnis von Voraussagefehlerkovarianz zu Voraussagefehlerkovarianz zuzüglich der Meßfehlerkovarianz. Die Auswirkungen dieser Verhältnisbildung sind vorstellungsmäßig am einfachsten im skalaren Fall zu erfassen. In einem solchen Fall ist auch $K(k)$ eine skalare Größe und gegeben durch:

$$K(k) = \frac{c(k) \cdot P^-(k)}{c(k)^2 \cdot P^-(k) + R(k)} \qquad (5.87)$$

$c(k)$ ist die skalare, zeitveränderliche Beobachtungskonstante, $P^-(k)$ die skalare Voraussagefehlerkovarianz und $R(k)$ die Varianz des Störrauschens. Anhand von zwei Extremfällen kann man die Wirkung der Kalman–Gainmatrix am einfachsten verstehen.

1.) Der erste Extremfall ist gegeben durch $R(k) \longrightarrow 0$, oder $P^-(k) \longrightarrow \infty$. Dies bedeutet, die Voraussage ist entweder sehr fehlerhaft, oder die Messungen sind sehr genau – insgesamt ist in den Messungen damit sehr viel mehr Information als in der vom Filter berechneten Voraussage enthalten. In diesem Fall tendiert $K(k)$ gegen den Wert $1/c(k)$. Dies bedeutet, das Kalman–Filter korrigiert die Voraussageschätzwerte maximal, ja, es verwendet die Voraussageschätzwerte überhaupt nicht zur Berechnung der Filterschätzwerte, wie man aus:

$$\hat{x}_k^+ = \hat{x}_k^- + 1/c(k) \cdot (y_k - c(k) \cdot \hat{x}_k^-) = 1/c(k) \cdot y_k \qquad (5.88a)$$

sofort einsieht.

2.) Der zweite Extremfall liegt vor, wenn $R(k) \longrightarrow \infty$, oder $P^{-}(k) \longrightarrow 0$ streben. Dies bedeutet, die Vorkenntnisse des Filters sind sehr viel genauer als die Messungen. Im Extremfall sehr genauer Vorkenntnisse und sehr fehlerhafter Messungen tendiert dann K(k) gegen Null. Dies bedeutet, das Kalman–Filter verwendet die Messungen überhaupt nicht zur Korrektur der Voraussage, es berechnet vielmehr:

$$\hat{x}_k^+ = \hat{x}_k^- + 0 \cdot (y_k - c(k) \cdot \hat{x}_k^-) = \hat{x}_k^- \qquad (5.88b)$$

Diese beiden Extremfälle müssen zu einem späteren Zeitpunkt noch einmal für den vektoriellen Fall betrachtet werden, da mit dem Extremfall von $P^{-}(k) \longrightarrow 0$ oder $R(k) \longrightarrow 0$ im vektoriellen Fall Invertierbarkeitsvoraussetzungen von R(k) und $P^{-}(k)$, die bei der Ableitung des Kalman–Filters benötigt wurden, verletzt werden. Insgesamt ergibt sich aber ein Filterverhalten, welches zwischen den beiden, für den skalaren Fall beschriebenen Extremen liegt: Die Kalman–Gainmatrix nimmt ebensolche Werte an, daß die Kombination von Voraussageschätzwert und neuer Messung gerade so erfolgt, daß die in beiden Größen enthaltene Information optimal genutzt und verarbeitet wird. Anders formuliert bedeutet dies, die Kalman–Gainmatrix wird gerade so bestimmt, daß die gesamte, in der neuen Messung enthaltene Information ausgenutzt und zur Korrektur der Voraussage herangezogen wird. Diese Betrachtungsweise wird bei der Ableitung des Kalman–Filters mit Hilfe der orthogonalen Projektionen weiter vertieft. Die durch die Verarbeitung des neuen Meßwertes gewonnene Verringerung der Fehlerkovarianz wird durch Gl. 5.86d beschrieben. Auch diese Betrachtungsweise wird zu einem späteren Zeitpunkt noch weiter vertieft. Bevor jedoch auf die Wirkungsweise und die Eigenschaften des Kalman–Filters näher eingegangen wird, soll zunächst der Kalman–Filteralgorithmus zusammenfassend dargestellt werden

5.2.5 Zusammenfassung des Kalman–Filteralgorithmus

Damit die engen Beziehungen zwischen dem Systemmodell und dem resultierenden Kalman–Filter offensichtlich werden, wird in diesem Unterpunkt zunächst das Systemmodell kurz angegeben und dann das daraus resultierende Kalman–Filter zusammenfassend dargestellt.

5.2.5.1 Systemdarstellung

Die eingangs angenommene zeitdiskrete Darstellung des Systemmodells lautete:

$$\underline{x}(k+1) = A(k)\cdot \underline{x}(k) + \underline{u}(k) + G(k)\cdot \underline{w}(k) \tag{5.89a}$$

Diese Modellierung kann als gegebenes, eigenständiges, zeitdiskretes Modell, oder aber als äquivalente, zeitdiskrete Beschreibung eines gegebenen zeitkontinuierlichen Modells mit:

$$\underline{x}(t_{k+1}) = \phi(t_{k+1}, t_k)\cdot \underline{x}(t_k) + \int_{t_k}^{t_{k+1}} \phi(t_{k+1},\tau)\cdot B(\tau)\cdot \underline{u}(\tau)\cdot d\tau + \int_{t_k}^{t_{k+1}} \phi(t_{k+1},\tau)\cdot G(\tau)\cdot \underline{w}(\tau)\cdot d\tau \tag{5.89b}$$

interpretiert werden. Wir verweisen in diesem Zusammenhang noch einmal auf die Modellierungsgrundlagen nach Kapitel 4 dieser Darstellung. Mit diesen kann der Leser die weiteren Zusammenhänge, etwa zwischen den Kovarianzen von kontinuierlichem und zeitdiskretem, weißem Rauschen, bzw. der Diffusion der mathematisch zugrundeliegenden Brown'schen Prozesse bei den zeitkontinuierlichen Systemmodellen, leicht herstellen. Das Beobachtungsmodell liegt auf jeden Fall zeitdiskret vor:

$$\underline{y}(k) = C(k)\cdot \underline{x}(k) + \underline{v}(k) \tag{5.89c}$$

bzw.

$$\underline{y}(t_k) = C(t_k)\cdot \underline{x}(t_k) + \underline{v}(t_k) \tag{5.89d}$$

5.2.5.2 Kalman–Filteralgorithmus

1.) Zeitschritt von k–1 nach k (Extrapolation, time update), Prädiktionsgleichung:

$$\hat{\underline{x}}_k^- = A(k-1)\cdot \hat{\underline{x}}_{k-1}^+ + \underline{u}(k-1) \tag{5.90a}$$

bzw.:

$$\hat{\underline{x}}_k^- = \phi(t_k, t_{k-1})\cdot \hat{\underline{x}}_{k-1}^+ + \int_{t_k}^{t_{k+1}} \phi(t_{k+1},\tau)\cdot B(\tau)\cdot \underline{u}(\tau)\cdot d\tau \tag{5.90b}$$

wenn eine Modellierung in kontinuierlicher Zeit vorliegt. Dabei ist:

$$\hat{\underline{x}}_k^- = E\{\underline{x}(k)/\underline{Y}(k-1) = \underline{Y}_{k-1}\} \tag{5.90c}$$

Startwert:

$$\hat{\underline{x}}_0^+ = E\{\underline{x}(0)\} = \underline{x}_0 \tag{5.90d}$$

Fehlerkovarianz der Prädiktion:

$$P^-(k) = A(k-1)\cdot P^+(k-1)\cdot A(k-1)^T + G(k-1)\cdot Q(k-1)\cdot G(k-1)^T \tag{5.91a}$$

bzw.:

$$P^-(k) = \phi(k, k-1)\cdot P^+(k-1)\cdot \phi(k, k-1)^T + \int_{t_k}^{t_{k+1}} \phi(t_{k+1},\tau)\cdot G(\tau)\cdot Q(\tau)\cdot G(\tau)^T\cdot \phi(t_{k+1},\tau)^T d\tau \tag{5.91b}$$

bei gegebener zeitkontinuierlicher Modellierung.

Startwert:

$$P^+(0) = \mathrm{cov}(\underline{x}(0)) = P_{\underline{x}_0} = E\{(\underline{x}(0) - \underline{x}_0)\,(\underline{x}(0) - \underline{x}_0)^T\} \tag{5.91c}$$

2.) <u>Filterschätzwert, Meßwertinterpolation (measurement update)</u>:

$$\hat{\underline{x}}_k^+ = \hat{\underline{x}}_k^- + K(k)\cdot \underline{r}_k \qquad (5.92a)$$

$$\hat{\underline{x}}_k^+ = E\{\underline{x}(k)/\underline{Y}(k) = \underline{Y}_k\} \qquad (5.92b)$$

Residuum:

$$\underline{r}_k = \underline{y}_k - C(k)\cdot \hat{\underline{x}}_k^- \qquad (5.93)$$

Kalmangain:

$$K(k) = P^-(k)\cdot C(k)^T\cdot [C(k)\cdot P^-(k)\cdot C(k)^T + R(k)]^{-1} \qquad (5.94)$$

Fehlerkovarianz dieses Schätzwertes:

$$P^+(k) = (I-K(k)\cdot C(k))\cdot P^-(k) \qquad (5.95)$$

Dies ist die zusammenfassende Darstellung des Kalman–Filteralgorithmus für die in den Gl. 5.89a und 5.89b gegebene, zeitdiskrete Systemdarstellung. Das Blockschaltbild des Kalman–Filters ist in Abbildung 5.2 dargestellt. Man erkennt, daß das Kalman–Filter ein Abbild des Systemmodelles intern verwendet, um die Voraussageschätzwerte aus den zurückliegenden Filterschätzwerten zu berechnen. Allein daraus erkennt man schon die enorme Bedeutung der sorgfältigen Modellbildung für das Kalman–Filterdesign. Weitere Kenngrößen, die das Kalman–Filter benötigt, sind die Kovarianzmatrizen von driving noise und measurement noise. Diese stochastischen Kenngrößen werden zur Lösung der Kovarianzgleichungen 5.91, 5.94 und 5.95 benötigt und müssen dazu ebenfalls bekannt sein.

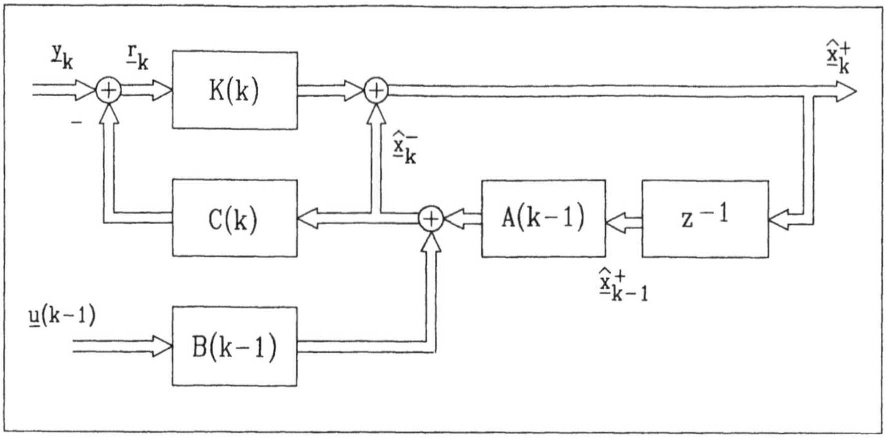

Bild 5.2: Blockschaltbild des Kalman–Filters

Aber jetzt schon fällt auf, daß zur Lösung dieser Gleichungen keinerlei Meßwerte benötigt werden. Damit ist es also möglich, sämtliche Werte und damit das gesamte Zeitverhalten der Kalman–Gainmatrix unabhängig von den tatsächlichen Meßwerten nur in Abhängigkeit von den stochastischen Parametern und den Systemmatrizen schon im voraus off–line zu berechnen und abzuspeichern. Es kann also Rechenaufwand – allerdings auf Kosten des Speicheraufwandes – bei der On–line–Berechnung gespart werden. Ebenso ermöglicht die Vorausberechnung der Kovarianzmatrizen schon eine Abschätzung der Filterfehlerkovarianz, die sich bei optimaler Modellbildung minimal erreichen läßt. Dies gilt allerdings nur – wie später gezeigt wird – in solchen Fällen, in denen das Systemmodell die Realität hinreichend genau beschreibt.

5.3 Statistische Prozesse innerhalb des Kalman–Filters

Im vorangegangenen Kapitel wurde das Kalman–Filter als Optimalfilteralgorithmus abgeleitet, welches für eine Problemmodellierung mit vektoriellen Gauß–Markov–Prozessen die gesamte bedingte Verteilungsdichtefunktion des gesuchten Zustandes, bedingt auf die zurückliegende Meßwertgeschichte, berechnet. Das Hauptgewicht dieses Unterpunktes liegt auf einer näheren Betrachtung einiger stochastischer Prozesse innerhalb des Kalman–Filters. Bedingt auf eine spezielle Meßwertgeschichte $\underline{Y}_k = \underline{Y}(k,\omega)$ liefert das Kalman–Filter einen optimalen Schätzwert $\hat{\underline{x}}_k^+ = E\{\underline{x}(k)/\underline{Y}(k)=\underline{Y}_k\}$. Dieser Schätzwert kann als eine Realisation der vektoriellen Zufallsvariablen:

$\hat{\underline{x}}^+(k) = E\{\underline{x}(k)/\underline{Y}(k)=\underline{Y}(k,\cdot)\}$ interpretiert werden, und zwar als die spezielle Realisation, die sich aus der speziellen Realisation der Meßwertgeschichte $\underline{Y}_k = \underline{Y}(k,\omega)$ ergibt. Die Zufallsvariable $\hat{\underline{x}}^+(k)$ kann als Abbildung des Meßrealisationenraums in den Schätzwertrealisationenraum interpretiert werden. Solche Abbildungen heißen, wie schon früher erwähnt, Estimatoren. Das Kalman–Filter ist ein solcher Estimator, der Algorithmus beschreibt eine Abbildung der Meßwertzufallsvariablen auf Schätzwertzufallsvariablen. Für jede Meßwertrealisation $\underline{Y}_k$ nimmt die Schätzwertzufallsvariable $\hat{\underline{x}}^+(k)$ eine spezielle Realisation, den Schätzwert $\hat{\underline{x}}_k^+$ an – der Estimator (estimator) berechnet Schätzwerte (estimates).

5.3.1 Betrachtung des Schätzfehlers

Der Fehler, den der Estimator begeht, wenn die Zufallsvariable $\hat{\underline{x}}^+(k)$ zur Estimation von $\underline{x}(k)$ verwendet wird, wird durch die Zufallsvariable:

$$\underline{e}^+(k) = \underline{x}(k) - \hat{\underline{x}}^+(k) \tag{5.96}$$

beschrieben. Diese Zufallsvariable ist eine Abbildung von zwei Zufallsvariablen, deren Verbundverteilungsdichtefunktion gaußförmig ist, wie man zeigen kann. (Die Argumentation verläuft etwa folgendermaßen: $\hat{\underline{x}}^+(k)$ ist eine Funktion der Meßwertgeschichte $\underline{Y}(k)$, diese ist eine Funktion aller zurückliegenden Zufallsvariablen $\underline{x}(i)$, i = 0, 1, 2, ... k und der davon unabhängigen Störungen $\underline{v}(i)$, i = 0, 1, 2, ... k, die einen Gaußprozeß bilden. $\underline{x}(\cdot,\cdot)$ ist aber ebenfalls ein Gaußprozeß, so daß $\hat{\underline{x}}^+(k)$ als eine Abbildung der zurückliegenden Zufallsvariablen $\underline{x}(i)$ und $\underline{v}(i)$, i = 0, 1, 2, ... k interpretiert werden kann.

Alle auftretenden Größen entstammen somit Gaußprozessen, damit kann gezeigt werden, daß $\underline{x}(k)$ und $\hat{\underline{x}}^{+}(k)$ gaußverbundverteilt sind.). Damit ist aber auch die Fehlerzufallsvariable $\underline{e}^{+}(k)$ gaußverteilt, es genügt damit die Berechnung der ersten beiden Momente zur vollständigen Beschreibung. Zunächst berechnen wir jedoch die bedingten Momente der Zufallsvariablen $\underline{e}^{+}(k)$. Für den bedingten Erwartungswert schreiben wir:

$$E\{\underline{e}^{+}(k)/\underline{Y}(k)=\underline{Y}_k\} = E\{\underline{x}(k)/\underline{Y}(k)=\underline{Y}_k\} - E\{\hat{\underline{x}}^{+}(k)/\underline{Y}(k)=\underline{Y}_k\} \tag{5.97}$$

Zur Berechnung des bedingten Erwartungswertes der Zufallsvariablen $\hat{\underline{x}}^{+}(k)$ benötigen wir folgende Vorüberlegung. Es gilt:

$$\hat{\underline{x}}_k^{+} = E\{\underline{x}(k)/\underline{Y}(k)=\underline{Y}_k\} = \underline{g}(\underline{Y}_k) \tag{5.98a}$$

ist eine Funktion der Meßwertrealisationen $\underline{Y}_k$ und damit eine Realisation der Zufallsvariablen:

$$\hat{\underline{x}}^{+}(k) = E\{\underline{x}(k)/\underline{Y}(k)=\underline{Y}(k,\cdot)\} = \underline{g}(\underline{Y}(k,\cdot)) \tag{5.98b}$$

die eine Funktion der Meßwertzufallsvariablen $\underline{Y}(k)$ ist. Unter der Bedingung, daß die Zufallsvariable $\underline{Y}(k,\cdot)$ die Realisation $\underline{Y}(k,\omega) = \underline{Y}_k$ annimmt, folgt, daß dann die Zufallsvariable $\hat{\underline{x}}^{+}(k)$ die Realisation $\hat{\underline{x}}^{+}(k,\omega) = \hat{\underline{x}}_k^{+} = f(\underline{Y}_k)$ annimmt. Mit dieser Vorüberlegung kann man schreiben:

$$E\{\hat{\underline{x}}^{+}(k)/\underline{Y}(k)=\underline{Y}_k\} = E\{\underline{g}(\underline{Y}(k)/\underline{Y}(k)=\underline{Y}_k\} = \int_{-\infty}^{\infty} \underline{g}(\underline{Y}_k)\cdot f_{\underline{x}(k)/\underline{Y}(k)}(\xi_k/\underline{Y}_k)\cdot d\xi_k$$

$$= \underline{g}(\underline{Y}_k)\cdot \int_{-\infty}^{\infty} f_{\underline{x}(k)/\underline{Y}(k)}(\xi_k/\underline{Y}_k)\cdot d\xi_k = \underline{g}(\underline{Y}_k)\cdot 1 = \hat{\underline{x}}_k^{+} \tag{5.98c}$$

Durch Einsetzen von Gl. 5.98a und 5.98c in Gl. 5.97 erhalten wir dann:

$$E\{\underline{e}(k)/\underline{Y}(k)=\underline{Y}_k\} = \hat{\underline{x}}_k^{+} - \hat{\underline{x}}_k^{+} = \underline{0} \tag{5.99}$$

Der bedingte Erwartungswert des Schätzfehlers verschwindet und dies bedeutet, der Estimator liefert Schätzwerte, die bedingt erwartungstreu sind (conditionally unbiased estimates). Den unbedingten Erwartungswert der Schätzfehlerzufallsvariablen erhalten wir durch Anwenden von Gl. 3.207, wonach gilt:

$$E_X\{\underline{e}^+(k)\} = E_Y\{E_X\{\underline{e}^+(k)/\underline{Y}(k)=\underline{Y}(k,\cdot)\}\}$$

Wendet man diese Gleichung zur Berechnung des unbedingten Erwartungswertes von $\underline{e}^+(k)$ an, erhält man:

$$E\{\underline{e}^+(k)\} = E_Y\{\underline{0}\} = \underline{0} \tag{5.100}$$

Auch der unbedingte Erwartungswert der Schätzfehlerzufallsvariablen $\underline{e}^+(k)$ verschwindet damit, das Kalman–Filter ist also ein erwartungstreuer Estimator (unbiased estimator).

Für die bedingte Kovarianz der Zufallsvariablen $\underline{e}^+(k)$ erhält man:

$$E\left\{\left[\underline{e}^+(k) - E\{\underline{e}^+(k)/\underline{Y}(k)=\underline{Y}_k\}\right] \cdot \left[\underline{e}^+(k) - E\{\underline{e}^+(k)/\underline{Y}(k)=\underline{Y}_k\}\right]^T / \underline{Y}(k)=\underline{Y}_k\right\}$$

$$= E\{\underline{e}^+(k)\cdot \underline{e}^+(k)^T/\underline{Y}(k)=\underline{Y}_k\} = E\left\{\left[\underline{x}(k)-\hat{\underline{x}}^+(k)\right]\cdot\left[\underline{x}(k)-\hat{\underline{x}}^+(k)\right]^T/\underline{Y}(k)=\underline{Y}_k\right\}$$

$$= E\left\{\underline{x}(k)\cdot \underline{x}^T(k)/\underline{Y}(k)=\underline{Y}_k\right\} - E\left\{\hat{\underline{x}}^+(k)\cdot \underline{x}(k)^T/\underline{Y}(k)=\underline{Y}_k\right\}$$

$$- E\left\{\underline{x}(k)\cdot \hat{\underline{x}}^+(k)^T/\underline{Y}(k)=\underline{Y}_k\right\} + E\left\{\hat{\underline{x}}^+(k)\cdot \hat{\underline{x}}^+(k)^T/\underline{Y}(k)=\underline{Y}_k\right\} \tag{5.101}$$

Mit den Vorüberlegungen nach 5.98a – 5.98c folgt dann:

$$E\{\underline{e}^+(k)\cdot \underline{e}^+(k)^T/\underline{Y}(k)=\underline{Y}_k\} = E\left\{\underline{x}(k)\cdot \underline{x}^T(k)/\underline{Y}(k)=\underline{Y}_k\right\}$$

$$-\hat{\underline{x}}_k^+\cdot E\left\{\underline{x}(k)^T/\underline{Y}(k)=\underline{Y}_k\right\} - E\left\{\underline{x}(k)/\underline{Y}(k)=\underline{Y}_k\right\}\cdot \hat{\underline{x}}_k^{+T} + \hat{\underline{x}}_k^+\cdot \hat{\underline{x}}_k^{+T}$$

$$= E\left\{\underline{x}(k)\cdot \underline{x}^T(k)/\underline{Y}(k)=\underline{Y}_k\right\} - \hat{\underline{x}}_k^+\cdot \hat{\underline{x}}_k^{+T} = P^+(k) + \hat{\underline{x}}_k^+\cdot \hat{\underline{x}}_k^{+T} - \hat{\underline{x}}_k^+\cdot \hat{\underline{x}}_k^{+T}$$

$$= P^+(k) \tag{5.102}$$

Die bedingte Kovarianz des Schätzfehlers $\underline{e}^+(k)$ ist damit gleich der bedingten Kovarianz des Zustandes, wie schon in Kapitel 3 einmal kurz andiskutiert. $P^+(k)$ hängt nicht von den aktuellen Meßwertrealisationen ab, deshalb kann die unbedingte Fehlerkovarianz der Zufallsvariablen $\underline{e}^+(k)$ wieder mit Gl. 3.207 sehr einfach berechnet werden. Wir schreiben wieder:

$$E\left\{\left[\underline{e}^+(k) - E\{\underline{e}^+(k)\}\right] \cdot \left[\underline{e}^+(k) - E\{\underline{e}^+(k)\}\right]^T\right\} = E\left\{\underline{e}^+(k)\cdot \underline{e}^+(k)^T\right\}$$

$$= E_y\left\{E\{\underline{e}^+(k)\cdot \underline{e}^+(k)^T/\underline{Y}(k)=\underline{Y}(k,\cdot)\}\right\} = E_y\left\{P^+(k)\right\} = P^+(k) \qquad (5.103)$$

Die bedingte Schätzfehlerkovarianz des Schätzwertes ist damit identisch mit der unbedingten Schätzfehlerkovarianz der Zufallsvariablen $\underline{e}^+(k)$ und damit gleich der unbedingten Schätzfehlerkovarianz des Estimators.

Damit kann die Verteilungsdichtefunktion der Schätzfehlerzufallsvariablen $\underline{e}^+(k)$ sofort formuliert werden. Diese Verteilungsdichtefunktion wird beschrieben durch:

$$f_{\underline{e}^+(k)}(\underline{\epsilon}) = [(2\pi)^{n/2}\cdot |P^+(k)|^{1/2}]^{-1}\cdot \exp\{-1/2\cdot \underline{\epsilon}^T\cdot P^+(k)^{-1}\cdot \underline{\epsilon}\} \qquad (5.104)$$

Diese Verteilungsdichtefunktion beschreibt die statistischen Eigenschaften des Schätzfehlers $\underline{e}^+(k)$, wenn man $\hat{\underline{x}}^+(k)$ als Estimator von $\underline{x}(k)$ verwendet. Die Verteilungsdichtefunktion ist von der speziellen Meßwertgeschichte unabhängig – sie gilt für beliebige Meßwertgeschichten.

Ein anderer Weg zur Berechnung der Verteilungsdichtefunktion von $\underline{e}^+(k)$ führt über die Berechnung der bedingten Verteilungsdichtefunktion der Zufallsvariablen $\underline{e}^+(k)$. Dazu geht man zunächst wieder von den Vorüberlegungen nach Gl. 5.98a – 5.98c aus:

Unter der Bedingung, daß die Zufallsvariable $\underline{Y}(k)$ die Realisation $\underline{Y}_k$ annimmt, liefert der Estimator die Zufallsvariablenrealisation (Schätzwert) $\hat{\underline{x}}_k^+$. Unter dieser Bedingung lautet die Schätzfehlerzufallsvariable:

$$\underline{\delta}^+(k) = \underline{e}^+(k)_{|\underline{Y}(k)=\underline{Y}_k} = \underline{x}(k) - \hat{\underline{x}}^+(k)_{|\underline{Y}(k)=\underline{Y}_k} = \underline{x}(k) - \hat{\underline{x}}_k^+ \qquad (5.105)$$

Diese Zufallsvariable entsteht aus der gaußverteilten Zufallsvariablen $\underline{x}(k)$, von der der feste Zahlenwert $\hat{\underline{x}}_k^+$ subtrahiert wird. Betrachtet man also die bedingte Verteilungsdichtefunktion der Zufallsvariablen $\underline{\delta}^+(k)$, bedingt auf die Meßwertgeschichte $\underline{Y}_k$, kann man aufgrund dieser Tatsache sofort folgern, daß diese Verteilungsdichtefunktion gaußförmig ist. Für die bedingten Momente erhält man:

$$E\{\underline{\delta}^+(k)/\underline{Y}(k)=\underline{Y}_k\} = E\{\underline{e}^+(k)/\underline{Y}(k)=\underline{Y}_k\} = E\{\underline{x}(k) - \hat{\underline{x}}_k^+/\underline{Y}(k)=\underline{Y}_k\}$$

$$= E\{\underline{x}(k)/\underline{Y}(k)=\underline{Y}_k\} - \hat{\underline{x}}_k^+ = \underline{0} \qquad (5.106)$$

und:

$$E\Big\{\Big[\underline{e}^+(k) - E\{\underline{e}^+(k)/\underline{Y}(k)=\underline{Y}_k\}\Big] \cdot \Big[\underline{e}^+(k) - E\{\underline{e}^+(k)/\underline{Y}(k)=\underline{Y}_k\}\Big]^T / \underline{Y}(k)=\underline{Y}_k\Big\}$$

$$= E\{\underline{e}^+(k)\cdot \underline{e}^+(k)^T/\underline{Y}(k)=\underline{Y}_k\} = E\{\underline{\delta}^+(k)\cdot \underline{\delta}^+(k)^T/\underline{Y}(k)=\underline{Y}_k\}$$

$$= E\Big\{[\underline{x}(k) - \hat{\underline{x}}_k^+]\cdot [\underline{x}(k) - \hat{\underline{x}}_k^+]^T/\underline{Y}(k)=\underline{Y}_k\Big\} = P^+(k) \qquad (5.107)$$

Damit lautet die bedingte Verteilungsdichtefunktion des Schätzfehlers, bedingt auf die Meßwertgeschichte $\underline{Y}_k$:

$$f_{\underline{e}^+(k)/\underline{Y}(k)}(\underline{\epsilon}/\underline{Y}_k) = [(2\pi)^{n/2}\cdot |P^+(k)|^{1/2}]^{-1} \cdot \exp\{-1/2\cdot \underline{\epsilon}^T\cdot P^+(k)^{-1}\cdot \underline{\epsilon}\} \qquad (5.108)$$

Diese bedingte Verteilungsdichtefunktion ist unabhängig von den jeweiligen Meßwertrealisationen, denn weder $P^+(k)$ noch der bedingte Erwartungswert hängen in irgendeiner Weise von der Meßwertgeschichte ab. Demzufolge kann die unbedingte Verteilungsdichtefunktion aus der bedingten Verteilungsdichtefunktion folgendermaßen berechnet werden:

$$f_{\underline{e}^+(k)}(\underline{\epsilon}) = \int_{-\infty}^{\infty} f_{\underline{e}^+(k),\underline{Y}(k)}(\underline{\epsilon},\underline{\mathcal{Y}}_k)\cdot d\underline{\mathcal{Y}}_k = \int_{-\infty}^{\infty} f_{\underline{e}^+(k)/\underline{Y}(k)}(\underline{\epsilon}/\underline{\mathcal{Y}}_k)\cdot f_{\underline{Y}(k)}(\underline{\mathcal{Y}}_k)\cdot d\underline{\mathcal{Y}}_k$$

$$= f_{\underline{e}^+(k)/\underline{Y}(k)}(\underline{\epsilon}/\underline{\mathcal{Y}}_k) \cdot \int_{-\infty}^{\infty} f_{\underline{Y}(k)}(\underline{\mathcal{Y}}_k)\cdot d\underline{\mathcal{Y}}_k = f_{\underline{e}^+(k)/\underline{Y}(k)}(\underline{\epsilon}/\underline{\mathcal{Y}}_k) \qquad (5.109)$$

Das Herausziehen der bedingten Verteilungsdichtefunktion aus der Integration ist möglich, weil die bedingte Verteilungsdichtefunktion, wie oben angemerkt, nicht von der Integrationsvariablen (der Meßwertgeschichte) abhängt. Die bedingte Verteilungsdichtefunktion des Fehlers ist damit gleich der unbedingten Verteilungsdichtefunktion, daraus folgt, daß die Fehlerzufallsvariable $\underline{e}^{+}(k)$ unabhängig von der Meßwertzufallsvariablen $\underline{Y}(k)$ sein muß. Die Unabhängigkeit des Estimationsfehlers von den Meßdaten ist in zweierlei Hinsicht interessant:

1.) Alle Information, die in den Meßwerten enthalten ist, wird zur Berechnung des Schätzwertes verwendet, in den Meßdaten ist keinerlei Information enthalten, die dann zur weiteren Verbesserung der Schätzfehlers verwendet werden könnte.

2.) Aus der Unabhängigkeit zweier Zufallsvariablen folgt auch deren Unkorreliertheit. Diese ist, wenn mindestens eine der Zufallsvariablen (hier der Schätzfehler) erwartungswertfrei ist, identisch mit der Orthogonalität. Aus der Unabhängigkeit folgt in diesem Fall auch die Orthogonalität von Schätzfehler und Meßdaten. Der Schätzfehler ist orthogonal zu den Meßdaten. Dies ist die Aussage des in Kapitel 3 abgeleiteten Orthogonalitätstheorems.

Völlig analog zum Schätzfehler $\underline{e}^{+}(k)$ kann man auch den Prädiktionsfehler definieren mit:

$$\underline{e}^{-}(k) = \underline{x}(k) - \hat{\underline{x}}^{-}(k) \tag{5.110}$$

Die Analyse der statistischen Eigenschaften erfolgt in der gleichen Weise wie die Analyse des Estimationsfehlers $\underline{e}^{+}(k)$. Ohne Wiederholung des Rechenganges seien die Ergebnisse hier kurz angegeben. Für die bedingte Verteilungsdichtefunktion des Prädiktionsfehlers erhält man:

$$f_{\underline{e}^{-}(k)/\underline{Y}(k-1)}(\underline{\epsilon}/\underline{Y}_{k-1}) = [(2\pi)^{n/2} \cdot |P^{-}(k)|^{1/2}]^{-1} \cdot \exp\{-1/2 \cdot \underline{\epsilon}^{T} \cdot P^{-}(k)^{-1} \cdot \underline{\epsilon}\} \tag{5.111}$$

und:

$$f_{\underline{e}^{-}(k)}(\underline{\epsilon}) = f_{\underline{e}^{-}(k)/\underline{Y}(k-1)}(\underline{\epsilon}/\underline{Y}_{k-1}) \tag{5.112}$$

Die unbedingte Verteilungsdichtefunktion des Prädiktionsfehlers ist gleich der bedingten Verteilungsdichtefunktion des Prädiktionsfehlers. Daraus folgt, daß auch der Prädiktionsfehler unabhängig von den Meßdaten und wegen der Erwartungsfreiheit auch orthogonal zu den Meßdaten ist.

5.3.2 Betrachtung der Residuen– oder Innovationssequenz

Für die Residuenrealisation gilt nach Gl. 5.93:

$$\underline{r}_k = \underline{y}_k - C(k)\cdot \hat{\underline{x}}_k^-$$

Dieser Zahlenwert kann als Realisation der Zufallsvariablen:

$$\underline{r}(k) = \underline{y}(k) - C(k)\cdot \hat{\underline{x}}^-(k) \tag{5.113}$$

interpretiert werden. Die Bezeichnung des Prozesses $\underline{r}(\cdot,\cdot)$ ist in der Literatur nicht eindeutig: Einige wichtige Autoren, darunter T. Kailath, sprechen von diesem Prozeß als Innovationsprozeß, da dieser Prozeß die neue Information enthält, mit der die Voraussage korrigiert wird. Wieder andere Autoren, darunter P.S. Maybeck, nennen den Prozeß $\underline{r}(\cdot,\cdot)$ Residuensequenz. Diese Bezeichnung ist auch nicht eindeutig und wird gelegentlich auch für einen Prozeß verwendet, der durch:

$$\underline{r}^*(k) = \underline{y}(k) - C(k)\cdot \hat{\underline{x}}^+(k)$$

gegeben ist. Wir wollen allerdings die Bezeichnung 'Residuensequenz' für $\underline{r}(\cdot,\cdot)$ nach Gl. 5.113 verwenden, da diese Bezeichnung im Zusammenhang mit adaptiven Filterverfahren und dem Stichwort des 'residual monitoring' häufig auftritt. Dazu synonym wollen wir die Bezeichnung 'Innovationsprozeß' ebenso verwenden, speziell, wenn wir auf die Arbeiten von T. Kailath eingehen. Der Residuen– oder Innovationsprozeß besitzt einige interessante Eigenschaften, die im folgenden analysiert werden sollen. Durch Einsetzen des Beobachtungsmodells nach Gl. 5.4 erhält man dann aus Gl. 5.113:

$$\underline{r}(k) = C(k)\cdot \underline{x}(k) + \underline{v}(k) - C(k)\cdot \hat{\underline{x}}^-(k) = C(k)\cdot \underline{e}^-(k) + \underline{v}(k) \tag{5.114}$$

Dies ist ein Zusammenhang zwischen der Residuenzufallsvariablen $\underline{r}(k)$ und der Prädiktionsfehlerzufallsvariablen $\underline{e}^-(k)$. Der Wert der Zufallsvariablen $e^-(k)$ hängt nicht von $\underline{v}(k)$ ab, da $\underline{v}(k)$ erst einen Beitrag zu $\underline{y}(k)$ liefert, aber nicht zu $\underline{Y}(k-1)$, und auch weiter keine statistischen Zusammenhänge zwischen $\underline{v}(k)$ und $\underline{v}(k-1)$ bestehen. Dann folgt für den Erwartungswert und die Kovarianz von $\underline{r}(k)$:

$$E\{\underline{r}(k)\} = C(k)\cdot E\{\underline{e}^{-}(k)\} + E\{\underline{v}(k)\} = \underline{0} \qquad (5.115)$$

und:

$$E\{\underline{r}(k)\cdot \underline{r}(k)^T\} = E\{(\underline{r}(k)-E\{\underline{r}(k)\})\cdot (\underline{r}(k)-E\{\underline{r}(k)\})^T\}$$

$$= C(k)\cdot E\{\underline{e}^{-}(k)\cdot e^{-}(k)^T\}\cdot C(k)^T + R(k) = C(k)\cdot P^{-}(k)\cdot C(k)^T + R(k) \qquad (5.116)$$

wobei die gemischten Glieder aufgrund der Unabhängigkeit der Terme verschwinden.

Die Residuensequenz entsteht aus der Addition zweier unabhängiger Gaußprozesse, deshalb ist auch die Residuensequenz ein Gaußprozeß und wird durch die Angabe von Erwartungswert und Kovarianz nach Gl. 5.115 und Gl. 5.116 vollständig beschrieben. Der Erwartungswert ist $\underline{0}$ und die Kovarianz hängt von der bekannten Größe R(k) und der im Kalman–Filter intern berechneten Größe $P^{-}(k)$ ab. Damit können in der Praxis durch einen Vergleich der praktisch ermittelten, realen Parameterwerte der Residuensequenz mit ihren durch die Gl. 5.115 und 5.116 beschriebenen, theoretischen Sollwerten Anhaltspunkte dafür gewonnen werden, ob die Filterparameter des Kalman–Filters richtig eingestellt wurden, bzw., wie diese für eine möglichst optimale Arbeitweise des Filters verändert werden müssen. Die realen Werte von Erwartungswert und Kovarianz der Residuensequenz können durch die Methoden der Zeitreihenanalyse /16, 17/ bestimmt werden. Aus dem Vergleich der real ermittelten Werte mit den theoretischen Werten können auch Schätzwerte für die eventuell in der Praxis unbekannten Werte von R(k) und Q(k) gewonnen werden, um damit ein für diese Werte adaptives Kalman–Filter zu schaffen. Ein solches Kalman–Filter stellt sich selbständig auf die optimalen Werte dieser Parameter ein, deshalb bezeichnet man es als adaptiv. Das hier verwendete Verfahren des Vergleiches von theoretischer mit realer Kovarianz der Residuensequenz bezeichnet man mit 'Covariance–matching–method' /18/. Ebenso kann aus einem Vergleich der Residuenrealisationen mit den theoretischen Werten von Kovarianz und Erwartungswert eine Aussage über die Güte einer Meßwertrealisation gemacht werden. Liegen die Residuenzahlenwerte sehr häufig außerhalb des durch Erwartungswert und Kovarianz beschriebenen Toleranzbereiches (etwa der 3σ–Schranken), stimmt entweder die gewählte Modellierung nicht mit der Realität überein, oder es handelt sich bei den verarbeiteten Meßwerten um sogenannte 'Ausreißer' (s. Kapitel 4). Diese Ausreißer können durch eine Beobachtung der Residuenrealisationen erkannt und unterdrückt werden (test of reasonableness). Dadurch ist teilweise eine Ausreißerelimination möglich. Auf diese Problematik wird zu einem späteren Zeitpunkt noch eingegangen.

Setzt man in Gl. 5.114 zusätzlich noch die Prädiktionsgleichung 5.90a in Zufallsvariablenschreibweise und das Systemmodell nach Gl. 5.1 ein, erhält man:

$$\underline{r}(k) =$$

$$C(k)\cdot\left[A(k-1)\cdot\underline{x}(k-1) + \underline{u}(k-1) + G(k-1)\cdot\underline{w}(k-1) - A(k-1)\cdot\hat{\underline{x}}^{+}(k-1) - \underline{u}(k-1)\right] + \underline{v}(k)$$

$$= C(k)\cdot A(k-1)\cdot\underline{e}^{+}(k-1) + C(k)\cdot G(k-1)\cdot\underline{w}(k-1) + \underline{v}(k) \tag{5.117}$$

Wir betrachten nun die einzelnen Summanden genauer: $\underline{e}^{+}(k-1)$ ist eine Zufallsvariable, die, wie schon zuvor gezeigt wurde, unabhängig von $\underline{Y}(k-1)$ ist. Auch die Zufallsvariable $\underline{w}(k-1)$ ist aufgrund der gewählten Modellierung unabhängig von $\underline{Y}(k-1)$, ebenso aufgrund der Unkorreliertheit im Zusammenhang mit der Gaußverteiltheit die Zufallsvariable $\underline{v}(k)$. Demzufolge ist auch die Zufallsvariable $\underline{r}(k)$ unabhängig von $\underline{Y}(k-1)$. Diese Tatsache ergibt sich ebenfalls aus der Betrachtung der Gl. 5.114 aufgrund der Unabhängigkeit von $\underline{e}^{-}(k)$ und v(k) von $\underline{Y}(k-1)$. Die zurückliegenden Zufallsvariablen $\underline{r}(i)$, i = 1, 2, ... k–1 sind aufgrund ihrer Definition allerdings direkte Funktionen von $\underline{Y}(k-1)$ und damit von $\underline{Y}(k-1)$ abhängig. Dann folgt aber aus der Unabhängigkeit von $\underline{r}(k)$ von $\underline{Y}(k-1)$ auch die Unabhängigkeit von $\underline{r}(k-1)$, $\underline{r}(k-2)$, ... $\underline{r}(1)$, also von allen vorangegangenen Zufallsvariablen der Residuensequenz. Diese Unabhängigkeit der einzelnen $\underline{r}(i)$ untereinander definiert einen weißen Prozeß, die Residuensequenz $\underline{r}(\cdot,\cdot)$ ist damit ein weißer Gaußprozeß. Aufgrund der Erwartungswertfreiheit sind dann auch alle Residuenvariablen zueinander orthogonal, sie bilden eine orthogonale Sequenz. Anders formuliert generieren die Residuenvektoren $\underline{r}(1)$ ... $\underline{r}(k)$ eine lineare Mannigfaltigkeit. Diese Betrachtungsweise wird später weiter vertieft.

5.3.3 Betrachtung der Korrektursequenz K(k)·r(k)

Die tatsächliche Korrektursequenz, die die Voraussage $\hat{\underline{x}}^{-}(k)$ zum Filterschätzwert $\hat{\underline{x}}^{+}(k)$ korrigiert, ist nach Gl. 5.92a in Zufallsvariablenschreibweise:

$$\underline{s}(k) = \hat{\underline{x}}^{+}(k) - \hat{\underline{x}}^{-}(k) = K(k)\cdot\underline{r}(k) \tag{5.118}$$

Diese Korrektursequenz entsteht aus der Residuen– oder Innovationssequenz, die mit der

Kalman–Gainmatrix K(k) multipliziert wird. Diese Multiplikation ändert an den Unabhängigkeits– oder Orthogonalitätseigenschaften der Residuensequenz nichts, darum kann man sofort aus den Eigenschaften der Residuensequenz folgende Charakteristika der Korrektursequenz ableiten:

1.) Die Korrektursequenz ist ebenso orthogonal zu den Meßwerten wie die Residuensequenz.
2.) Die Korrektursequenz ist ein weißer, gaußverteilter Prozeß, ebenso wie die Residuensequenz.

Die ersten beiden Momente der Korrektursequenz lassen sich einfach aus den Momenten der Residuensequenz ableiten:

$$E\{\underline{s}(k)\} = K(k) \cdot E\{\underline{r}(k)\} = \underline{0} \qquad (5.119)$$

$$E\{s(k) \cdot s(k)^T\} = E\{(s(k)-E\{s(k)\}) \cdot (s(k)-E\{s(k)\})^T\}$$

$$= K(k) \cdot E\{\underline{r}(k) \cdot \underline{r}(k)^T\} \cdot K(k)^T \qquad (5.120)$$

Wir setzten nun zunächst Gl. 5.116 in Gl. 5.120 ein, verwenden danach Gl. 5.94 und erhalten:

$$E\{s(k) \cdot s(k)^T\} = K(k) \cdot [C(k) \cdot P^-(k) \cdot C(k)^T + R(k)] \cdot K(k)^T \qquad (5.121a)$$

$$= P^-(k) \cdot C(k)^T \cdot [C(k) \cdot P^-(k) \cdot C(k)^T + R(k)]^{-1T} \cdot C(k) \cdot P^-(k)$$

$$= P^-(k) \cdot C(k)^T \cdot [C(k) \cdot P^-(k) \cdot C(k)^T + R(k)]^{-1} \cdot C(k) \cdot P^-(k) \qquad (5.121b)$$

$$= K(k) \cdot C(k) \cdot P^-(k) \qquad (5.121c)$$

wobei die Symmetrie der Matrizen ausgenutzt wurde. Verwendet man nun noch Gleichung 5.95, kann man schreiben:

$$P^+(k) = P^-(k) - K(k) \cdot C(k) \cdot P^-(k) = P^-(k) - E\{s(k) \cdot s(k)^T\} \qquad (5.122)$$

Damit sind die ersten beiden Momente der Korrektursequenz berechnet worden.

Wir wollen nun noch die korrelativen Zusammenhänge der Korrektursequenz mit dem Prädiktionsfehler und dem Filterfehler betrachten. Berücksichtigt man, daß $P^{+}(k)$ und $P^{-}(k)$, wie zuvor abgeleitet, auch die unbedingten Fehlerkovarianzen des Schätzfehlers und des Prädiktionsfehlers sind, kann man schreiben:

$$\mathrm{cov}\{\underline{e}^{+}(k)\} = \mathrm{cov}\{\underline{e}^{-}(k)\} - \mathrm{cov}\{\underline{s}(k)\} \tag{5.123a}$$

bzw.:

$$\mathrm{cov}\{\underline{e}^{-}(k)\} = \mathrm{cov}\{\underline{e}^{+}(k)\} + \mathrm{cov}\{\underline{s}(k)\} \tag{5.123b}$$

Andererseits gilt mit der Definition des Estimations– und Prädiktionsfehlers nach Gl. 5.96 und Gl. 5.110 und mit Gl. 5.118:

$$\underline{e}^{+}(k) = \underline{x}(k) - \hat{\underline{x}}^{+}(k) = \underline{x}(k) - \hat{\underline{x}}^{-}(k) - \underline{s}(k) = \underline{e}^{-}(k) - \underline{s}(k) \tag{5.124a}$$

bzw.:

$$\underline{e}^{-}(k) = \underline{e}^{+}(k) + \underline{s}(k) \tag{5.124b}$$

Bildet man nun die Kovarianz von $\underline{e}^{+}(k)$ nach Gl. 5.124a, erhält man:

$$\mathrm{cov}\{\underline{e}^{+}(k)\} = \mathrm{cov}\{\underline{e}^{-}(k)\} - \mathrm{cov}\{\underline{e}^{-}(k), \underline{s}(k)\} - \mathrm{cov}\{\underline{s}(k), \underline{e}^{-}(k)\} + \mathrm{cov}\{\underline{s}(k)\}$$

$$\stackrel{!}{=} \mathrm{cov}\{\underline{e}^{-}(k)\} - \mathrm{cov}\{\underline{s}(k)\} \tag{5.125a}$$

Daraus folgt sofort, daß:

$$\mathrm{cov}\{\underline{e}^{-}(k), \underline{s}(k)\} + \mathrm{cov}\{\underline{s}(k), \underline{e}^{-}(k)\} = 2\cdot \mathrm{cov}\{\underline{s}(k)\} \tag{5.125b}$$

Mit:

$$\mathrm{cov}\{\underline{e}^{-}(k), \underline{s}(k)\} = \mathrm{cov}\{\underline{s}(k), \underline{e}^{-}(k)\}^{T} \tag{5.125c}$$

und:

$$\mathrm{cov}\{\underline{s}(k)\} = \mathrm{cov}\{\underline{s}(k)\}^{T} \tag{5.125d}$$

folgt sofort, daß:

$$\mathrm{cov}\{\underline{e}^{-}(k), \underline{s}(k)\} = \mathrm{cov}\{\underline{s}(k), \underline{e}^{-}(k)\} = \mathrm{cov}\{\underline{s}(k)\} \tag{5.125e}$$

gelten muß. Damit ist die Korrektursequenz $\underline{s}(k)$ weder unkorreliert mit, noch orthogonal zum Prädiktionsfehler $\underline{e}^-(k)$.

Bildet man andererseits die Kovarianz des Prädiktionsfehlers nach Gl. 5.124b, erhält man sofort:

$$\mathrm{cov}\{\underline{e}^-(k)\} = \mathrm{cov}\{\underline{e}^+(k)\} + \mathrm{cov}\{\underline{e}^+(k), \underline{s}(k)\} + \mathrm{cov}\{\underline{s}(k), \underline{e}^+(k)\} + \mathrm{cov}\{\underline{s}(k)\}$$

$$\overset{!}{=} \mathrm{cov}\{\underline{e}^+(k)\} + \mathrm{cov}\{\underline{s}(k)\} \qquad (5.126a)$$

Daraus folgt aber sofort:

$$\mathrm{cov}\{\underline{e}^+(k), \underline{s}(k)\} = \mathrm{cov}\{\underline{s}(k), \underline{e}^+(k)\} = 0 \qquad (5.126b)$$

Die Korrektursequenz $\underline{s}(k)$ ist unkorreliert mit, und wegen der Erwartungswertfreiheit dann auch orthogonal zum Schätzfehler $\underline{e}^+(k)$. Dies ist auch intuitiv verständlich, denn die optimale Korrektursequenz soll ja gerade so gewählt werden, daß der Estimationsfehler möglichst weitgehend verringert wird. Dies ist gleichbedeutend mit einer verschwindenden Korrelation zwischen Korrektursequenz und Estimationsfehler; denn umgekehrt könnte eine vorhandene Korrelation zur Bestimmung des Estimationsfehlers aus der Korrektursequenz verwendet werden. Wenn der Estimationsfehler dann einmal bestimmt und bekannt wäre, könnte man ihn ja einfach korrigieren und damit den vorher vorhandenen Schätzwert verbessern. Dann wäre aber der vorher vorhandene Schätzwert nicht optimal gewesen.

5.3.3.1 Alternative Ableitung der Kalman–Gain–Matrix bei bekannter Struktur des Kalman–Filters

Die vorhandene Korrelation zwischen Prädiktionsfehler und Korrektursequenz nach Gl. 5.125e kann nun gerade zur Korrektur des Prädiktionsschätzwertes und damit zur Berechnung von K(k) ausgenutzt werden, wenn die Struktur des Kalman–Filters schon vorliegt. Dazu geht man folgendermaßen vor. Es gilt nach Gl. 5.125e:

$$\mathrm{cov}\{\underline{e}^-(k), \underline{s}(k)\} = \mathrm{cov}\{\underline{s}(k), \underline{e}^-(k)\} = \mathrm{cov}\{\underline{s}(k)\} = K(k)\cdot C(k)\cdot P^-(k) \qquad (5.127)$$

Einsetzen der Kovarianz von $\underline{s}(k)$ nach Gl. 5.121a und 5.121c sowie ein anschließender Vergleich der beiden Terme links und rechts des letzten Gleichheitszeichens in Gl. 5.127 liefert dann die Forderung:

$$K(k)\cdot C(k)\cdot P^{-}(k) = K(k)\cdot [C(k)\cdot P^{-}(k)\cdot C(k)^{T} + R(k)]\cdot K(k)^{T} \qquad (5.128)$$

Daraus folgt durch Sammeln der Terme:

$$K(k)\cdot \left[C(k)\cdot P^{-}(k) - [C(k)\cdot P^{-}(k)\cdot C(k)^{T} + R(k)]\cdot K(k)^{T}\right] = 0 \qquad (5.129)$$

Für nichttriviale K(k), d.h. $K(k) \neq 0$, und unter der Voraussetzung, daß diese Gleichung für beliebige Werte von $P^{-}(k)$, C(k) und R(k) gelten muß, folgt daraus:

$$C(k)\cdot P^{-}(k) = [C(k)\cdot P^{-}(k)\cdot C(k)^{T} + R(k)]\cdot K(k)^{T} \qquad (5.130)$$

Aufgelöst nach K(k) ergibt sich daraus:

$$K(k) = P^{-}(k)\cdot C(k)^{T}\cdot [C(k)\cdot P^{-}(k)\cdot C(k)^{T} + R(k)]^{-1} \qquad (5.131)$$

Dies ist ein alternativer Weg zur Berechnung der optimalen Gewichtsmatrix K(k), wenn die Struktur des Kalman–Filters schon vorliegt. Dieser Weg wird bei der Herleitung des Kalman–Filters über orthogonale Projektionen beschritten werden.

5.4 Ableitung des Kalman–Filters über den Ansatz orthogonaler Projektionen

Inhalt dieses Unterpunktes ist das von R.E. Kalman original benutzte Ableitungsverfahren für das nach ihm benannte Filter mit dem Ansatz orthogonaler Projektionen /2,3/. Die Grundlagen dieser Betrachtungsweise wurden in Kapitel 3.17 entwickelt und sollen nun angewendet werden. In der Terminologie des Orthogonalitätstheorems ist der optimale Schätzwert einer Zufallsvariablen ganz einfach die orthogonale Projektion dieser Variablen auf die durch die Beobachtungen generierte lineare Mannigfaltigkeit $\mathcal{M}$. Zur Vereinfachung der Ableitung werden wir zwei leichte Modifikationen der Systemmodellierung einführen, die keine Einschränkung der Allgemeingültigkeit darstellen. Zum einen werden wir annehmen, daß der Zustandsprozeß $\underline{x}(\cdot,\cdot)$ für alle Zeiten erwartungswertfrei ist, d.h. $E\{\underline{x}(k)\} = \underline{0}$. Dies bedeutet insofern keine Einschränkung, als daß ein nicht erwartungsfreier Prozeß $\underline{x}^*(\cdot,\cdot)$ jederzeit durch die einfache Umformung $\underline{x}(k) = \underline{x}^*(k) - E\{\underline{x}^*(k)\}$ in einen erwartungswertfreien Prozeß transformiert werden kann. Die Prozeßmodellierung von $\underline{x}(k)$ ist dann die Grundlage für die Kalman–Filterentwicklung und durch die Rücksubstitution $\hat{\underline{x}}^{*+}(k) = \hat{\underline{x}}^{+}(k) + E\{\underline{x}(k)\}$ erhalten wir dann die optimalen Schätzwerte für $\underline{x}^*(k)$. Die zweite Modifikation ergibt sich aus der ersten: Um die Erwartungswertfreiheit von $\underline{x}(k)$ zu garantieren, müssen wir die deterministischen Eingangsgrößen $\underline{u}(k)$ des Systemmodells nach Gl. 5.1 zu Null setzen. Auch dies bedeutet keine wesentliche Einschränkung, wobei die Argumentation ähnlich der vorangegangenen ist. Zusammengefaßt lauten dann die Modellierungsgleichungen:

$$\underline{x}(k+1) = A(k)\cdot\underline{x}(k) + G(k)\cdot\underline{w}(k) \tag{5.132}$$

und:

$$E\{\underline{x}(0)\} = \underline{0} \tag{5.133}$$

Diese beiden Gleichungen treten an die Stelle von Gl. 5.1, bzw. 5.3a.

5.4.1 Ableitung des Kalman–Filters

Zum Start der Ableitung nehmen wir an, es liege zum Zeitpunkt t_{k-1} schon ein optimaler Schätzwert des Zustandes $\underline{x}(k-1)$ vor, der aus den zurückliegenden Messungen $\underline{y}(1)$ ... $\underline{y}(k-1)$ berechnet wurde. Dann ist dieser Schätzwert nach Aussage des Projektionstheorems die orthogonale Projektion von $\underline{x}(k-1)$ auf die von den Vektoren $\underline{y}(1)$ ... $\underline{y}(k-1)$ generierte lineare Mannigfaltigkeit $\mathcal{M}_{k-1}$, der beschrieben werden kann durch:

$$\underline{\hat{x}}^{+}(k-1) = O\{\underline{x}(k-1)/\mathcal{M}_{k-1}\} \tag{5.134}$$

Hierbei ist $O\{\cdot/\cdot\}$ wieder der in Kapitel 3.17 eingeführte lineare Operator, der die orthogonale Projektion des vor dem Schrägstrich stehenden Vektors auf die hinter dem Schrägstrich stehende lineare Mannigfaltigkeit durchführt.

Zum Zeitpunkt t_k fällt die neue Messung $\underline{y}(k)$ an. Der Vektor $\underline{y}(k)$ kann nun in zwei Teilvektoren zerlegt werden, in einen Teilvektor, der in der linearen Mannigfaltigkeit $\mathcal{M}_{k-1}$ liegt und in einen zu $\mathcal{M}_{k-1}$ orthogonalen Teilvektor :

$$\underline{y}(k) = \underline{y}_{\mathcal{M}_{k-1}}(k) + \underline{y}_{0_{k-1}}(k) \tag{5.135}$$

In dem Fall, daß der zu $\mathcal{M}_{k-1}$ orthogonale Anteil gleich dem Nullvektor ist, enthält die neue Messung keinerlei Information, die nicht schon in den vorangegangenen Meßvektoren enthalten ist. Unter dieser Bedingung wird durch die hinzukommende Messung keine neue Mannigfaltigkeit $\mathcal{M}_k$ generiert, vielmehr gilt dann $\mathcal{M}_k = \mathcal{M}_{k-1}$. Wenn aber der zu $\mathcal{M}_{k-1}$ orthogonale Vektor $\underline{y}_{0_{k-1}}(k)$ nicht verschwindet, wird durch die neu hinzukommende Messung eine neue Mannigfaltigkeit $\mathcal{M}_k$ generiert. Diese läßt sich dann zerlegen in die vorher vorhandene Mannigfaltigkeit $\mathcal{M}_{k-1}$ und in eine dazu orthogonale Mannigfaltigkeit $\mathcal{Z}_{k-1}$, die von dem Vektor $\underline{y}_{0_{k-1}}(k)$ generiert wird. Damit können wir schreiben:

$$\mathcal{M}_k = \mathcal{M}_{k-1} + \mathcal{Z}_{k-1} \tag{5.136a}$$

wobei gilt:

$$\mathcal{M}_{k-1} \perp \mathcal{Z}_{k-1} \tag{5.136b}$$

Der optimale Schätzwert von $\underline{x}(k)$ ist dann die orthogonale Projektion von $\underline{x}(k)$ auf die neue lineare Mannigfaltigkeit $\mathcal{M}_k$. Diese Tatsache beschreiben wir mit:

$$\begin{aligned} \underline{\hat{x}}^{+}(k) &= O\{\underline{x}(k)/\mathcal{M}_k\} \\ &= O\{\underline{x}(k)/\mathcal{M}_{k-1}+\mathcal{Z}_{k-1}\} \end{aligned} \tag{5.137}$$

Aufgrund der Orthogonalität der beiden Mannigfaltigkeiten und der Linearität des Orthogonalitätsoperators $O\{\cdot/\cdot\}$ kann man dann schreiben:

$$\hat{\underline{x}}^{+}(k) = O\{\underline{x}(k)/\mathscr{M}_{k-1}\} + O\{\underline{x}(k)/\mathscr{Z}_{k-1}\} \qquad (5.138)$$

Der erste Summand in Gl. 5.138 beschreibt die orthogonale Projektion des Zustandsvektors zum Zeitpunkt t_k auf die zurückliegende lineare Mannigfaltigkeit $\mathscr{M}_{k-1}$ und stellt damit eine Prädiktion dar, die schon zum Zeitpunkt t_{k-1} berechnet werden kann. Deshalb führen wir wieder die altbekannte Abkürzung ein:

$$\hat{\underline{x}}^{-}(k) = O\{\underline{x}(k)/\mathscr{M}_{k-1}\} \qquad (5.139)$$

so daß wir mit Gl. 5.139 aus Gl. 5.138 folgern können:

$$\hat{\underline{x}}^{+}(k) = \hat{\underline{x}}^{-}(k) + O\{\underline{x}(k)/\mathscr{Z}_{k-1}\} \qquad (5.140)$$

Der neue Schätzwert entsteht damit,wie erwartet, aus dem Prädiktionsschätzwert, der korrigiert wird durch die orthogonale Projektion des Zustandes auf die zu $\mathscr{M}_{k-1}$ orthogonale, von der neuen Messung $\underline{y}(k)$ generierte Mannigfaltigkeit $\mathscr{Z}_{k-1}$. Damit erhält die Korrektur des Prädiktionsschätzwertes eine neue Interpretation: Die Korrektur ist orthogonal zur Mannigfaltigkeit $\mathscr{M}_{k-1}$ und damit auch zu $\hat{\underline{x}}^{-}(k)$, da dieser Schätzwert ja die Projektion auf $\mathscr{M}_{k-1}$ ist und damit in dieser Mannigfaltigkeit liegt. Die Aufgabe der optimalen Estimation ist damit identisch mit der Konstruktion eines Orthogonalsystems aus einer gegebenen Vektorfolge $\underline{y}(i)$.

Wir betrachten zunächst jedoch die Prädiktionsgleichung 5.139 noch einmal, in die wir das Systemmodell nach Gl. 5.132 einsetzen und anschließend die Linearitätseigenschaften des Operators O ausnutzen:

$$\hat{\underline{x}}^{-}(k) = O\{A(k-1)\cdot\underline{x}(k-1) + G(k-1)\cdot\underline{w}(k-1) \,/\, \mathscr{M}_{k-1}\} \qquad (5.141a)$$

$$= A(k-1)\cdot O\{x(k-1)/\mathscr{M}_{k-1}\} + G(k-1)\cdot O\{\underline{w}(k-1)/\mathscr{M}_{k-1}\} \qquad (5.141b)$$

Aufgrund der vorausgesetzten Unabhängigkeit von $\underline{w}(k-1)$ von allen zurückliegenden Werten von $\underline{x}(i)$, $\underline{v}(i)$ und damit von $\underline{y}(i)$, $i = 1, 2, \ldots k-1$, verschwindet die orthogonale Projektion von $\underline{w}(k-1)$ auf $\mathscr{M}_{k-1}$. (Anmerkung: Dies ist nicht mehr der Fall, wenn man eine vorhandene Korrelation zwischen $\underline{w}(k-1)$ und $\underline{v}(k-1)$ annimmt. Dieser Fall wird im nachfolgenden Unterpunkt mit dem sogenannten Innovationsansatz gelöst.) Wir erhalten aus Gl. 5.141b mit der Definition nach Gl. 5.134:

$$\hat{\underline{x}}^{-}(k) = A(k-1)\cdot \hat{\underline{x}}^{+}(k-1) \tag{5.141c}$$

Auch diese Gleichung ist uns schon bekannt (vgl. 5.90a), lediglich die Interpretation ist neu. Im vorangegangenen Unterpunkt wurde der Prädiktionsschätzwert als bedingter Erwartungswert einer zukünftigen Zufallsvariablen, bedingt auf die vorhandenen Meßwerte, interpretiert. An die Stelle dieser wahrscheinlichkeitstheoretischen Interpretation tritt nun eine geometrische Betrachtungsweise, der optimale Prädiktionsschätzwert ist einfach die orthogonale Projektion eines zukünftigen Zustandsvektors auf das vorhandene Orthogonalsystem, die Korrektur ist der Anteil der neuen Messung, die zum vorhandenen orthogonalen Basisvektorsystem orthogonal ist.

Wir betrachten nun diese orthogonale Korrektur etwas genauer. Diese Korrektur ist aufgrund der Linearität des Orthogonalitätsoperators O eine lineare Funktion des Vektors $\underline{y}_{0_{k-1}}(k)$. Damit kann man ansetzen:

$$O\{\underline{x}(k)/\mathscr{Z}_{k-1}\} = K(k)\cdot \underline{y}_{0_{k-1}}(k) \tag{5.142}$$

Hierbei ist K(k) die Gewichtsmatrix, die den orthogonalen Anteil des Vektors $\underline{y}(k)$ auf die orthogonale Korrektur des Prädiktionsschätzwertes abbildet. Zunächst wollen wir den orthogonalen Anteil von $\underline{y}(k)$ genauer bestimmen. Der Anteil $\underline{y}_{\mathscr{M}_{k-1}}(k)$, der in Gl. 5.135 den in $\mathscr{M}_{k-1}$ liegenden Anteil von $\underline{y}(k)$ beschreibt, ist die orthogonale Projektion von $\underline{y}(k)$ auf $\mathscr{M}_{k-1}$. Damit kann man schreiben:

$$\underline{y}_{\mathscr{M}_{k-1}}(k) = O\{\underline{y}(k)/\mathscr{M}_{k-1}\} \tag{5.143}$$

Wir setzen nun das Beobachtungsmodell nach Gl. 5.4 in Gl. 5.143 ein und nutzen die Linearitätseigenschaften der orthogonalen Projektion aus:

$$\underline{y}_{\mathscr{M}_{k-1}}(k) = O\{C(k)\cdot \underline{x}(k) + \underline{v}(k)\ /\mathscr{M}_{k-1}\} \tag{5.144a}$$

$$= C(k)\cdot O\{\underline{x}(k)/\mathscr{M}_{k-1}\} + O\{\underline{v}(k)/\mathscr{M}_{k-1}\} \tag{5.144b}$$

$$= C(k)\cdot \hat{\underline{x}}^{-}(k) \tag{5.144c}$$

Bei der letzten Umformung wurde von Gl. 5.139 Gebrauch gemacht und von der Tatsache, daß $\underline{v}(k)$ unabhängig von allen zurückliegenden Messungen ist. Damit erhalten wir durch Auflösen von Gl. 5.135 nach $\underline{y}_{0_{k-1}}(k)$ und Einsetzen von Gl. 5.144c:

$$\underline{y}_{0_{k-1}}(k) = \underline{y}(k) - C(k)\cdot\hat{\underline{x}}^{-}(k) \tag{5.145}$$

Dies ist die bekannte Residuengleichung (Gl. 5.93 in Zufallsvariablenschreibweise), neu ist an dieser Stelle die Bedeutung des Residuums als orthogonales Inkrement zur linearen Mannigfaltigkeit $\mathscr{M}_{k-1}$.

Zusammengefaßt erhalten wir damit aus Gl. 5.140:

$$\hat{\underline{x}}^{+}(k) = \hat{\underline{x}}^{-}(k) + K(k)\cdot[\underline{y}(k) - C(k)\cdot\hat{\underline{x}}^{-}(k)] \tag{5.146}$$

Der Leser vergleiche Gl. 5.146 mit der entsprechenden Gl. 5.92a. und verifiziere die Identität der Gleichungen.

Zur Bestimmung der optimalen Abbildungsmatrix K(k) benötigen wir nun einige Vorbetrachtungen und Vereinbarungen. Wir betrachten zunächst den Estimationsfehler:

$$\underline{e}^{+}(k) = \underline{x}(k) - \hat{\underline{x}}^{+}(k) \tag{5.147a}$$

und den Prädiktionsfehler:

$$\underline{e}^{-}(k) = \underline{x}(k) - \hat{\underline{x}}^{-}(k) \tag{5.147b}$$

Setzen wir nun die Modellgleichung 5.132 und die Prädiktionsgleichung 5.141c in Gl. 5.147b ein, erhalten wir mit Gl. 5.147a:

$$\underline{e}^{-}(k) = A(k-1)\cdot\underline{x}(k-1) + G(k-1)\cdot\underline{w}(k-1) - A(k-1)\cdot\hat{\underline{x}}^{+}(k-1)$$

$$= A(k-1)\cdot\underline{e}^{+}(k-1) + G(k-1)\cdot\underline{w}(k-1) \tag{5.148}$$

Gleichung 5.148 stellt einen Zusammenhang zwischen dem Prädiktionsfehler und dem zurückliegenden Estimationsfehler her. Wir wissen aus den Überlegungen im vorangegangenen Unterpunkt, daß der Estimationsfehler und der Prädiktionsfehler erwartungswertfrei sind, da es sich beim Kalman–Filter um einen erwartungstreuen Schätzalgorithmus handelt. Wir wollen die Betrachtung der Fehlererwartungswerte deshalb an dieser Stelle nicht noch einmal wiederholen. Wegen der Erwartungswertfreiheit können wir für die Prädiktionsfehlerkovarianz dann sofort aus Gl. 5.148 folgern:

$$P_e^-(k) = E\{\underline{e}^-(k)\cdot \underline{e}^-(k)^T\}$$

$$= A(k-1)\cdot E\{\underline{e}^+(k-1)\cdot \underline{e}^+(k-1)^T\}\cdot A(k-1)^T + G(k-1)\cdot Q(k-1)\cdot G(k-1)^T$$

$$= A(k-1)\cdot P_e^+(k-1)\cdot A(k-1)^T + G(k-1)\cdot Q(k-1)\cdot G(k-1)^T \qquad (5.149)$$

Bei dieser Umformung wurde ausgenutzt, daß $\underline{w}(k-1)$ unabhängig von $\underline{x}(k-1)$ und damit auch unabhängig von $\underline{e}^+(k-1)$ ist, da $\underline{w}(k-1)$ erst auf $\underline{x}(k)$ einwirkt und damit allenfalls $\underline{e}^+(k)$ beeinflussen könnte. Die Prädiktionsfehlerkovarianz nach Gl. 5.149 ist, wie nicht anders zu erwarten, identisch mit der Lösung nach Gl. 5.91a, wovon sich der Leser selbst überzeugen kann.

Für den Estimationsfehler nach Gl. 5.147a können wir mit der Estimationsgleichung 5.146 schreiben:

$$\underline{e}^+(k) = \underline{x}(k) - \left[\hat{\underline{x}}^-(k) + K(k)\cdot [C(k)\cdot \underline{x}(k) + \underline{v}(k) - C(k)\cdot \hat{\underline{x}}^-(k)]\right]$$

$$= \underline{e}^-(k) - K(k)\cdot C(k)\cdot \underline{e}^-(k) - K(k)\cdot \underline{v}(k)$$

$$= [I - K(k)\cdot C(k)]\cdot \underline{e}^-(k) - K(k)\cdot \underline{v}(k) \qquad (5.150)$$

Mit diesen Vorüberlegungen können wir nun die optimale Abbildungsmatrix K(k) bestimmen. Dazu betrachten wir den Estimationsfehler $\underline{e}^+(k)$, von dem wir wissen, daß er nach Aussage des Orthogonalitätstheorems orthogonal zu den verarbeiteten Daten und allen, aus den verarbeiteten Daten abgeleiteten Größen sein muß. Deshalb fordern wir:

$$E\{\underline{e}^+(k)\cdot \underline{y}_{0_{k-1}}(k)^T\} = E\{\underline{e}^+(k)\cdot [\underline{y}(k) - C(k)\cdot \hat{\underline{x}}^-(k)]^T\} \overset{!}{=} 0 \qquad (5.151)$$

Wir setzen nun Gl. 5.150 in Gl. 5.151 ein und formen um. Damit erhalten wir:

$$0 \stackrel{!}{=} E\left\{\left[[I - K(k)\cdot C(k)]\cdot \underline{e}^-(k) - K(k)\cdot \underline{v}(k)\right]\cdot [\underline{y}(k) - C(k)\cdot \hat{\underline{x}}^-(k)]^T\right\}$$

$$= E\left\{\left[[I - K(k)\cdot C(k)]\cdot \underline{e}^-(k) - K(k)\cdot \underline{v}(k)\right]\cdot \left[C(k)\cdot \underline{x}(k) + \underline{v}(k) - C(k)\cdot \hat{\underline{x}}^-(k)\right]^T\right\}$$

$$= E\left\{\left[[I - K(k)\cdot C(k)]\cdot \underline{e}^-(k) - K(k)\cdot \underline{v}(k)\right]\cdot \left[C(k)\cdot \underline{e}^-(k) + \underline{v}(k)\right]^T\right\} \quad (5.152a)$$

$\underline{v}(k)$ hängt nicht von $\underline{x}(k)$ ab und beeinflußt deshalb nicht den Prädiktionsfehler $\underline{e}^-(k)$. Aus diesem Grunde verschwinden die Erwartungswerte über die Mischterme und man kann schreiben:

$$0 \stackrel{!}{=} [I - K(k)\cdot C(k)]\cdot P_e^-(k)\cdot C(k)^T - K(k)\cdot R(k) \quad (5.152b)$$

Wir lösen nun Gl. 5.152b abschließend nach der gesuchten Größe $K(k)$ auf und erhalten dann als Bestimmungsgleichung:

$$K(k) = P_e^-(k)\cdot C(k)^T\cdot [C(k)\cdot P_e^-(k)\cdot C(k)^T + R(k)]^{-1} \quad (5.153)$$

Damit haben wir die Kalman–Gainmatrix als optimale Abbildungmatrix $K(k)$ berechnet und ein zu Gl. 5.94 identisches Ergebnis erhalten.

Zur Vervollständigung des rekursiven Algorithmus benötigen wir nun nur noch eine Berechnungsvorschrift für die Estimationsfehlerkovarianz $P_e^+(k)$. Dazu schreiben wir mit Gl. 5.150:

$$P_e^+(k) = E\{\underline{e}^+(k)\cdot \underline{e}^+(k)^T\}$$

$$= E\left\{\left[[I - K(k)\cdot C(k)]\cdot \underline{e}^-(k) - K(k)\cdot \underline{v}(k)\right]\cdot \left[[I - K(k)\cdot C(k)]\cdot \underline{e}^-(k) - K(k)\cdot \underline{v}(k)\right]^T\right\} \quad (5.154)$$

Der Prädiktionsfehler hängt mit Sicherheit nicht von $\underline{v}(k)$ ab, da $\underline{v}(k)$ unabhängig von

$\underline{x}(k)$ und von den zurückliegenden Meßwerten $\underline{y}(i)$, i=1,2...k–1, ist, aus denen $\hat{\underline{x}}^-(k)$ berechnet wurde. Damit verschwinden in Gl. 5.154 die Erwartungswerte über die Mischprodukte, und man erhält:

$$
\begin{aligned}
P_e^+(k) &= [I - K(k)\cdot C(k)]\cdot P_e^-(k)\cdot [I - K(k)\cdot C(k)]^T + K(k)\cdot R(k)\cdot K(k)^T \\
&= P_e^-(k) - K(k)\cdot C(k)\cdot P_e^-(k) - P_e^-(k)\cdot C(k)^T\cdot K(k)^T \\
&\quad + K(k)\cdot C(k)\cdot P_e^-(k)\cdot C(k)^T\cdot K(k)^T + K(k)\cdot R(k)\cdot K(k)^T \\
&= P_e^-(k) - K(k)\cdot C(k)\cdot P_e^-(k) \\
&\quad - \left[P_e^-(k)\cdot C(k)^T - K(k)\cdot [C(k)\cdot P_e^-(k)\cdot C(k)^T + R(k)]\right]\cdot K(k)^T
\end{aligned}
\tag{5.155}
$$

Wir setzen nun für K(k) den Ausdruck nach Gl. 5.153 ein und erhalten nach einer Zusammenfassung das gewünschte Endergebnis:

$$
\begin{aligned}
P_e^+(k) &= P_e^-(k) - K(k)\cdot C(k)\cdot P_e^-(k) \\
&\quad - \left[P_e^-(k)\cdot C(k)^T - P_e^-(k)\cdot C(k)^T\right]\cdot K(k)^T \\
&= P_e^-(k) - K(k)\cdot C(k)\cdot P_e^-(k)
\end{aligned}
\tag{5.156}
$$

5.4.2 Zusammenfassung und Interpretation

In diesem Unterpunkt wurde der Kalman–Filteralgorithmus über den Ansatz orthogonaler Projektionen abgeleitet. Es fällt unmittelbar auf, daß diese Ableitung wesentlich kürzer und möglicherweise übersichtlicher ist als die im vorangegangenen Unterpunkt dargestellte Ableitung über die fortlaufende Berechnung der bedingten Verteilungsdichtefunktionen. Dies liegt nur zum Teil daran, daß die wesentlichen Grundlagen dieses Ansatzes schon im Kapitel 3 abgeleitet wurden und deshalb in diesem Unterpunkt vorausgesetzt werden konnten. Ein weiterer Grund für die Kürze dieser Ableitung ist ihre Abstraktheit – durch die geometrische Betrachtungsweise, die implizit ermöglicht wird, erscheinen viele Tatsachen und Umformungen unmittelbar einsichtig, deren exakte Herleitung beliebig aufwendig ist. Diese Abstraktheit ermöglicht einerseits eine elegante und transparente Interpretation eines Estimationsproblems, stellt andererseits auch eine gewisse Gefahr dar: Durch die sehr einsichtige Darstellung entfällt vielfach die Notwendigkeit, sich mit den wahrscheinlichkeitstheoretischen Grundlagen in Form von bedingten und unbedingten Verteilungsdichtefunktionen auseinanderzusetzen. Der Unterschied zwischen der bedingten Optimalität der Schätzwerte und der unbedingten Optimalität des Schätzalgorithmus bleibt beispielsweise bei dieser Betrachtungsweise unklar. Ebenso impliziert das Konzept der linearen Mannigfaltigkeit lineare Estimationsalgorithmen oder quadratische Fehlerkriterien. Dies erweckt zuweilen den Eindruck, nur quadratische Fehlerkriterien seien sinnvoll und handhabbar.

Vergleicht man beispielsweise die Voraussetzungen der beiden verschiedenen Ableitungen des Kalman–Filters, so wurden bei der ersten Herleitung lineare Systemmodelle mit gauß'schen Rauschprozessen vorausgesetzt, ohne jegliche weitere Voraussetzung erwies sich der optimale Estimationsalgorithmus als linear und darüberhinaus als optimal in vielerlei Hinsicht (Conditional Mean–, Conditional Mode–, Conditional Median–, Minimum Variance–... , Maximum Likelihood–Estimator). Bei dem zweiten Verfahren wurde nur die Minimierung des quadratischen Fehlerkriteriums gefordert und zusätzlich die Linearität des Estimationsalgorithmus verlangt. Auch diese Voraussetzungen führen auf das Kalman–Filter. Die Interpretation ist teilweise Geschmacksache: Wenn die Voraussetzung der Gaußverteiltheit gegeben ist, kann man zeigen, daß die orthogonale Projektion optimal im Sinne jedes vernünftigen Fehlerkriteriums ist. Läßt man die Voraussetzung der Gaußverteiltheit fallen, kann man aber immerhin zeigen, daß unter der Zusatzforderung linearer Estimationsalgorithmen und eines quadratischen Fehlerkriteriums die orthogonalen Projektionen noch den optimalen Schätzwert liefern, aber eben im Sinne von vielen anderen Kriterien nicht mehr optimal sind.

Betrachtet man beide Ableitungen aber nicht mehr im Sinne von 'entweder oder', liefern beide Ansätze einander sehr sinnvoll ergänzende Einsichten. Der erste Ansatz liefert eine relativ gründliche wahrscheinlichkeitstheoretische Betrachtungsweise des Estimationsproblems, der zweite Ansatz eröffnet den Zugang zur relativ abstrakten Betrachtungsweise orthogonaler Projektionen im Hilbert–Raum. Im nächsten Unterpunkt soll versucht werden, die Konzepte der orthogonalen Projektionen ein wenig zu verallgemeinern und in engeren Kontakt zur wahrscheinlichkeitstheoretischen Betrachtungsweise zu bringen. Dieser Unterpunkt widmet sich dann dem sogenannten Innovationsansatz, der eng mit dem Ansatz orthogonaler Projektionen verknüpft ist.

5.5 Betrachtung der Innovationen, Ableitung des Kalman–Filters für korrelierte Driving noise und Measurement noise Prozesse

Wir wollen in diesem Unterpunkt eine dritte Ableitung des Kalman–Filters vorstellen, die auch eventuell zwischen dem Meßrauschen (measurement noise) und dem Prozeßrauschen (driving noise) vorhandene Korrelationen, die bei den vorangegangenen Ableitungen als nicht vorhanden angenommen wurden, mit berücksichtigt. Der dieser Ableitung zugrundeliegende Innovationsansatz ist sehr leistungsfähig und darüberhinaus allgemein auch für die Betrachtung nichtlinearer Estimationsprobleme und für die Ableitung von Kalman–Smoothern anwendbar. In diesem Unterpunkt ist demzufolge auch der 'Lösungsweg' das eigentliche 'Ziel', zumal das formale Endergebnis, das Kalman–Filter für korreliertes Stör– und Prozeßrauschen, in der Praxis aufgrund des schlechteren Aufwand/Nutzen–Verhältnisses seltener angewendet wird als das schon zuvor abgeleitete, in diesen Fällen nicht ganz so optimale Standard–Kalman–Filter. Vater des Innovationsansatzes ist einer der Hauptpioniere der modernen Estimationstheorie, Th. Kailath von der Stanford University /9, 10, 11, 12, 13, 14, 15/ ("Prof. Kailath needs no introduction, having played a major role in the development of this field", Zitat aus dem Vorwort von /9/). Der Innovationsansatz ist eng mit dem Ansatz orthogonaler Projektionen verbunden, und im Spezialfall gaußverteilter Dichten in Verbindung mit linearen Modellen sind beide Ansätze identisch. Liegen jedoch keine gaußförmigen Verbundverteilungsdichten vor, führt der Innovationsansatz im allgemeinen auf nichtlineare Zusammenhänge, während der Ansatz orthogonaler Projektionen implizit lineare Zusammenhänge voraussetzt und dann auch mit 'Pseudo–Innovationsansatz' bezeichnet wird.

5.5.1 Die Innovationssequenz

Die nun folgenden Betrachtungen führen zunächst fort von dem der Kalman–Filterableitung zugrundeliegenden Systemmodell, es wird zunächst ein zeitdiskreter Gaußprozeß $\mathbf{y}(\cdot,\cdot)$ angenommen, dessen Zufallsvariablen $\underline{y}(i,\cdot)$, $i = 0, 1, 2, \ldots k$ z.B. die Messungen eines Systemzustandes beschreiben. Zum Zeitpunkt $t_k = k \cdot T$ liegt dann die Meßwertgeschichte $\underline{Y}(k) = \underline{Y}(k,\cdot)$ vor, die ein $[(k+1) \cdot m \times 1]$–Spaltenvektor ist, mit:

$$\underline{Y}(k) = [\underline{y}(0)^T \,|\, \underline{y}(1)^T \,|\, \underline{y}(2)^T \,|\, \ldots \,|\, \underline{y}(k)^T]^T \tag{5.157}$$

Der bedingte Erwartungswert der Zufallsvariablen $\underline{y}(i)$, bedingt auf alle zurückliegenden Zufallsvariablen, ist aufgrund der gaußförmigen Verbundverteilungsdichte nach Gl. 3.342 gegeben durch:

$$\hat{\underline{y}}^{-}(i) = E\{\underline{y}(i)/\underline{Y}(i-1)=\underline{Y}(i-1,\cdot)\}$$

$$= E\{\underline{y}(i)\} + P_{\underline{y}(i),\underline{Y}(i-1)} \cdot P_{\underline{Y}(i-1),\underline{Y}(i-1)}^{-1} \cdot [\underline{Y}(i-1,\cdot) - E\{\underline{Y}(i-1)\}] \tag{5.158}$$

Der Innovationsprozeß $\tilde{\underline{y}}(\cdot,\cdot)$ besteht aus der Folge von Zufallsvariablen $\tilde{\underline{y}}(i)$, i = 0, 1, 2, ..., wobei jede Zufallsvariable $\tilde{\underline{y}}(i)$ die zum jeweiligen Zeitpunkt neu hinzukommende Information enthält. Die Zufallsvariable $\tilde{\underline{y}}(k)$ beschreibt die in $\underline{y}(k)$ enthaltene Information, die nicht in den vorangegangenen Zufallsvariablen $\underline{y}(k-1)$, $\underline{y}(k-2)$, ... $\underline{y}(0)$ enthalten ist. Ist zum Beispiel die Zufallsvariable $\underline{y}(0)$ gegeben und liegt die Zufallsvariable $\underline{y}(1)$ in Form einer zweiten Messung noch nicht vor, wird die in $\underline{y}(0)$ über $\underline{y}(1)$ enthaltene Information durch den bedingten Erwartungswert:

$$\hat{\underline{y}}^{-}(1) = E\{\underline{y}(1)/\underline{y}(0)=\underline{y}(0,\cdot)\} \tag{5.159}$$

beschrieben. (Man beachte die Prädiktionsschreibweise, die absichtlich gewählt wurde, um zu verdeutlichen, daß diese Information schon vor Verfügbarwerden der Zufallsvariablen $\underline{y}(1)$ vorhanden ist.). Damit wäre die in $\underline{y}(1)$ enthaltene neue Information:

$$\tilde{\underline{y}}(1) = \underline{y}(1) - \hat{\underline{y}}^{-}(1) = \underline{y}(1) - E\{\underline{y}(1)/\underline{y}(0)=\underline{y}(0,\cdot)\} \tag{5.160}$$

Ebenso ist die in $\underline{y}(0)$ und $\underline{y}(1)$ über $\underline{y}(2)$ enthaltene Information:

$$\hat{\underline{y}}^{-}(2) = E\{\underline{y}(2)/\underline{y}(0)=\underline{y}(0,\cdot),\underline{y}(1)=\underline{y}(1,\cdot)\} = E\{\underline{y}(2)/\underline{Y}(1)=\underline{Y}(1,\cdot)\} \tag{5.161}$$

und die neu hinzukommende Information:

$$\tilde{\underline{y}}(2) = \underline{y}(2) - \hat{\underline{y}}^{-}(2) = \underline{y}(2) - E\{\underline{y}(2)/\underline{Y}(1)=\underline{Y}(1,\cdot)\} \tag{5.162}$$

Allgemein gilt dann für die zum Zeitpunkt t_k neu hinzukommende Information:

$$\tilde{\underline{y}}(k) = \underline{y}(k) - \hat{\underline{y}}^{-}(k) = \underline{y}(k) - E\{\underline{y}(k)/\underline{Y}(k-1)=\underline{Y}(k-1,\cdot)\} \tag{5.163}$$

Für den Startzeitpunkt t_0, zu dem keine vorangegangenen Messungen existieren, vereinbaren wir noch:

$$\tilde{\underline{y}}(0) = \underline{y}(0) - E\{\underline{y}(0)\} \qquad (5.164)$$

5.5.1.1 **Eigenschaften der Innovationssequenz**

Wir wollen nun im folgenden die stochastischen Eigenschaften der Innovationssequenz näher betrachten. Für den unbedingten Erwartungswert schreiben wir:

$$E\{\tilde{\underline{y}}(i)\} = E_{\underline{Y}}\{E_{\underline{y}/\underline{Y}}\{\tilde{\underline{y}}(i)/\underline{Y}(i-1)=\underline{Y}(i-1,\cdot)\}\} \qquad (5.165)$$

Mit der Definition der Innovation nach Gl. 5.163 ergibt sich dann:

$$E\{\tilde{\underline{y}}(i)\} = E_{\underline{Y}}\{E_{\underline{y}/\underline{Y}}\{\underline{y}(i) - \hat{\underline{y}}^-(i) \,/\, \underline{Y}(i-1)=\underline{Y}(i-1,\cdot)\}\}$$

$$= E_{\underline{Y}}\left\{E_{\underline{y}/\underline{Y}}\{\underline{y}(i)/\,\underline{Y}(i-1)=\underline{Y}(i-1,\cdot)\} - E_{\underline{y}/\underline{Y}}\{\hat{\underline{y}}^-(i)/\underline{Y}(i-1)=\underline{Y}(i-1,\cdot)\}\right\} \qquad (5.166)$$

$\hat{\underline{y}}^-(i)$ ist aber selbst das Ergebnis der bedingten Erwartungswertbildung:

$$\hat{\underline{y}}^-(i) = E_{\underline{y}/\underline{Y}}\{\underline{y}(i)/\,\underline{Y}(i-1)=\underline{Y}(i-1,\cdot)\} \qquad (5.167)$$

so daß $\hat{\underline{y}}^-(i)$ bezüglich der zweiten Erwartungswertbildung konstant ist. Damit erhält man:

$$E\{\tilde{\underline{y}}(i)\} = E_{\underline{Y}}\{\hat{\underline{y}}^-(i) - \hat{\underline{y}}^-(i)\} = \underline{0} \qquad (5.168)$$

Die Innovationssequenz ist damit erwartungswertfrei.

Wir untersuchen nun die Korrelation der Innovationssequenz mit verschiedenen anderen Sequenzen. Zunächst betrachten wir die Korrelation der Innovationsvariablen $\tilde{\underline{y}}(i)$ mit der vorhandenen Information $\hat{\underline{y}}^-(i)$. Dazu schreiben wir:

$$E\{\tilde{\underline{y}}(i)\cdot\hat{\underline{y}}^-(i)^T\} = E_{\underline{Y}}\left\{E_{\underline{y}/\underline{Y}}\{\tilde{\underline{y}}(i)\cdot\hat{\underline{y}}^-(i)^T/\,\underline{Y}(i-1)=\underline{Y}(i-1,\cdot)\}\right\} \qquad (5.169)$$

Wir betrachten zunächst den bedingten Erwartungswert:

$$E_{\underline{Y}/\underline{Y}}\{\tilde{\underline{y}}(i)\cdot \hat{\underline{y}}^{-}(i)^{T} / \, \underline{Y}(i-1)=\underline{Y}(i-1,\cdot)\} = E_{\underline{Y}/\underline{Y}}\{(\underline{y}(i)-\hat{\underline{y}}^{-}(i))\cdot \hat{\underline{y}}^{-}(i)^{T} / \underline{Y}(i-1)=\underline{Y}(i-1,\cdot)\} \tag{5.170}$$

$$= E_{\underline{Y}/\underline{Y}}\{\underline{y}(i)\cdot \hat{\underline{y}}^{-}(i)^{T} / \underline{Y}(i-1)=\underline{Y}(i-1,\cdot)\}$$

$$- E_{\underline{Y}/\underline{Y}}\{\hat{\underline{y}}^{-}(i)\cdot \hat{\underline{y}}^{-}(i)^{T} / \underline{Y}(i-1)=\underline{Y}(i-1,\cdot)\} \tag{5.171}$$

Mit der Konstanz von $\hat{\underline{y}}^{-}(i)$ bezüglich der bedingten Erwartungswertbildungen ergibt sich aus Gl. 5.171:

$$E_{\underline{Y}/\underline{Y}}\{\tilde{\underline{y}}(i)\cdot \hat{\underline{y}}^{-}(i)^{T} / \, \underline{Y}(i-1)=\underline{Y}(i-1,\cdot)\} = \hat{\underline{y}}^{-}(i)\cdot \hat{\underline{y}}^{-}(i)^{T} - \hat{\underline{y}}^{-}(i)\cdot \hat{\underline{y}}^{-}(i)^{T} = 0 \tag{5.172}$$

Einsetzen von Gl. 5.172 in Gl. 5.169 liefert dann:

$$E\{\tilde{\underline{y}}(i)\cdot \hat{\underline{y}}^{-}(i)^{T}\} = 0 \tag{5.173}$$

Die Innovationsvariable $\tilde{\underline{y}}(i)$ ist damit orthogonal zu der vorhandenen Information $\hat{\underline{y}}^{-}(i)$ (vgl. orthogonale Projektion).

Daraus ergeben sich einige interessante Folgerungen. Durch Einsetzen der Innovationsdefinition nach Gl. 5.163 erhält man:

$$E\{[\underline{y}(i) - \hat{\underline{y}}^{-}(i)]\cdot \hat{\underline{y}}^{-}(i)^{T}\} = E\{\underline{y}(i)\cdot \hat{\underline{y}}^{-}(i)^{T}\} - E\{\hat{\underline{y}}^{-}(i)\cdot \hat{\underline{y}}^{-}(i)^{T}\} = 0 \tag{5.174}$$

Daraus ergibt sich durch Auflösen:

$$E\{\underline{y}(i)\cdot \hat{\underline{y}}^{-}(i)^{T}\} = E\{\hat{\underline{y}}^{-}(i)\cdot \hat{\underline{y}}^{-}(i)^{T}\} \tag{5.175}$$

Andererseits erhält man durch Einsetzen der nach $\hat{\underline{y}}^{-}(i)$ aufgelösten Innovationsdefinition (Gl. 5.163) in Gl. 5.173:

$$E\{\tilde{\underline{y}}(i)\cdot [\underline{y}(i) - \tilde{\underline{y}}(i)]^{T}\} = 0 \tag{5.176}$$

woraus sich sofort:

$$E\{\tilde{\underline{y}}(i)\cdot \underline{y}(i)^T\} = E\{\tilde{\underline{y}}(i)\cdot \tilde{\underline{y}}(i)^T\} \tag{5.177}$$

folgern läßt. Die Endergebnisse nach Gl. 5.175 und Gl. 5.177 weisen eine deutliche Ähnlichkeit auf. Zum einen ist nach Gl. 5.175 die Korrelation zwischen den Daten $\underline{y}(i)$ und den Schätzwerten $\hat{\underline{y}}^-(i)$ gleich der Autokorrelationsmatrix der Schätzwerte, zum anderen ist die Korrelation zwischen den Daten $\underline{y}(i)$ und der Innovation $\tilde{\underline{y}}(i)$ gleich der Autokorrelationsmatrix der Innovation $\tilde{\underline{y}}(i)$.

Wir möchten als nächstes die Orthogonalität der Innovation $\tilde{\underline{y}}(i)$ zu allen vorangegangenen Zufallsvariablen von $\underline{Y}(i-1)$ demonstrieren, daß also gilt:

$$E\{\tilde{\underline{y}}(i)\cdot \underline{Y}(i-1)^T\} = 0 \tag{5.178}$$

Dazu betrachten wir zunächst wieder den bedingten Erwartungswert:

$$E\{\tilde{\underline{y}}(i)\cdot \underline{Y}(i-1)^T/\underline{Y}(i-1)=\underline{Y}(i-1,\cdot)\} \tag{5.179}$$

und wollen zeigen, daß dieser bedingte Erwartungswert unabhängig von den Realisationen der Zufallsvariablen $\underline{Y}(i-1)$ verschwindet. Dazu benötigen wir einige Vorbetrachtungen. Es sei die Zufallsvariable $\underline{g}(\cdot)$ als Abbildung der Zufallsvariablen $\underline{Y}(i-1,\cdot)$ gegeben mit:

$$\underline{g}(\cdot) = \underline{\theta}(\underline{Y}(i-1,\cdot)) \tag{5.180a}$$

und wir betrachten den bedingten Erwartungswert:

$$E\{\tilde{\underline{y}}(i)\cdot \underline{g}^T/\underline{Y}(i-1)=\underline{Y}(i-1,\cdot)\} = E\{\tilde{\underline{y}}(i)\cdot \underline{\theta}(\underline{Y}(i-1))^T/\underline{Y}(i-1)=\underline{Y}(i-1,\cdot)\} \tag{5.180b}$$

Mit der Definition des bedingten Erwartungswertes als Moment der entsprechenden bedingten Verteilungsdichtefunktion können wir dann schreiben:

$$E\{\tilde{\underline{y}}(i)\cdot \underline{\theta}(\underline{Y}(i-1))^T/\underline{Y}(i-1)=\underline{Y}(i-1,\cdot)\} = \int_{-\infty}^{\infty} \tilde{\underline{\varrho}}\cdot \underline{\theta}(\underline{Y}(i-1,\cdot))^T\cdot f_{\tilde{\underline{y}}(i)/\underline{Y}(i-1)}(\tilde{\underline{\varrho}}/\underline{Y}(i-1,\cdot))d\tilde{\underline{\varrho}} \tag{5.180c}$$

Der Funktionswert $\underline{\theta}(\underline{Y}(i-1,\cdot))$ ist aber unabhängig von der Integrationsvariablen, kann also aus der Integration herausgezogen werden, so daß man schreiben kann:

$$E\{\tilde{\underline{y}}(i)\cdot\underline{\theta}(\underline{Y}(i-1))^T/\underline{Y}(i-1)=\underline{Y}(i-1,\cdot)\} = \int_{-\infty}^{\infty}\tilde{\underline{\varrho}}\cdot f_{\tilde{\underline{y}}(i)/\underline{Y}(i-1)}(\tilde{\underline{\varrho}}/\underline{Y}(i-1,\cdot))d\tilde{\underline{\varrho}}\cdot\underline{\theta}(\underline{Y}(i-1,\cdot))^T$$

$$= E\{\tilde{\underline{y}}(i)/\underline{Y}(i-1)=\underline{Y}(i-1,\cdot)\}\cdot\underline{\theta}(\underline{Y}(i-1,\cdot))^T \qquad (5.180d)$$

Wählt man nun noch die Abbildung $\underline{\theta}(\underline{Y}(i-1,\cdot)) = \underline{Y}(i-1,\cdot)$, erhält man die folgende nützliche Beziehung zur Umformung von bedingten Erwartungswerten:

$$E\{\tilde{\underline{y}}(i)\cdot\underline{Y}(i-1)^T/\underline{Y}(i-1)=\underline{Y}(i-1,\cdot)\} = E\{\tilde{\underline{y}}(i)/\underline{Y}(i-1)=\underline{Y}(i-1,\cdot)\}\cdot\underline{Y}(i-1,\cdot)^T \qquad (5.180e)$$

Da aber die Innovationen bedingt und unbedingt erwartungswertfrei sind, wie zuvor gezeigt wurde, folgt aus Gl. 5.180e sofort:

$$E\{\tilde{\underline{y}}(i)\cdot\underline{Y}(i-1)^T/\underline{Y}(i-1)=\underline{Y}(i-1,\cdot)\} = 0 \qquad (5.181a)$$

und:

$$E\{\tilde{\underline{y}}(i)\cdot\underline{Y}(i-1)^T\} = E_{\underline{Y}}\left\{E_{\tilde{\underline{y}}/\underline{Y}}\{\tilde{\underline{y}}(i)\cdot\underline{Y}(i-1)^T/\underline{Y}(i-1)=\underline{Y}(i-1,\cdot)\}\right\} = 0 \qquad (5.181b)$$

Damit ist die Orthogonalität der Innovationen zu allen vorangegangenen Daten gezeigt. In Verbindung mit der Erwartungswertfreiheit folgt daraus auch die Unkorreliertheit mit allen vorangegangenen Daten, und aus der Unkorreliertheit folgt in Verbindung mit der Gaußverteiltheit sofort auch die Unabhängigkeit der Innovationen von allen vorangegangenen Daten. Damit ist die Aussage von Gl. 5.178 verifiziert.

Zuletzt wollen wir den Korrelationskern der Innovationen betrachten. Wenn die Meßwertgeschichte $\underline{Y}(k-1)$ für beliebige k gaußverteilt ist, wie bei diesen Betrachtungen einleitend vorausgesetzt wurde, dann ist der bedingte Erwartungswert der Zufallsvariablen $\underline{y}(k)$, bedingt auf die zurückliegenden Zufallsvariablen $\underline{Y}(k-1)$, nach Gl. 5.158 eine lineare Funktion dieser Zufallsvariablen. Dann muß auch die nach Gl. 5.163 definierte Innovationsvariable eine lineare Funktion dieser zurückliegenden Zufallsvariablen sein.

$$\tilde{\underline{y}}(k) = \underline{y}(k) - E\{\underline{y}(k)/\underline{Y}(k-1)=\underline{Y}(k-1,\cdot)\}$$

$$= \underline{y}(k) - E\{\underline{y}(k)\} - P_{\underline{y}(k),\underline{Y}(k-1)}\cdot P_{\underline{Y}(k-1),\underline{Y}(k-1)}^{-1}\cdot[\underline{Y}(k-1,\cdot) - E\{\underline{Y}(k-1)\}] \qquad (5.182)$$

Damit besitzt die Innovationssequenz die gleichen gauß'schen Eigenschaften wie der zugrundeliegende Prozeß $\underline{y}(\cdot,\cdot)$. Betrachtet man nun den Korrelationskern $E\{\tilde{\underline{y}}(k)\cdot\tilde{\underline{y}}(l)^T\}$, zunächst für $l<k$, erhält man durch Einsetzen von Gl. 5.163:

$$E\{\tilde{\underline{y}}(k)\cdot\tilde{\underline{y}}(l)^T\} = E\{\tilde{\underline{y}}(k)\cdot[\underline{y}(l) - \hat{\underline{y}}^-(l)]^T\} = -E\{\tilde{\underline{y}}(k)\cdot\hat{\underline{y}}^-(l)^T\} \qquad (5.183)$$

wobei die Orthogonalität der Innovation zu allen zurückliegenden Variablen nach Gl. 5.178 ausgenutzt wurde. Aber auch die zum Zeitpunkt t_l vorhandene Information $\hat{\underline{y}}^-(l)$ ist nach Gl. 5.158 eine lineare Funktion der zurückliegenden Zufallsvariablen $\underline{y}(0)$ ... $\underline{y}(l-1)$, so daß $\tilde{\underline{y}}(k)$ auch orthogonal zu $\hat{\underline{y}}^-(l)$ ist. Damit folgt:

$$E\{\tilde{\underline{y}}(k)\cdot\tilde{\underline{y}}(l)^T\} = 0 \quad \text{für } l<k \qquad (5.184)$$

Betrachtet man nun $E\{\tilde{\underline{y}}(k)\cdot\tilde{\underline{y}}(l)^T\}$ für $l>k$, erhält man in der gleichen Weise wie zuvor:

$$E\{\tilde{\underline{y}}(k)\cdot\tilde{\underline{y}}(l)^T\} = E\{[\underline{y}(k) - \hat{\underline{y}}^-(k)]\cdot\tilde{\underline{y}}(l)^T\} = -E\{\hat{\underline{y}}^-(k)\cdot\tilde{\underline{y}}^-(l)^T\} \qquad (5.185)$$

Diesmal ist $\hat{\underline{y}}^-(k)$ eine lineare Funktion der zurückliegenden Variablen $\underline{y}(0)$ ... $\underline{y}(k-1)$, zu denen $\tilde{\underline{y}}^-(l)$ orthogonal ist. Damit folgt auch hier:

$$E\{\tilde{\underline{y}}(k)\cdot\tilde{\underline{y}}(l)^T\} = 0 \quad \text{für } k<l \qquad (5.186)$$

und die Zusammenfassung von Gl. 5.184 und G. 5.186 ergibt:

$$E\{\tilde{\underline{y}}(k)\cdot\tilde{\underline{y}}(l)^T\} = 0 \quad \text{für } k\neq l \qquad (5.187)$$

Damit ist die Innovationssequenz eine orthogonale Sequenz. Aus der Erwartungswertfreiheit folgt dann auch, daß die Innovationssequenz eine unkorrelierte Sequenz ist. Da der

Innovationsprozeß unter den gegebenen Voraussetzungen auch ein Gaußprozeß ist, folgt dann auch, daß die Innovationen einen unabhängigen oder weißen Prozeß bilden. (Anmerkung: Die Gaußeigenschaften des Innovationsprozesses existieren sogar, ohne daß $\underline{y}(\cdot,\cdot)$ als Gaußprozeß vorausgesetzt werden muß, wie in /9/ angemerkt wird. Demzufolge ist der Innovationsprozeß sogar unter wesentlich allgemeineren Voraussetzungen ein weißer Gaußprozeß.)

5.5.1.2 Zusammenhang von Innovationssequenz und Zufallsvariablensequenz

Die Innovationssequenz $\tilde{\underline{Y}}(k)$ kann aus der Sequenz $\underline{Y}(k)$ durch eine lineare, bzw. affine und kausale Berechnungsvorschrift gewonnen werden und umgekehrt, wie wir nun zeigen wollen. Dazu verwenden wir Gl. 5.182, mit der wir für alle Werte i=1,...k die Innovationen berechnen und dann zum Innovationssequenzenvektor zusammenfassen. Damit erhalten wir:

$$\tilde{\underline{Y}}(k) = \begin{bmatrix} \tilde{\underline{y}}(0) \\ \tilde{\underline{y}}(1) \\ \cdot \\ \cdot \\ \tilde{\underline{y}}(k) \end{bmatrix} = \begin{bmatrix} \underline{y}(0) - \hat{\underline{y}}^-(0) \\ \underline{y}(1) - \hat{\underline{y}}^-(1) \\ \cdot \qquad \cdot \\ \cdot \qquad \cdot \\ \underline{y}(k) - \hat{\underline{y}}^-(k) \end{bmatrix} = \underline{Y}(k) - \hat{\underline{Y}}^-(k) \tag{5.188}$$

Wir starten die Berechnung mit dem ersten Wert $\tilde{\underline{y}}(0) = \underline{y}(0) - \hat{\underline{y}}^-(0)$. Da $\underline{y}(0)$ die erste vorliegende Messung beschreibt, definieren wir, wie schon zuvor:

$$\hat{\underline{y}}^-(0) = E\{\underline{y}(0)\} \tag{5.189a}$$

Damit erhalten wir für $\tilde{\underline{y}}(0)$:

$$\tilde{\underline{y}}(0) = \underline{y}(0) - E\{\underline{y}(0)\} \tag{5.189b}$$

Für die folgende Innovation $\tilde{\underline{y}}(1)$ erhalten wir mit Gl. 5.182:

$$\tilde{\underline{y}}(1) = \underline{y}(1) - E\{\underline{y}(1)\} - P_{\underline{y}(1),\underline{Y}(0)} \cdot P_{\underline{Y}(0),\underline{Y}(0)}^{-1} \cdot [\underline{Y}(0) - E\{\underline{Y}(0)\}]$$

$$= \underline{y}(1) - E\{\underline{y}(1)\} - P_{\underline{y}(1),\underline{Y}(0)} \cdot P_{\underline{Y}(0),\underline{Y}(0)}^{-1} \cdot [\underline{y}(0) - E\{\underline{y}(0)\}] \tag{5.190a}$$

$$= \underline{y}(1) - E\{\underline{y}(1)\} - P_{\underline{y}(1),\underline{Y}(0)} \cdot P_{\underline{Y}(0),\underline{Y}(0)}^{-1} \cdot \tilde{\underline{y}}(0) \tag{5.190b}$$

Um den gesuchten Vektor–Matrixzusammenhang zwischen $\tilde{\underline{Y}}(k)$ und $\underline{Y}(k)$ herzuleiten, schreiben wir Gl. 5.190a um und erhalten:

$$\tilde{\underline{y}}(1) = \left[-P_{\underline{y}(1),\underline{Y}(0)} \cdot P_{\underline{Y}(0),\underline{Y}(0)}^{-1} \mid I \right] \cdot \left[\frac{\underline{y}(0)-E\{\underline{y}(0)\}}{\underline{y}(1)-E\{\underline{y}(1)\}} \right] \tag{5.190c}$$

In einer abgekürzten Schreibweise lautet dieser Zusammenhang:

$$\tilde{\underline{y}}(1) = \left[A_{1,0} \mid I \right] \cdot \left[\frac{\underline{y}(0)-E\{\underline{y}(0)\}}{\underline{y}(1)-E\{\underline{y}(1)\}} \right] \tag{5.190d}$$

mit:

$$A_{1,0} = -P_{\underline{y}(1),\underline{Y}(0)} \cdot P_{\underline{Y}(0),\underline{Y}(0)}^{-1} \tag{5.190e}$$

Völlig analog ergibt sich für $\tilde{\underline{y}}(2)$:

$$\begin{aligned} \tilde{\underline{y}}(2) &= \underline{y}(2) - E\{\underline{y}(2)\} - P_{\underline{y}(2),\underline{Y}(1)} \cdot P_{\underline{Y}(1),\underline{Y}(1)}^{-1} \cdot [\underline{Y}(1) - E\{\underline{Y}(1)\}] \\ &= \underline{y}(2) - E\{\underline{y}(2)\} - P_{\underline{y}(2),\underline{Y}(1)} \cdot P_{\underline{Y}(1),\underline{Y}(1)}^{-1} \cdot \left[\frac{\underline{y}(0)-E\{\underline{y}(0)\}}{\underline{y}(1)-E\{\underline{y}(1)\}} \right] \end{aligned} \tag{5.191a}$$

Wir formen nun auch Gl. 5.191a wieder um und erhalten:

$$\tilde{\underline{y}}(2) = \left[-P_{\underline{y}(2),\underline{Y}(1)} \cdot P_{\underline{Y}(1),\underline{Y}(1)}^{-1} \mid I \right] \cdot \left[\frac{\underline{Y}(1)-E\{\underline{Y}(1)\}}{\underline{y}(2)-E\{\underline{y}(2)\}} \right] \tag{5.191b}$$

Auch Gl. 5.191b kann man formal darstellen, analog zur formalen Beschreibung von Gl. 5.190c:

$$\tilde{\underline{y}}(2) = \left[A_{2,0} \mid A_{2,1} \mid I \right] \cdot \begin{bmatrix} \underline{y}(0)-E\{\underline{y}(0)\} \\ \underline{y}(1)-E\{\underline{y}(1)\} \\ \underline{y}(2)-E\{\underline{y}(2)\} \end{bmatrix} \tag{5.191c}$$

Schließlich folgt für das allgemeine Glied $\underline{\tilde{y}}(k)$:

$$\underline{\tilde{y}}(k) = \underline{y}(k) - E\{\underline{y}(k)\} - P_{\underline{y}(k),\underline{Y}(k-1)} \cdot P_{\underline{Y}(k-1),\underline{Y}(k-1)}^{-1} \cdot [\underline{Y}(k-1) - E\{\underline{Y}(k-1)\}]$$

$$= \underline{y}(k) - E\{\underline{y}(k)\} - P_{\underline{y}(k),\underline{Y}(k-1)} \cdot P_{\underline{Y}(k-1),\underline{Y}(k-1)}^{-1} \cdot \begin{bmatrix} \underline{y}(0) - E\{\underline{y}(0)\} \\ \underline{y}(1) - E\{\underline{y}(1)\} \\ \vdots \\ \underline{y}(k-1) - E\{\underline{y}(k-1)\} \end{bmatrix} \tag{5.192a}$$

$$= \left[- P_{\underline{y}(k),\underline{Y}(k-1)} \cdot P_{\underline{Y}(k-1),\underline{Y}(k-1)}^{-1} \,|\, I \right] \cdot \begin{bmatrix} \underline{Y}(k-1) - E\{\underline{Y}(k-1)\} \\ \hline \underline{y}(k) - E\{\underline{y}(k)\} \end{bmatrix} \tag{5.192b}$$

Die formale Beschreibung von Gl. 5.192b lautet analog zu den Gl. 5.191c und 5.190d:

$$\underline{\tilde{y}}(k) = \left[A_{k,0} \,|\, A_{k,1} \,|\, \ldots \,|\, A_{k,k-1} \,|\, I \right] \cdot \begin{bmatrix} \underline{y}(0) - E\{\underline{y}(0)\} \\ \underline{y}(1) - E\{\underline{y}(1)\} \\ \vdots \\ \underline{y}(k) - E\{\underline{y}(k)\} \end{bmatrix} \tag{5.192c}$$

Zusammenfassend erhält man mit den Gleichungen 5.188, 5.190d, 5.191c und 5.192c:

$$\underline{\tilde{Y}}(k) = \begin{bmatrix} \underline{\tilde{y}}(0) \\ \underline{\tilde{y}}(1) \\ \vdots \\ \underline{\tilde{y}}(k) \end{bmatrix} = \begin{bmatrix} I & 0 & 0 & 0 & \cdot & \cdot & 0 & 0 \\ A_{1,0} & I & 0 & 0 & \cdot & \cdot & \cdot & \cdot \\ A_{2,0} & A_{2,1} & I & 0 & \cdot & \cdot & 0 & 0 \\ \vdots & \vdots & \vdots & \vdots & \vdots & \vdots & & \vdots \\ A_{k,0} & A_{k,1} & A_{k,2} & \cdot & \cdot & \cdot & A_{k,k-1} & I \end{bmatrix} \cdot \begin{bmatrix} \underline{y}(0) - E\{\underline{y}(0)\} \\ \underline{y}(1) - E\{\underline{y}(1)\} \\ \vdots \\ \underline{y}(k) - E\{\underline{y}(k)\} \end{bmatrix} \tag{5.193a}$$

Damit lautet der gesuchte Vektor–Matrixzusammenhang zwischen $\underline{\tilde{Y}}(k)$ und $\underline{Y}(k)$:

$$\underline{\tilde{Y}}(k) = \mathcal{A}(k) \cdot [\underline{Y}(k) - E\{\underline{Y}(k)\}] \tag{5.193b}$$

$$= \mathcal{A}(k) \cdot \underline{Y}(k) - \mathcal{A}(k) \cdot E\{\underline{Y}(k)\} \tag{5.193c}$$

$$= \mathcal{A}(k) \cdot \underline{Y}(k) + \underline{d}(k) \tag{5.193d}$$

mit:

$$\mathscr{A}(k) = \begin{bmatrix} I & 0 & 0 & 0 & \cdot & \cdot & 0 & 0 \\ A_{1,0} & I & 0 & 0 & \cdot & \cdot & \cdot & \cdot \\ A_{2,0} & A_{2,1} & I & 0 & \cdot & \cdot & 0 & 0 \\ \cdot & \cdot & \cdot & \cdot & \cdot & \cdot & & \vdots \\ A_{k,0} & A_{k,1} & A_{k,2} & \cdot & \cdot & \cdot & A_{k,k-1} & I \end{bmatrix} \tag{5.193e}$$

und:

$$\underline{d}(k) = -\,\mathscr{A}(k)\cdot E\{\underline{Y}(k)\} \tag{5.193f}$$

Die Gleichungen 5.193a – 5.193f definieren einen affinen Zusammenhang zwischen $\underline{\tilde{Y}}(k)$ und $\underline{Y}(k)$, der zu einem linearen Zusammenhang wird, wenn $E\{\underline{Y}(k)\} = \underline{0}$ ist. Die Abbildungsmatrix $\mathscr{A}(k)$ ist quadratisch und besitzt die Dimension $[(k+1)\cdot m \times (k+1)\cdot m]$. Weiterhin erkennt man, daß $\mathscr{A}(k)$ untere Dreiecksgestalt besitzt. Damit kann der Wert der Determinanten von $\mathscr{A}(k)$ sofort angegeben werden:

$$\det(\mathscr{A}(k)) = \det(I)^{k+1} = 1 \tag{5.194}$$

Die Determinante ist ungleich 0, damit existiert die Inverse von $\mathscr{A}(k)$, und somit ist die Abbildung von $\underline{Y}(k)$ nach $\underline{\tilde{Y}}(k)$ eindeutig umkehrbar.

$$\underline{Y}(k) - E\{\underline{Y}(k)\} = \mathscr{A}(k)^{-1}\cdot\ \underline{\tilde{Y}}(k) \tag{5.195a}$$

$$= \mathscr{B}(k)\cdot \underline{\tilde{Y}}(k) \tag{5.195b}$$

mit:

$$\mathscr{B}(k) = \mathscr{A}(k)^{-1} = \begin{bmatrix} I & 0 & 0 & 0 & \cdot & \cdot & 0 & 0 \\ A_{1,0} & I & 0 & 0 & \cdot & \cdot & \cdot & \cdot \\ A_{2,0} & A_{2,1} & I & 0 & \cdot & \cdot & 0 & 0 \\ \cdot & \cdot & \cdot & \cdot & \cdot & \cdot & & \vdots \\ A_{k,0} & A_{k,1} & A_{k,2} & \cdot & \cdot & \cdot & A_{k,k-1} & I \end{bmatrix}^{-1} \tag{5.195c}$$

Aufgelöst nach $\underline{Y}(k)$ erhalten wir dann aus Gl. 5.195a und 5.195b die Vorschrift zur Berechnung von $\underline{Y}(k)$ aus $\underline{\tilde{Y}}(k)$:

$$\underline{Y}(k) = \mathscr{B}(k)\cdot \underline{\tilde{Y}}(k) + \underline{e}(k) \tag{5.195d}$$

mit:

$$\underline{e}(k) = E\{\underline{Y}(k)\} \tag{5.195e}$$

Auch diese Berechnungsvorschrift stellt einen affinen Zusammenhang dar, der linear wird, wenn $E\{\underline{Y}(k)\} = \underline{0}$ ist. Wir wollen nun die Aussagen dieses Unterpunktes kurz zusammenfassen:

Die Innovationssequenz $\tilde{\underline{Y}}(k)$ kann durch eine kausale, affine und eindeutig umkehrbare Berechnungsvorschrift aus der Sequenz $\underline{Y}(k)$ gewonnen werden. Die Eigenschaft der Kausalität bedeutet, daß zur Berechnung eines Sequenzengliedes nur vergangene und aktuelle Glieder der jeweils anderen Sequenz, jedoch keinerlei zukünftige Sequenzenglieder benötigt werden. Durch diesen eindeutig umkehrbaren Zusammenhang sind beide Sequenzen, bezüglich der in ihnen enthaltenen Information, offensichtlich äquivalent, obwohl sie unterschiedliche interne korrelative Eigenschaften aufweisen. Dieser Sachverhalt hat weitreichende Konsequenzen: Zu einer Sequenz $\underline{Y}(k)$ mit gegebenem Korrelationskern kann dann eine äquivalente Sequenz $\tilde{\underline{Y}}(k)$ berechnet werden, die weiß und gaußverteilt ist. Die Eigenschaft der Weißheit und Gaußverteiltheit kann aber viele Betrachtungen und Berechnungen stark vereinfachen, bzw. überhaupt erst ermöglichen. Die Betrachtungen in den nun folgenden Unterpunkten stellen ein gutes Beispiel für diese Vorgehensweise dar.

5.5.1.3 Anwendung der Innovationssequenz zur Berechnung bedingter Erwartungswerte

Die Berechnung des bedingten Erwartungswertes einer Zufallsvariablen $\underline{x}(k,\cdot)$, bedingt auf die Zufallsvariablensequenz $\underline{Y}(k-1)$, kann durch die Verwendung der Innovationssequenz häufig wesentlich vereinfacht werden. Zunächst wollen wir jedoch zeigen, daß die Innovationssequenz $\tilde{\underline{Y}}(k-1)$ wirklich die gleiche Information wie die original gegebene Sequenz $\underline{Y}(k-1)$ enthält. Dazu wollen wir zeigen, daß folgende Identität gilt:

$$E\{\underline{x}(k)/\underline{Y}(k-1)=\underline{Y}(k-1,\cdot)\} = E\{\underline{x}(k)/\tilde{\underline{Y}}(k-1)=\tilde{\underline{Y}}(k-1,\cdot)\} \qquad (5.196)$$

Man kann die Gültigkeit dieser Identität unter sehr allgemeinen Bedingungen (sogar für nichtlineare Zusammenhänge) nachweisen – wir wollen jedoch zur Vereinfachung, wie zuvor schon, annehmen, daß $\underline{x}(k)$ und $\underline{Y}(k-1)$ gaußverbundverteilt sind, so daß der bedingte Erwartungswert von $\underline{x}(k)$ eine lineare (genauer gesagt, eine affine) Funktion von $\underline{Y}(k-1)$ ist, mit:

$$E\{\underline{x}(k)/\underline{Y}(k-1)=\underline{Y}(k-1,\cdot)\}$$

$$= E\{\underline{x}(k)\} + P_{\underline{x}(k),\underline{Y}(k-1)} \cdot P_{\underline{Y}(k-1),\underline{Y}(k-1)}^{-1} \cdot [\underline{Y}(k-1,\cdot) - E\{\underline{Y}(k-1)\}] \qquad (5.197)$$

Mit Gl. 5.195a/b kann man nun $\underline{Y}(k-1)$ aus $\tilde{\underline{Y}}(k-1)$ direkt berechnen:

$$\underline{Y}(k-1) = \mathscr{B}(k-1)\cdot \tilde{\underline{Y}}(k-1) + E\{\underline{Y}(k-1)\} \tag{5.198}$$

so daß wir zunächst für die in Gl. 5.197 auftretenden Einzelterme durch Anwenden von Gl. 5.198 umformen können. Es ergibt sich:

$$\underline{Y}(k-1,\cdot) - E\{\underline{Y}(k-1)\} = \mathscr{B}(k-1)\cdot \tilde{\underline{Y}}(k-1,\cdot) \tag{5.199a}$$

Ebenso gilt:

$$P_{\underline{x}(k),\underline{Y}(k-1)} = \mathrm{cov}\{\underline{x}(k), \underline{Y}(k-1)\} = E\{[\underline{x}(k) - E\{\underline{x}(k)\}]\cdot [\mathscr{B}(k-1)\cdot \tilde{\underline{Y}}(k-1)]^T\}$$

$$= \mathrm{cov}\{\underline{x}(k), \tilde{\underline{Y}}(k-1)\}\cdot \mathscr{B}(k-1)^T = P_{\underline{x}(k),\tilde{\underline{Y}}(k-1)}\cdot \mathscr{B}(k-1)^T \tag{5.199b}$$

Weiterhin kann man folgern:

$$P_{\underline{Y}(k-1),\underline{Y}(k-1)} = \mathrm{cov}\{\underline{Y}(k-1), \underline{Y}(k-1)\} = \mathscr{B}(k-1)\cdot E\{\tilde{\underline{Y}}(k-1)\cdot \tilde{\underline{Y}}(k-1)^T\}\cdot \mathscr{B}(k-1)^T$$

$$= \mathscr{B}(k-1)\cdot P_{\tilde{\underline{Y}}(k-1),\tilde{\underline{Y}}(k-1)}\cdot \mathscr{B}(k-1)^T \tag{5.199c}$$

wobei bei allen Umformungen die Erwartungswertfreiheit von $\tilde{\underline{Y}}(k-1)$ ausgenutzt wurde. Alle Matrizen auf der rechten Seite von Gl. 5.199c sind invertierbar, deshalb gilt:

$$P_{\underline{Y}(k-1),\underline{Y}(k-1)}^{-1} = \mathscr{B}(k-1)^{T-1}\cdot P_{\tilde{\underline{Y}}(k-1),\tilde{\underline{Y}}(k-1)}^{-1}\cdot \mathscr{B}(k-1)^{-1} \tag{5.199d}$$

Wir setzen nun die Zwischenergebnisse der Gl. 5.199a, 5.199b und 5.199c in Gl. 5.197 ein:

$$E\{\underline{x}(k)/\underline{Y}(k-1)\} = E\{\underline{x}(k)\}$$

$$+ P_{\underline{x}(k),\tilde{\underline{Y}}(k-1)}\cdot \mathscr{B}(k-1)^T\cdot \mathscr{B}(k-1)^{T-1}\cdot P_{\tilde{\underline{Y}}(k-1),\tilde{\underline{Y}}(k-1)}^{-1}\cdot \mathscr{B}(k-1)^{-1}\cdot \mathscr{B}(k-1)\cdot \tilde{\underline{Y}}(k-1)$$

$$= E\{\underline{x}(k)\} + P_{\underline{x}(k),\tilde{\underline{Y}}(k-1)}\cdot P_{\tilde{\underline{Y}}(k-1),\tilde{\underline{Y}}(k-1)}^{-1}\cdot \tilde{\underline{Y}}(k-1) \tag{5.200}$$

Wegen der Erwartungswertfreiheit von $\underline{\tilde{Y}}(k-1)$ gilt aber:

$$E\{\underline{x}(k)/\underline{\tilde{Y}}(k-1)\} = E\{\underline{x}(k)\} + P_{\underline{x}(k),\underline{\tilde{Y}}(k-1)} P_{\underline{\tilde{Y}}(k-1),\underline{\tilde{Y}}(k-1)}^{-1} \cdot \underline{\tilde{Y}}(k-1) \quad (5.201)$$

Somit folgt aus Gl. 5.200 mit 5.201 das Endergebnis:

$$E\{\underline{x}(k)/\underline{Y}(k-1)\} = E\{\underline{x}(k)/\underline{\tilde{Y}}(k-1)\} \quad (5.202)$$

Damit kann die bedingte Erwartungswertbildung von $\underline{x}(k)$, bedingt auf die Zufallsvariablensequenz $\underline{Y}(k-1)$, ersetzt werden durch die Berechnung des bedingten Erwartungswertes von $\underline{x}(k)$, bedingt auf die zu $\underline{Y}(k-1)$ gehörende Innovationssequenz $\underline{\tilde{Y}}(k-1)$. $\underline{Y}(k-1)$ und $\underline{\tilde{Y}}(k-1)$ enthalten also tatsächlich dieselbe Information über $\underline{x}(k)$, womit die Identität von Gl. 5.196 gezeigt ist.

Für die weitere Ableitung betrachten wir die Matrix $P_{\underline{\tilde{Y}}(k-1),\underline{\tilde{Y}}(k-1)}$ in Gl. 5.201. $\underline{\tilde{Y}}(k-1)$ ist eine weiße Sequenz, wie zuvor gezeigt wurde. Folglich besitzt die Matrix $P_{\underline{\tilde{Y}}(k-1),\underline{\tilde{Y}}(k-1)}$ Block–Diagonalform, so daß die Inverse einfach berechnet werden kann:

$$P_{\underline{\tilde{Y}}(k-1),\underline{\tilde{Y}}(k-1)}^{-1} = \begin{bmatrix} P_{\underline{\tilde{y}}(0),\underline{\tilde{y}}(0)} & 0 & \cdots & 0 \\ 0 & P_{\underline{\tilde{y}}(1),\underline{\tilde{y}}(1)} & \cdots & \cdot \\ \cdot & 0 & \cdots & \cdot \\ 0 & \cdot & \cdots & P_{\underline{\tilde{y}}(k-1),\underline{\tilde{y}}(k-1)} \end{bmatrix}^{-1}$$

$$= \begin{bmatrix} P_{\underline{\tilde{y}}(0),\underline{\tilde{y}}(0)}^{-1} & 0 & \cdot\cdot & 0 \\ 0 & P_{\underline{\tilde{y}}(1),\underline{\tilde{y}}(1)}^{-1} & \cdot\cdot & \cdot \\ \cdot & 0 & \cdot\cdot & \cdot \\ 0 & \cdot & \cdot\cdot & P_{\underline{\tilde{y}}(k-1),\underline{\tilde{y}}(k-1)}^{-1} \end{bmatrix} \quad (5.203a)$$

$$= \operatorname{diag}_{i=0\ldots k-1} (P_{\underline{\tilde{y}}(i),\underline{\tilde{y}}(i)})^{-1} \quad (5.203b)$$

Der Kreuzkovarianzkern von $\underline{x}(k)$ und $\underline{\tilde{Y}}(k-1)$ ist eine Zeilenmatrix:

$$P_{\underline{x}(k),\underline{\tilde{Y}}(k-1)} = \left[P_{\underline{x}(k),\underline{\tilde{y}}(0)} \,|\, P_{\underline{x}(k),\underline{\tilde{y}}(1)} \,|\, \dots \,|\, P_{\underline{x}(k),\underline{\tilde{y}}(k-1)}\right] \tag{5.203c}$$

Durch Einsetzen der Gl. 5.203a und 5.203c in Gl. 5.200 ergibt sich dann für den bedingten Erwartungswert von $\underline{x}(k)$:

$$\begin{aligned} E\{\underline{x}(k)/\underline{Y}(k-1)\} &= E\{\underline{x}(k)/\underline{\tilde{Y}}(k-1)\} = E\{\underline{x}(k)\} \\ &+ \left[P_{\underline{x}(k),\underline{\tilde{y}}(0)} \cdot P_{\underline{\tilde{y}}(0),\underline{\tilde{y}}(0)}^{-1} \,|\, P_{\underline{x}(k),\underline{\tilde{y}}(1)} \cdot P_{\underline{\tilde{y}}(1),\underline{\tilde{y}}(1)}^{-1} \,|\, \dots \right. \\ &\quad \left. \dots \,|\, P_{\underline{x}(k),\underline{\tilde{y}}(k-1)} \cdot P_{\underline{\tilde{y}}(k-1),\underline{\tilde{y}}(k-1)}^{-1}\right] \cdot \begin{bmatrix} \underline{\tilde{y}}(0) \\ \underline{\tilde{y}}(1) \\ \vdots \\ \underline{\tilde{y}}(k-1) \end{bmatrix} \\ &= E\{\underline{x}(k)\} + \sum_{i=0}^{k-1} P_{\underline{x}(k),\underline{\tilde{y}}(i)} \cdot P_{\underline{\tilde{y}}(i),\underline{\tilde{y}}(i)}^{-1} \cdot \underline{\tilde{y}}(i) \end{aligned} \tag{5.204}$$

Der bedingte Erwartungswert von $\underline{x}(k)$, bedingt auf eine Innovation allein, ist gegeben durch:

$$E\{\underline{x}(k)/\underline{\tilde{y}}(i)\} = E\{\underline{x}(k)\} + P_{\underline{x}(k),\underline{\tilde{y}}(i)} \cdot P_{\underline{\tilde{y}}(i),\underline{\tilde{y}}(i)}^{-1} \cdot \underline{\tilde{y}}(i) \tag{5.205a}$$

woraus durch Umstellen sofort:

$$P_{\underline{x}(k),\underline{\tilde{y}}(i)} \cdot P_{\underline{\tilde{y}}(i),\underline{\tilde{y}}(i)}^{-1} \cdot \underline{\tilde{y}}(i) = E\{\underline{x}(k)/\underline{\tilde{y}}(i)\} - E\{\underline{x}(k)\} \tag{5.205b}$$

folgt.

Wir setzen nun Gl. 5.205b in Gl. 5.204 ein und erhalten:

$$\begin{aligned} E\{\underline{x}(k)/\underline{Y}(k-1)\} &= E\{\underline{x}(k)/\underline{\tilde{Y}}(k-1)\} = E\{\underline{x}(k)\} + \sum_{i=0}^{k-1}\left(E\{\underline{x}(k)/\underline{\tilde{y}}(i)\} - E\{\underline{x}(k)\}\right) \\ &= \sum_{i=0}^{k-1} E\{\underline{x}(k)/\underline{\tilde{y}}(i)\} - (k-1) \cdot E\{\underline{x}(k)\} \end{aligned} \tag{5.206}$$

Der bedingte Erwartungswert, bedingt auf die gesamte Innovationssequenz, kann damit aus der einfachen Addition der bedingten Erwartungswerte, bedingt auf die einzelnen Innovationen, berechnet werden. Diese wichtige Vereinfachung der Berechnung folgt aus der Orthogonalität der Innovationssequenz.

Aus Gl. 5.206 kann man sofort einen Algorithmus ableiten, mit dem es möglich ist, den bedingten Erwartungswert von $\underline{x}(k)$, bedingt auf die gesamte Innovationssequenz $\tilde{\underline{Y}}(k)$, rekursiv durch sequentielle Verarbeitung der einzelnen Innovationen zu berechnen. Nach Gl. 5.206 gilt für $E\{\underline{x}(k)/\underline{Y}(k)\}$:

$$E\{\underline{x}(k)/\underline{Y}(k)\} = \sum_{i=0}^{k} E\{\underline{x}(k)/\tilde{\underline{y}}(i)\} - k\cdot E\{\underline{x}(k)\}$$

$$= \sum_{i=0}^{k-1} E\{\underline{x}(k)/\tilde{\underline{y}}(i)\} - (k-1)\cdot E\{\underline{x}(k)\} + E\{\underline{x}(k)/\tilde{\underline{y}}(k) - E\{\underline{x}(k)\}$$

$$= E\{\underline{x}(k)/\underline{Y}(k-1)\} + E\{\underline{x}(k)/\tilde{\underline{y}}(k)\} - E\{\underline{x}(k)\} \tag{5.207a}$$

$$= E\{\underline{x}(k)/\underline{Y}(k-1)\} + P_{\underline{x}(k),\tilde{\underline{y}}(k)}\cdot P_{\tilde{\underline{y}}(k),\tilde{\underline{y}}(k)}^{-1}\cdot \tilde{\underline{y}}(k) \tag{5.207b}$$

Gestartet wird dieser rekursive Algorithmus mit:

$$E\{\underline{x}(k)/\tilde{\underline{Y}}(0)\} = E\{\underline{x}(k)/\tilde{\underline{y}}(0)\} = E\{\underline{x}(k)\} + P_{\underline{x}(k),\tilde{\underline{y}}(0)}\cdot P_{\tilde{\underline{y}}(0),\tilde{\underline{y}}(0)}^{-1}\cdot \tilde{\underline{y}}(0) \tag{5.207c}$$

5.5.2 Ableitung des Kalman–Filters über den Innovationsansatz

Ein sehr eindrucksvolles Beispiel für die Verwendung der orthogonalen Innovationssequenz zur Berechnung von bedingten Erwartungswerten ist die Ableitung des Kalman–Filters mit diesem Ansatz. Wir wollen, um die Leistungsfähigkeit dieses Ansatzes noch eindrucksvoller zu unterstreichen, das zugrundeliegende Systemmodell leicht modifizieren. Im Gegensatz zur Modellbildung bei den vorangegangenen Ableitungen des Kalman–Filters wollen wir nun eine vorhandene Korrelation zwischen den Prozessen $\underline{w}(\cdot,\cdot)$ und $\underline{v}(\cdot,\cdot)$ annehmen. Diese Korrelation wird beschrieben durch:

$$E\{\underline{w}(k)\cdot \underline{v}(j)^T\} = S(k)\cdot \delta(k,j) \tag{5.208}$$

Diese Gleichung ersetzt dann die Modellierungsgleichung 5.6 zu Anfang dieses Kapitels. Alle anderen Modellgleichungen (5.1 – 5.5b) bleiben unverändert. Welche physikalische Bedeutung besitzt diese nun als vorhanden angenommene Korrelation? Das Prozeßrauschen $\underline{w}(k)$ beschreibt nach Kapitel 4 die gesamte, in der Systemmodellierung vorhandene Unsicherheit, also sowohl die Unkenntnisse des Modelldesigners bzgl. des exakten Modells als auch die unbekannten, auf das System einwirkenden Steuer– und Eingangsgrößen. Das einem unbeteiligten Beobachter im voraus unbekannte Beschleunigungsverhalten eines fahrenden Autos wäre z.B. eine stochastisch zu modellierende Eingangsgröße des Bewegungsmodells dieses Autos. In vielen Fällen führen aber solche Eingangsgrößen, wie Beschleunigungs– oder Bremsmanöver, zu einem Anwachsen der Meßfehler, z.B. wenn ein Mikrowellenentfernungsmeßgerät auf der bei Beschleunigung oder Bremsen stärker vibrierenden Stoßstange des Autos angebracht wäre. Die solchermaßen vorhandenen stochastischen Bindungen zwischen den Eingangsgrößen und den Meßwerten des gesuchten Systemzustandes könnten in erster Näherung durch die oben dargestellte Kreuzleistung (Korrelation) der Prozesse beschrieben werden.

5.5.2.1 Ableitung des rekursiven Zustandsschätzalgorithmus

Das Ziel der Ableitung ist wieder die Formulierung des rekursiven Algorithmus zur Berechnung des bedingten Erwartungswertes des Zustandes, bedingt auf die zurückliegende Meßwertgeschichte. Wir werden wieder annehmen, daß die vorhandene Meßwertgeschichte $\underline{Y}(k)$ für alle k gaußverbundverteilt ist, und daß auch die Verbundverteilungsdichte $f_{\underline{x}(k),\underline{Y}(k)}$ gaußförmig ist. Zum Start der Ableitung nehmen wir an, es existiere bereits ein Prädiktionsschätzwert für den Zustand $\underline{x}(k)$, basierend auf der Meßwertgeschichte $\underline{Y}(k-1)$. Dies bedeutet:

$$\hat{\underline{x}}^{-}(k) = E\{\underline{x}(k)/\underline{Y}(k-1)=\underline{Y}(k-1,\cdot)\} = E\{\underline{x}(k)/\tilde{\underline{Y}}(k-1)=\tilde{\underline{Y}}(k-1,\cdot)\} \tag{5.209}$$

ist bekannt. Hierbei ist $\tilde{\underline{Y}}(k-1)$, wie in den vorangegangenen Unterpunkten, die zu $\underline{Y}(k-1)$ gehörende Innovationssequenz.

Das Problem der rekursiven Berechnung eines neuen Schätzwertes ist gelöst, wenn es uns gelingt, auf der Basis des vorhandenen Schätzwertes $\hat{\underline{x}}^{-}(k)$ und der zum Zeitpunkt t_k hinzukommenden Messung $\underline{y}(k)$, bzw. der zugehörigen Innovation $\tilde{\underline{y}}(k)$, den neuen Schätzwert $\hat{\underline{x}}^{-}(k+1)$ zu berechnen. Wir merken hier an, daß die Zielsetzung der rekursiven Prädiktionsschätzwertformulierung die rekursive Filterschätzwertformulierung mit einschließt, wie sich später zeigen wird. Wir suchen also als Ziel der Ableitung den neuen Prädiktionsschätzwert:

$$\hat{\underline{x}}^{-}(k+1) = E\{\underline{x}(k+1)/\underline{Y}(k)=\underline{Y}(k,\cdot)\} = E\{\underline{x}(k+1)/\underline{\tilde{Y}}(k)=\underline{\tilde{Y}}(k,\cdot)\} \quad (5.210)$$

Den letzten Term von Gl. 5.210 formen wir unter Zuhilfenahme der Modellierungsgleichung 5.1 um und erhalten aufgrund der Linearität der bedingten Erwartungswertbildung:

$$E\{\underline{x}(k+1)/\underline{\tilde{Y}}(k)=\underline{\tilde{Y}}(k,\cdot)\} = A(k)\cdot E\{\underline{x}(k)/\underline{\tilde{Y}}(k)=\underline{\tilde{Y}}(k,\cdot)\} + \underline{u}(k)$$

$$+ G(k)\cdot E\{\underline{w}(k)/\underline{\tilde{Y}}(k)=\underline{\tilde{Y}}(k,\cdot)\} \quad (5.211a)$$

Hierbei wurde wieder ausgenutzt, daß $\underline{u}(k)$ eine deterministische Eingangsgröße ist. Wir definieren nun folgende Kurzschreibweisen für die in Gl. 5.211a auftretenden bedingten Erwartungswerte:

$$\hat{\underline{x}}^{+}(k) = E\{\underline{x}(k)/\underline{\tilde{Y}}(k)=\underline{\tilde{Y}}(k,\cdot)\} \quad (5.211b)$$

und:

$$\hat{\underline{w}}^{+}(k) = E\{\underline{w}(k)/\underline{\tilde{Y}}(k)=\underline{\tilde{Y}}(k,\cdot)\} \quad (5.211c)$$

wobei Gl. 5.211b den gesuchten Filterschätzwert zum Zeitpunkt t_k beschreibt. Gl. 5.211c beschreibt den optimalen Schätzwert des Eingangsrauschens $\underline{w}(k)$ aufgrund der gewonnenen Messungen. Diese Schätzung ist in Folge der vorhandenen Korrelation zwischen Eingangsrauschen und Meßrauschen nun möglich geworden. Durch Einsetzen der Gl. 5.211b und 5.211c in Gl. 5.211a erhalten wir dann zusammen mit Gl.5.210:

$$\hat{\underline{x}}^{-}(k+1) = A(k)\cdot\hat{\underline{x}}^{+}(k) + \underline{u}(k) + G(k)\cdot\hat{\underline{w}}^{+}(k) \quad (5.212)$$

Gl. 5.212 beschreibt die Berechnung des neuen Prädiktionsschätzwertes $\hat{\underline{x}}^{-}(k+1)$ aus dem Filterschätzwert $\hat{\underline{x}}^{+}(k)$ und ist weitgehend identisch mit Gl. 5.90a. Neu ist nur das Auftreten des Schätzwertes $\hat{\underline{w}}^{+}(k)$, den wir nun zunächst berechnen wollen.

Aufgrund der Orthogonalität der Innovationssequenz können wir, analog zu dem Vorgehen in den vorangegangenen Unterpunkten, schreiben:

$$\hat{\underline{w}}^{+}(k) = E\{\underline{w}(k)/\tilde{\underline{Y}}(k)\} = \sum_{i=0}^{k} E\{\underline{w}(k)/\tilde{\underline{y}}(i)\} - k\cdot E\{\underline{w}(k)\} = \sum_{i=0}^{k} E\{\underline{w}(k)/\tilde{\underline{y}}(i)\} \qquad (5.213)$$

wobei bei der letzten Umformung die Erwartungswertfreiheit von $\underline{w}(k)$ ausgenutzt wurde. Die Gaußverbundverteiltheit von Innovation $\tilde{\underline{y}}(i)$ und $\underline{w}(k)$ kann unter sehr allgemeinen Bedingungen gezeigt werden, so daß wir den bedingten Erwartungswert von $\underline{w}(k)$, bedingt auf die i–te Innovation $\tilde{\underline{y}}(i)$, folgendermaßen berechnen können:

$$E\{\underline{w}(k)/\tilde{\underline{y}}(i)\} = P_{\underline{w}(k),\tilde{\underline{y}}(i)} \cdot P_{\tilde{\underline{y}}(i),\tilde{\underline{y}}(i)}^{-1} \cdot \tilde{\underline{y}}(i) \qquad (5.214)$$

wobei wieder die Erwartungswertfreiheit von $\underline{w}(k)$ und $\underline{y}(i)$ ausgenutzt wurde. Zur Berechnung der in Gl. 5.214 auftretenden Kovarianzmatrizen betrachten wir die Innovationsdefinition in Verbindung mit dem Beobachtungsmodell, so daß wir schreiben können:

$$\tilde{\underline{y}}(i) = \underline{y}(i) - \hat{\underline{y}}^{-}(i) = C(i)\cdot \underline{x}(i) + \underline{v}(i) - E\{\underline{y}(i)/\tilde{\underline{Y}}(i-1)\}$$

$$= C(i)\cdot \underline{x}(i) + \underline{v}(i) - C(i)\cdot E\{\underline{x}(i)/\tilde{\underline{Y}}(i-1)\} - E\{\underline{v}(i)/\tilde{\underline{Y}}(i-1)\} \qquad (5.215)$$

Unter der Voraussetzung, daß der Rauschbeitrag $\underline{v}(i)$ erwartungswertfrei und unabhängig von den vorangegangenen Messungen ist, wie einleitend angenommen wurde, verschwindet der letzte Erwartungswert, so daß wir Gl. 5.215 umschreiben können:

$$\tilde{\underline{y}}(i) = C(i)\cdot [\underline{x}(i) - \hat{\underline{x}}^{-}(i)] + \underline{v}(i) \qquad (5.216)$$

Damit erhalten wir für die Kovarianz von $\underline{w}(k)$ und $\tilde{\underline{y}}(i)$ unter der Voraussetzung der Erwartungswertfreiheit von $\underline{w}(k)$ und $\tilde{\underline{y}}(i)$:

$$P_{\underline{w}(k),\tilde{\underline{y}}(i)} = E\{\underline{w}(k)\cdot \tilde{\underline{y}}(i)^{T}\} = E\left\{\underline{w}(k)\cdot \left[C(i)\cdot [\underline{x}(i) - \hat{\underline{x}}^{-}(i)] + \underline{v}(i)\right]^{T}\right\}$$

$$= E\left\{\underline{w}(k)\cdot \left[C(i)\cdot [\underline{x}(i) - \hat{\underline{x}}^{-}(i)]\right]^{T}\right\} + E\left\{\underline{w}(k)\cdot \underline{v}(i)^{T}\right\} \qquad (5.217)$$

Laut Voraussetzung ist $\underline{w}(k)$ unabhängig von $\underline{x}(i)$ für $i \leq k$, da sich der Rauschbeitrag $\underline{w}(k)$ frühestens auf $\underline{x}(k+1)$ auswirkt. $\hat{\underline{x}}^-(i)$ ist eine Funktion der zurückliegenden Meßwerte $\underline{y}(j)$ mit $j=1...i-1$ und damit auch unabhängig von $\underline{w}(k)$. Damit verschwindet der erste Summand in Gl. 5.217, und wir erhalten mit Gl. 5.208:

$$P_{\underline{w}(k),\tilde{\underline{y}}(i)} = E\{\underline{w}(k) \cdot \underline{v}(i)^T\} = S(k) \cdot \delta(k,i) \tag{5.218}$$

Für die Kovarianzmatrix der i–ten Innovation folgt dann mit Gl. 5.216:

$$P_{\tilde{\underline{y}}(i),\tilde{\underline{y}}(i)} = E\left\{\left[C(i) \cdot [\underline{x}(i) - \hat{\underline{x}}^-(i)] + \underline{v}(i)\right] \cdot \left[C(i) \cdot [\underline{x}(i) - \hat{\underline{x}}^-(i)] + \underline{v}(i)\right]^T\right\} \tag{5.219a}$$

$$= C(i) \cdot P_e^-(i) \cdot C(i)^T + R(i) \tag{5.219b}$$

mit:

$$P_e^-(i) = E\{[\underline{x}(i) - \hat{\underline{x}}^-(i)] \cdot [\underline{x}(i) - \hat{\underline{x}}^-(i)]^T\} \tag{5.219c}$$

Die Kreuzkovarianzterme verschwinden aufgrund der Unabhängigkeit von $\underline{v}(k)$ von allen $\underline{x}(i)$ und von allen Prädiktionsschätzwerten $\hat{\underline{x}}^-(i)$ für $i \leq k$. Einsetzen der Kovarianzmatrizen nach Gl. 5.218 und Gl. 5.219b in Gl. 5.213 liefert dann unter Verwendung von Gl. 5.214 das wichtige Zwischenergebnis:

$$\hat{\underline{w}}^+(k) = \sum_{i=0}^{k} S(k) \cdot \delta(k,i) \cdot [C(i) \cdot P_e^-(i) \cdot C(i)^T + R(i)]^{-1} \cdot \tilde{\underline{y}}(i)$$

$$= S(k) \cdot [C(k) \cdot P_e^-(k) \cdot C(k)^T + R(k)]^{-1} \cdot \tilde{\underline{y}}(k) \tag{5.220}$$

Damit haben wir den ersten bedingten Erwartungswert berechnet.

Wir betrachten nun den Filterschätzwert zum Zeitpunkt t_k. Aus Gl. 5.211b folgt unter Ausnutzung der Orthogonalität der Innovationssequenz:

$$\hat{\underline{x}}^{+}(k) = E\{\underline{x}(k)/\tilde{\underline{Y}}(k)\} = \sum_{i=0}^{k} E\{\underline{x}(k)/\tilde{\underline{y}}(i)\} - k\cdot E\{\underline{x}(k)\}$$

$$= \sum_{i=0}^{k-1} E\{\underline{x}(k)/\tilde{\underline{y}}(i)\} - (k-1)\cdot E\{\underline{x}(k)\} + E\{\underline{x}(k)/\tilde{\underline{y}}(k)\} - E\{\underline{x}(k)\}$$

$$= E\{x(k)/\tilde{\underline{Y}}(k-1)\} + E\{\underline{x}(k)/\tilde{\underline{y}}(k)\} - E\{\underline{x}(k)\}$$

$$= \hat{\underline{x}}^{-}(k) + E\{\underline{x}(k)/\tilde{\underline{y}}(k)\} - E\{\underline{x}(k)\} \tag{5.221}$$

Der mittlere Summand in Gl. 5.221 stellt den bedingten Erwartungswert von $\underline{x}(k)$ dar, bedingt auf die Innovation $\tilde{\underline{y}}(k)$ alleine. Die Verbundverteilungsdichte von $\underline{x}(k)$ und $\tilde{\underline{y}}(k)$ ist wiederum gaußförmig, so daß man für den bedingten Erwartungswert schreiben kann:

$$E\{\underline{x}(k)/\tilde{\underline{y}}(k)\} = E\{\underline{x}(k)\} + P_{\underline{x}(k),\tilde{\underline{y}}(k)}\cdot P_{\tilde{\underline{y}}(k),\tilde{\underline{y}}(k)}^{-1}\cdot \tilde{\underline{y}}(k) \tag{5.222}$$

Die Kovarianzmatrix der k–ten Innovation kann sofort mit Gl. 5.219b,c berechnet werden und ergibt:

$$P_{\tilde{\underline{y}}(k),\tilde{\underline{y}}(k)} = [C(k)\cdot P_{e}^{-}(k)\cdot C(k)^{T} + R(k)] \tag{5.223}$$

Für die Kreuzkovarianzmatrix von $\underline{x}(k)$ und $\tilde{\underline{y}}(k)$ können wir wegen der Erwartungswertfreiheit von $\tilde{\underline{y}}(k)$ schreiben:

$$P_{\underline{x}(k),\tilde{\underline{y}}(k)} = E\{\underline{x}(k)\cdot \tilde{\underline{y}}(k)^{T}\} \tag{5.224}$$

Mit der Definition des Prädiktionsfehlers:

$$\underline{e}^{-}(k) = \underline{x}(k) - \hat{\underline{x}}^{-}(k) \tag{5.225}$$

folgt dann für Gl. 5.224:

$$P_{\underline{x}(k),\tilde{\underline{y}}(k)} = E\{(\hat{\underline{x}}^{-}(k) + \underline{e}^{-}(k))\cdot \tilde{\underline{y}}(k)^{T}\} \tag{5.226}$$

$\hat{\underline{x}}^{-}(k)$ ist eine lineare Funktion von $\tilde{\underline{Y}}(k-1)$, wovon $\tilde{\underline{y}}(k)$ unabhängig ist, wie zuvor gezeigt wurde. Deshalb gilt:

$$E\{\hat{\underline{x}}^{-}(k)\cdot \tilde{\underline{y}}(k)^{T}\} = 0 \tag{5.227}$$

Damit wird aus Gl. 5.226:

$$P_{\underline{x}(k),\tilde{\underline{y}}(k)} = E\{\underline{e}^-(k)\cdot \tilde{\underline{y}}(k)^T\} = E\{\underline{e}^-(k)\cdot [C(k)\cdot \underline{e}^-(k) + \underline{v}(k)]^T\}$$

$$= E\{\underline{e}^-(k)\cdot \underline{e}^-(k)^T\}\cdot C(k)^T + E\{\underline{e}^-(k)\cdot \underline{v}(k)]^T\} \qquad (5.228)$$

Hierbei wurde Gl. 5.216 zur Umformung verwendet. Der Prädiktionsfehler ist die Differenz zwischen der Zufallsvariablen $\underline{x}(k)$ und der Prädiktionsvariablen $\hat{\underline{x}}^-(k)$. Beide Zufallsvariablen hängen nicht von $\underline{v}(k)$ ab, deshalb hängt auch ihre Differenz nicht von $\underline{v}(k)$ ab, und somit verschwindet der zweite Summand in Gl. 5.228. Damit erhalten wir aber:

$$P_{\underline{x}(k),\tilde{\underline{y}}(k)} = E\{\underline{e}^-(k)\cdot \underline{e}^-(k)^T\}\cdot C(k)^T = P_e^-(k)\cdot C(k)^T \qquad (5.229)$$

Damit haben wir die beiden in Gl. 5.222 auftretenden Kovarianzmatrizen berechnet und erhalten durch Einsetzen der Gl. 5.223 und 5.229 in Gl. 5.222 und dann in Gl. 5.221 ein weiteres Zwischenergebnis:

$$\hat{\underline{x}}^+(k) = \hat{\underline{x}}^-(k) + P_e^-(k)\cdot C(k)^T\cdot [C(k)\cdot P_e^-(k)\cdot C(k)^T + R(k)]^{-1}\cdot \tilde{\underline{y}}(k) \qquad (5.230a)$$

Wir führen nun wieder die schon bekannte Kalman–Gainmatrix K(k) ein:

$$K(k) = P_e^-(k)\cdot C(k)^T\cdot [C(k)\cdot P_e^-(k)\cdot C(k)^T + R(k)]^{-1} \qquad (5.230b)$$

Somit erhalten wir dann zusammenfassend mit Gl. 5.230a und 5.230b:

$$\hat{\underline{x}}^+(k) = \hat{\underline{x}}^-(k) + K(k)\cdot \tilde{\underline{y}}(k) \qquad (5.230c)$$

wobei wir uns erinnern, daß für die Innovation $\tilde{\underline{y}}(k)$ nach Gl. 5.215 gilt:

$$\tilde{\underline{y}}(k) = \underline{y}(k) - C(k)\cdot \hat{\underline{x}}^-(k) \qquad (5.230d)$$

Damit können wir sowohl den neuen Prädiktionsschätzwert $\hat{\underline{x}}^-(k+1)$ nach Gl. 5.212 als auch den Filterschätzwert $\hat{\underline{x}}^{+}(k)$ nach Gl. 5.230c berechnen, wenn die Fehlerkovarianzmatrix $P_e^-(k)$ bekannt ist oder berechnet werden kann. Dazu wollen wir nun eine rekursive Berechnungsvorschrift für $P_e^-(k)$ ableiten. Wir betrachten zunächst die Fehlerkovarianz des Filterschätzwertes, für die wir wegen der leicht nachzuweisenden Erwartungswertfreiheit des Estimationsfehlers schreiben können:

$$
\begin{aligned}
P_e^+(k) &= E\{[\underline{x}(k) - \hat{\underline{x}}^+(k)]\cdot[\underline{x}(k) - \hat{\underline{x}}^+(k)]^T\} \\
&= E\{[\underline{x}(k) - \hat{\underline{x}}^-(k) - K(k)\cdot\tilde{\underline{y}}(k)]\cdot[\underline{x}(k) - \hat{\underline{x}}^-(k) - K(k)\cdot\tilde{\underline{y}}(k)]^T\} \\
&= E\{[\underline{x}(k) - \hat{\underline{x}}^-(k)]\cdot[\underline{x}(k) - \hat{\underline{x}}^-(k)]^T\} - K(k)\cdot E\{\tilde{\underline{y}}(k)\cdot[\underline{x}(k) - \hat{\underline{x}}^-(k)]^T\} \\
&\quad - E\{[\underline{x}(k) - \hat{\underline{x}}^-(k)]\cdot\tilde{\underline{y}}(k)^T\}\cdot K(k)^T + K(k)\cdot E\{\tilde{\underline{y}}(k)\cdot\tilde{\underline{y}}(k)^T\}\cdot K(k)^T \\
&= P_e^-(k) - K(k)\cdot E\{\tilde{\underline{y}}(k)\cdot[\underline{x}(k) - \hat{\underline{x}}^-(k)]^T\} \\
&\quad - E\{[\underline{x}(k) - \hat{\underline{x}}^-(k)]\cdot\tilde{\underline{y}}(k)^T\}\cdot K(k)^T \\
&\quad + K(k)\cdot[C(k)\cdot P_e^-(k)\cdot C(k)^T + R(k)]\cdot K(k)^T
\end{aligned}
\qquad (5.231)
$$

Für die letzte Umformung wurden die Gl. 5.219c und 5.223 verwendet.

Die Innovation $\tilde{\underline{y}}(k)$ ist orthogonal zu allen vorangegangenen Innovationen, deshalb auch zu dem Prädiktionsschätzwert $\hat{\underline{x}}^-(k)$, der aus diesen vorangegangenen Innovationen durch eine affine Überlagerung entsteht. Damit verschwindet in den verbleibenden gemischten Gliedern der Erwartungswert über das Produkt von $\tilde{\underline{y}}(k)$ und $\hat{\underline{x}}^-(k)$. Im letzten Summanden kann der Ausdruck K(k) durch Gl. 5.230b ersetzt werden, und die gemischten Glieder wurden schon in Gl. 5.229 berechnet. Damit kann Gl. 5.231 weiter vereinfacht werden, und wir erhalten das Endergebnis für die gesuchte Fehlerkovarianz:

$$P_e^+(k) = P_e^-(k) - K(k)\cdot C(k)\cdot P_e^-(k) \qquad (5.232)$$

Analog erhalten wir für den Punkt k–1:

$$P_e^+(k-1) = P_e^-(k-1) - K(k-1)\cdot C(k-1)\cdot P_e^-(k-1) \tag{5.233}$$

Die Gleichungen zur Berechnung der Fehlerkovarianz der Filterschätzwerte sind damit identisch mit den Gleichungen des Kalman–Filters für unkorrelierte Rauschprozesse, ebenso wie die Gleichungen zur Berechnung des Filterschätzwertes.

Zuletzt wollen wir die Berechnungsvorschrift für $P_e^-(k+1)$ ableiten. Für den Prädiktionsfehler $\underline{e}^-(k+1)$ gilt mit den Gl. 5.225, 5.1, 5.212 und 5.220:

$$\begin{aligned}\underline{e}^-(k+1) &= \underline{x}(k+1) - \hat{\underline{x}}^-(k+1) = A(k)\cdot \underline{e}^+(k) + G(k)\cdot \underline{w}(k)\\ &\quad - G(k)\cdot S(k)\cdot [C(k)\cdot P_e^-(k)\cdot C(k)^T + R(k)]^{-1}\cdot \tilde{\underline{y}}(k)\end{aligned} \tag{5.234}$$

Daraus folgt aufgrund der Erwartungswertfreiheit für die Kovarianzmatrix des Prädiktionsfehlers:

$$\begin{aligned}E\{\underline{e}^-(k+1)\cdot \underline{e}^-(k+1)^T\} &= A(k)\cdot E\{\underline{e}^+(k)\cdot \underline{e}^+(k)^T\}\cdot A(k)^T + G(k)\cdot Q(k)\cdot G(k)^T\\ &+ G(k)\cdot S(k)\cdot [C(k)\cdot P_e^-(k)\cdot C(k)^T + R(k)]^{-1}\cdot E\{\tilde{\underline{y}}(k)\cdot \tilde{\underline{y}}(k)^T\}\\ &\qquad \cdot [C(k)\cdot P_e^-(k)\cdot C(k)^T + R(k)]^{-1} S(k)^T\cdot G(k)^T\\ &+ A(k)\cdot E\{[\underline{x}(k) - \hat{\underline{x}}^+(k)]\cdot \underline{w}(k)^T\}\cdot G(k)^T + G(k)\cdot E\{\underline{w}(k)\cdot [\underline{x}(k) - \hat{\underline{x}}^+(k)]^T\}\cdot A(k)^T\\ &- A(k)\cdot E\{[\underline{x}(k) - \hat{\underline{x}}^+(k)]\cdot \tilde{\underline{y}}(k)^T\}\cdot [C(k)\cdot P_e^-(k)\cdot C(k)^T + R(k)]^{-1}\cdot S(k)^T\cdot G(k)^T\\ &- G(k)\cdot S(k)\cdot [C(k)\cdot P_e^-(k)\cdot C(k)^T + R(k)]^{-1}\cdot E\{\tilde{\underline{y}}(k)\cdot [\underline{x}(k) - \hat{\underline{x}}^+(k)]^T\}\cdot A(k)^T\\ &- G(k)\cdot E\{\underline{w}(k)\cdot \tilde{\underline{y}}(k)^T\}\cdot [C(k)\cdot P_e^-(k)\cdot C(k)^T + R(k)]^{-1}\cdot S(k)^T\cdot G(k)^T\\ &- G(k)\cdot S(k)\cdot [C(k)\cdot P_e^-(k)\cdot C(k)^T + R(k)]^{-1}\cdot E\{\tilde{\underline{y}}(k)\cdot \underline{w}(k)^T\}\cdot G(k)^T\end{aligned} \tag{5.235}$$

Die ersten beiden Summanden beschreiben die aus den vorangegangenen Ableitungen des Kalman–Filters schon bekannte Kovarianzmatrix des Prädiktionsfehlers unter der Voraussetzung unkorrelierter Eingangsrausch– und Meßrauschprozesse. Der dritte Summand kann mit Gl. 5.223 vereinfacht werden, so daß man als erstes Zwischenergebnis aus Gl. 5.235 erhält:

$$\begin{aligned}
E\{\underline{e}^-(k+1)\cdot\underline{e}^-(k+1)^T\} &= A(k)\cdot P_e^+(k)\cdot A(k)^T + G(k)\cdot Q(k)\cdot G(k)^T \\
&+ G(k)\cdot S(k)\cdot [C(k)\cdot P_e^-(k)\cdot C(k)^T + R(k)]^{-1} S(k)^T\cdot G(k)^T \\
&- A(k)\cdot E\{\hat{\underline{x}}^+(k)\cdot\underline{w}(k)^T\}\cdot G(k)^T - G(k)\cdot E\{\underline{w}(k)\cdot\hat{\underline{x}}^+(k)^T\}\cdot A(k)^T \\
&- A(k)\cdot E\{[\underline{x}(k)-\hat{\underline{x}}^+(k)]\cdot\tilde{\underline{y}}(k)^T\}\cdot [C(k)\cdot P_e^-(k)\cdot C(k)^T + R(k)]^{-1}\cdot S(k)^T\cdot G(k)^T \\
&- G(k)\cdot S(k)\cdot [C(k)\cdot P_e^-(k)\cdot C(k)^T + R(k)]^{-1}\cdot E\{\tilde{\underline{y}}(k)\cdot[\underline{x}(k)-\hat{\underline{x}}^+(k)]^T\}\cdot A(k)^T \\
&- G(k)\cdot E\{\underline{w}(k)\cdot\tilde{\underline{y}}(k)^T\}\cdot [C(k)\cdot P_e^-(k)\cdot C(k)^T + R(k)]^{-1}\cdot S(k)^T\cdot G(k)^T \\
&- G(k)\cdot S(k)\cdot [C(k)\cdot P_e^-(k)\cdot C(k)^T + R(k)]^{-1}\cdot E\{\tilde{\underline{y}}(k)\cdot\underline{w}(k)^T\}\cdot G(k)^T
\end{aligned} \tag{5.236}$$

Zur Vereinfachung des vierten Summanden wurde die Erwartungswertfreiheit und Unabhängigkeit von $\underline{w}(k)$ und $\underline{x}(k)$ ausgenutzt. Zur weiteren Vereinfachung von Gl. 5.236 betrachten wir nun zunächst die Einzelterme. Die Korrelation zwischen dem Filterschätzwert $\hat{\underline{x}}^+(k)$ und $\underline{w}(k)$ ist mit Gl. 5.230c gegeben durch:

$$E\{\hat{\underline{x}}^+(k)\cdot\underline{w}(k)^T\} = E\{[\hat{\underline{x}}^-(k) + K(k)\cdot\tilde{\underline{y}}(k)]\cdot\underline{w}(k)^T\} = K(k)\cdot E\{\tilde{\underline{y}}(k)\cdot\underline{w}(k)^T\} \tag{5.237}$$

wobei ausgenutzt wurde, daß $\underline{w}(k)$ erst auf $\underline{x}(k+1)$ wirkt und damit unabhängig von $\hat{\underline{x}}^-(k)$ ist. Für die Korrelation der Innovation $\tilde{\underline{y}}(k)$ mit $\underline{w}(k)$ schreiben wir:

$$\begin{aligned}
E\{\tilde{\underline{y}}(k)\cdot\underline{w}(k)^T\} &= E\{[\underline{y}(k) - C(k)\cdot\hat{\underline{x}}^-(k)]\cdot\underline{w}(k)^T\} = E\{\underline{y}(k)\cdot\underline{w}(k)^T\} \\
&= E\{[C(k)\cdot\underline{x}(k) + \underline{v}(k)]\cdot\underline{w}(k)^T\} = E\{\underline{v}(k)\cdot\underline{w}(k)^T\} = S(k)^T
\end{aligned} \tag{5.238}$$

Bei dieser Umformung wurden nacheinander die Unabhängigkeit von $\underline{w}(k)$ von $\hat{\underline{x}}^-(k)$, danach das Beobachtungsmodell nach Gl. 5.4, dann die Unabhängigkeit von $\underline{x}(k)$ und $\underline{w}(k)$ und schließlich Gl. 5.208 benutzt.

Zuletzt soll noch gezeigt werden, daß der 6. und 7. Summand in Gl. 5.236 aufgrund der Orthogonalität von Innovation $\tilde{\underline{y}}(k)$ und Schätzfehler $\underline{e}^+(k)$ verschwindet. Dazu betrachten wir:

$$E\{[\underline{x}(k)-\hat{\underline{x}}^+(k)]\cdot \tilde{\underline{y}}(k)^T\} = E\{[\underline{x}(k) - \hat{\underline{x}}^-(k) - K(k)\cdot \tilde{\underline{y}}(k)]\cdot \tilde{\underline{y}}(k)^T\}$$

$$= E\{\underline{e}^-(k)\cdot \tilde{\underline{y}}(k)^T\} - K(k)\cdot E\{\tilde{\underline{y}}(k)\cdot \tilde{\underline{y}}(k)^T\}$$

$$= E\{\underline{e}^-(k)\cdot [C(k)\cdot \underline{e}^-(k) + \underline{v}(k)]^T\} - K(k)\cdot [C(k)\cdot P_e^-(k)\cdot C(k)^T + R(k)] \qquad (5.239)$$

Zur letzten Umformung wurden nacheinander die Gl. 5.216 und 5.223 verwendet. $\underline{y}(k)$ wird nicht zur Berechnung der Prädiktion $\hat{\underline{x}}^-(k)$ verwendet, deshalb ist die Prädiktion auch unabhängig von dem in dieser Messung enthaltenen Fehler $\underline{v}(k)$, womit der erste Summand in Gl. 5.239 vereinfacht werden kann. Ersetzt man nun noch K(k) durch Gl. 5.230b erhält man die zu zeigende Orthogonalitätsaussage:

$$E\{[\underline{x}(k) - \hat{\underline{x}}^+(k)]\cdot \tilde{\underline{y}}(k)^T\} = P_e^-(k)\cdot C(k)^T - P_e^-(k)\cdot C(k)^T = 0 \qquad (5.240)$$

Schätzfehler und Innovation sind damit, wie hier gezeigt werden sollte, tatsächlich orthogonal. Diese Tatsache ist auch sehr gut einsehbar. Die Innovation enthält keinerlei Information, mit der der Schätzfehler noch weiter verringert werden könnte, da der Schätzfehler aufgrund der optimalen Verarbeitung der Innovation schon so klein wie möglich ist. Abschließend setzen wir nun die Einzelergebnisse der Gl. 5.237, 5.238 und 5.240 in Gl. 5.236 ein, so daß wir nun schreiben können:

$$E\{\underline{e}^-(k+1)\cdot \underline{e}^-(k+1)^T\} = A(k)\cdot P_e^+(k)\cdot A(k)^T + G(k)\cdot Q(k)\cdot G(k)^T$$

$$+ G(k)\cdot S(k)\cdot [C(k)\cdot P_e^-(k)\cdot C(k)^T + R(k)]^{-1} S(k)^T\cdot G(k)^T$$

$$- A(k) \cdot K(k) \cdot S(k)^T \cdot G(k)^T - G(k) \cdot S(k) \cdot K(k)^T \cdot A(k)^T$$

$$- G(k) \cdot S(k) \cdot [C(k) \cdot P_e^-(k) \cdot C(k)^T + R(k)]^{-1} \cdot S(k)^T \cdot G(k)^T$$

$$- G(k) \cdot S(k) \cdot [C(k) \cdot P_e^-(k) \cdot C(k)^T + R(k)]^{-1} \cdot S(k)^T \cdot G(k)^T \quad (5.241a)$$

Daraus folgt abschließend das gesuchte Endergebnis für die Prädiktionsfehlerkovarianzmatrix :

$$P_e^-(k+1) = A(k) \cdot P_e^+(k) \cdot A(k)^T + G(k) \cdot Q(k) \cdot G(k)^T$$

$$- A(k) \cdot K(k) \cdot S(k)^T \cdot G(k)^T - G(k) \cdot S(k) \cdot K(k)^T \cdot A(k)^T$$

$$- G(k) \cdot S(k) \cdot [C(k) \cdot P_e^-(k) \cdot C(k)^T + R(k)]^{-1} \cdot S(k)^T \cdot G(k)^T \quad (5.241b)$$

Die ersten beiden Summanden sind identisch mit der Formulierung der Prädiktionsfehlerkovarianzmatrix des Kalman–Filters für unkorrelierte Rauschbeiträge $\underline{w}(k)$ und $\underline{v}(k)$ (vgl. z.B. Gl. 5.91a). Diese Terme beschreiben das Anwachsen der Fehlerkovarianz aufgrund der Extrapolation und der Vernachlässigung der stochastischen Eingangsgrößen bei der Prädiktion. Die restlichen drei Summanden wirken subtraktiv. Sie beschreiben, wie die zusätzliche Schätzung der stochastischen Eingangsgröße $\underline{w}(k)$ aufgrund einer vorhandenen Korrelation zwischen $\underline{v}(k)$ und $\underline{w}(k)$ das Anwachsen der Prädiktionsfehlerkovarianz verhindert. Wie stark sich die subtraktive Wirkung dieser Terme auf die Estimationsgüte auswirkt, hängt in erster Linie von der Größe der vorhandenen Korrelation und von der Genauigkeit der verfügbaren Meßwerte ab. Ob damit die mögliche Verbesserung der Estimationsgüte den zusätzlich entstehenden Berechnungsaufwand bei der Berechnung des Prädiktionsschätzwertes und der Prädiktionsfehlerkovarianz rechtfertigt, hängt vom jeweils betrachteten Anwendungsfall ab. Ein Vergleich der optimal zu erzielenden Estimationsgüte mit der bei Vernachlässigung der Korrelation zu erzielenden Estimationsgüte kann jedoch im Einzelfall schon im voraus wichtige Anhaltspunkte zur Rechtfertigung des jeweils gewählten Filteransatzes liefern. Bei einer Vernachlässigung der Korrelation zwischen $\underline{w}(k)$ und $\underline{v}(k)$ degeneriert Gl. 5.241 sofort zur bekannten Gl. 5.91a, wie der Leser selbst leicht verifizieren kann. Ebenso erhält man durch diese Wahl aus Gl. 5.220 sofort:

$$\hat{\underline{w}}^+(k) = \underline{0} \quad (5.242)$$

womit Gl. 5.212 zu Gl.5.90a wird. Wir kommen nun zur abschließenden

5.5.2.1.1 Zusammenfassung des Algorithmus für korrelierte Rauschbeiträge

1. Letzte Innovation

$$\underline{\tilde{y}}(k) = \underline{y}(k) - C(k)\cdot\underline{\hat{x}}^{-}(k) \qquad (5.243)$$

2. Schätzwert des Prozeßrauschens

$$\underline{\hat{w}}^{+}(k) = S(k)\cdot[C(k)\cdot P_e^{-}(k)\cdot C(k)^T + R(k)]^{-1}\cdot\underline{\tilde{y}}(k) \qquad (5.244)$$

3. Prädiktionsschätzwert

$$\underline{\hat{x}}^{-}(k+1) = A(k)\cdot\underline{\hat{x}}^{+}(k) + \underline{u}(k) + G(k)\cdot\underline{\hat{w}}^{+}(k) \qquad (5.245)$$

4. Prädiktionsfehlerkovarianz

$$\begin{aligned} P_e^{-}(k+1) = {} & A(k)\cdot P_e^{+}(k)\cdot A(k)^T + G(k)\cdot Q(k)\cdot G(k)^T \\ & - A(k)\cdot K(k)\cdot S(k)^T\cdot G(k)^T - G(k)\cdot S(k)\cdot K(k)^T\cdot A(k)^T \\ & - G(k)\cdot S(k)\cdot[C(k)\cdot P_e^{-}(k)\cdot C(k)^T + R(k)]^{-1}\cdot S(k)^T\cdot G(k)^T \end{aligned} \qquad (5.246)$$

5. Kalman–Gainmatrix

$$K(k+1) = P_e^{-}(k+1)\cdot C(k+1)^T\cdot[C(k+1)\cdot P_e^{-}(k+1)\cdot C(k+1)^T + R(k+1)]^{-1} \qquad (5.247)$$

6. Neue Innovation

$$\underline{\tilde{y}}(k+1) = \underline{y}(k+1) - C(k+1)\cdot\underline{\hat{x}}^{-}(k+1) \qquad (5.248)$$

7. Neuer Filterschätzwert

$$\underline{\hat{x}}^{+}(k+1) = \underline{\hat{x}}^{-}(k+1) + K(k+1)\cdot\underline{\tilde{y}}(k+1) \qquad (5.249)$$

8. Neue Schätzfehlerkovarianz

$$P_e^+(k+1) = P_e^-(k+1) - K(k+1) \cdot C(k+1) \cdot P_e^-(k+1) \qquad (5.250)$$

5.5.3 Zusammenfassung des Unterpunktes

In diesem Teil des Kapitels wurde der sogenannte Innovationsansatz abgeleitet. Es wurde gezeigt, daß eine Zufallsvariablensequenz, die einem Gaußprozeß entstammt, durch eine kausale, affine und umkehrbare Abbildung in eine orthogonale Zufallsvariablensequenz umgeformt werden kann, die dieselbe Information wie die ursprüngliche Zufallsvariablensequenz enthält. Diese orthogonale Sequenz heißt Innovationssequenz. Anschließend wurde gezeigt, wie die speziellen Eigenschaften der Innovationssequenz verwendet werden können, um Berechnungen zu vereinfachen. Als erstes Beispiel diente die Berechnung des bedingten Erwartungswertes einer Zufallsvariablen aus der gegebenen Zufallsvariablensequenz. Ein weiteres Beispiel bildete die Ableitung des Kalman–Filteralgorithmus für korrelierte Prozeß– und Meßrauschvorgänge. Diese Ableitung wäre über den Bayes'schen Ansatz der Berechnung der bedingten Verteilungsdichtefunktion gar nicht so leicht möglich gewesen. Der mit Hilfe des Innovationsansatzes hergeleitete Kalman–Filteralgorithmus stellte sich als weitgehend identisch mit dem Kalman–Filteralgorithmus für unkorrelierte Rauschgrößen heraus, lediglich die Prädiktionsgleichungen erhielten eine modifizierte Gestalt. Die Anwendungen der Innovationssequenz gehen über die in diesem Unterpunkt dargestellten Beispiele wesentlich hinaus, so können die hier dargestellten Überlegungen sinngemäß auch auf nichtlineare Estimationsprobleme angewendet werden und zur Ableitung von Kalman–Smoothern herangezogen werden.

5.6 Alternative, mathematisch äquivalente Formulierungen des Kalman–Filters

5.6.1 Alternative Formulierungen des Kovarianzupdates im Meßwertverarbeitungszyklus

In diesem Unterpunkt soll das Interesse einigen mathematisch äquivalenten Formulierungen des Kalman–Filters gelten, die aber numerisch ein von der Standard–Formulierung abweichendes Verhalten besitzen. Numerische Probleme können beim Kalman–Filteralgorithmus vor allem im sogenannten Varianzenzyklus auftreten, in dem die Prädiktionsfehlerkovarianz $P^-(k)$, die Estimationsfehlerkovarianz $P^+(k)$ und die Kalman–Gainmatrix $K(k)$ berechnet werden. Wir betrachten dazu die Gleichungen 5.91a, 5.94 und 5.95, die den Varianzenzyklus des Kalman–Filters beschreiben. Mit Gleichung 5.95 galt unter Berücksichtigung von Gl. 5.94:

$$P^+(k) = [I - K(k) \cdot C(k)] \cdot P^-(k) \tag{5.251a}$$

$$= P^-(k) - K(k) \cdot C(k) \cdot P^-(k) \tag{5.251b}$$

$$= P^-(k) - P^-(k) \cdot C(k)^T \cdot [C(k) \cdot P^-(k) \cdot C(k)^T + R(k)]^{-1} \cdot C(k) \cdot P^-(k) \tag{5.251c}$$

Gleichung 5.251c ergab sich bei der ersten Ableitung des Kalman–Filters als Ergebnis einer Matrixinversion unter Anwendung des Matrixinversionslemmas M1. Die ursprüngliche Formulierung lautete nach Gl. 5.82:

$$P^+(k) = [P^-(k)^{-1} + C(k)^T \cdot R(k)^{-1} \cdot C(k)]^{-1} \tag{5.251d}$$

Gl. 5.251d war das ursprüngliche Ergebnis der ersten Herleitung des Kalman–Filters, bevor durch die Matrixinversion Gl. 5.251c, 5.251b und 5.251a entstanden. Die vier obigen Gleichungen sind mathematisch äquivalent, unterscheiden sich jedoch zum Teil erheblich in Bezug auf numerisches Verhalten und auf Berechnungsaufwand. Gleichung 5.251a erscheint, vom Berechnungsaufwand betrachtet, am einfachsten – es werden nur insgesamt 2 Matrixmultiplikationen und eine Matrixsubtraktion benötigt.

Vom numerischen Standpunkt betrachtet, besitzt Gl. 5.251a sicherlich die ungünstigsten Eigenschaften. Zieht man Rundungsfehler bei jeder Multiplikation und insbesonders bei jeder Matrixmultiplikation in Betracht, dann ist nicht gewährleistet, daß $P^+(k)$ nach Gl. 5.251a positiv definit und symmetrisch ist. Beide Eigenschaften sind aber aufgrund der physikalischen Bedeutung von $P^+(k)$ unabdingbar. Gleichung 5.251a berechnet die Fehlerkovarianz als Produkt zweier Matrizen. Diese Berechnung kann in ungünstigen Fällen auf die Multiplikation einer sehr 'kleinen' Matrix (Matrix mit sehr kleinen Eigenwerten) mit der sehr großen Matrix $P^-(k)$ (mit sehr großen Eigenwerten) führen. Diese Problematik tritt vor allem in solchen Fällen auf, in denen die Prädiktion sehr unsicher ist, die Meßwerte aber mit relativ hoher Genauigkeit vorliegen. Die Berechnungsfehler bei der Matrixdifferenzbildung werden in diesen Fällen durch die folgende Matrixmultiplikation verstärkt– eine Tatsache, die, für sich allein betrachtet, schon relativ ungünstig ist. Berücksichtigt man nun noch, daß die Matrix $I–K(k)\cdot C(k)$ die Differenz von nahezu gleichgroßen Matrizen und keineswegs symmetrisch ist, ist sofort klar, daß das gerundete Produkt einer selbst im Idealfall nicht symmetrischen, real aber zusätzlich noch von Rundungsfehlern behafteten kleinen Matrix mit einer großen Matrix kaum symmetrisch und auch kaum positiv definit bleiben wird.

Die nächstaufwendigere Formulierung der $P^+(k)$–Berechnung ist in Gleichung 5.251b und 5.251c dargestellt. In diesen beiden Gleichungen wird $P^+(k)$ unter den gleichen Umständen wie oben als kleine Differenz großer Matrizen berechnet. Geht man davon aus, daß beide Summanden schon in gerundeter Form vorliegen, kann die im Idealfall kleine Differenz real sehr leicht einen Wert von Null ergeben. Zumindest die Positiv–Definitheit ist bei dieser Formulierung also auch nicht gesichert. Die Symmetrieeigenschaften erscheinen dagegen weniger gefährdet als bei der Berechnung nach Gl. 5.251a, denn Gleichung 5.251b und 5.251c berechnen $P^+(k)$ als Differenz zweier symmetrischer Matrizen. Die Differenz von zwei symmetrischen Matrizen bleibt aber in jedem Fall symmetrisch.

Gleichung 5.251b erfordert die Berechnung von 2 Matrixprodukten und einer Matrixdifferenz, wobei die Reihenfolge der einzelnen Multiplikationen bei unterschiedlichen Beobachtungsvektor– und Zustandsvektordimensionen noch einen Unterschied im Berechnungsaufwand verursacht. Gleichung 5.251c dagegen benötigt zusätzlich mindestens drei weitere Multiplikationen (bei geeigneter Zwischenspeicherung) und eine weitere Addition. Darüberhinaus wird die Inversion einer $[m\times m]$–Matrix erforderlich, ein Zusatzaufwand, der aber ohnehin erforderlich ist, da die Kalman–Gainmatrix schon zur Berechnung des Filterschätzwertes benötigt wird.

Gleichung 5.251d verursacht bei der Berechnung sicherlich den höchsten Berechnungsaufwand, es werden zwar nur zwei Matrixmultiplikationen und eine Matrixaddition benötigt, dafür aber nicht weniger als drei Matrixinversionen, und zwar müssen eine $[m\times m]$–Matrix und zwei $[n\times n]$–Matrizen invertiert werden. Wenn man davon ausgeht, daß $R(k)^{-1}$ schon im voraus berechnet und abgespeichert werden kann, fallen immerhin noch zwei $[n\times n]$–Matrixinversionen an, solange nicht ein Algorithmus zur Verfügung steht, der schon die Inversen der auftretenden Matrizen direkt rekursiv berechnet (wie im nächsten Unterpunkt diskutiert wird.). Matrixinversionen gelten als äußerst rechenaufwendig und im allgemeinen als numerisch anspruchsvoll. Selbst unter Berücksichtigung der Symmetrieeigenschaften, die gewisse Vereinfachungen erlauben, bleiben Matrixinversionen wegen des Aufwandes an Multiplikationen, der ungefähr mit der dritten Potenz der Matrixzeilen– oder Spaltenzahl steigt, unangenehm.

Das numerische Verhalten von Gl. 5.251d ist allerdings weit besser als das der vorangegangenen Gleichungen. Es werden symmetrische Matrizen addiert, so daß die Summe auch wieder symmetrisch ist. Die Inverse einer symmetrischen Matrix ist auch wieder symmetrisch. Der Fall kleiner Meßfehlerkovarianzen $R(k)$ stellt auch kein schwerwiegendes Problem dar, denn dann besitzt die Inverse sehr große Eigenwerte, und das Symmetrieverhalten wird dann bei sehr unsicherer Voraussage nur von $R(k)^{-1}$ bestimmt, ebenso die Positivdefinitheit.

Es soll noch eine weitere äquivalente Formulierung betrachtet werden. Dazu formen wir die Filterschätzwertgleichung in Zufallsvariablenschreibweise nach Gl. 5.92a um:

$$\hat{\underline{x}}^{+}(k) = [I - K(k)\cdot C(k)]\cdot \hat{\underline{x}}^{-}(k) + K(k)\cdot \underline{y}(k) \tag{5.252}$$

Führt man nun wieder den Estimationsfehler $\underline{e}^{+}(k) = \underline{x}(k) - \hat{\underline{x}}^{+}(k)$ ein und berücksichtigt wieder das Beobachtungsmodell $y(k) = C(k)\cdot \underline{x}(k) + \underline{v}(k)$, erhält man den folgenden Zusammenhang zwischen Estimations– und Prädiktionsfehler $\underline{e}^{-}(k)$:

$$\begin{aligned}\underline{e}^{+}(k) &= \underline{x}(k) - \hat{\underline{x}}^{+}(k) = \underline{x}(k) - [I - K(k)\cdot C(k)]\cdot \hat{\underline{x}}^{-}(k) - K(k)\cdot [C(k)\cdot \underline{x}(k) + \underline{v}(k)] \\ &= [I - K(k)\cdot C(k)]\cdot [\underline{x}(k) - \hat{\underline{x}}^{-}(k)] - K(k)\cdot \underline{v}(k) \\ &= [I - K(k)\cdot C(k)]\cdot \underline{e}^{-}(k) - K(k)\cdot \underline{v}(k)\end{aligned} \tag{5.253}$$

Der Prädiktionsfehler ist unabhängig von der Meßstörung $\underline{v}(k)$, wie schon mehrmals festgestellt wurde, deshalb ergibt sich wegen der Erwartungswertfreiheit von Estimations– und Prädiktionsfehler für die Estimationsfehlerkovarianz:

$$P^{+}(k) = E\{\underline{e}^{+}(k)\cdot \underline{e}^{+}(k)\}$$

$$= [I - K(k)\cdot C(k)]\cdot P^{-}(k)\cdot [I - K(k)\cdot C(k)]^{T} + K(k)\cdot R(k)\cdot K(k)^{T} \qquad (5.254)$$

Damit kann $P^{+}(k)$ auch als Summe zweier symmetrischer Matrizen dargestellt werden und ist damit in jedem Fall symmetrisch. Weiterhin ist der erste Summand positiv definit und der zweite Summand positiv semidefinit, so daß das Ergebnis auch wieder positiv definit ist. Gleichung 5.254 stellt die nach ihrem Entwickler benannte "Joseph–Formulierung" des Kovarianzupdates im Meßwertverarbeitungszyklus dar. Diese Formulierung ist insgesamt unempfindlicher gegen Rundungsfehler als die vorherigen Formulierungen, eine Eigenschaft, die vor allem bei der Implementierung von Kalman–Filteralgorithmen auf Mikrorechnern mit möglichst geringer Wortbreite von Vorteil sein kann. Der Berechnungsaufwand für die Joseph–Form ist dagegen beträchtlich höher als der Aufwand für die vorangegangenen Formulierungen. Die meisten aktuellen Filterimplementierungen begnügen sich im Realisationen– oder Meßwertverarbeitungszyklus mit einfacher Berechnungsgenauigkeit, der Varianzenzyklus wird dagegen, unabhängig von der gewählten Formulierung, meistens in doppelter Genauigkeit realisiert, um die numerische Genauigkeit und die Symmetrieeigenschaften und die Positivdefinitheit der beteiligten Matrizen zu erhalten. Darüberhinaus existieren heute eine große Anzahl von sogenannten "Square Root–Algorithmen", die anstelle der Kovarianzmatrizen geeignete Wurzeldekompositionen berechnen und mit diesen Größen anstelle der Kovarianzmatrizen arbeiten. Alle diese Algorithmen besitzen ein wesentlich besseres Verhalten als die im vorausgegangenen diskutierten Formulierungen und sind auch teilweise im Bezug auf Berechnungsaufwand in etwa der Standard–Formulierung des Kalman–Filters ebenbürtig. Besonders zu erwähnen sind an dieser Stelle der "Potter–Algorithmus", der "Carlson–Algorithmus" und der "Bierman–Algorithmus" ($U\text{–}D\text{–}U^{T}$–Algorithmus). Diese Algorithmen sind beispielsweise in /1, 21, 22, 23, 24, 25, 26, 27/ beschrieben, und der interessierte Leser wird auf diese Spezialliteratur und die in diesen Darstellungen zitierte weitere Sekundärliteratur verwiesen.

Bezüglich eines Vergleichs von Multiplikations– und Additionsaufwand von Matrizen vollzieht sich in der neueren Rechnertechnik ein Wandel: In der klassischen Rechnertechnik (Festkommaarithmetik) galt die Ausführungszeit von Additionen gegenüber der wesentlich längeren Ausführungszeit von Multiplikationen als vernachlässigbar, so daß die Anzahl der benötigten Multiplikationen das Hauptkriterium für den Berechnungsaufwand einer Gleichung darstellte. Dies ist bei der Verwendung von Floatingpointarithmetikhardware nicht mehr der Fall – die Ausführungszeiten von Multiplikationen und Additionen (resp. Subtraktionen) sind in etwa gleich. Je nach Komfort der verwendeten Floatingpointunterstützung können Additionen wegen der i.A. erforderlichen Exponentennormalisierung sogar etwas umständlicher in der Ausführung sein. Ebenso darf der Zeitaufwand für Speicherzugriffe heutzutage nicht mehr vernachlässigt werden. Galten noch bis vor einiger Zeit Speicherzugriffe als zeitlich völlig unkritisch gegenüber dem Zeitaufwand für die Berechnung von Summen oder Produkten, sind bei den heutigen Zykluszeiten von Floatingpointprozessoren die Zeiten für Speicherzugriffe nicht mehr durchweg zu vernachlässigen. Dies ist bei der Verwendung abgespeicherter Zwischenergebnisse zu berücksichtigen, so daß die alte Weisheit "Ein Mehraufwand an Arbeitsspeicher schafft Rechenzeitvorteile" nicht mehr uneingeschränkt Geltung besitzt. Ebenso bahnt sich durch die stetig steigende Leistungsfähigkeit von Floatingpointkomponenten bei sinkenden Preisen ein Umdenken bezüglich der Anwendung der oben zitierten Square–Root–Algorithmen oder der Implementierung des Varianzenzyklus in doppelter Genauigkeit an: Zwar argumentieren immer noch sehr viele Kalman–Filterpraktiker, es sei grundsätzlich immer sinnvoll, die Square–Root–Algorithmen wegen ihrer größeren Genauigkeit anzuwenden, selbst bei ausreichender Genauigkeit der Standardformulierung, doch scheint diese Argumentation vom technologischen Fortschritt überholt zu werden. Die einfache Genauigkeit auf einem 32–bit–Prozessor mit Floatingpointunterstützung gibt eben in den seltensten Fällen Anlaß, mit der erreichbaren Genauigkeit unzufrieden zu sein. Im Zeitalter sinkender Hardwarekosten und stetig verbesserter Software–Hochsprachenunterstützung zieht man den Zeitgewinn bei der Programmentwicklung aufgrund der größeren Transparenz und Übersichtlichkeit der Standard–Formulierung einer möglichen weiteren Genauigkeitsverbesserung durch kompliziertere Algorithmen vor. Aus diesem Grunde wird in dieser Darstellung nicht weiter auf die Square–Root–Algorithmen eingegangen.

5.6.2 Inverse Kovarianzformulierung des Varianzenzyklus

Im vorangegangenen Unterpunkt wurde schon einmal kurz die Möglichkeit andiskutiert, die Kovarianzberechnung im Varianzenzyklus für die Inversen der Kovarianzmatrizen zu formulieren. Auch diese Formulierung wird sich dann als mathematisch äquivalent zur Standardformulierung herausstellen, besitzt aber einige interessante Eigenschaften, die sowohl von theoretischer als auch von praktischer Bedeutung sind.

Aus Gleichung 5.251d folgt sofort durch Invertieren:

$$P^{+}(k)^{-1} = P^{-}(k)^{-1} + C(k)^{T} \cdot R(k)^{-1} \cdot C(k) \qquad (5.255)$$

Diese Gleichung besitzt schon die gewünschte Form, so daß wir nun die Prädiktionskovarianzgleichung 5.91a betrachten wollen:

$$P^{-}(k)^{-1} = [A(k-1) \cdot P^{+}(k-1) \cdot A(k-1)^{T} + G(k-1) \cdot Q(k-1) \cdot G(k-1)^{T}]^{-1} \qquad (5.256)$$

Wir führen nun die folgenden Abkürzungen ein:

$$X(k)^{-1} = A(k-1) \cdot P^{+}(k-1) \cdot A(k-1)^{T} \qquad (5.257a)$$

$$J(k) = G(k-1) \cdot \sqrt[c]{Q(k-1)} \qquad (5.257b)$$

wobei die Wurzel die Cholesky–Dekomposition der Matrix Q(k–1) beschreibt.

Mit den eingeführten Abkürzungen erhalten wir dann aus Gl. 5.256:

$$P^{-}(k)^{-1} = [X(k)^{-1} + J(k) \cdot J(k)^{T}]^{-1} \qquad (5.258)$$

Wir wenden nun das Matrixinversionslemma M1 auf Gl. 5.258 an und erhalten:

$$P^{-}(k)^{-1} = X(k) - X(k) \cdot J(k) \cdot [J(k)^{T} \cdot X(k) \cdot J(k) + I]^{-1} \cdot J(k)^{T} \cdot X(k)$$

$$= X(k) - X(k)\cdot G(k-1)\cdot \sqrt[c]{Q(k-1)}\cdot$$

$$\cdot\left[\sqrt[c]{Q(k-1)}^{T}\cdot G(k-1)^{T}\cdot X(k)\cdot G(k-1)\cdot \sqrt[c]{Q(k-1)} + I\right]^{-1}$$

$$\cdot \sqrt[c]{Q(k-1)}^{T}\cdot G(k-1)^{T}\cdot X(k) \qquad (5.259)$$

Nimmt man die Invertierbarkeit der Wurzelmatrizen $\sqrt[c]{Q(k-1)}$ und $\sqrt[c]{Q(k-1)}^{T}$ an, was keine sehr schwerwiegende Einschränkung darstellt, kann man weiter schreiben:

$$P^{-}(k)^{-1} = X(k) - X(k)\cdot G(k-1)\cdot\left[G(k-1)^{T}\cdot X(k)\cdot G(k-1) + Q(k-1)^{-1}\right]^{-1}\cdot G(k-1)^{T}\cdot X(k) \qquad (5.260)$$

Führt man nun eine neue Gainmatrix $\chi(k)$ ein mit:

$$\chi(k) = X(k)\cdot G(k-1)\cdot\left[G(k-1)^{T}\cdot X(k)\cdot G(k-1) + Q(k-1)^{-1}\right]^{-1} \qquad (5.261)$$

erhält man aus Gl. 5.260 die einprägsame Formulierung:

$$P^{-}(k)^{-1} = X(k) - \chi(k)\cdot G(k-1)^{T}\cdot X(k) \qquad (5.262)$$

wobei für die Abkürzung X(k) gilt:

$$X(k) = [A(k-1)\cdot P^{+}(k-1)\cdot A(k-1)^{T}]^{-1} = A(k-1)^{T-1}\cdot P^{+}(k-1)^{-1}\cdot A(k-1)^{-1} \qquad (5.263)$$

Berücksichtigt man nun noch, daß A(k–1) die Systemübergangsmatrix vom Zustand $\underline{x}(k-1)$ in den Zustand $\underline{x}(k)$ ist, kann man weiter schreiben:

$$X(k) = \phi(k,k-1)^{T-1}\cdot P^{+}(k-1)^{-1}\cdot \phi(k,k-1)^{-1} = \phi(k-1,k)^{T}\cdot P^{+}(k-1)^{-1}\cdot \phi(k-1,k) \qquad (5.264)$$

Für Prozesse mit verschwindender Driving–Noise–Kovarianz gilt $J(k) = 0$, und man erhält aus Gl. 5.258:

$$P^{-}(k)^{-1} = X(k) = \phi(k-1,k)^T \cdot P^{+}(k-1)^{-1} \cdot \phi(k-1,k) \qquad (5.265)$$

Die Kalman–Gainmatrix berechnet sich zu:

$$K(k) = P^{-}(k) \cdot C(k)^T \cdot [C(k) \cdot P^{-}(k) \cdot C(k)^T + R(k)]^{-1}$$

$$= [P^{-}(k)^{-1} + C(k)^T \cdot R(k)^{-1} \cdot C(k)]^{-1} \cdot C(k)^T \cdot R(k)^{-1} \qquad (5.266a)$$

$$= P^{+}(k) \cdot C(k)^T \cdot R(k)^{-1} \qquad (5.266b)$$

wobei nacheinander das Matrixinversionslemma M3 und Gl. 5.255 angewendet wurden.

5.6.2.1 Bedeutung der inversen Kovarianzformulierung

Die inverse Kovarianzformulierung ist aufgrund ihrer Eigenschaften bei einigen praktischen Problemen vorteilhafter als die Standard–Formulierung, besitzt aber gleichzeitig auch für theoretische Betrachungen eine weitreichende Bedeutung. Die Struktur der Kovarianzberechnung ist für die Ableitung von Smoother–Algorithmen sehr gut geeignet, ferner existiert ein enger Zusammenhang zwischen der inversen Kovarianzformulierung und dem informationstheoretischen Konzept der Fisher'schen Informationsmatrix. Aus diesem Grund werden Kalman–Filter in inverser Kovarianzformulierung gelegentlich Informationsfilter genannt /4/.

5.6.2.1.1 Startup–Formulierung bei fehlenden a–priori–Kenntnissen

Der wesentliche praktische Aspekt einer inversen Kovarianzformulierung entspringt der Problematik der Anfangsinitialisierung eines Kalman–Filters in solchen Fällen, in denen überhaupt keinerlei Vorkenntnisse über die Zufallsvariable $\underline{x}(0)$ existieren. Bei der formalen Herleitung des Kalman–Filters wurden die beiden ersten Momente, $E\{\underline{x}(0)\}$ und P_0, dieser Zufallsvariablen zur Anfangsinitialisierung des Kalman–Filters benötigt. Liegen nun aber überhaupt keine Vorkenntnisse über diese Zufallsvariable oder einige ihrer Komponenten vor, so muß dies durch eine entsprechende Wahl der Startkovarianzmatrix P_0 berücksichtigt werden. Die den Komponenten von $\underline{x}(0)$, zu denen keine Vorkenntnisse vorhanden sind, entsprechenden Eigenwerte der Kovarianzmatrix P_0 müßten dann mit

Werten, die gegen Unendlich streben, besetzt werden. Diese Forderung stößt bei der praktischen Implementierung eines Kalman–Filters wegen der Endlichkeit der maximal darstellbaren Zahlenwerte auf Schwierigkeiten. Die eigentlichen Probleme entstehen dann aber bei der Berechnung der Kalman–Gainmatrix K(1) und der Berechnung der Filterfehlerkovarianzmatrix $P^{+}(1)$. Im theoretischen Idealfall ergeben sich diese Matrizen exakt als Ergebnisse eines Grenzüberganges, im Praxisfall kann nicht erwartet werden, daß die Berechnung dieser Matrizen das richtige, dem Grenzübergang entsprechende Endergebnis liefert. Man betrachte zur Verdeutlichung der Problematik beispielsweise Gl. 5.95, bei der die Fehlerkovarianzmatrix $P^{+}(1)$ als relativ kleine Differenz großer Matrizen berechnet wird. Die Modellierung dieser fehlenden Vorkenntnisse bereitet in der inversen Kovarianzformulierung keinerlei Schwierigkeiten. Die Eigenwerte der Matrix P_0^{-1} entsprechen den Inversen der Eigenwerte der nicht invertierten Matrix P_0, somit entsprechen den unendlichen Eigenwerten der Matrix P_0 Eigenwerte in der Matrix P_0^{-1}, die zu Null anzunehmen sind. Diese Art einer Anfangsinitialisierung bereitet auch praktisch keinerlei Schwierigkeiten. Ist beispielsweise wegen komplett fehlender Vorkenntnisse die gesamte Matrix P_0^{-1} gleich Null, gilt also:

$$P_0^{-1} = 0 \tag{5.267}$$

so folgt bei der inversen Kovarianzformulierung sofort aus Gl. 5.255 für die Fehlerkovarianzmatrix nach Verarbeitung der ersten Messung:

$$P^{+}(1)^{-1} = C(1)^{T} \cdot R(1)^{-1} \cdot C(1) \tag{5.268}$$

Nach Gl. 5.263 folgt dann sofort für X(2):

$$X(2) = A(1)^{T-1} \cdot P^{+}(1)^{-1} \cdot A(1)^{-1} \tag{5.269}$$

und mit Gl. 5.261 für die modifizierte Gainmatrix $\chi(2)$:

$$\chi(2) = X(2) \cdot G(1) \cdot \left[G(1)^{T} \cdot X(2) \cdot G(1) + Q(1)^{-1} \right]^{-1} \tag{5.270}$$

Aus Gl. 5.262 erhalten wir für die Inverse der Prädiktionsfehlerkovarianzmatrix:

$$P^{-}(2)^{-1} = X(2) - \chi(2)\cdot G(1)^{T}\cdot X(2) \tag{5.271}$$

Mit Gleichung 5.255 kann dann mit der Berechnung von $P^{+}(2)$ der Varianzenzyklus erneut gestartet werden. Daraus erkennt man, daß die Berechnung und der Start des Varianzenzyklus in der inversen Kovarianzformulierung bei fehlenden Vorkenntnissen überhaupt keinerlei Probleme bereitet.

Wesentlich mehr Schwierigkeiten bereitet dagegen die Berechnung der ersten Zustandsschätz– und Prädiktionswerte, wenn die Inverse der Startkovarianzmatrix singulär ist, also einige oder alle ihre Eigenwerte gleich Null sind. Wir betrachten dazu die Filterschätzwertgleichung, für deren inverse Kovarianzdarstellung wir aus Gl. 5.255 ableiten:

$$\hat{\underline{x}}^{+}(k) = [I - K(k)\cdot C(k)]\cdot \hat{\underline{x}}^{-}(k) + K(k)\cdot \underline{y}(k)$$

$$= \left[I - [P^{-}(k)^{-1} + C(k)^{T}\cdot R(k)^{-1}\cdot C(k)]^{-1}\cdot C(k)^{T}\cdot R(k)^{-1}\cdot C(k)\right]\cdot \hat{\underline{x}}^{-}(k)$$

$$+ P^{+}(k)\cdot C(k)^{T}\cdot R(k)^{-1}\cdot \underline{y}(k) \tag{5.272a}$$

$$= [P^{-}(k)^{-1} + C(k)^{T}\cdot R(k)^{-1}\cdot C(k)]^{-1}\cdot P^{-}(k)^{-1}\cdot \hat{\underline{x}}^{-}(k)$$

$$+ P^{+}(k)\cdot C(k)^{T}\cdot R(k)^{-1}\cdot \underline{y}(k) \tag{5.272b}$$

$$= P^{+}(k)\cdot P^{-}(k)^{-1}\cdot \hat{\underline{x}}^{-}(k) + P^{+}(k)\cdot C(k)^{T}\cdot R(k)^{-1}\cdot \underline{y}(k) \tag{5.272c}$$

Bei dieser Umformung wurden nacheinander die äquivalenten Ausdrücke für K(k) nach Gl. 5.266a und 5.266b sowie $P^{+}(k)$ nach Gl. 5.255 eingesetzt.

Damit Gl. 5.272c einen eindeutigen Schätzwert liefert, muß es möglich sein, die Matrix $P^{+}(k)^{-1}$, die in Gl. 5.255 berechnet wird, zu invertieren und damit die zur Lösung von Gl. 5.272c benötigte Matrix $P^{+}(k)$ zu berechnen. Wir benötigen also die Invertierbarkeit von $P^+(k)^{-1}$ als Voraussetzung, wenn wir mit den bei der inversen Kovarianzformulierung berechneten inversen Kovarianzmatrizen einen eindeutigen Zustandsschätzwert ermitteln wollen. Diese Invertierbarkeit kann aber gerade bei einer Initialisierung mit fehlenden Anfangskenntnissen nach Gl. 5.268 nur dann vorausgesetzt werden, wenn der Rang der Matrix $C(1)^T \cdot R(1)^{-1} \cdot C(1)$ gleich n ist. Dies bedeutet nichts anderes, als daß der gesamte Zustandsvektor in einer einzigen vektoriellen Messung stochastisch beobachtet werden kann. Dies ist aber in aller Regel nicht der Fall.

Um in diesen Fällen zu einer sinnvollen Startup–Prozedur für das Kalman–Filter zu kommen, führen wir zunächst ganz allgemein die folgenden transformierten Vektoren ein:

$$\underline{\hat{z}}^-(k) = P^-(k)^{-1} \cdot \underline{\hat{x}}^-(k) \tag{5.273a}$$

und

$$\underline{\hat{z}}^+(k) = P^+(k)^{-1} \cdot \underline{\hat{x}}^+(k) \tag{5.273b}$$

Wir wollen nun diese Abkürzungen in Gl. 5.272c einsetzen und danach betrachten, ob die so entstehenden Formulierungen die eben angedeuteten Schwierigkeiten umgehen. Wir erhalten dann:

$$\begin{aligned} \underline{\hat{z}}^+(k) &= P^-(k)^{-1} \cdot \underline{\hat{x}}^-(k) + C(k)^T \cdot R(k)^{-1} \cdot \underline{y}(k) \\ &= \underline{\hat{z}}^-(k) + C(k)^T \cdot R(k)^{-1} \cdot \underline{y}(k) \end{aligned} \tag{5.274}$$

und speziell für den ersten transformierten Schätz– und Prädiktionswert, unter der Bedingung $P_0^{-1} = P^+(0)^{-1} = 0$ und unter Berücksichtigung von Gl. 5.265:

$$\underline{\hat{z}}^-(1) = P^-(1)^{-1} \cdot \underline{\hat{x}}^-(1) = \underline{0} \tag{5.275a}$$

und

$$\underline{\hat{z}}^+(1) = C(1)^T \cdot R(1)^{-1} \cdot \underline{y}(1) \tag{5.275b}$$

Die Berechnung dieses transformierten Schätzwertes ist ohne die Inversion von $P^+(1)^{-1}$ möglich und bereitet deshalb auch bei nicht vorhandenen Anfangskenntnissen keinerlei Schwierigkeiten.

Für die Prädiktionsgleichung folgt mit Gl. 5.90a unter gleichzeitiger Berücksichtigung von Gl. 5.273a:

$$\hat{\underline{z}}^-(k) = P^-(k)^{-1} \cdot [A(k-1) \cdot \hat{\underline{x}}^+(k-1) + \underline{u}(k-1)]$$

$$= [X(k) - \chi(k) \cdot G(k-1)^T \cdot X(k)] \cdot [A(k-1) \cdot \hat{\underline{x}}^+(k-1) + \underline{u}(k-1)]$$

$$= [I - \chi(k) \cdot G(k-1)^T] \cdot X(k) \cdot A(k-1) \cdot \hat{\underline{x}}^+(k-1)$$

$$+ [I - \chi(k) \cdot G(k-1)^T] \cdot X(k) \cdot \underline{u}(k-1) \qquad (5.276)$$

Bei dieser Umformung wurde die Gleichung 5.262 benutzt. Die in Gleichung 5.276 auftretenden Größen $\chi(k)$ und $X(k)$ können mit den Gleichungen 5.261, 5.263 oder 5.264 berechnet werden, die zum Varianzenzyklus der inversen Kovarianzformulierung gehören. Betrachtet man insbesondere das Produkt $X(k) \cdot A(k-1)$, auf das man Gl. 5.263 anwendet, erhält man:

$$X(k) \cdot A(k-1) = A(k-1)^{T-1} \cdot P^+(k-1)^{-1} \qquad (5.277)$$

Mit Gl. 5.277 erhält man schließlich für Gl. 5.276:

$$\hat{\underline{z}}^-(k) = [I - \chi(k) \cdot G(k-1)^T] \cdot A(k-1)^{T-1} \cdot P^+(k-1)^{-1} \cdot \hat{\underline{x}}^+(k-1)$$

$$+ [I - \chi(k) \cdot G(k-1)^T] \cdot A(k-1)^{T-1} \cdot P^+(k-1)^{-1} \cdot A(k-1)^{-1} \cdot \underline{u}(k-1) \qquad (5.278)$$

Verwendet man nun noch abschließend die Abkürzung nach Gl. 5.273b, erhält man die Rekursionsgleichung:

$$\hat{\underline{z}}^-(k) = [I - \chi(k) \cdot G(k-1)^T] \cdot A(k-1)^{T-1}$$

$$\cdot [\hat{\underline{z}}^+(k-1) + P^+(k-1)^{-1} \cdot A(k-1)^{-1} \cdot \underline{u}(k-1)] \qquad (5.279)$$

Gl. 5.274 und 5.279 beschreiben die Rekursionsgleichungen zur Berechnung der transformierten Schätz– und Prädiktionswerte. Die benötigten Matrizen werden alle im Varianzenzyklus der inversen Kovarianzformulierung berechnet. Mit diesen Rekursionsgleichungen kann das Kalman–Filter auch bei ungenügenden Vorkenntnissen zuverlässig gestartet werden. Dieser Startvorgang kann in inverser Kovarianzformulierung solange fortgesetzt werden, bis die Matrix $P^+(k)^{-1}$ den Rang n besitzt und damit invertierbar ist. Durch Invertieren erhalten wir dann die Matrix $P^+(k)$ und durch die Gleichung:

$$\hat{\underline{x}}^+(k) = P^+(k)\cdot \hat{\underline{z}}^+(k) \tag{5.280}$$

den gewünschten Zustandsschätzwert, so daß von diesem Zeitpunkt an auf die konventionelle Kovarianzformulierung des Kalman–Filters umgeschaltet werden kann.

Anmerkung: Es wurde bei dieser Ableitung implizit $Q(k)\neq 0$ vorausgesetzt. Eine analoge Ableitung für den Fall $Q(k)\equiv 0$, die von Gl. 5.265 ausgeht, aber ansonsten völlig parallel zur hier dargestellen Ableitung verläuft, ist ebenso möglich, soll aber hier nicht weiter betrachtet werden.

5.6.2.1.2 Inverse Kovarianzformulierung und Fisher'sche Informationsmatrix

Wir betrachten den Varianzenzyklus in inverser Kovarianzformulierung mit verschwindender Driving–Noise–Kovarianz. Dieser Zyklus ist gegeben durch:

$$P^+(k)^{-1} = P^-(k)^{-1} + C(k)^T\cdot R(k)^{-1}\cdot C(k) \tag{5.281}$$

$$P^-(k+1)^{-1} = \phi(k,k+1)^T\cdot P^+(k)^{-1}\cdot \phi(k,k+1) \tag{5.282}$$

Durch Einsetzen der um einen Abtastzeitpunkt zurückdatierten Gl. 5.282 in Gl. 5.281 erhalten wir dann:

$$P^+(k)^{-1} = \phi(k-1,k)^T\cdot P^+(k-1)^{-1}\cdot \phi(k-1,k) + C(k)^T\cdot R(k)^{-1}\cdot C(k) \tag{5.283}$$

als rekursive Gleichung zur Berechnung der inversen Schätzfehlerkovarianzmatrix. Die allgemeine Lösung dieser rekursiven Gleichung soll nun ermittelt werden. Für k=1 erhalten wir:

$$P^+(1)^{-1} = \phi(0,1)^T \cdot P^+(0)^{-1} \cdot \phi(0,1) + C(1)^T \cdot R(1)^{-1} \cdot C(1) \qquad (5.284a)$$

Ebenso für k=2

$$P^+(2)^{-1} = \phi(1,2)^T \cdot P^+(1)^{-1} \cdot \phi(1,2) + C(2)^T \cdot R(2)^{-1} \cdot C(2)$$

$$= \phi(1,2)^T \cdot [\phi(0,1)^T \cdot P^+(0)^{-1} \cdot \phi(0,1) + C(1)^T \cdot R(1)^{-1} \cdot C(1)] \cdot \phi(1,2)$$

$$+ C(2)^T \cdot R(2)^{-1} \cdot C(2)$$

$$= \phi(0,2)^T \cdot P^+(0)^{-1} \cdot \phi(0,2) + \phi(1,2)^T \cdot C(1)^T \cdot R(1)^{-1} \cdot C(1) \cdot \phi(1,2)$$

$$+ C(2)^T \cdot R(2)^{-1} \cdot C(2) \qquad (5.284b)$$

Allgemein ermittelt man auf diese Weise für einen beliebigen Zeitpunkt k:

$$P^+(k)^{-1} = \phi(0,k)^T \cdot P^+(0)^{-1} \cdot \phi(0,k) + \sum_{j=1}^{k} \phi(j,k)^T \cdot C(j)^T \cdot R(j)^{-1} \cdot C(j) \cdot \phi(j,k) \qquad (5.285)$$

Betrachtet man nun die Differenz $P^+(k)^{-1} - \phi(0,k)^T \cdot P^+(0)^{-1} \cdot \phi(0,k)$, so erhält man aus Gl. 5.285:

$$P^+(k)^{-1} - \phi(0,k)^T \cdot P^+(0)^{-1} \cdot \phi(0,k) = \sum_{j=1}^{k} \phi(j,k)^T \cdot C(j)^T \cdot R(j)^{-1} \cdot C(j) \cdot \phi(j,k) \qquad (5.286)$$

Die rechts des Gleichheitszeichens stehende Summe beschreibt damit offensichtlich den Genauigkeitsunterschied zwischen dem Schätzwert zum Zeitpunkt k und dem Anfangsschätzwert. Sie ist damit ein Maß für die durch die Verarbeitung der k Messungen hinzugekommene Information. Die Summe rechts des Gleichheitszeichens heißt Fisher'sche Informationsmatrix:

$$\mathfrak{F}(k,1) = \sum_{j=1}^{k} \phi(j,k)^T \cdot C(j)^T \cdot R(j)^{-1} \cdot C(j) \cdot \phi(j,k) \qquad (5.287)$$

Damit folgt aus Gl. 5.286:

$$P^+(k)^{-1} - \phi(0,k)^T \cdot P^+(0)^{-1} \cdot \phi(0,k) = \mathfrak{F}(k,1) \qquad (5.288a)$$

und

$$P^+(k+1)^{-1} - \phi(0,k+1)^T \cdot P^+(0)^{-1} \cdot \phi(0,k+1) = \mathfrak{F}(k+1,1) \qquad (5.288b)$$

Einsetzen von Gl. 5.283 für $P^+(k+1)^{-1}$ in 5.288b liefert dann:

$$\begin{aligned}\mathfrak{F}(k+1,1) &= \phi(k,k+1)^T \cdot P^+(k)^{-1} \cdot \phi(k,k+1) + C(k+1)^T \cdot R(k+1)^{-1} \cdot C(k+1) \\ &\quad - \phi(k,k+1)^T \cdot \phi(0,k)^T \cdot P^+(0)^{-1} \cdot \phi(0,k) \cdot \phi(k,k+1) \\ &= \phi(k,k+1)^T \cdot \left[P^+(k)^{-1} - \phi(0,k)^T \cdot P^+(0)^{-1} \cdot \phi(0,k)\right] \cdot \phi(k,k+1) \\ &\quad + C(k+1)^T \cdot R(k+1)^{-1} \cdot C(k+1) \end{aligned} \qquad (5.289)$$

Mit Gl. 5.288a folgt dann die rekursive Berechnungsvorschrift für die Fisher'sche Informationsmatrix:

$$\mathfrak{F}(k+1,1) = \phi(k,k+1)^T \cdot \mathfrak{F}(k,1) \cdot \phi(k,k+1) + C(k+1)^T R(k+1)^{-1} C(k+1) \qquad (5.290)$$

Aus Gl. 5.290 erkennt man, daß die bei jeder neuen Messung hinzukommende Information durch den Ausdruck: $C(k+1)^T \cdot R(k+1)^{-1} \cdot C(k+1)$ beschrieben wird. Aus Gl. 5.281 erkennt man auch sofort, daß diese neue Information gerade die Korrektur vom Prädiktions– zum Filterschätzwert bewirkt.

5.7 Stabilitätsbetrachtungen des Kalman–Filteralgorithmus

Dieser Unterpunkt betrachtet die Stabilitätseigenschaften des Kalman–Filters und die für die Stabilität hinreichenden Bedingungen. Man mag argumentieren, Stabilitätsuntersuchungen und Stabilitätsanalysen gehörten eigentlich zu den regelungstechnischen Problemen und sich dann konsequenterweise fragen, aus welchem Grunde in einer mehr nachrichtentechnisch orientierten Betrachtungsweise der Stabilität eines Kalman–Filters ein eigener Punkt gewidmet wird. Die Begründung ist einfach. Die Aussagen, ob, und unter welchen Bedingungen ein Meßwertverarbeitungsalgorithmus oder ein Filter stabil ist, sind für jeden Entwickler und Anwender und nicht nur für Regelungstechniker von enormer Bedeutung. Es können nur stabile Systeme sinnvoll eingesetzt werden, und vor jeder Anwendung eines Verarbeitungsalgorithmus oder eines Filters ist es unverzichtbar, die Grenzen oder Voraussetzungen für einen stabilen Betrieb zu kennen. Wenn darüberhinaus sehr allgemeingültige Voraussetzungen angegeben werden können, unter denen ein Algorithmus gleichmäßig und asymptotisch stabil ist, ist dies sehr angenehm für spätere Anwendungen und Anwender. Diese können dann auf diese Aussagen zurückgreifen, ohne sich mit den regelungstechnischen Einzelheiten auseinandersetzen zu müssen.
Deshalb sollen in diesem Unterpunkt das Stabilitätsverhalten des Kalman–Filters und die entsprechenden Stabilitätsbedingungen kurz und ohne Ableitung der einzelnen Aussagen dargestellt werden. Für weitergehende Betrachtungen verweisen wir auf die regelungstechnische Grundlagenliteratur, z.B. /29/, ferner auf die speziellen Untersuchungen, die sich mit der Stabilität von Kalman–Filtern beschäftigen, z.B. /3, 30, 33/. Das zuletzt zitierte Buch erscheint aus Sicht des Autors auch über diese Problematik hinaus empfehlenswert.

Kalman–Filter sind zeitvariante Filter in Zustandsraumformulierung, man benötigt also für die Stabilitätsuntersuchungen ein Werkzeug, welches gestattet, das Stabilitätsverhalten von vektoriellen Differenzen– oder Differentialgleichungen mit nicht notwendigerweise konstanten Koeffizienten zu untersuchen. Wegen der Zeitvarianz des Problems scheiden Untersuchungen mit Hilfe von Transformationstechniken (Laplace– oder Z–Transformation) aus. In Form der sogenannten Lyapunov–Theorie existiert ein effektives, leider aber auch nicht sehr einfach zu handhabendes Werkzeug zur Untersuchung des Stabilitätsverhaltens homogener, vektorieller Differenzen– oder Differentialgleichungen. Damit ist es möglich, das Stabilitätsverhalten der zu analysierenden Differenzen– oder Differentialgleichungen für verschwindende Eingangsgrößen zu untersuchen. In unserem Fall kann man mit diesem Verfahren die hinreichenden Bedingungen für die gleichmäßige, asymptotische Stabilität des Kalman–Filters ermitteln. Aus dieser Stabilitätseigenschaft ergibt sich im Zusammenhang mit der Linearität des Filters dann auch die BIBO–Stabilität (Bounded input–bounded output stability). Bevor wir jedoch weiter fortfahren, soll ein kurzer Überblick über verschiedene Stabilitätsformen und deren Bedeutung vermittelt werden. Da wir an dieser Stelle nur an den Stabilitätseigenschaften des zeitdiskreten Kalman–Filteralgorithmus interessiert sind, werden wir die Stabilitätseigenschaften nur für zeitdiskrete Systeme betrachten.

5.7.1 Stabilitätsformen und deren Bedeutung

Voraussetzung für die Betrachtung des Stabilitätsverhaltens des Lösungsvektors einer Differenzen– oder Differentialgleichung ist die Einführung eines Gleichgewichtszustandes $\underline{x}_e$, der nicht notwendigerweise gleich dem Nullvektor sein muß. Weiterhin benötigt man ein Abstandsmaß von Vektoren und eine Vektornorm. Wir verwenden als Norm eines Vektors in diesem Unterpunkt die Euklidische Norm:

$$\|\underline{x}\| = \left[\sum_{i=1}^{n} x_i^2\right]^{1/2} = [\underline{x}^T \cdot \underline{x}]^{1/2} \tag{5.291}$$

Wir merken an, daß im Gegensatz zur Definition der Vektornorm bei Zufallsvariablen hier die rein deterministische Euklidische Norm verwendet wird. Dies ist auch unmittelbar einsehbar, da Stabilitätseigenschaften eines Algorithmus eine deterministische Eigenschaft sind, selbst wenn man Algorithmen betrachtet, die einen Zusammenhang zwischen Zufallsvariablen herstellen.

Der zeitdiskrete Zustandsvektor werde dann in seinem Verhalten von der homogenen, lokalen Zustandsübergangsfunktion beschrieben:

$$\underline{x}(k+1) = \underline{f}(\underline{x}(k),k+1) \tag{5.292a}$$

oder, völlig äquivalent, von der homogenen globalen Zustandsübergangsfunktion:

$$\underline{x}(k+1) = \underline{\phi}(\underline{x}(k_0),k+1) \tag{5.292b}$$

wobei $\underline{x}(k_0)$ einen beliebigen Ausgangszustand darstellt. Man beachte, daß die Eingangsgröße $\underline{u}(k)$ in den Übergangsfunktionen nicht mehr auftritt, da die homogenen Übergangsfunktionen betrachtet werden.
Wir nennen nun den Vektor $\underline{x}_e$ einen Gleichgewichtszustand, wenn folgende Bedingung

erfüllt ist:

$$\underline{x}_e = \underline{x}(k) \text{ für alle } k \tag{5.293}$$

a) Stabilität

Wir bezeichnen den Gleichgewichtszustand $\underline{x}_e$ als stabil, wenn für einen beliebigen Anfangszeitpunkt k_0 und eine Schwelle $\epsilon>0$ eine Schranke $\delta(\epsilon,k_0)$ so existiert, daß gilt:

$$\|\underline{x}(k_0) - \underline{x}_e\| < \delta \longrightarrow \|\underline{x}(k) - \underline{x}_e\| < \epsilon \tag{5.294}$$

für alle $k > k_0$.

Dies bedeutet, ein System heißt stabil, wenn für jede gegebene Maximalabweichung ϵ der Zustandstrajektorie durch eine hinreichend kleine Anfangsabweichung des Zustandsvektors von der Gleichgewichtslage dafür gesorgt werden kann, daß sich der Zustandsvektor für beliebige, spätere Zeitpunkte nicht mehr als um den Betrag ϵ vom Gleichgewichtszustand entfernt. Mit anderen Worten bedeutet dies, daß die Abweichung des Zustandsvektors von der Gleichgewichtslage klein bleibt, wenn die Anfangsabweichung von der Gleichgewichtslage nur hinreichend klein gewählt wird.

b) Asymptotische Stabilität

Der Gleichgewichtszustand $\underline{x}_e$ wird asymptotisch stabil genannt, wenn er stabil ist und die folgende Zusatzbedingung erfüllt ist: Für einen beliebigen Startzeitpunkt k_0 kann eine Schranke $\delta_1(k_0)$ gefunden werden, daß gilt:

$$\|\underline{x}(k_0) - \underline{x}_e\| < \delta_1 \longrightarrow \lim_{k \to \infty} \|\underline{x}(k) - \underline{x}_e\| = 0 \tag{5.295}$$

Diese Bedingung sagt aus, daß für jeden beliebigen Startzeitpunkt durch eine geeignet klein gewählte Abweichung des Ausgangsvektors von der Gleichgewichtslage dafür gesorgt werden kann, daß der Zustandsvektor in diese Gleichgewichtslage zurückkehrt.

Die beiden vorangegangenen Stabilitätsbegriffe sagen eigentlich nur aus, daß durch eine geeignet kleine Wahl der Anfangsauslenkung des Zustandsvektors immer dafür gesorgt werden kann, daß der Zustandsvektor sich nicht beliebig von der Gleichgewichtslage entfernt (Stabilität) oder in diese Lage wieder zurückkehrt (asymptotische Stabilität).

c) Gleichmäßige Stabilität

Bei zeitvarianten Systemen hängen die zulässigen Anfangsauslenkungen im allgemeinen noch vom Zeitpunkt k_0 der Anfangsauslenkung ab. Ein sehr bedeutsamer Spezialfall beider Definitionen ist dadurch gekennzeichnet, daß die zulässigen Anfangsauslenkungen aus der Gleichgewichtslage nicht von k_0 abhängen, man spricht dann von gleichmäßiger Stabilität, bzw. von gleichmäßig asymptotischer Stabilität. Im zeitinvarianten Spezialfall sind alle Stabilitätsformen gleichmäßige Stabilitätsformen.

d) Beschränktheit (Boundedness)

Im Gegensatz zur Stabilität sagt die Beschränktheit aus, daß unabhängig davon, wie groß die Anfangsauslenkung δ gewählt wurde, stets eine Abstandsschranke $\epsilon(\delta_{k_0}, k_0)$ gefunden werden kann, die den Abstand der Zustandsvektoren von der Gleichgewichtslage $\underline{x}_e$ nach oben begrenzt. Das heißt:

$$\|\underline{x}(k_0) - \underline{x}_e\| < \delta \longrightarrow \|\underline{x}(k) - \underline{x}_e\| < \epsilon(\delta_{k_0}, k_0) \tag{5.296}$$

Man vergleiche hier noch einmal mit Gl. 5.294, welche Schranke als Funktion welcher Schranke auftritt. Es ist völlig selbstverständlich, daß auch die Beschränktheit gleichmäßig sein kann, wenn die Schwelle ϵ keine Funktion des Startzeitpunktes k_0 ist.

e) Globale, asymptotische Stabilität

Die globale, asymptotische Stabilität ergibt sich aus der asymptotischen Stabilität unter der Zusatzbedingung, daß die Anfangsauslenkung beliebig groß gewählt werden kann. Die gleichmäßige, globale, asymptotische Stabilität ergibt sich aus der gleichmäßigen Stabilität in Verbindung mit der gleichmäßigen Beschränktheit und unter der Zusatzbedingung, daß die Anfangsauslenkung unabhängig von k_0 beliebig groß gewählt werden kann.

5.7.2 Stabilitätsbedingungen für zeitvariante Systeme

Stabilitätsuntersuchungen von zeitvarianten, homogenen Systemen basieren hauptsächlich auf der Lyapunov–Theorie, nach der es genügt, die Existenz einer skalaren Abbildung des Zustandsvektors in Form einer sogenannten Lyapunov–Funktion $W(\underline{x}(k),k)$ nachzuweisen. Aus der Existenz dieser Funktion und ihren Eigenschaften ergeben sich dann die hinreichenden Bedingungen für die verschiedenen Stabilitätsformen. Anstelle einer detaillierten Darstellung und Ableitung der Theorie der Lyapunov–Funktionen soll hier nur die prinzipielle Vorgehensweise kurz skizziert werden. Zunächst muß bei Stabilitätsuntersuchungen eine skalare Abbildungsfunktion des Zustandsvektors gefunden werden, die die gewünschten Eigenschaften besitzt, die eine Stabilitätsaussage erlauben. Derartige Funktionen werden dann Lyapunov–Funktionen genannt.

5.7.3 Stabilitätsuntersuchung des Kalman–Filters

Für die Stabilitätsuntersuchung des Kalman–Filters wird das Verhalten der homogenen Estimationsgleichung betrachtet. Aus Gleichung 5.252 folgt durch Einsetzen von Gl. 5.90a:

$$\hat{\underline{x}}^{+}(k+1) = [I - K(k+1)\cdot C(k+1)]\cdot A(k)\cdot \hat{\underline{x}}^{+}(k)$$

$$+ [I - K(k+1)\cdot C(k+1)]\cdot \underline{u}(k) + K(k+1)\cdot \underline{y}(k+1) \qquad (5.297)$$

Der homogene Teil dieser Gleichung ergibt sich durch Nullsetzen der Eingangsgrößen:

$$\hat{\underline{x}}_h^{+}(k+1) = [I - K(k+1)\cdot C(k+1)]\cdot A(k)\cdot \hat{\underline{x}}_h^{+}(k) \qquad (5.298)$$

Es wird nun das Stabilitätsverhalten dieser Gleichung betrachtet. Die globale, gleichmäßige, asymptotische Stabilität dieser Gleichung würde zum Beispiel bedeuten, daß folgender Sachverhalt gilt:

$$\|\hat{\underline{x}}_h^{+}(k_0)\| < \delta_1 \longrightarrow \lim_{k\to\infty} \|\hat{\underline{x}}_h^{+}(k)\| = 0 \qquad (5.299)$$

für beliebige δ_1. Dies bedeutet, daß die 'Länge' des homogenen Schätzvektors für große k gegen Null strebt, wenn man das Kalman–Filter von einem gewissen Zeitpunkt k_0 an sich selbst überläßt, und zwar unabhängig davon, in welchem Zustand sich das Kalman–Filter zum Zeitpunkt k_0 befunden hat. Die Konvergenz gegen Null hängt auch nicht vom Zeitpunkt k_0 ab (gleichmäßige Konvergenz). Man kann nun zeigen, z.B. in /33/, daß die Funktion :

$$W(\hat{\underline{x}}_h^{+}(k),k) = \hat{\underline{x}}_h^{+}(k)^T\cdot P^{+}(k)^{-1}\cdot \hat{\underline{x}}_h^{+}(k) \qquad (5.300)$$

eine geeignete Funktion zur Untersuchung des Stabilitätsverhaltens von Gl. 5.298 ist, wobei $P^{+}(k)$ die im Kalman–Filter berechnete Fehlerkovarianzmatrix ist. Dazu muß unter anderem gezeigt werden, daß $P^{+}(k)^{-1}$ unter gewissen Bedingungen nach oben und unten begrenzt ist. Bei dieser Untersuchung spielen auch die im vorangegangenen Unterpunkt betrachteten Zusammenhänge zwischen der inversen Kovarianzmatrix und der

Fisher'schen Informationsmatrix eine wichtige Rolle. Die Analyse, unter welchen Bedingungen die inverse Kovarianzmatrix begrenzt ist, ergibt folgende zwei, zusammengenommen, hinreichende Bedingungen in zeitdiskreter Schreibweise:

$$\alpha \cdot I \leq \sum_{j=i-N+1}^{i} \phi(i,j) \cdot G(j-1) \cdot Q(j-1) \cdot G(j-1)^T \cdot \phi(i,j)^T \leq \beta \cdot I \qquad (5.301)$$

Eine Prozeßdarstellung, die diese Bedingung erfüllt, nennt man stochastisch steuerbar. Die stochastische Steuerbarkeit sagt nichts anderes aus, als daß die Stärke des Prozeßrauschens endlich, aber größer als Null sein muß. Die stochastische Steuerbarkeit nach Gleichung 5.301 besitzt eine große Ähnlichkeit mit der vollständigen Steuerbarkeit nach Kapitel 2, wie man sofort erkennt, wenn man Gl. 2.261 auf Summenform bringt. Sinngemäß geht Gleichung 5.301 in Gl. 2.261 über, wenn die Matrix G durch die Steuermatrix B und die Kovarianzmatrix Q durch die Einheitsmatrix I ersetzt wird. Für die vollständige Steuerbarkeit muß der Rang der so gegebenen Steuerbarkeitsmatrix gleich n sein. Für die stochastische Steuerbarkeit muß die stochastische Steuerbarkeitsmatrix den Rang n besitzen und zusätzlich nach oben und nach unten beschränkt sein. Damit ist die stochastische Steuerbarkeit eine strengere Bedingung als die vollständige Steuerbarkeit. Mit anderen Worten formuliert heißt dies auch, daß ein stochastisches Modell in Bezug auf die stochastischen Eingangsgrößen $\underline{w}(k)$ zumindest vollständig steuerbar sein muß, um stochastisch steuerbar sein zu können.

Die zweite Bedingung lautet:

$$\alpha \cdot I \leq \sum_{j=i-N+1}^{i} \phi(j,i)^T \cdot C(j)^T \cdot R(j)^{-1} \cdot C(j) \cdot \phi(j,i) \leq \beta \cdot I \qquad (5.302)$$

Eine Prozeßmodellierung, die diese Bedingung erfüllt, heißt stochastisch beobachtbar.

Gleichung 5.302 ist identisch mit der Fisher'schen Informationsmatrix nach Gl. 5.287, die stochastische Beobachtbarkeit ist also gleichbedeutend mit der Endlichkeit der Fisher'schen Informationsmatrix. Die stochastische Beobachtbarkeit ist nicht gegeben, wenn R(k) gegen Unendlich strebt, also die zur Verfügung stehenden Meßwerte unendlich stark gestört sind. Dies ist unmittelbar einsichtig, da aus unendlich stark gestörten Meßwerten sicherlich keinerlei sinnvolle Information über einen gesuchten Systemzustand gewonnen werden kann. Ebenso ist aber die stochastische Beobachtbarkeit verletzt, wenn die zur Verfügung stehenden Meßwerte überhaupt nicht gestört, also beliebig genau sind. Auch die stochastische Beobachtbarkeit ist eng mit der vollständigen Beobachtbarkeit nach Kapitel 2 verknüpft, wie man durch einen Vergleich von Gl. 5.302 mit Gl. 2.233 sofort einsieht. Allerdings ist auch die stochastische Beobachtbarkeit wieder eine strengere Form der vollständigen Beobachtbarkeit, so daß ein System im Hinblick auf die gestörten Meßgrößen zumindest vollständig beobachtbar sein muß, um stochastisch beobachtbar sein zu können. Wie schon in Kapitel 2 bemerkt, existiert auch hier eine große Ähnlichkeit zwischen der stochastischen Beobachtbarkeit und der stochastischen Steuerbarkeit. Beide Begriffe können über die Betrachtung dualer zeitvarianter Zustandsraummodelle ineinander übergeführt werden. Wenn ein System stochastisch beobachtbar ist, dann ist das duale System stochastisch erreichbar. Für die Zusammenhänge und Unterschiede zwischen der Erreichbarkeit und der Steuerbarkeit verweisen wir auf Kapitel 2.

Es kann nun gezeigt werden, z.B. /33/, daß die stochastische Beobachtbarkeit und die gleichzeitige stochastische Steuerbarkeit einer stochastischen Modellierung hinreichend für die globale, gleichmäßige, asymptotische Stabilität eines auf dieser Modellierung beruhenden Kalman–Filters sind.

Diese Tatsache hat die wichtige Konsequenz, daß die Stabilität des dem Kalman–Filter zugrundeliegenden Systemmodells keine Voraussetzung für die Stabilität des Kalman–Filters ist. Damit ist das Kalman–Filter auch dann stabil, wenn das zugrundeliegende stochastische Modell instabil, aber stochastisch beobachtbar und stochastisch steuerbar ist.

5.7.4 Sonderfälle der Stabilität – Fehlerfreie Messungen ($R(k) \equiv 0$)

Stochastische Modelle, bei denen entweder ungestörte Messungen des Systemzustandes möglich sind ($R(k) \equiv 0$) oder bei denen keine stochastischen Eingangsgrößen vorhanden sind ($Q(k) \equiv 0$), erfüllen nach Gl. 5.302 nicht die hinreichenden Bedingungen für eine asymptotische, globale und gleichmäßige Stabilität des auf dieser Modellierung beruhenden Kalman–Filters. Fehlerfreie Messungen können in der Praxis immer in solchen Fällen angenommen werden, wenn die in den Messungen enthaltenen Störungen sehr klein gegenüber den stochastischen Eingangsgrößen des Systems sind. Ein anderer Fall liegt auch dann vor, wenn die vorhandenen Störungen zeitlich korreliert, also farbig sind und aus diesem Grunde durch Formfilter im Zustandsraum, die mit weißem, gaußverteiltem Rauschen gespeist werden, mitmodelliert werden (vgl. hierzu Kapitel 4).

Der Fall $R(k) \equiv 0$ bedeutet jedoch nicht, daß das entsprechende Kalman–Filter automatisch instabil sein muß, da ja nur die hinreichenden Bedingungen nicht erfüllt sind. Andererseits deutet die Nichterfüllung der hinreichenden Bedingung auf mögliche Schwierigkeiten theoretischer oder praktischer Art hin, die sich aus den fehlenden Stabilitätsvoraussetzungen ergeben können. Betrachtet man zum Beispiel den Fall $R(k) \equiv 0$ und $Q(k) \neq 0$, fällt sofort auf, daß die Formulierung des Kalman–Filters in inverser Kovarianzformulierung auf Schwierigkeiten stößt. Gl. 5.255, die sich auch als ursprüngliche Formulierung bei der Ableitung des Kalman–Filters über die Berechnung der bedingten Verteilungsdichtefunktionen ergab, setzt im Prinzip die Existenz der Inversen $R(k)^{-1}$ voraus, eine Existenz, die nicht gegeben ist, wenn $R(k) \equiv 0$ ist. Auch die Berechnung des Kalman–Gains bei der inversen Kovarianzformulierung nach Gl. 5.266 funktioniert wegen der Nichtexistenz von $R(k)^{-1}$ nicht – andererseits fällt auf, daß die Kalman–Gainmatrix bei der inversen Kovarianzformulierung eine relativ unbedeutende Rolle spielt. Weiterhin ist die gesamte Ableitung des Kalman–Filters über die Berechnung der gaußförmigen bedingten Verteilungsdichtefunktionen in dieser Form mit $R(k) \equiv 0$ nicht möglich, da an verschiedenen Stellen die Invertierbarkeit von $R(k)$ vorausgesetzt wurde. Dies war zum Beispiel bei der Formulierung der bedingten Verteilungsdichtefunktion der Messung $\underline{y}(k)$, bedingt auf die Realisationen des Zustandsvektors $\underline{x}(k)$ und der zurückliegenden Meßwertgeschichte $\underline{Y}(k-1)$ nach Gl. 5.44b der Fall und auch bei der Formulierung der resultierenden bedingten Verteilungsdichtefunktion des Zustandes $\underline{x}(k)$, bedingt auf die Meßwertgeschichte $\underline{Y}(k)$ nach Gl. 5.51b. Weiterhin wurde bei der dann folgenden Umformung explizit von der Existenz der Inversen $R(k)^{-1}$ Gebrauch gemacht. Aus der Nichtexistenz der Inversen folgt andererseits nicht notwendigerweise, daß das Kalman–Filter nicht existiert, sondern eigentlich nur, daß die gewählte Ableitung unter dieser Voraussetzung nicht möglich ist, daß das Endergebnis aber dennoch Gültigkeit besitzen kann. Eine Möglichkeit der Ableitung des Kalman–Filters mit Hilfe der bedingten gaußförmigen Verteilungsdichten für den Fall $R(k) \equiv 0$ verwendet anstelle der nicht existierenden bedingten Verteilungsdichtefunktionen die entsprechenden charakteristischen Funktionen, die auch für $R(k) \equiv 0$ definiert sind. Eine andere Möglichkeit besteht darin, zunächst die gesamten Ableitungen mit dem Ansatz $R(k) = \epsilon \cdot I$, $\epsilon \neq 0$ durchzuführen und erst in den endgültigen Algorithmen den Grenzübergang $\epsilon \to 0$ zu betrachten. Weiterhin soll an dieser Stelle angemerkt werden, daß die Ableitung des Kalman–Filters mit der Methode orthogonaler Projektionen oder über den Innovationsansatz diese Schwierigkeiten zwar nicht vollständig, aber weitgehend umgeht. Dies ist eine Tatsache, die nahelegt, daß die Existenz der Inversen $R(k)^{-1}$ keine notwendige Bedingung für ein stabiles Kalman–Filter ist. Wir wollen nun jedoch die Zusatzbedingungen, die für ein stabiles Arbeiten eines

Kalman–Filters im Fall $R(k)\equiv 0$ erfüllt sein müssen, etwas eingehender betrachten. Aus Gleichung 5.92a, 5.94 und Gl. 5.95 ergibt sich unter der Annahme $R(k)=\epsilon\cdot I$ für den Schätzwert $\hat{\underline{x}}^{+}(k+1)$ in Zufallsvariablenschreibweise und für dessen Fehlerkovarianzmatrix $P^{+}(k+1)$:

$$\begin{aligned}\hat{\underline{x}}^{+}(k+1) &= \hat{\underline{x}}^{-}(k+1)\\ &\quad + P^{-}(k+1)\cdot C(k+1)^{T}\cdot [C(k+1)\cdot P^{-}(k+1)\cdot C(k+1)^{T} + \epsilon\cdot I]^{-1}\cdot \underline{r}(k+1)\end{aligned} \tag{5.303a}$$

und

$$\begin{aligned}P^{+}(k+1) &= P^{-}(k+1) - P^{-}(k+1)\cdot C(k+1)^{T}\\ &\quad \cdot [C(k+1)\cdot P^{-}(k+1)\cdot C(k+1)^{T} + \epsilon\cdot I]^{-1}\cdot C(k+1)\cdot P^{-}(k+1)\end{aligned} \tag{5.303b}$$

Läßt man nun ϵ gegen Null streben und betrachtet den sich ergebenden Grenzwert, erhält man aus diesen beiden Gleichungen:

$$\hat{\underline{x}}^{+}(k+1) = \hat{\underline{x}}^{-}(k+1) + P^{-}(k+1)\cdot C(k+1)^{T}\cdot [C(k+1)\cdot P^{-}(k+1)\cdot C(k+1)^{T}]^{-1}\cdot \underline{r}(k+1) \tag{5.304a}$$

und

$$\begin{aligned}P^{+}(k+1) &= P^{-}(k+1)\\ &\quad - P^{-}(k+1)\cdot C(k+1)^{T}\cdot [C(k+1)\cdot P^{-}(k+1)\cdot C(k+1)^{T}]^{-1}\cdot C(k+1)\cdot P^{-}(k+1)\end{aligned} \tag{5.304b}$$

Zur Lösbarkeit dieser Gleichungen muß nur die Existenz der Inversen der Matrix $[C(k+1)\cdot P^{-}(k+1)\cdot C(k+1)^{T}]$ vorausgesetzt werden. Es handelt sich um eine Matrix der Dimension $[m\times m]$, die invertierbar ist, wenn sie den Rang m besitzt. Wenn $P^{-}(k+1)$ positiv definit (und vom Rang n) ist, und $C(k+1)$ n linear unabhängige Spaltenvektoren der Dimension $[m\times 1]$ besitzt, dann ist die Matrix $C(k+1)\cdot P^{-}(k+1)\cdot C(k+1)^{T}$ eine positiv definite $[m\times m]$–Matrix, die invertierbar ist. Im Falle $R(k)\equiv 0$ müssen als Zusatzbedingungen:

1.) $P^{-}(k)$ ist positiv definit und
2.) $C(k+1)$ enthält n linear unabhängige Spaltenvektoren

gefordert werden. Die Positivdefinitheit von $P^{-}(k)$ ist aber beispielsweise nicht gegeben, wenn $Q(k)$ gleichzeitig gleich 0 ist, also das System zusätzlich stochastisch nicht steuerbar ist. Betrachtet man nun aber $P^-(k+1)$ nach Gleichung 5.91a, so genügt die Forderung: $\mathrm{rang}(G(k)\cdot Q(k)\cdot G(k)^T) = n$ vollständig, um die Positivdefinitheit von $P^-(k+1)$ zu sichern. Damit ist die stochastische Steuerbarkeit des Systems hinreichend für die Positivdefinitheit der Matrix $P^-(k+1)$ für alle Zeitpunkte.

Wir betrachten nun das Verhalten des Kalman-Filters für den Fall $R(k)\equiv 0$, $G(k)\cdot Q(k)\cdot G(k)^T \neq 0$ und $\mathrm{rang}(G(k)\cdot Q(k)\cdot G(k)^T) = n$. Ferner möge $C(k)$ für alle Zeitpunkte n linear unabhängige Spaltenvektoren enthalten. Wir führen nun eine Abbildung des Schätzvektors $\hat{\underline{x}}^+(k+1)$ ein mit:

$$\hat{\underline{y}}^+(k+1) = C(k+1)\cdot \hat{\underline{x}}^+(k+1) \tag{5.305}$$

Durch Einsetzen von Gl. 5.304a in Gl. 5.305 erhalten wir aber sofort:

$$\begin{aligned}\hat{\underline{y}}^+(k+1) &= C(k+1)\cdot \hat{\underline{x}}^-(k+1) + \underline{r}(k+1)\\ &= C(k+1)\cdot \hat{\underline{x}}^-(k+1) + \underline{y}(k+1) - C(k+1)\cdot \hat{\underline{x}}^-(k+1) = \underline{y}(k+1)\end{aligned} \tag{5.306}$$

Dies bedeutet, daß der transformierte Schätzwert $\hat{\underline{y}}^+(k+1)$ gar nicht berechnet zu werden braucht, sondern identisch mit den fehlerfrei gewonnenen Meßwerten ist. Betrachtet man die Fehlerkovarianz dieser Schätzung, so erhält man:

$$\begin{aligned}P_y^+(k+1) &= E\{C(k+1)\cdot [\underline{x}(k+1) - \hat{\underline{x}}^+(k+1)]\cdot [\underline{x}(k+1) - \hat{\underline{x}}^+(k+1)]^T\cdot C(k+1)^T\}\\ &= C(k+1)\cdot P^+(k+1)\cdot C(k+1)^T\\ &= C(k+1)\cdot P^-(k+1)\cdot C(k+1)^T - C(k+1)\cdot P^-(k+1)\cdot C(k+1)^T\\ &\quad\cdot [C(k+1)\cdot P^-(k+1)\cdot C(k+1)^T]^{-1}\cdot C(k+1)\cdot P^-(k+1)\cdot C(k+1)^T = 0\end{aligned} \tag{5.307}$$

Bei dieser Umformung wurde Gl. 5.304b verwendet. Es ist damit also möglich, den Zustand $C(k+1)\cdot \underline{x}(k+1)$ fehlerfrei zu schätzen, indem die Messungen direkt verwendet werden. Damit ist zu vermuten, da ja der transformierte Zustandsvektor $C(k+1)\cdot \underline{x}(k+1)$ mit m Komponenten fehlerfrei ohne jeglichen Berechnungsaufwand geschätzt werden kann, daß das verbleibende Kalman–Filter nur noch n–m Komponenten des Zustandsvektors $\underline{x}(k+1)$ schätzen muß. Um diese Tatsache zu verifizieren, betrachten wir eine weitere Abbildung des Zustandsvektors $\underline{x}(k+1)$, die, im Gegensatz zu Gl. 5.305, invertierbar sein soll, mit:

$$\underline{x}^*(k+1) = T(k+1)\cdot \underline{x}(k+1) \tag{5.308}$$

Für den transformierten Zustandsvektor $\underline{x}^*(k+1)$ erhalten wir dann mit den Erkenntnissen für lineare, äquivalente Systeme nach Kapitel 2 das folgende Zustandsraummodell:

$$\underline{x}^*(k+1) = A^*(k)\cdot \underline{x}^*(k) + T(k+1)\cdot \underline{u}(k) + G^*(k)\cdot \underline{w}(k) \tag{5.309a}$$

und

$$\underline{y}(k) = C^*(k)\cdot \underline{x}^*(k) \tag{5.309b}$$

wobei für die transformierten Matrizen gilt:

$$A^*(k) = T(k+1)\cdot A(k)\cdot T(k+1)^{-1} \tag{5.310}$$

$$G^*(k) = T(k+1)\cdot G(k) \tag{5.310b}$$

$$C^*(k) = C(k)\cdot T(k)^{-1} \tag{5.310c}$$

Die Transformationsmatrix $T(k+1)$ soll nun folgendermaßen gewählt werden:

$$T(k+1) = \begin{bmatrix} C(k+1) \\ \hline J(k+1) \end{bmatrix} \tag{5.311}$$

Hierbei ist $J(k+1)$ eine in weiten Grenzen frei wählbare $[(n-m)\times n]$–Matrix, die jedoch sicherstellen muß, daß die Gesamtmatrix $T(k+1)$ invertierbar ist. Der transformierte Vektor $\underline{x}^*(k+1)$ ergibt sich für diese Wahl von $T(k+1)$ zu:

$$\underline{x}^*(k+1) = \begin{bmatrix} C(k+1)\cdot \underline{x}(k+1) \\ \hline J(k+1)\cdot \underline{x}(k+1) \end{bmatrix} = \begin{bmatrix} \underline{y}(k+1) \\ \hline \underline{z}(k+1) \end{bmatrix} \tag{5.312}$$

Die ersten m Komponenten des Zustandsvektors bestehen damit aus dem Meßvektor, brauchen also nicht geschätzt zu werden.

Wir betrachten zunächst die Schätzwertgleichungen und möchten zeigen, daß nur n–m Komponenten des Schätzwertvektors $\hat{\underline{x}}^{*+}(k)$ berechnet werden müssen, da die restlichen m Komponenten fehlerfrei ohne Rechnung bestimmt werden können. Dazu betrachten wir zunächst die transformierte Beobachtungsmatrix $C^*(k+1)$. Aus Gl. 5.309b folgt mit Gl. 5.312:

$$\underline{y}(k) = C^*(k)\cdot\left[\frac{\underline{y}(k)}{\underline{z}(k)}\right] \tag{5.313}$$

Damit identifizieren wir die transformierte Beobachtungsmatrix $C^*(k)$ zu:

$$C^*(k) = C(k)\cdot T^{-1}(k) = [I \mid 0] \tag{5.314}$$

Wir formulieren nun das sich für den transformierten Zustandsvektor $\underline{x}^*(k)$ ergebende Kalman–Filter. Wir betrachten zunächst die Berechnungsvorschrift zur Bestimmung der Kalman–Gainmatrix für das entsprechende Kalman–Filter. Aus Gl. 5.94 ergibt sich mit $R(k) = 0$:

$$K(k+1)^* = P^{*-}(k+1)\cdot C^*(k+1)^T\cdot [C^*(k+1)\cdot P^{*-}(k+1)\cdot C^*(k+1)^T]^{-1} \tag{5.315}$$

Wir verwenden nun für die Prädiktionsfehlerkovarianzmatrix $P^{*-}(k+1)$ einen Partitionierungsansatz und schreiben:

$$P^{*-}(k+1)=\left[\begin{array}{c|c} P^{*-}_{yy}(k+1) & P^{*-}_{yz}(k+1) \\ \hline P^{*-}_{zy}(k+1) & P^{*-}_{zz}(k+1)\end{array}\right] \tag{5.316}$$

wobei die Teilmatrizen die Fehlerkovarianzmatrizen der Teilvektoren des Prädiktionsschätzwertes, bzw. die entsprechenden Kreuzkovarianzmatrizen sind. Mit Gl. 5.316 und Gl. 5.314 können wir nun die in Gl. 5.315 auftretenden Teilausdrücke vereinfachen. Wir schreiben:

$$P^{*-}(k+1)\cdot C^*(k+1)^T = \left[\frac{P^{*-}_{yy}(k+1)}{P^{*-}_{zy}(k+1)}\right] \tag{5.317}$$

und

$$C^*(k+1) \cdot P^{*-}(k+1) \cdot C^*(k+1)^T = P_{yy}^{*-}(k+1) \tag{5.318}$$

Wenn wir nun die Invertierbarkeit von $P_{yy}^{*-}(k)$ voraussetzen, die, wie zuvor untersucht, gegeben ist, wenn das System stochastisch steuerbar ist, und die Beobachtungsmatrix C(k) n linear unabhängige Spaltenvektoren besitzt, können wir für die Kalman–Gainmatrix durch Einsetzen von Gl. 5.317 und Gl. 5.318 in Gl. 5.315 schreiben:

$$K^*(k+1) = \left[\frac{I}{P_{zy}^{*-}(k+1) \cdot P_{yy}^{*-}(k+1)^{-1}}\right] = \left[\frac{I}{K_z^*(k+1)}\right] \tag{5.319}$$

Die Berechnung des Filterschätzvektors nach Gl. 5.309a liefert dann das folgende Ergebnis:

$$\hat{\underline{x}}^{*+}(k+1) = [I - K^*(k+1) \cdot C^*(k+1)] \cdot \hat{\underline{x}}^{*-}(k+1) + K^*(k+1) \cdot \underline{y}(k+1) \tag{5.320}$$

Mit dem Partitionierungsansatz:

$$\hat{\underline{x}}^{*+}(k+1) = \left[\frac{\hat{\underline{y}}^+(k+1)}{\hat{\underline{z}}^+(k+1)}\right] \quad ; \quad \hat{\underline{x}}^{*-}(k+1) = \left[\frac{\hat{\underline{y}}^-(k+1)}{\hat{\underline{z}}^-(k+1)}\right] \tag{5.321}$$

erhalten wir aus Gl. 5.320:

$$\left[\frac{\hat{\underline{y}}^+(k+1)}{\hat{\underline{z}}^+(k+1)}\right] = \left[\begin{array}{c|c} 0 & 0 \\ \hline -K_z^*(k+1) & I \end{array}\right] \cdot \left[\frac{\hat{\underline{y}}^-(k+1)}{\hat{\underline{z}}^-(k+1)}\right] + \left[\frac{I}{K_z^*(k+1)}\right] \cdot \underline{y}(k+1) \tag{5.322a}$$

Gleichung 5.322a läßt sich in zwei einzelne vektorielle Schätzvektorgleichungen umschreiben:

$$\hat{\underline{y}}^+(k+1) = \underline{y}(k+1) \tag{5.322b}$$

und

$$\hat{\underline{z}}^+(k+1) = \hat{\underline{z}}^-(k+1) + K_z^*(k+1) \cdot [\underline{y}(k+1) - \hat{\underline{y}}^-(k+1)] \tag{5.322c}$$

mit:

$$K_z^*(k+1) = P_{zy}^{*-}(k+1) \cdot P_{yy}^{*-}(k+1)^{-1} \tag{5.322d}$$

Für die Fehlerkovarianzmatrix der Schätzung schreiben wir mit Gl. 5.95:

$$P^{*+}(k+1) = [I - K^{*}(k+1)\cdot C^{*}(k+1)]\cdot P^{*-}(k+1)$$

$$= \left[\begin{array}{c|c} 0 & 0 \\ \hline -P^{*-}_{zy}(k+1)\cdot P^{*-}_{yy}(k+1)^{-1} & I \end{array}\right] \cdot \left[\begin{array}{c|c} P^{*-}_{yy}(k+1) & P^{*-}_{yz}(k+1) \\ \hline P^{*-}_{zy}(k+1) & P^{*-}_{zz}(k+1) \end{array}\right]$$

$$= \left[\begin{array}{c|c} 0 & 0 \\ \hline 0 & P^{*-}_{zz}(k+1) - P^{*-}_{zy}(k+1)\cdot P^{*-}_{yy}(k+1)^{-1}\cdot P^{*-}_{yz}(k+1) \end{array}\right] \tag{5.323a}$$

$$= \left[\begin{array}{c|c} 0 & 0 \\ \hline 0 & P^{*-}_{zz}(k+1) - K^{*}_{z}(k+1)\cdot P^{*-}_{yz}(k+1) \end{array}\right] \tag{5.323b}$$

Damit ergeben sich die folgenden vier Bestimmungsgleichungen für die Fehlerkovarianzmatrizen:

$$P^{*+}_{yy}(k+1) = 0 \tag{5.324a}$$

$$P^{*+}_{zy}(k+1) = 0 = P^{*+}_{yz}(k+1)^{T} \tag{5.324b}$$

$$P^{*+}_{zz}(k+1) = P^{*-}_{zz}(k+1) - K^{*}_{z}(k+1)\cdot P^{*-}_{yz}(k+1) \tag{5.324c}$$

Damit ist es, wie schon zuvor angedeutet, möglich, m Komponenten des transformierten Zustandsvektors direkt ohne Berechnungsaufwand fehlerfrei zu bestimmen, indem einfach die vorliegenden m Meßwerte als Schätzwerte verwendet werden. Der verbleibende Estimationszyklus besteht aus den Gl. 5.322c und 5.322d sowie Gl. 5.324c. Die Gleichungen 5.322b, 5.324a und 5.324b reduzieren sich zu einfachen Wertzuweisungen. Man erkennt hier sofort die mögliche Reduzierung des Berechnungsaufwandes durch die Einführung des transformierten Zustandsvektors $\underline{\hat{x}}^{*+}(k)$. Ebenso spürbar ist die Aufwandsreduzierung bei der Berechnung der Kalman–Gainmatrix $K^{*}_{z}(k)$, für die nur noch eine $[m\times m]$–Matrixinversion und eine Matrixmultiplikation benötigt wird.

Bei der Berechnung des Prädiktionsschätzwertes ergibt sich keine unmittelbare Aufwandreduzierung, da die Prädiktionsschätzwerte für beide Teilvektoren, die in Gl. 5.322c benötigt werden, berechnet werden müssen. Für den Prädiktionsschätzwert schreiben wir mit Gl. 5.90a unter Berücksichtigung von Gl 5.321:

$$\underline{\hat{x}}^{*-}(k+1) = \left[\frac{\underline{\hat{y}}^{-}(k+1)}{\underline{\hat{z}}^{-}(k+1)}\right] = A^{*}(k)\cdot \underline{\hat{x}}^{*+}(k) + T(k+1)\cdot \underline{u}(k)$$

$$= A^{*}(k)\cdot \left[\frac{\underline{\hat{y}}^{+}(k)}{\underline{\hat{z}}^{+}(k)}\right] + \left[\frac{C(k+1)\cdot \underline{u}(k)}{J(k+1)\cdot \underline{u}(k)}\right] \qquad (5.325)$$

Für die Fehlerkovarianzmatrix $P^{*-}(k+1)$ erhalten wir aus Gl. 5.91a unter Berücksichtigung von Gl. 5.316:

$$P^{*-}(k+1) = \left[\begin{array}{c|c} P^{*-}_{yy}(k+1) & P^{*-}_{yz}(k+1) \\ \hline P^{*-}_{zy}(k+1) & P^{*-}_{zz}(k+1) \end{array}\right] = A^{*}(k)\cdot \left[\begin{array}{c|c} 0 & 0 \\ \hline 0 & P^{*+}_{zz}(k) \end{array}\right]\cdot A^{*}(k)^{T}$$

$$+ G^{*}(k)\cdot Q(k)\cdot G^{*}(k)^{T} \qquad (5.326)$$

Die Aufwandsreduzierung bei der Berechnung der Prädiktionskovarianzmatrix ergibt sich aus der Form der Matrix $P^{*+}(k)$, die nur eine $[(n-m)\times(n-m)]$–Teilmatrix enthält, die von Null verschieden ist. Diese Tatsache reduziert die Anzahl der notwendigen Multiplikationen zur Berechnung des doppelten Matrixproduktes ganz beträchtlich.

Zusammenfassend können mit den vorgestellten Formeln fortlaufend Schätzwerte für den transformierten Zustandsvektor $\underline{\hat{x}}^{*+}(k)$ berechnet werden. Die Rücktransformation in den ursprünglich gesuchten Zustandsvektor geschieht dann mit:

$$\underline{\hat{x}}^{+}(k) = T(k)^{-1}\cdot \underline{\hat{x}}^{*+}(k) \qquad (5.327)$$

Es sei abschließend angemerkt, daß die Aufwandsreduktion bei der Berechnung der transformierten Schätzwerte durch einen Mehraufwand bei der fortlaufenden Berechnung der inversen Transformationsmatrizen $T(k)^{-1}$ erkauft wird, der nicht nur bei der abschließenden Rücktransformation, sondern auch bei der Berechnung der transformierten Systemübergangsmatrizen im Kalman–Filter anfällt. Dieser Zusatzaufwand übersteigt den Effekt der Aufwandsreduzierung beträchtlich, es sei denn, es liegt eine zeitinvariante Modellbildung vor, so daß die entsprechenden Inversen nicht für jeden Filterzyklus neu berechnet werden müssen. Nur in diesen zeitinvarianten Fällen ergeben sich spürbare Aufwandsreduzierungen durch die Einführung eines transformierten Zustandsvektors. Unabhängig von den möglichen praktischen Vorteilen ergibt sich aus den vorangegangenen Betrachtungen aber die wichtige Erkenntnis, daß es im Falle eines fehlerfrei beobachtbaren, stochastisch steuerbaren Systems immer möglich ist, nur m Komponenten des Zustandsvektors direkt aus den Messungen zu identifizieren und nur noch n–m Komponenten des Zustandsvektors zu schätzen. Dies ist eine aus der Beobachtertheorie bekannte Tatsache. Überhaupt ergeben sich im Falle fehlerfreier Messungen interessante Querverbindungen zur Beobachtertheorie; der interessierte Leser wird hierzu auf die einschlägige Fachliteratur verwiesen, z.B. /34, 35, 36/. Mit diesen Überlegungen schließen wir die Betrachtungen des Stabilitätsverhaltens des zeitdiskreten Kalman–Filters ab.

5.8 Kalman–Filterung mit Kovarianzdaten des Meßprozesses und Innovationsmodell

5.8.1 Motivation und Zielsetzung

Bis jetzt wurde bei der Kalman–Filterentwicklung jeweils angenommen, daß das die Realität beschreibende System– und Meßmodell vollständig bekannt ist, also sowohl die entsprechenden Systemmatrizen A(k), G(k) und C(k) als auch die Kovarianzmatrizen der beteiligten Rauschprozesse R(k), Q(k) und S(k). Diese Modellkenntnisse konnten zum Beispiel das Ergebnis einer stochastischen Modellbildung nach Kapitel IV dieser Darstellung sein. Trotzdem soll an dieser Stelle auf keinen Fall darüber hinweg getäuscht werden, daß gerade die in Kapitel 4 beschriebene Modellbildung das eigentliche Hauptproblem der Kalman–Filterentwicklung ist. Hat man das benötigte Modell einmal gefunden, ist damit gleichzeitig das entsprechende Kalman–Filter bestimmt. In Kapitel 4 wurde abschließend ein auf Frequenzbereichskonzepten basierendes Verfahren vorgestellt, welches zur Modellierung von farbigen, stationären Rauschprozessen verwendet werden konnte. Wegen der Beschränkung auf stationäre Prozesse mußte dieses Verfahren zwangsläufig bei nichtstationären Prozessen versagen, und die Ausführungen von Kapitel 4 beschreiben nur die grundsätzliche Vorgehensweise bei der Modellierung instationärer Rauschprozesse. Diese Vorgehensweise bestand eigentlich darin, aus den gegebenen Kovarianzdaten der vorliegenden Meßreihen des zu modellierenden Prozesses ein lineares Systemmodell zu identifizieren, welches mit weißem, gaußverteiltem Rauschen gespeist wird. Am Ausgang dieses Modells soll ein Meßprozeß entstehen, der die gleichen stochastischen Parameter besitzt wie der real vorliegende Prozeß, dessen Musterfunktionen analysiert wurden. Es sollte unmittelbar einsichtig sein, daß eine derartige Modellbildung auf keinen Fall eindeutig sein kann, denn es gibt sicherlich beliebig viele lineare, stochastische Systemmodelle, die an ihrem Ausgang identische Korrelationskerne erzeugen. Wenn also die stochastische Modellbildung nach Kapitel 4 nur eines dieser beliebig vielen, stochastisch äquivalenten Systeme ergibt, auf denen dann im weiteren Verlauf ein Kalman–Filter basiert, kann man umgekehrt fragen, ob dieses Kalman–Filter nicht direkt aus den Kenntnissen des Ausgangskovarianzkerns eines Prozeßmodells abgeleitet werden kann. Diese Fragestellung kann sicherlich noch weiter dahingehend vertieft werden, ob zu einem vorliegenden Ausgangskovarianzkern nicht eine ausgezeichnete Systemmodellierung gefunden werden kann, die direkt aus diesen Kovarianzdaten eindeutig berechnet werden kann und die auch eindeutig umkehrbar ist. Aus den vorangegangenen Überlegungen zum Innovationsansatz wissen wir bereits, daß zu einer gegebenen Meßwertfolge $\underline{y}(k)$ immer eine Innovationssequenz $\tilde{\underline{y}}(k)$ gefunden werden kann, die die gleiche Information besitzt wie die gegebene Meßwertfolge. Diese Innovationssequenz tritt als Residuensequenz im Kalman–Filter auf. Man kann in diesem Sinne das Kalman–Filter auch als ein kausales System interpretieren, welches aus einer gegebenen korrelierten Meßwertfolge y(k) eine weiße Innovationssequenz $\tilde{\underline{y}}(k)$ erzeugt, die die gleiche Information wie $\underline{y}(k)$ besitzt. Bei der Betrachtung der Innovationssequenz wurde auch gezeigt, daß die ursprünglich gegebene Meßwertfolge $\underline{y}(k)$ durch eine kausale, lineare Operation aus der Innovationssequenz erzeugt werden konnte. Wenn es nun noch gelingt, das gesuchte Transformationssystem durch ein lineares Zustandsraummodell zu beschreiben, ist die gestellte Frage beantwortet. Es ist ein System gefunden worden, welches aus der gegebenen Meßwertfolge eindeutig berechnet werden kann und welches als Ausgang genau einen solchen Meßprozeß erzeugt wie der real vorliegende Meßprozeß. Dieses Zustandsraummodell existiert in der Tat und heißt Innovationsmodell. Dieses Innovationsmodell soll in diesem Unterpunkt abgeleitet und auf seine Eigenschaften hin untersucht werden. Das Vorgehen wird dabei wie folgt sein. Zunächst betrachten wir den Ausgangskorrelations– oder –kovarianzkern eines gegebenen linearen, stochastischen Systemmodells und untersuchen, wie ein Kalman–Filter aus diesen Kenntnissen berechnet werden kann. Danach wird das gesuchte Innovationsmodell aus dem vorliegenden Kalman–Filter abgeleitet.

5.8.2 Ausgangskovarianzkern eines linearen, stochastischen Systemmodells

Wir gehen wieder von der stochastischen Systemmodellierung nach den Gleichungen 5.1 5.5b und 5.208 dieses Kapitels aus und wollen zur Vereinfachung der gesamten Ableitung annehmen, daß $\underline{u}(k) \equiv \underline{0}$ und $E\{\underline{x}(k)\}=\underline{0}$ für alle k ist. Dies stellt keine Einschränkung der Allgemeingültigkeit dar, da man im Falle von nicht verschwindenden Erwartungswerten und Eingangsgrößen $\underline{u}(k)$ geeignete Transformationen auf einen erwartungswertfreien Prozeß $\underline{x}'(\cdot,\cdot)$ finden kann, wie schon zuvor angedeutet. Damit erhalten wir folgendes Systemmodell in der Darstellung mit der homogenen Zustandsübergangsmatrix:

$$x(k+1) = \phi(k+1,k)\cdot \underline{x}(k) + G(k)\cdot \underline{w}(k) \qquad (5.328a)$$

und

$$\underline{y}(k) = C(k)\cdot \underline{x}(k) + \underline{v}(k) \qquad (5.328b)$$

Für die Kovarianzmatrix des Ausgangsprozesses $\underline{y}(\cdot,\cdot)$ können wir dann wegen der Erwartungswertfreiheit schreiben:

$$P_{\underline{yy}}(k) = E\{\underline{y}(k)\cdot \underline{y}(k)^T\} = C(k)\cdot P_{\underline{xx}}(k)\cdot C(k)^T + R(k) \qquad (5.329)$$

In analoger Weise erhalten wir für den Kovarianzkern zunächst unter der Annahme k>l:

$$P_{\underline{yy}}(k,l) = E\{\underline{y}(k)\cdot \underline{y}(l)^T\} = E\{[C(k)\cdot \underline{x}(k) + \underline{v}(k)]\cdot [C(l)\cdot \underline{x}(l) + \underline{v}(l)]^T\}$$

$$= C(k)\cdot E\{\underline{x}(k)\cdot \underline{x}(l)^T\}\cdot C(l)^T + C(k)\cdot E\{\underline{x}(k)\cdot \underline{v}(l)^T\} \tag{5.330}$$

wobei die weiteren Terme verschwinden. Für $\underline{x}(k)$ können wir mit der globalen Zustandsübergangsfunktion in Abhängigkeit von $\underline{x}(l)$ und $\underline{w}(i)$ schreiben:

$$\underline{x}(k) = \phi(k,l)\cdot \underline{x}(l) + \sum_{i=l}^{k-1} \phi(k,i+1)\cdot G(i)\cdot \underline{w}(i) \tag{5.331}$$

Einsetzen von Gl. 5.331 in Gl. 5.330 und Umformen liefert dann:

$$P_{\underline{yy}}(k,l) = C(k)\cdot \phi(k,l)\cdot E\{\underline{x}(l)\cdot \underline{x}(l)^T\}\cdot C(l)^T + C(k)\cdot \sum_{i=l}^{k-1} \phi(k,i+1)\cdot G(i)\cdot E\{\underline{w}(i)\cdot \underline{v}(l)^T\}$$

$$= C(k)\cdot \phi(k,l)\cdot P_{\underline{xx}}(l,l)\cdot C(l)^T + C(k)\cdot \sum_{i=l}^{k-1} \phi(k,i+1)\cdot G(i)\cdot S(i)\cdot \delta(i,l)$$

$$= C(k)\cdot \phi(k,l)\cdot P_{\underline{xx}}(l)\cdot C(l)^T + C(k)\cdot \phi(k,l+1)\cdot G(l)\cdot S(l)$$

$$= C(k)\cdot \phi(k,l+1)\cdot [\phi(l+1,l)\cdot P_{\underline{xx}}(l)\cdot C(l)^T + G(l)\cdot S(l)] \tag{5.332a}$$

Völlig analog erhält man für l>k:

$$P_{\underline{yy}}(k,l) = [C(k)\cdot P_{\underline{xx}}(k)\cdot \phi(k+1,k)^T + S(k)^T\cdot G(k)^T]\cdot \phi(l,k+1)^T\cdot C(l)^T \tag{5.332b}$$

Zur weiteren Betrachtung führen wir die folgende Abkürzung ein. Wir definieren:

$$M(k) = [\phi(k+1,k)\cdot P_{\underline{xx}}(k)\cdot C(k)^T + G(k)\cdot S(k)] \tag{5.333}$$

so daß wir mit dieser Abkürzung beispielsweise aus Gl. 5.332b für verschiedene Kovarianzwerte des Ausgangs $\underline{y}(k)$ schreiben können:

$$P_{\underline{yy}}(k,k+1) = M(k)^T \cdot C(k+1)^T \tag{5.334a}$$

$$P_{\underline{yy}}(k,k+2) = M(k)^T \cdot [C(k+2) \cdot \phi(k+2,k+1)]^T \tag{5.334b}$$

$$P_{\underline{yy}}(k,k+3) = M(k)^T \cdot [C(k+3) \cdot \phi(k+3,k+1)]^T \tag{5.334c}$$

$$\vdots$$

$$P_{\underline{yy}}(k,k+N) = M(k)^T \cdot [C(k+N) \cdot \phi(k+N,k+1)]^T \tag{5.334d}$$

Die Gleichungen 5.334a–5.334d beschreiben ein Gleichungssystem für M(k), welches den Kovarianzkern des Ausgangsprozesses in Abhängigkeit von M(k) darstellt. Umgekehrt kann man M(k) aus den Werten des Kovarianzkerns bestimmen, wenn das Gleichungssystem umkehrbar ist. Wir wollen nun untersuchen, unter welchen Bedingungen diese Invertierbarkeit gegeben ist und somit M(k) aus dem Kovarianzkern des Ausganges bestimmt werden kann. Dazu ordnen wir das Gleichungssystem zu einer Matrixgleichung um. Wir führen die folgenden vergrößerten Matrizen ein:

$$P_a(k,k+N) = [P_{\underline{yy}}(k,k+1)|\ P_{\underline{yy}}(k,k+2)|\ \cdots|\ P_{\underline{yy}}(k,k+N)|\ ] \tag{5.335a}$$

und:

$$C_a(k+N,k+1)^T = [C(k+1)^T|\ [C(k+2) \cdot \phi(k+2,k+1)]^T|\ \cdots|\ [C(k+N) \cdot \phi(k+N,k+1)]^T] \tag{5.335b}$$

Mit diesen vergrößerten Matrizen folgt aus den Gl. 5.334a–5.334d:

$$P_a(k,k+N) = M(k)^T \cdot C_a(k+N,k+1)^T \tag{5.336a}$$

Gleichung 5.336a ist zunächst nicht direkt invertierbar, da die Inverse von $C_a(k+N,k+1)^T$ nicht existiert. Doch wir können diese Schwierigkeit, wie schon bei der Betrachtung der vollständigen Beobachtbarkeit in Kapitel 2 dieser Darstellung, wieder umgehen, wenn wir die 'Pseudoinverse' von $C_a(k+N,k+1)^T$ verwenden. Dazu multiplizieren wir von rechts mit $C_a(k+N,k+1)$ und erhalten:

$$P_a(k,k+N)\cdot C_a(k+N,k+1) = M(k)^T\cdot [C_a(k+N,k+1)^T\cdot C_a(k+N,k+1)]$$

$$= M(k)^T\cdot M_0(k+N,k+1) \quad (5.337)$$

Hierbei ist $M_0(k+N,k+1)$ die Beobachtbarkeits–Gramian (Gl. 2.230 u. 2.233 in Kapitel 2) des vorliegenden Zustandsraummodells. $M_0(k+N,k+1)$ ist eine $[n\times n]$–Matrix, die den Rang n besitzt, wenn das System vollständig beobachtbar ist. Unter der Voraussetzung der vollständigen Beobachtbarkeit können wir dann Gl. 5.337 nach M(k) auflösen mit:

$$M(k)^T = P_a(k,k+N)\cdot C_a(k+N,k+1)\cdot M_0(k+N,k+1)^{-1} \quad (5.338)$$

Der Ausdruck: $C_a(k+N,k+1)\cdot M_0(k+N,k+1)^{-1}$ wird als Pseudoinverse der Matrix $C_a(k+N,k+1)^T$ bezeichnet.

Als Ergebnis dieser Betrachtungen kann der gesuchte Ausdruck M(k) nach Gleichung 5.338 aus dem vorliegenden, bekannten Kovarianzkern des Ausgangsprozesses $\underline{y}(\cdot,\cdot)$ bestimmt werden, wenn das System vollständig beobachtbar ist.

Der Leser mag sich allerdings gefragt haben, von welchem Nutzen der Ausdruck M(k) für die späteren Betrachtungen sein kann, so daß der zuvor betriebene Aufwand zu seiner Berechnung gerechtfertigt ist. Es wird sich im weiteren Verlauf der Betrachtungen herausstellen, daß die Kenntnis des Ausdrucks M(k), zusammen mit der Kenntnis der Systemmatrizen A(k) und C(k), ausreicht, ein Kalman–Filter in reiner Prädiktorstruktur für den Prozeß $\underline{x}(\cdot,\cdot)$ zu bestimmen. Da der Ausdruck M(k) allein aus den Kovarianzdaten des Ausgangsprozesses $\underline{y}(\cdot,\cdot)$ bestimmt werden kann, ist damit dann auch die Frage beantwortet, ob und unter welchen Bedingungen ein Kalman–Filter aus der Kenntnis des Kovarianzkerns des Ausgangsprozesses bestimmt werden kann.

5.8.3 Bestimmung eines Kalman–Filters aus den Kovarianzdaten des Prozesses $\underline{y}(\cdot,\cdot)$

In diesem Unterpunkt soll die Kenntnis von M(k) nach Gl. 5.338 ausgenutzt werden, ein Kalman–Filter für den Prozeß $\underline{x}(\cdot,\cdot)$ zu entwickeln. Es wird sich dabei herausstellen, daß die Kenntnis von M(k) und der Systemmatrizen A(k) und C(k) ausreicht, ein Kalman–Filter anzugeben, welches nur Prädiktionsschätzwerte berechnet, daß aber Zusatzkenntnisse erforderlich sind, um die Schätzfehlerkovarianz und Filterschätzwerte zu berechnen.

Wir gehen von den Gl. 5.243 – 5.250 aus und bringen das in diesen Gleichungen formulierte Kalman–Filter zunächst auf reine Prädiktorstruktur. Aus Gleichung 5.245 erhalten wir durch die Annahme $\underline{u}(k)\equiv\underline{0}$ und durch Einsetzen von Gl. 5.244 und Gl. 5.249:

$$\hat{\underline{x}}^-(k+1) = A(k)\cdot[\hat{\underline{x}}^-(k) + K(k)\cdot\tilde{\underline{y}}(k)] + G(k)\cdot S(k)\cdot[C(k)\cdot P_e^-(k)\cdot C(k)^T + R(k)]^{-1}\cdot\tilde{\underline{y}}(k) \tag{5.339}$$

Wir setzen nun noch Gl. 5.247 für K(k) ein und erhalten durch Umordnen:

$$\begin{aligned}\hat{\underline{x}}^-(k+1) &= A(k)\cdot\hat{\underline{x}}^-(k)\\ &\quad + [A(k)\cdot P_e^-(k)\cdot C(k)^T + G(k)\cdot S(k)]\cdot[C(k)\cdot P_e^-(k)\cdot C(k)^T + R(k)]^{-1}\cdot\tilde{\underline{y}}(k)\\ &= A(k)\cdot\hat{\underline{x}}^-(k) + K_p(k)\cdot\tilde{\underline{y}}(k)\end{aligned} \tag{5.340}$$

mit:

$$K_p(k) = [A(k)\cdot P_e^-(k)\cdot C(k)^T + G(k)\cdot S(k)]\cdot[C(k)\cdot P_e^-(k)\cdot C(k)^T + R(k)]^{-1} \tag{5.341a}$$

$$= A(k)\cdot K(k) + G(k)\cdot S(k)\cdot[C(k)\cdot P_e^-(k)\cdot C(k)^T + R(k)]^{-1} \tag{5.341b}$$

und:

$$\tilde{\underline{y}}(k) = \underline{y}(k) - C(k)\cdot\hat{\underline{x}}^-(k) \tag{5.342}$$

Wir merken auch an, daß:

$$[C(k)\cdot P_e^-(k)\cdot C(k)^T + R(k)] = P_{\tilde{\underline{y}}\tilde{\underline{y}}}(k) \tag{5.343}$$

die Kovarianz der Innovations– oder Residuensequenz ist.

Als nächstes eliminieren wir die Abhängigkeit der Prädiktionsfehlerkovarianz $P_e^-(k+1)$ von der Filterfehlerkovarianz $P_e^+(k)$, indem wir Gl. 5.250 in Gl. 5.246 einsetzen und schreiben:

$$P_e^-(k+1) = A(k)\cdot [P_e^-(k) - K(k)\cdot C(k)\cdot P_e^-(k)]\cdot A(k)^T$$

$$+ G(k)\cdot Q(k)\cdot G(k)^T - A(k)\cdot K(k)\cdot S(k)^T\cdot G(k)^T$$

$$- G(k)\cdot S(k)\cdot K(k)^T\cdot A(k)^T - G(k)\cdot S(k)\cdot P_{\underline{\tilde{y}\tilde{y}}}(k)^{-1}\cdot S(k)^T\cdot G(k)^T \tag{5.344}$$

Wir setzen nun die Bestimmungsgleichung 5.247 für K(k) unter gleichzeitiger Berücksichtigung von Gl. 5.343 in Gl. 5.344 ein und erhalten durch Umordnen:

$$P_e^-(k+1) = A(k)\cdot P_e^-(k)\cdot A(k)^T + G(k)\cdot Q(k)\cdot G(k)^T$$

$$- A(k)\cdot P_e^-(k)\cdot C(k)^T\cdot P_{\underline{\tilde{y}\tilde{y}}}(k)^{-1}\cdot C(k)\cdot P_e^-(k)\cdot A(k)^T$$

$$- G(k)\cdot S(k)\cdot P_{\underline{\tilde{y}\tilde{y}}}(k)^{-1}\cdot S(k)^T\cdot G(k)^T$$

$$- G(k)\cdot S(k)\cdot P_{\underline{\tilde{y}\tilde{y}}}(k)^{-1}\cdot C(k)\cdot P_e^-(k)\cdot A(k)^T$$

$$- A(k)\cdot P_e^-(k)\cdot C(k)^T\cdot P_{\underline{\tilde{y}\tilde{y}}}(k)^{-1}\cdot S(k)^T\cdot G(k)^T \tag{5.345}$$

Aus Gl. 5.345 erhält man dann durch geschicktes 'Ausklammern':

$$P_e^-(k+1) = A(k)\cdot P_e^-(k)\cdot A(k)^T + G(k)\cdot Q(k)\cdot G(k)^T$$

$$- [A(k)\cdot P_e^-(k)\cdot C(k)^T + G(k)\cdot S(k)]$$

$$\cdot [C(k)\cdot P_e^-(k)\cdot C(k)^T + R(k)]^{-1}$$

$$\cdot [A(k)\cdot P_e^-(k)\cdot C(k)^T + G(k)\cdot S(k)]^T \tag{5.346}$$

Gleichung 5.346 beschreibt die Fehlerkovarianz des Prädiktionsschätzwertes in Abhängigkeit von der letzten Fehlerkovarianz und den stochastischen Parametermatrizen S(k), Q(k) und R(k).

Aufgrund der Orthogonalität von Prädiktionsschätzwert und Prädiktionsschätzfehler gilt nun folgender Zusammenhang für die Kovarianzen:

$$P_{\underline{xx}}(k) = E\{\underline{x}(k)\cdot \underline{x}(k)^T\} = E\{[\hat{\underline{x}}^-(k) + \underline{e}^-(k)]\cdot [\hat{\underline{x}}^-(k) + \underline{e}^-(k)]^T\}$$

$$= T(k) + P_e^-(k) \tag{5.347}$$

wobei:

$$T(k) = E\{\hat{\underline{x}}^-(k)\cdot \hat{\underline{x}}^-(k)^T\} \tag{5.348}$$

die Prädiktionskovarianz darstellt. Wir merken noch einmal an, daß $E\{\underline{x}(k)\} = E\{\hat{\underline{x}}^-(k)\} = \underline{0}$ gilt.

Damit kann $P_e^-(k)$ in Gleichung 5.346 in Abhängigkeit von $P_{\underline{xx}}(k)$ und $T(k)$ dargestellt werden, und man erhält:

$$\begin{aligned} -T(k+1) + P_{\underline{xx}}(k+1) = {} & A(k)\cdot P_{\underline{xx}}(k)\cdot A(k)^T + G(k)\cdot Q(k)\cdot G(k)^T \\ & - A(k)\cdot T(k)\cdot A(k)^T - [A(k)\cdot P_e^-(k)\cdot C(k)^T + G(k)\cdot S(k)] \\ & \cdot [C(k)\cdot P_e^-(k)\cdot C(k)^T + R(k)]^{-1} \\ & \cdot [A(k)\cdot P_e^-(k)\cdot C(k)^T + G(k)\cdot S(k)]^T \end{aligned} \tag{5.349}$$

Der erste Summand in Gl. 5.349 stellt aber gerade die Zustandskovarianz $P_{\underline{xx}}(k+1)$ dar, die dann auf beiden Seiten subtrahiert werden kann, so daß man folgende Gleichung für die Prädiktionskovarianz $T(k+1)$ erhält:

$$\begin{aligned} T(k+1) = {} & A(k)\cdot T(k)\cdot A(k)^T + [A(k)\cdot P_e^-(k)\cdot C(k)^T + G(k)\cdot S(k)] \\ & \cdot [C(k)\cdot P_e^-(k)\cdot C(k)^T + R(k)]^{-1} \\ & \cdot [A(k)\cdot P_e^-(k)\cdot C(k)^T + G(k)\cdot S(k)]^T \end{aligned} \tag{5.350}$$

Wir betrachten nun die Einzelterme in Gl. 5.350 etwas genauer. Zunächst folgt dann für die Inverse in Gl. 5.350 sofort:

$$[C(k)\cdot P_e^-(k)\cdot C(k)^T + R(k)]^{-1} = [C(k)\cdot P_{\underline{xx}}(k)\cdot C(k)^T + R(k) - C(k)\cdot T(k)\cdot C(k)^T]^{-1} \tag{5.351a}$$

Die Anwendung von Gl. 5.329 in Gl. 5.351a liefert dann das wichtige Zwischenergebnis:

$$[C(k)\cdot P_e^-(k)\cdot C(k)^T + R(k)]^{-1} = [P_{\underline{yy}}(k) - C(k)\cdot T(k)\cdot C(k)^T]^{-1} \tag{5.351b}$$

Ebenso folgt für den ersten Matrixausdruck im zweiten Summanden von Gl. 5.350:

$$[A(k)\cdot P_e^-(k)\cdot C(k)^T + G(k)\cdot S(k)] = A(k)\cdot [P_{\underline{xx}}(k) - T(k)]\cdot C(k)^T + G(k)\cdot S(k)$$

$$= A(k)\cdot P_{\underline{xx}}(k)\cdot C(k)^T + G(k)\cdot S(k) - A(k)\cdot T(k)\cdot C(k)^T \tag{5.352a}$$

Mit der Identität $\phi(k+1,k) = A(k)$ folgt dann durch Einsetzen von Gl. 5.333 in Gl. 5.352a:

$$[A(k)\cdot P_e^-(k)\cdot C(k)^T + G(k)\cdot S(k)] = M(k) - A(k)\cdot T(k)\cdot C(k)^T \tag{5.352b}$$

Durch Einsetzen der Zwischenergebnisse nach Gl. 5.351b und 5.352b in Gl. 5.350 erhält man dann zusammenfassend:

$$T(k+1) = A(k)\cdot T(k)\cdot A(k)^T + [M(k) - A(k)\cdot T(k)\cdot C(k)^T]$$

$$\cdot\ [P_{\underline{yy}}(k) - C(k)\cdot T(k)\cdot C(k)^T]^{-1}$$

$$\cdot\ [M(k) - A(k)\cdot T(k)\cdot C(k)^T]^T \tag{5.353}$$

Dies ist eine rekursive Gleichung für T(k), die allein mit der Kenntnis der Systemmatrizen A(k) und C(k) sowie der Kenntnis der Matrix M(k), die aus den Ausgangskovarianzdaten bestimmt werden konnte, berechnet werden kann. Gestartet wird das Prädiktionsfilter mit:

$$\underline{\hat{x}}^-(0) = \underline{0} \tag{5.354a}$$

da zu diesem Zeitpunkt noch kein Prädiktionsschätzwert vorliegt. Die Kovarianz dieses Schätzwertvektors (nicht zu verwechseln mit der Fehlerkovarianz dieses Schätzwertes) ist:

$$T(0) = 0 \tag{5.354b}$$

Abschließend soll nun noch die Gainmatrix des Prädiktions–Kalman–Filters berechnet werden. Aus Gleichung 5.341a folgt mit den Gl. 5.351b und 5.352b:

$$K_p(k) = [M(k) - A(k)\cdot T(k)\cdot C(k)^T] \cdot [P_{\underline{yy}}(k) - C(k)\cdot T(k)\cdot C(k)^T]^{-1} \tag{5.355}$$

5.8.3.1 Zusammenfassung des Prädiktions–Kalman–Filters

Damit ist das Prädiktions–Kalman–Filter mit der Kenntnis der Systemmatrizen A(k) und C(k) sowie der aus dem Kovarianzkern des Ausgangsprozesses $\underline{y}(\cdot,\cdot)$ bei vollständiger Beobachtbarkeit bestimmbaren Matrix M(k) vollständig beschrieben. Es lautet zusammengefaßt:

$$T(k+1) = A(k)\cdot T(k)\cdot A(k)^T + [M(k) - A(k)\cdot T(k)\cdot C(k)^T] \cdot [P_{\underline{yy}}(k) - C(k)\cdot T(k)\cdot C(k)^T]^{-1} \cdot [M(k) - A(k)\cdot T(k)\cdot C(k)^T]^T \tag{5.356a}$$

mit dem Startwert:

$$T(0) = 0 \tag{5.356b}$$

und

$$K_p(k) = [M(k) - A(k)\cdot T(k)\cdot C(k)^T] \cdot [P_{\underline{yy}}(k) - C(k)\cdot T(k)\cdot C(k)^T]^{-1} \tag{5.356c}$$

und

$$\hat{\underline{x}}^-(k) = A(k-1)\cdot \hat{\underline{x}}^-(k-1) + K_p(k-1)\cdot \tilde{\underline{y}}(k-1) \tag{5.356d}$$

mit:

$$\hat{\underline{x}}^-(0) = \underline{0} \tag{5.356e}$$

und

$$\tilde{\underline{y}}(k-1) = \underline{r}(k-1) = \underline{y}(k-1) - C(k-1)\cdot \hat{\underline{x}}^-(k-1) \tag{5.356f}$$

Die Fehlerkovarianzmatrix der Prädiktionsschätzwerte ist aus den vorliegenden Kenntnissen nicht berechenbar, wie man aus Gl. 5.347 sofort durch Umformen einsieht:

$$P_e^-(k) = P_{\underline{xx}}(k) - T(k) \tag{5.357}$$

Es müssen also neben den Kenntnissen der Ausgangskovarianz gewisse Kenntnisse der Zustandskovarianz vorliegen, um die Schätzfehlerkovarianz zu bestimmen. Ebenso werden für die Berechnung der Zustandsfilterschätzwerte weitere Vorkenntnisse benötigt, denn es gilt mit Gl. 5.249:

$$\begin{aligned}\hat{\underline{x}}^+(k) &= \hat{x}^-(k) + K(k)\cdot \tilde{\underline{y}}(k)\\ &= \hat{x}^-(k) + P_e^-(k)\cdot C(k)^T\cdot [C(k)\cdot P_e^-(k)\cdot C(k)^T + R(k)]^{-1}\cdot \tilde{\underline{y}}(k)\end{aligned} \tag{5.358}$$

Zur Lösung dieser Gleichung muß entweder die Fehlerkovarianz des Prädiktionsschätzwertes und die Störkovarianz bekannt sein, oder etwa die Kreuzkovarianz zwischen dem Prozeßrauschen $\underline{w}(k)$ und dem Störrauschen $\underline{v}(k)$. Dazu betrachten wir die Prädiktion für den Zeitpunkt k+1. Dafür gilt:

$$\hat{x}^-(k+1) = A(k)\cdot \hat{\underline{x}}^-(k) + K_p(k)\cdot \tilde{\underline{y}}(k) \tag{5.359a}$$

Einsetzen von Gl. 5.341b für $K_p(k)$ und anschließendes Umordnen liefert dann:

$$\begin{aligned}\hat{x}^-(k+1) = {} & A(k)\cdot [\hat{\underline{x}}^-(k) + K(k)\cdot \tilde{\underline{y}}(k)]\\ & + G(k)\cdot S(k)\cdot [C(k)\cdot P_e^-(k)\cdot C(k)^T + R(k)]^{-1}\cdot \tilde{\underline{y}}(k)\end{aligned} \tag{5.359b}$$

Der erste Klammerausdruck auf der rechten Seite von Gl. 5.359b stellt aber gerade den gesuchten Filterschätzwert $\hat{\underline{x}}^+(k)$ dar, die auftretende Inverse läßt sich wieder mit Gl. 5.351b darstellen, so daß man durch Auflösen nach $\hat{\underline{x}}^+(k)$ folgende Gleichung erhält:

$$\hat{\underline{x}}^+(k) = A(k)^{-1}\cdot \left[\hat{x}^-(k+1) - G(k)\cdot S(k)\cdot [P_{\underline{yy}}(k) - C(k)\cdot T(k)\cdot C(k)^T]^{-1}\cdot \tilde{\underline{y}}(k)\right] \tag{5.359c}$$

5.8.3.2 Signalschätzung mit Kovarianzdaten

Die im vorangegangenen Unterpunkt beschriebene Schwierigkeit, ein Kalman–Filter für den gesamten Zustandsvektor auf der Basis der Kovarianzdaten des Ausgangsmeßprozesses zu formulieren, läßt sich umgehen, wenn keine Filterschätzwerte des gesamten Zustandes, sondern nur die optimalen Schätzwerte des ungestörten Systemausgangs $\underline{y}_0(k) = C(k)\cdot \underline{x}(k)$ gesucht werden. Für viele nachrichtentechnische Problemstellungen, die ja in den meisten Fällen in der klassischen Beschreibung des Eingangs– Ausgangsverhaltens eines Systems formuliert werden, reicht die Berechnung eines derartigen Schätzwertes vollständig aus.

Damit ist diese sogenannte 'Signalschätzung' für nachrichtentechnische Problemstellungen vielfach von Interesse.

Der optimale Filterschätzwert von $\underline{y}_0(k)$ ist wegen der Linearität des Schätzvorganges dann gegeben durch:

$$\hat{\underline{y}}_0^+(k) = C(k)\cdot \hat{\underline{x}}^+(k) \tag{5.360}$$

Mit den Gleichungen 5.249 und 5.247 folgt dann aus Gl. 5.360:

$$\begin{aligned}\hat{\underline{y}}_0^+(k) &= C(k)\cdot \hat{\underline{x}}^-(k) + C(k)\cdot P_e^-(k)\cdot C(k)^T\cdot [C(k)\cdot P_e^-(k)\cdot C(k)^T + R(k)]^{-1}\cdot \tilde{\underline{y}}(k) \\ &= \hat{\underline{y}}_0^-(k) + C(k)\cdot P_e^-(k)\cdot C(k)^T\cdot [C(k)\cdot P_e^-(k)\cdot C(k)^T + R(k)]^{-1}\cdot \tilde{\underline{y}}(k)\end{aligned} \tag{5.361}$$

wobei $\hat{\underline{y}}_0^-(k)$ den Prädiktionswert der ungestörten Systemausgangsgröße darstellt.

Die Inverse können wir wieder mit Gl. 5.351b aus bekannten Größen berechnen, und den Ausdruck $P_e^-(k)$ ersetzen wir durch Gl. 5.357, so daß wir dann durch Umformen erhalten:

$$\begin{aligned}\hat{\underline{y}}_0^+(k) = \hat{\underline{y}}_0^-(k) + C(k)\cdot [P_{\underline{xx}}(k) - T(k)]\cdot C(k)^T \\ \cdot [P_{\underline{yy}}(k) - C(k)\cdot T(k)\cdot C(k)^T]^{-1}\cdot \tilde{\underline{y}}(k)\end{aligned}$$

$$= \hat{\underline{y}}_0^-(k) + [C(k)\cdot P_{\underline{xx}}(k)\cdot C(k)^T - C(k)\cdot T(k)\cdot C(k)^T]$$

$$\cdot\ [P_{\underline{yy}}(k) - C(k)\cdot T(k)\cdot C(k)^T]^{-1}\cdot \tilde{\underline{y}}(k)$$

$$= \hat{\underline{y}}_0^-(k) + [P_{\underline{yy}}(k) - C(k)\cdot T(k)\cdot C(k)^T - R(k)]$$

$$\cdot\ [P_{\underline{yy}}(k) - C(k)\cdot T(k)\cdot C(k)^T]^{-1}\cdot \tilde{\underline{y}}(k) \qquad (5.362)$$

Es muß also mindestens die Stärke des Störrauschens zusätzlich bekannt sein, wenn man mit dem Prädiktions–Kalman–Filter gefilterte Schätzwerte des ungestörten Systemausgangs $\underline{y}_0(k)$ berechnen möchte.

5.8.3.2.1 Fehlerbetrachtungen der Signalestimation

Wegen der Orthogonalität der Innovationssequenz zum Prädiktionsschätzwert erhalten wir aus Gl. 5.362 für die Kovarianz der Filterschätzwerte (nicht zu verwechseln mit der Fehlerkovarianz) unter der Annahme der Erwartungswertfreiheit der betrachteten Prozesse:

$$P^+_{\underline{y}_0\underline{y}_0}(k) = E\{\hat{\underline{y}}_0^+(k)\cdot \hat{\underline{y}}_0^+(k)^T\} = E\{\hat{\underline{y}}_0^-(k)\cdot \hat{\underline{y}}_0^-(k)^T\}$$

$$+ [P_{\underline{yy}}(k) - C(k)\cdot T(k)\cdot C(k)^T - R(k)]$$

$$\cdot\ [P_{\underline{yy}}(k) - C(k)\cdot T(k)\cdot C(k)^T]^{-1}\cdot E\{\tilde{\underline{y}}(k)\cdot \tilde{\underline{y}}(k)^T\}$$

$$\cdot\ [P_{\underline{yy}}(k) - C(k)\cdot T(k)\cdot C(k)^T]^{-1}$$

$$\cdot\ [P_{\underline{yy}}(k) - C(k)\cdot T(k)\cdot C(k)^T - R(k)]^T \qquad (5.363)$$

Die Kovarianz der Innovationssequenz ist aber gerade:

$$E\{\tilde{\underline{y}}(k)\cdot \tilde{\underline{y}}(k)^T\} = [P_{\underline{yy}}(k) - C(k)\cdot T(k)\cdot C(k)^T] \qquad (5.364)$$

so daß wir dann aus Gl. 5.364 sofort erhalten:

$$P^{+}_{\underline{y}_0\underline{y}_0}(k) = E\{\hat{\underline{y}}^{+}_0(k)\cdot \hat{\underline{y}}^{+}_0(k)^T\} = E\{\hat{\underline{y}}^{-}_0(k)\cdot \hat{\underline{y}}^{-}_0(k)^T\}$$

$$+ [P_{\underline{y}\underline{y}}(k) - C(k)\cdot T(k)\cdot C(k)^T - R(k)]$$

$$\cdot\ [P_{\underline{y}\underline{y}}(k) - C(k)\cdot T(k)\cdot C(k)^T]^{-1}$$

$$\cdot\ [P_{\underline{y}\underline{y}}(k) - C(k)\cdot T(k)\cdot C(k)^T - R(k)]^T \qquad (5.365)$$

Die Schätzfehler sind aufgrund des Orthogonalitätstheorems orthogonal zu den jeweiligen Schätzwerten, so daß sich Schätzwertkovarianz und entsprechende Fehlerkovarianz zur Kovarianz der zu schätzenden Größe addieren. Dies heißt:

$$P_{\underline{y}_0\underline{y}_0}(k) = E\{\underline{y}_0(k)\cdot \underline{y}_0(k)^T\}$$

$$= E\{\hat{\underline{y}}^{+}_0(k)\cdot \hat{\underline{y}}^{+}_0(k)^T\} + E\{(\underline{y}_0(k)-\hat{\underline{y}}^{+}_0(k))\cdot (\underline{y}_0(k)-\hat{\underline{y}}^{+}_0(k))^T\}$$

$$= P^{+}_{\underline{y}_0\underline{y}_0}(k) + P^{+}_{\underline{e}_y\underline{e}_y}(k) \qquad (5.366a)$$

Ebenso gilt für den Zusammenhang mit der Fehlerkovarianz der Prädiktion:

$$P_{\underline{y}_0\underline{y}_0}(k) = P^{-}_{\underline{y}_0\underline{y}_0}(k) + P^{-}_{\underline{e}_y\underline{e}_y}(k) \qquad (5.366b)$$

wobei:

$$P^{-}_{\underline{e}_y\underline{e}_y}(k) = E\{(\underline{y}_0(k)-\hat{\underline{y}}^{-}_0(k))\cdot (\underline{y}_0(k)-\hat{\underline{y}}^{-}_0(k))^T\} \qquad (5.366c)$$

die Fehlerkovarianz der Prädiktion der ungestörten Systemausgangsgröße ist.

Mit den Gleichungen 5.329 und 5.347 folgt dann aus Gl. 5.366b:

$$C(k)\cdot P_{\underline{x}\underline{x}}(k)\cdot C(k)^T = P_{\underline{y}\underline{y}}(k) - R(k) = C(k)\cdot T(k)\cdot C(k)^T + C(k)\cdot P^{-}_{e}(k)\cdot C(k)^T \qquad (5.366d)$$

so daß wir für die Fehlerkovarianz der Prädiktion der ungestörten Systemausgangsgröße folgende Gleichung erhalten:

$$P^{-}_{\underline{e}_y\underline{e}_y}(k) = C(k)\cdot P^{-}_{\underline{e}}(k)\cdot C(k)^T = P_{\underline{y}\underline{y}}(k) - R(k) - C(k)\cdot T(k)\cdot C(k)^T \quad (5.366e)$$

Die Rauschkovarianz der Meßstörungen muß also auch zur Berechnung der Prädiktionsfehlerkovarianz bekannt sein.

Für die Fehlerkovarianz der Schätzwerte des ungestörten Systemausgangs folgt dann schließlich aus Gl. 5.366a:

$$P^{+}_{\underline{e}_y\underline{e}_y}(k) = P_{\underline{y}_0\underline{y}_0}(k) - P^{+}_{\underline{y}_0\underline{y}_0}(k)$$

$$= P^{-}_{\underline{y}_0\underline{y}_0}(k) + P^{-}_{\underline{e}_y\underline{e}_y}(k) - P^{+}_{\underline{y}_0\underline{y}_0}(k) \quad (5.367a)$$

Für die Differenz $P^{-}_{\underline{y}_0\underline{y}_0}(k) - P^{+}_{\underline{y}_0\underline{y}_0}(k)$ können wir mit Gl. 5.365 schreiben:

$$P^{-}_{\underline{y}_0\underline{y}_0}(k) - P^{+}_{\underline{y}_0\underline{y}_0}(k) = -\,[P_{\underline{y}\underline{y}}(k) - C(k)\cdot T(k)\cdot C(k)^T - R(k)]$$

$$\cdot\ [P_{\underline{y}\underline{y}}(k) - C(k)\cdot T(k)\cdot C(k)^T]^{-1}$$

$$\cdot\ [P_{\underline{y}\underline{y}}(k) - C(k)\cdot T(k)\cdot C(k)^T - R(k)]^T \quad (5.367b)$$

Damit erhalten wir abschließend für die Fehlerkovarianz der Signalfilterung:

$$P^{+}_{\underline{e}_y\underline{e}_y}(k) = P^{-}_{\underline{e}_y\underline{e}_y}(k) - [P_{\underline{y}\underline{y}}(k) - C(k)\cdot T(k)\cdot C(k)^T - R(k)]$$

$$\cdot\ [P_{\underline{y}\underline{y}}(k) - C(k)\cdot T(k)\cdot C(k)^T]^{-1}$$

$$\cdot\ [P_{\underline{y}\underline{y}}(k) - C(k)\cdot T(k)\cdot C(k)^T - R(k)]^T \quad (5.368a)$$

Wir setzen nun noch abschließend Gleichung 5.366e für die Prädiktionsfehlerkovarianz ein und formen um:

$$P^{+}_{\underline{e}_y\underline{e}_y}(k) = P_{\underline{y}\underline{y}}(k) - R(k) - C(k)\cdot T(k)\cdot C(k)^T$$

$$- [P_{\underline{y}\underline{y}}(k) - C(k)\cdot T(k)\cdot C(k)^T - R(k)] \cdot [P_{\underline{y}\underline{y}}(k) - C(k)\cdot T(k)\cdot C(k)^T]^{-1}$$

$$\cdot [P_{\underline{y}\underline{y}}(k) - C(k)\cdot T(k)\cdot C(k)^T - R(k)]^T$$

$$= [P_{\underline{y}\underline{y}}(k) - C(k)\cdot T(k)\cdot C(k)^T - R(k)] \cdot [P_{\underline{y}\underline{y}}(k) - C(k)\cdot T(k)\cdot C(k)^T]^{-1}$$

$$\cdot \left[P_{\underline{y}\underline{y}}(k) - C(k)\cdot T(k)\cdot C(k)^T - [P_{\underline{y}\underline{y}}(k) - C(k)\cdot T(k)\cdot C(k)^T - R(k)]^T\right]$$

$$= [P_{\underline{y}\underline{y}}(k) - C(k)\cdot T(k)\cdot C(k)^T - R(k)]$$

$$\cdot [P_{\underline{y}\underline{y}}(k) - C(k)\cdot T(k)\cdot C(k)^T]^{-1}\cdot R(k) \qquad (5.368b)$$

Gl. 5.368b beschreibt die Fehlerkovarianz der Signalfilterung, und damit ist ein rekursiver Algorithmus gefunden worden, der es gestattet, Signalfilter– und –prädiktionsschätzwerte rekursiv zu berechnen, wenn der Kovarianzkern der gestörten Meßdaten bekannt ist. Zusätzlich müssen noch die Systemmatrizen A(k) und C(k) bekannt sein. Für die Berechnung der Fehlerkovarianz und der Filterschätzwerte muß zusätzlich noch die Kovarianzmatrix der Meßstörungen bekannt sein. Wir fassen die Ergebnisse der vorangegangenen Unterpunkte nun kurz zusammen.

5.8.4 Zusammenfassung zur Estimation mit Kovarianzdaten des Ausgangs

Die Kenntnis des Kovarianzkerns $E\{\underline{y}(k)\cdot \underline{y}(l)^T\}$ für alle k, l kann auf verschiedene Weise einen Estimationsvorgang beeinflussen, bzw. vereinfachen.

- Die Kenntnis dieses Kovarianzkerns genügt vollständig, um einen Signalprädiktionswert von $\underline{y}(k)$ aus einer gegebenen Anzahl zurückliegender Werte von $\underline{y}(i)$, i=1,2,...k–1 zu berechnen (vgl. Kapitel 5.5.1).

Für die Berechnung eines Signalschätzwertes wird zusätzlich ein Beobachtungsmodell benötigt, welches beschreibt, wie die gesuchte Größe mit der gemessenen Größe zusammenhängt, dies gilt allgemein und nicht nur für die Signalestimation. Speziell wird die Kenntnis der Störkovarianzmatrix R(k) benötigt, um die Signalfilterschätzwerte zu berechnen.
Für die Zustandsschätzung in Form eines Prädiktions–Kalman–Filters benötigt man zusätzlich noch die Kenntnis der Systemmatrizen A(k) und C(k). Spezielle Kenntnisse der Rauschkovarianzmatrizen R(k), Q(k) und S(k) werden zunächst nicht benötigt, um ein Kalman–Prädiktionsfilter zu berechnen, welches rekursiv Prädiktionsschätzwerte des Zustandes berechnet. Die zusätzliche Kenntnis der Systemmatrizen A(k) und C(k) ist unmittelbar einsehbar, da Zustandsschätzwerte nur dann berechnet werden können, wenn ein Koordinatensystem im Zustandsraum festgelegt worden ist. Allerdings sollte noch einmal angemerkt werden, daß die zur Kalman–Filterentwicklung benötigten Kenntnisse nur dann aus den Kovarianzdaten des Ausgangs eindeutig gewonnen werden können, wenn das zugrundeliegende Modell vollständig beobachtbar ist.
Zur Berechnung der Fehlerkovarianz des Prädiktions–Kalman–Filters reichen diese Vorkenntnisse nicht aus, es muß zusätzlich die Zustandskovarianz berechenbar sein. Dies bedeutet P_0 und Q(k) müssen zusätzlich bekannt sein, um die Prädiktionsfehlerkovarianz zu berechnen.
Die Kenntnisse der Ausgangskovarianzdaten reichen auch nicht aus, um Zustandsfilterschätzwerte zu berechnen. Um dies zu ermöglichen, muß zusätzlich zu den bei der Prädiktion benötigten Kenntnissen mindestens die Kreuzkovarianz zwischen Prozeßrauschen $\underline{w}(k)$ und Meßrauschen $\underline{v}(k)$ bekannt sein.
Die Fehlerkovarianz der Zustandsfilterschätzwerte ist nur dann berechenbar, wenn auch die Fehlerkovarianz der Zustandsprädiktionsschätzwerte berechnet werden kann.
Die rekursive Signalfilterung und Signalprädiktion ist ohne zusätzliche Kenntnis der Meßstörkovarianz R(k) möglich, wenn die Systemmatrizen A(k) und C(k) und die Kovarianzdaten der Meßwerte verfügbar sind.
Zur Berechnung der Fehlerkovarianz bei der Signalprädiktion und –filterung wird zusätzlich die Kenntnis der Kovarianzmatrix R(k) des Meßrauschens benötigt.

5.8.5 Innovationsmodell

Wir haben in den vorangegangenen Unterpunkten festgestellt, daß unter der Voraussetzung eines vollständig beobachtbaren Systemmodells die Kenntnis des Kovarianzkerns der Meßwerte vollständig ausreicht, ein sogenanntes Prädiktions–Kalman–Filter zu dimensionieren, welches rekursiv Prädiktionsschätzwerte berechnet. Betrachtet man nun im folgenden nicht mehr die Prädiktionsschätzwerte, sondern die im Kalman–Filter auftretende Innovations– oder Residuensequenz als eigentliche Ausgangsgröße, erhält das Kalman–Filter eine vollständig neue Interpretation:

- Die Innovationssequenz ist erwartungswertfrei, weiß und gaußverteilt.
- Die Innovationssequenz ist eine orthogonale Sequenz, dies bedeutet, jede Innovation ist orthogonal zu allen vorangegangenen Innovationen und orthogonal zu allen zurückliegenden Meßdaten.
- Die Meßdatensequenz selbst ist weder weiß noch im allgemeinen erwartungswertfrei (obwohl dies zur Vereinfachung in den vorangegangenen Unterpunkten angenommen wurde), trotzdem besitzt die Innovationssequenz die obigen Eigenschaften (selbst dann, wenn die Meßdatensequenz keinem Gaußprozeß entstammt, wie Th. Kailath in /9/ und in den zusammenhängenden, vom gleichen Autor stammenden Literaturstellen /10, 11, 12, 13, 14, 15/ zeigt.

Ergebnis: Das Kalman–Filter wandelt eine nicht weiße (korrelierte), nicht erwartungswertfreie (Meß–)Datensequenz in die weiße, erwartungswertfreie Innovationssequenz um, die die gleiche Information enthält wie die gegebene Datensequenz. Damit ist das Kalman–Filter ein kausales, lineares, spezielles 'Whitening'–Filter.

Ein spezielles Kalman–Filter in Prädiktorstruktur kann aus dem Kovarianzkern der Meßdaten berechnet werden, wenn die Systemmatrizen A(k) und C(k) bekannt sind, und das zugrundeliegende Modell vollständig beobachtbar ist. Die Tatsache , daß dieses Filter nur Prädiktionen berechnet, ändert an der Natur der in ihm auftretenden Innovationssequenz nichts. Damit kann diese spezielle Kalman–Filterformulierung in der obigen Terminologie als das spezielle, kausale und lineare Whitening–Filter betrachtet werden, welches aus den Kovarianzdaten des 'zu weißenden' Meßprozesses $\underline{y}(\cdot\,,\cdot)$ entwickelt werden kann. Man kann sich nun fragen, ob zu diesem Kalman–Filter vielleicht ein spezielles Zustandsraummodell gehört, auf dem dieses Kalman–Filter basiert. Dieses Zustandsraummodell ist das Innovationsmodell.

Für die Innovationssequenz schreiben wir:

$$\tilde{\underline{y}}(k) = \underline{y}(k) - \hat{\underline{y}}^{-}(k) = \underline{y}(k) - C(k)\cdot\hat{\underline{x}}^{-}(k) = C(k)\cdot\underline{x}(k) - C(k)\cdot\hat{\underline{x}}^{-}(k) + \underline{v}(k)$$

$$= C(k)\cdot\underline{e}^{-}(k) + \underline{v}(k) \tag{5.369}$$

Für den beobachteten Meßvektor $\underline{y}(k)$ schreiben wir mit dem Beobachtungsmodell:

$$\underline{y}(k) = C(k)\cdot\underline{x}(k) + \underline{v}(k) = C(k)\cdot[\hat{\underline{x}}^{-}(k) + \underline{e}^{-}(k)] + \underline{v}(k) \tag{5.370}$$

Nun setzen wir die nach $C(k)\cdot\underline{e}^{-}(k)$ aufgelöste Gl. 5.369 in Gl. 5.370 ein und erhalten somit:

$$\underline{y}(k) = C(k)\cdot\hat{\underline{x}}^{-}(k) + \tilde{\underline{y}}(k) \tag{5.371}$$

Dies ist eine neue Beobachtungsgleichung, in der die Prädiktion $\hat{\underline{x}}^{-}(k)$ als Zustandsgröße und die Innovation $\tilde{\underline{y}}(k)$ als mit dieser Größe unkorrelierte, weiße, gaußverteilte Störung auftritt. Für das Zustandsraummodell des Prädiktionszustandes betrachten wir Gl. 5.356d:

$$\hat{\underline{x}}^{-}(k+1) = A(k)\cdot\hat{\underline{x}}^{-}(k) + K_p(k)\cdot\tilde{\underline{y}}(k) \tag{5.372}$$

Dies bedeutet, die Innovationssequenz tritt bei diesem Modell gleichzeitig als Prozeßrauschen auf, die stochastische Gewichtungsmatrix ist identisch mit dem Prädiktions–Kalmangain des Prädiktionsfilters. Wir führen nun zur besseren Kennzeichnung formal die Zustandsgrößen des Innovationsmodells ein:

$$\underline{x}_{in}(k+1) \mathrel{\hat{=}} \hat{\underline{x}}^{-}(k+1) \tag{5.373a}$$

und

$$G_{in}(k) = K_p(k) \tag{5.373b}$$

Zur Berechnung der Kalman–Gainmatrix $K_p(k)$ werden die weiteren Gleichungen des Prädiktions–Kalman–Filters benötigt.

Dann lautet das Innovationsmodell zusammengefaßt:

$$T(k+1) = A(k)\cdot T(k)\cdot A(k)^T + [M(k) - A(k)\cdot T(k)\cdot C(k)^T]$$

$$\cdot\ [P_{\underline{yy}}(k) - C(k)\cdot T(k)\cdot C(k)^T]^{-1}$$

$$\cdot\ [M(k) - A(k)\cdot T(k)\cdot C(k)^T]^T \qquad (5.374a)$$

mit dem Startwert:

$$T(0) = 0 \qquad (5.374b)$$

und

$$G_{in}(k) = [M(k) - A(k)\cdot T(k)\cdot C(k)^T]\cdot [P_{\underline{yy}}(k) - C(k)\cdot T(k)\cdot C(k)^T]^{-1} \qquad (5.374c)$$

und

$$\underline{x}_{in}(k+1) = A(k)\cdot \underline{x}_{in}(k) + G_{in}(k)\cdot \tilde{\underline{y}}(k) \qquad (5.374d)$$

mit:

$$\underline{x}_{in}(0) = \underline{0} \qquad (5.374e)$$

und

$$\underline{y}(k) = C(k)\cdot \underline{x}_{in}(k) + \tilde{\underline{y}}(k) \qquad (5.374f)$$

und

$$E\{\tilde{\underline{y}}(k)\cdot \tilde{\underline{y}}(l)^T\} = \Omega(k)\cdot \delta(k,l) \qquad (5.374g)$$

mit

$$\Omega(k) = [P_{\underline{yy}}(k) - C(k)\cdot T(k)\cdot C(k)^T] \qquad (5.374h)$$

und

$$E\{\tilde{\underline{y}}(k)\} = \underline{0} \qquad (5.374i)$$

Die in Gl. 5.374a geforderte Invertierbarkeit der Innovationskovarianzmatrix $\Omega(k)$ ist aufgrund der Vorüberlegungen von Kapitel 5.7 gegeben, wenn das zugrundeliegende System stochastisch beobachtbar und steuerbar ist, oder bei verschwindendem Meßrauschen stochastisch steuerbar ist und die Beobachtungsmatrix C(k) n linear unabhängige Spaltenvektoren besitzt.

5.8.5.1 Eigenschaften des Innovationsmodells

Wir fassen in diesem Unterpunkt die wesentlichen Eigenschaften des Innovationsmodells kurz zusammen:

- Das Innovationsmodell ist linear und kausal.

- Das Innovationsmodell besitzt ein inverses, kausales und lineares Gegenstück in Form des als Whitening-Filter bezeichneten Prädiktions-Kalman-Filters.

- Das Innovationsmodell ist aus den folgenden Vorkenntnissen eindeutig bestimmbar:
    - Kovarianzkern der Meßdaten (in Verbindung mit den Matrizen A(k) und C(k)).
    - Prädiktions-Kalman-Filter, basierend auf den Kovarianzdaten.
    - Aus dem Zustandsraummodell, welches die Meßdaten erzeugt.
    - Aus dem auf dem Zustandsraummodell basierenden Kalman-Filter.

- Die Zustandsgrößen des Innovationsmodells können von einem Kalman-Filter <u>fehlerfrei</u> geschätzt werden (die Prädiktionsschätzwerte des Kalman-Filters sind ja die Zustandswerte des Innovationsmodells).

- Unter den beliebig vielen linearen Zustandsraummodellen, die alle einen Meßprozeß mit gegebenem Kovarianzkern erzeugen, ist das Innovationsmodell dasjenige, welches die minimale Dimension besitzt (folgt aus der Invertierbarkeitsforderung der Innovationskovarianzmatrix) und dessen Zustandsgrößen ein Kalman-Filter <u>fehlerfrei</u> schätzen kann.

- Die Innovationen des Kalman-Filters sind identisch mit den Innovationen, die das Prozeßrauschen und das Störrauschen des Innovationsmodells bilden.

Die Zusammenhänge zwischen dem Innovationsmodell, dem Kalman-Filter, den Meßwerten $\underline{y}(k)$ und den Innovationen sind in Abbildung 5.3 dargestellt.

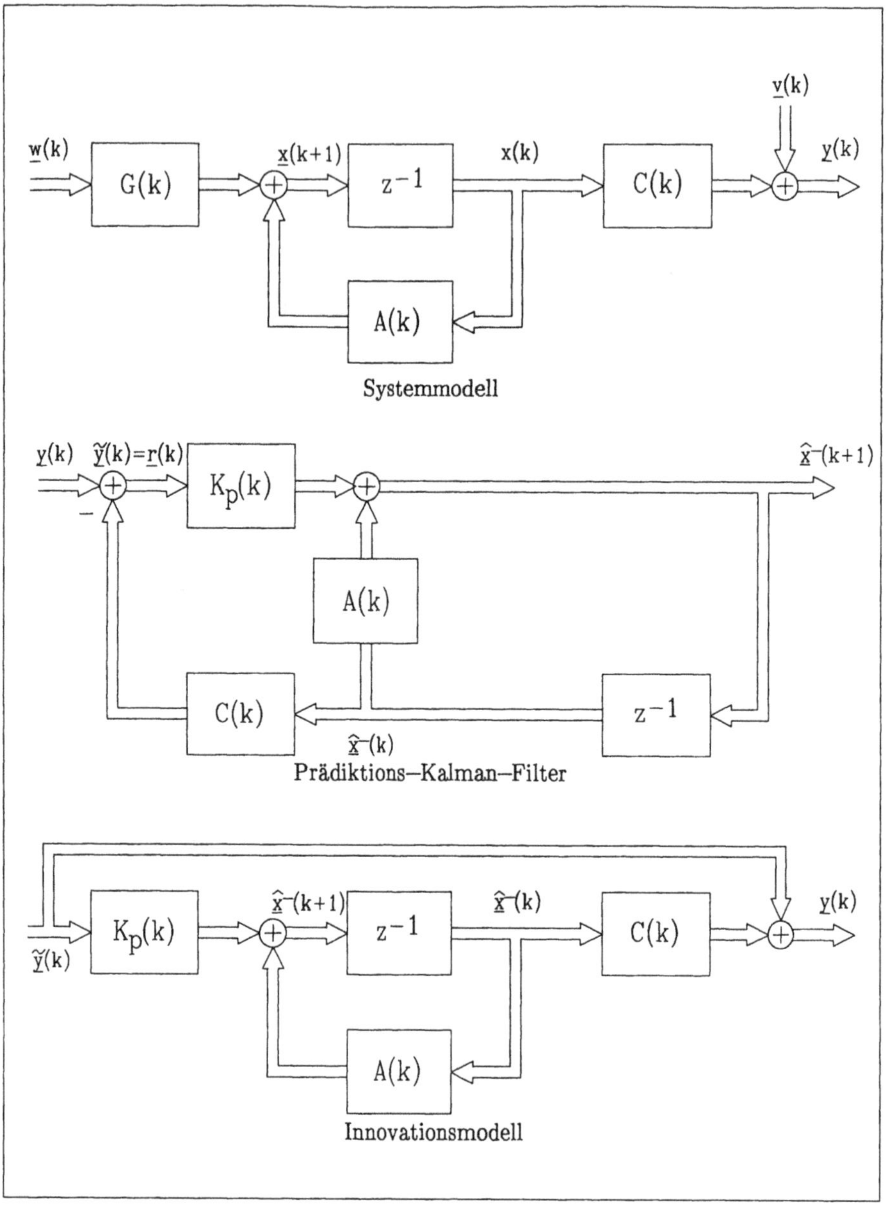

Bild 5.3: Zusammenhänge von Systemmodell, Prädiktions–Kalman–Filter, Innovationsmodell, Innovationen und Meßdaten

5.9 Praktische Probleme – Filterdivergenz – Divergenz– und Plausibilitätstests

Dieser Unterpunkt widmet sich einigen speziellen Eigenschaften von Kalman–Filtern und den sich daraus ergebenden praktischen Aspekten. Er stellt damit die Überleitung zur praktischen Anwendung von Kalman–Filtern dar, die im nächsten Kapitel betrachtet wird. Wir fragen uns in diesem Zusammenhang, wodurch eigentlich die Wirkungsweise des Kalman–Filters gekennzeichnet ist. Wir betrachten dazu den Kovarianzzyklus des Kalman–Filters. Wir wissen, daß die Prädiktionsfehlerkovarianzmatrix $P^{-}(k)$, wie auch die Filterfehlerkovarianzmatrix $P^{+}(k)$ nicht nur die bedingten Momente des Zustandes, sondern auch die unbedingten Fehlerkovarianzen der Zustandsschätzung darstellen. Das Kalman–Filter berechnet also gewissermaßen parallel zur Verarbeitung der Meßwerte laufend die aktuellen Fehlerkovarianzen – es kennt damit die stochastischen Momente des realen Prädiktions– und Estimationsfehlers, den es verursacht. Diese Kenntnis versetzt das Kalman–Filter in die Lage, die neuen Meßwerte entsprechend seiner eigenen Unsicherheit zu gewichten und damit seine eigenen Fehler optimal auszugleichen. Dieses Wirkungsprinzip ist die eigentliche Erklärung für die Leistungsfähigkeit des Kalman–Filters, es stellt andererseits auch ein gewisses Risiko dar. Dazu fragen wir uns, welche Rolle die Systemmodellierung bei diesen Betrachtungen spielt, und welche Konsequenzen ein falsches Systemmodell bezüglich der Gültigkeit der Fehlerkovarianzen für die Realität besitzt.

Das Kalman–Filter wurde unter der Voraussetzung abgeleitet, daß die modellmäßige Beschreibung der Realität bekannt ist. Alle nicht bekannten stochastischen Einflüsse werden durch die weißen, gaußverteilten Eingangsterme, alle stochastischen Meßfehler werden durch weißes, gaußverteiltes Meßrauschen bekannter Kovarianz beschrieben. Damit ist das Kalman–Filter ein stochastisches und kein statistisches Filter, denn es wird die vollständige Kenntnis der stochastischen Parameter der Realität vorausgesetzt. Tatsächlich liegen aber in der Praxis nur statistische Kenntnisse dieser Parameter vor, d.h., diese Parameter werden in der Praxis mit statistischen Methoden ermittelt. Die Praxis und praktische Probleme stellen damit gewissermaßen mehr oder weniger genaue Beobachtungen des stochastischen und wahrscheinlichkeitstheoretischen Problems dar, welches durch das Kalman–Filter gelöst wird. Nur im Falle der vollständigen Übereinstimmung des praktischen Problems und seiner stochastischen Modellierung besitzt das Kalman–Filter dann genaue Kenntnisse der realen Welt. Nur in diesen Fällen werden die im Kalman–Filter intern berechneten Fehlerkovarianzmatrizen die real begangenen Estimationsfehler wirklich richtig beschreiben. Umgekehrt kann man sagen, daß im Falle einer falschen stochastischen Modellierung der Realität das Kalman–Filter ein falsches

'Bild' der Realität erhält, es arbeitet damit in einer 'Scheinrealität' und kann seine real begangenen Fehler demzufolge auch nicht richtig berechnen. Es berechnet die Fehlerkovarianzen entsprechend seines internen Filtermodells und nicht entsprechend des tatsächlichen Realitätsmodells, die Folge ist eine Nichtübereinstimmung von 'Modell' und 'Wirklichkeit'. Man kann das sich aus dieser Nichtübereinstimmung ergebende Filterverhalten grundsätzlich als nicht optimal bezeichnen, muß dabei aber zwei extrem unterschiedliche Verhaltensweisen des Filters unterscheiden:

1.) Der erste Fall ist dadurch gekennzeichnet, daß das Kalman–Filter aufgrund seines falschen Systemmodells seine eigenen Fehlerkovarianzen zu groß berechnet. Es überschätzt damit seine eigenen Fehler und unterschätzt damit die Bedeutung seines internen Systemmodells. Die Folge davon ist eine zu starke Gewichtung der Meßwerte und eine zu schwache Gewichtung der eigenen Prädiktionsschätzwerte. Es werden damit die Meßfehler nicht optimal unterdrückt, die Schätzwerte bleiben zu verrauscht – das Filterverhalten ist damit suboptimal, aber nicht im eigentlichen Sinn besorgniserregend.

2.) Der zweite Fall ist dadurch charakterisiert, daß das Kalman–Filter seine internen Fehlerkovarianzmatrizen zu klein berechnet. Es unterschätzt damit seine eigenen Fehler und schätzt damit seine eigenen Zustandskenntnisse zu optimistisch ein. Die Folge ist eine zu schwache Meßwertgewichtung und zu starke Gewichtung des internen Systemmodells. Das Kalman–Filter überschätzt seine Genauigkeit, als Folge davon verwendet es die in den aktuellen Meßwerten enthaltene Information nicht entsprechend ihrer Bedeutung. Hier muß man nun zwischen latent katastrophalem Filterverhalten und tatsächlich katastrophalem Filterverhalten unterscheiden:

   a) Im ersten Fall liefert das Kalman–Filter zu optimistische Schätzwerte des realen Zustandes. Diese Schätzwerte sind fehlerhafter als vom Kalman–Filter eingeschätzt, stimmen aber näherungsweise mit ihren Sollwerten überein. Ein solches Verhalten bezeichnet man mit 'anscheinender Filterdivergenz' (apparent divergence) oder vielleicht nicht so wortgetreu, aber besser mit latenter Filterdivergenz. Der Ausdruck latent kennzeichnet die Tatsache, daß das so beschriebene Filterverhalten prinzipiell jederzeit von der anscheinenden Divergenz in die tatsächliche Divergenz übergehen kann, die im folgenden beschrieben wird.

   b) Die tatsächliche Divergenz (true divergence) ist die katastrophale Variante suboptimalen Filterverhaltens. Dieses divergente Filterverhalten ist dadurch gekennzeichnet, daß das Kalman–Filter seine eigenen Fehlerkovarianzen permanent unterschätzt, es gewichtet damit die Meßwerte viel zu schwach und tut damit nichts, um die reale Fehlerkovarianz zu verringern. Die Folge davon ist ein Anwachsen der realen Fehlerkovarianz, während das Kalman–Filter fortfährt, seine eigenen Fehler zu unterschätzen. Reale und intern berechnete Fehlerkovarianz laufen mit zunehmender Zeit immer weiter auseinander, sie divergieren. Durch die zu schwache Gewichtung der Meßwerte folgen auch die Schätzwerte nicht mehr dem realen Verlauf, sie folgen dem durch das interne Filtermodell vorgegebenen Extrapolationsverlauf – damit divergieren auch Schätzwertverlauf und Sollwertverlauf. Diese beiden Divergenzfälle sind in Abbildung 5.4 prinzipiell dargestellt.

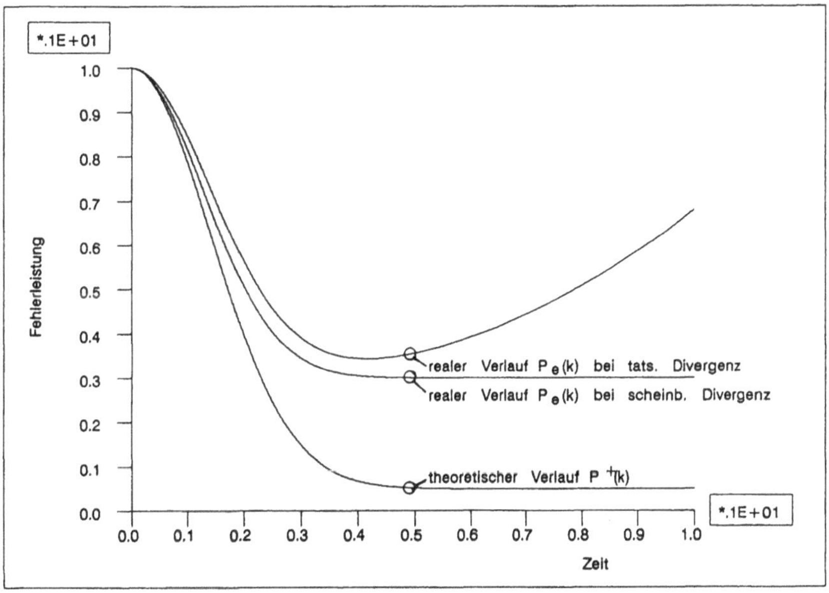

Bild 5.4: Zwei Formen divergenten Filterverhaltens

Die wirklich fatale Eigenschaft der Divergenz ist ihre Nichterkennbarkeit aus dem vom Filter berechneten Schätzwertverlauf oder aus den intern berechneten Filterfehlerkovarianzdaten. Die intern berechnete Fehlerkovarianzmatrix erweckt den Eindruck eines sehr guten Filterverhaltens, die berechneten Schätzwertverläufe folgen dem internen Filtermodell und besitzen damit genau den erwarteten Verlauf. Im Falle der echten Divergenz sind aber sowohl Kovarianzverlauf als auch Schätzwertverlauf vollständig falsch und können damit in einem On–line–Regelsystem katastrophale Folgen haben.

Filterdivergenz muß demzufolge unter allen Umständen verhindert oder unterdrückt werden. Dabei sind grundsätzlich zwei Vorgehensweisen denkbar:

1.) Erkennung von divergentem Filterverhalten und Anwendung von Notfallmaßnahmen.
2.) Verhinderung von Filterdivergenz durch geeignete Maßnahmen.

Der erste Ansatz scheint zunächst nur auf eine Beseitigung des Phänomens, nicht aber der Ursachen abzuzielen, während der zweite Ansatz versucht, eben diese Ursachen der Divergenz zu beseitigen. Dennoch besitzen beide Ansätze ihre Berechtigung, wie im folgenden deutlich werden wird. Voraussetzung für die Vermeidung divergenten Filterverhaltens ist zunächst die Ursachenforschung für Filterdivergenz.

5.9.1 Ursachen der Filterdivergenz

Die prinzipiellen Ursachen für divergentes Filterverhalten liegen in der falschen Berechnung der internen Filterfehlerkovarianzmatrizen. Eine falsche Berechnung dieser Fehlerkovarianzmatrizen und damit Divergenz kann verursacht werden durch:

1.) Falsche Systemmodelle
    a) durch Nichtmodellierung wesentlicher Phänomene
    b) zu geringe Driving–Noise–Varianzen und damit zu geringe Einschätzung der Modellierungsunsicherheiten in Verbindung mit zu großer Wahl der Meßfehlerkovarianzen
    c) Koeffizientenfehler der Systemmatrizen durch Quantisierungseinflüsse
2.) a) Stochastisch nicht vollständig beobachtbare oder steuerbare Systemmodelle
    b) Schwach beobachtbare Systemzustände
3.) Rechenfehler durch Rundungseinflüsse bei der Berechnung der Kalman–Gains und der Varianzen

Die aufgeführten Ursachen sind weder notwendige noch hinreichende Ursachen für divergentes Filterverhalten. So müssen Modellierungsfehler nicht unbedingt zu divergentem Filterverhalten führen, wenn die Kovarianzmatrizen des Driving–Noise nur genügend groß gewählt werden. In diesem Zusammenhang kann man festhalten, daß eine Vergrößerung der Kovarianzmatrix des Prozeßrauschens die Schätzfehlerkovarianzmatrizen vergrößert und damit im allgemeinen die Divergenzgefahr verringert. Ebensowenig müssen Koeffizientenfehler oder Rechenfehler zu Filterdivergenz führen, wenn das Filtermodell stochastisch beobachtbar und steuerbar ist und damit die globale, gleichmäßige und asymptotische Stabilität des Kalman–Filters gewährleistet. Wir erinnern uns, daß in diesem Zusammenhang die stochastische Beobachtbarkeit und Steuerbarkeit hinreichende, jedoch nicht notwendige Bedingungen für stabiles Filterverhalten darstellten. Sind diese Bedingungen jedoch nicht erfüllt, nimmt die Gefahr für divergentes Filterverhalten aufgrund einer oder mehrerer der aufgeführten anderen Divergenzursachen deutlich zu. In der Regel müssen mehrere der aufgeführten Ursachen gleichzeitig zusammentreffen, um divergentes Filterverhalten zu verursachen. Daraus ergibt sich schon, daß es kein Patentrezept geben kann, Divergenz mit Sicherheit auszuschließen, da einige der aufgeführten möglichen Divergenzursachen prinzipiell immer in der Realität auftreten: reale Filterimplementierungen geschehen immer mit endlicher Genauigkeit, reale Systemmodelle sind nie fehlerfrei, reale Zustände sind in der Regel nicht alle gleichzeitig direkt beobachtbar und nur das quantitative Zusammenwirken der Ursachen entscheidet schließlich über divergentes oder nicht–divergentes Filterverhalten. Es gibt eine Vielzahl an Untersuchungen der Divergenzursachen und ihrer Vermeidung, z.B. /39, 40, 41/. In der Mehrzahl der dem Verfasser bekannten Veröffentlichungen wird der Verlust der Positivdefinitheit der Filterfehlerkovarianzmatrix als die wesentliche Ursache der Divergenz bezeichnet, und die vorgestellten Abhilfemaßnahmen zielen dann konsequenterweise darauf ab, die Positivdefinitheit dieser Matrix zu sichern. Unter diesen Abhilfemaßnahmen findet sich auch eine Vielzahl von relativ heuristischen Methoden, deren Begründung nur in ihrer Wirkung, nicht aber in ihrer sachlichen Richtigkeit liegt. In /39/ findet sich dagegen ein Ansatz zur Divergenzanalyse, bei dem die Divergenz mit der Instabilität der realen Filterfehlerkovarianzmatrix identifiziert wird. Dieser sehr leistungsfähige Ansatz wird in /43/ auch zur Analyse des Rundungs– und des daraus resultierenden Divergenzverhaltens von speziellen Kalman–Filtern verwendet. In /45/ dient dieser Ansatz zur Verdeutlichung der Zusammenhänge von Divergenzverhalten, Rundungsverhalten und gewählter Zustandsraumdarstellung. Eine ähnliche Betrachtungsweise wird bei der Leistungsfähigkeitsanalyse von Kalman–Filtern unter dem Oberbegriff der 'Performance–Analyse' verwendet, mit der das reale Filterverhalten vor einer Filterimplementierung analysiert und auf Divergenzfreiheit untersucht werden kann, z.B. /47, 48, 49, 50, 51, 52, 53/.

5.9 2 Kennzeichen der Filterdivergenz

Wenn also in vielen praktischen Fällen ein Divergenz'restrisiko' offenbar nicht ganz ausgeschlossen werden kann, stellt sich nun die auch schon zu Beginn dieser Überlegungen angerissene Frage, wie sich divergentes Filterverhalten erkennen läßt.

Dazu gehen wir von folgender Überlegung aus. Divergenz beschreibt offensichtlich das Phänomen, daß Filtermodell und Realität nicht übereinstimmen. Der einzige Prozeß des Kalman–Filters, in dem das interne Filtermodell mit der realen Außenwelt in Form der auftretenden Messungen verglichen wird, ist der Innovations– oder Residuenprozeß, in dem die filterintern berechneten Voraussageschätzwerte mit den realen Messungen verglichen werden. Aus diesem Vergleichsprozeß ergibt sich die neue Information (Innovation), die zur Korrektur der Prädiktion herangezogen wird. Divergenz beschreibt das Phänomen, daß diese Korrekturinformation nicht richtig zur Korrektur der Filterschätzwerte herangezogen wird. Als Konsequenz wird sich divergentes Filterverhalten in dieser Innovationssequenz nachweisen lassen. Was wissen wir über die Eigenschaften der Innovationssequenz, wenn das Kalman–Filter ordnungsgemäß arbeitet? Die Eigenschaften der Innovationssequenz ergeben sich direkt aus der Optimalität des Kalman–Filters und sollen noch einmal kurz zusammengestellt werden:

1.) Die Innovationssequenz ist orthogonal zu allen zurückliegenden Zustandsschätzwerten und orthogonal zum Prädiktionsschätzwert.
2.) Die Innovationssequenz ist weiß.
3.) Die Innovationssequenz ist eine Musterfunktion eines Gaußprozesses.
4.) Die Innovationssequenz ist erwartungswertfrei und besitzt eine bekannte Kovarianzmatrix.

Damit sind die stochastischen Eigenschaften der Innovationssequenz vollständig bekannt. Im Falle der Divergenz verliert die Innovationssequenz einige oder alle der aufgelisteten Eigenschaften, so daß die Residuen– oder Innovationssequenz eines divergierenden Kalman–Filters folgende Eigenschaften besitzt:

1.) Das Kalman–Filter korrigiert die Prädiktionswerte nicht mehr optimal, demzufolge verliert die Innovationssequenz ihre Orthogonalität zum jeweiligen Prädiktionsschätzwert und zu allen zurückliegenden Innovationswerten.
2.) Die Innovationssequenz ist damit keine orthogonale Sequenz mehr und damit auch nicht mehr weiß.
3.) Die Innovationssequenz bleibt nicht unbedingt erwartungswertfrei.
4.) Der Innovationsprozeß bleibt in der Regel ein Gaußprozeß, wenn das Realitätsmodell ein Gauß–Markov–Modell ist. (Die Gaußeigenschaft bleibt auch unter gewissen allgemeineren Bedingungen erhalten, auf die wir nicht weiter eingehen wollen)

5.) Die Kovarianzmatrix der Innovationssequenz nimmt andere als die theoretisch bekannten Werte des Filtermodells an.

6.) Die Realisationen der Innovationssequenz wachsen bei echter Divergenz in der Regel über alle Grenzen und zeigen dabei über lange Zeiträume ein ausgesprochen monotones Verhalten. Dieser ausgeprägte Trend macht eine Divergenzerkennung auch mit einfachen Mitteln möglich.

Vor allem die im letzten Unterpunkt beschriebene Trendeigenschaft der Innovationssequenz und das Anwachsen der Realisationen machen eine Divergenzerkennung in vielen Fällen relativ einfach. Man vergleicht die Absolutwerte der Innovationsrealisationen mit einer wählbaren Schwelle (etwa der 3–σ–Grenze, die sich aus der im voraus bekannten Residuenkovarianz ergibt), und bei einer längeren Überschreitung dieser Schwelle wird Divergenzalarm ausgelöst. Ein Beispiel für die Innovationssequenz eines divergierenden Kalman–Filters ist in Abbildung 5.5 dargestellt.

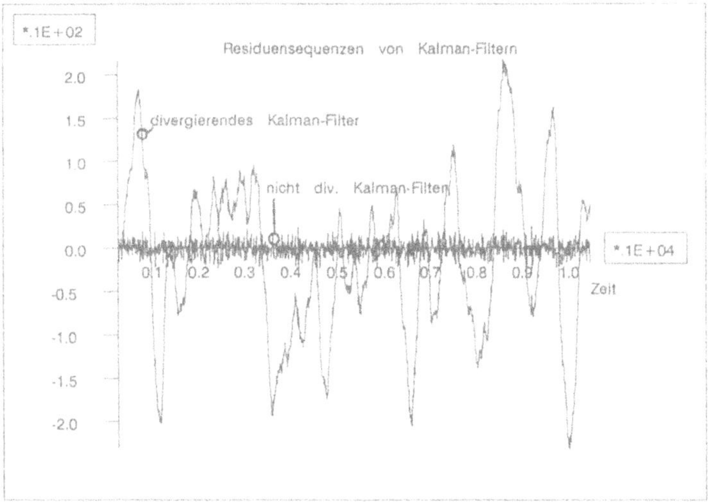

Bild 5.5: Innovations–oder Residuensequenzen von Kalman–Filtern

5.9.3 Plausibilitätskontrolle von Meßwerten

Ein eng mit der Problematik der Divergenzerkennung verknüpftes Konzept ist die sogenannte Plausibilitätskontrolle von Meßwerten. Darunter wird die Vorabuntersuchung von Meßwerten verstanden, ob diese der statistischen Grundgesamtheit, die durch das dem Filter zugrundeliegende Fehlermodell beschrieben wird, zugehören, oder als sogenannte 'Ausreißer' zu betrachten und entsprechend zu behandeln sind. Ausreißer sind in diesem Sinne alle jene Meßwerte, deren Meßfehler nicht durch das Fehler– oder Beobachtungsmodell beschrieben werden. Man erkennt daraus die Subjektivität des Begriffes 'Ausreißer'. Ein falsches Beobachtungsmodell, wie es etwa einem divergierenden Kalman–Filter zugrunde liegen könnte, läßt alle 'richtigen' Meßdaten als Ausreißer erscheinen. Eine eventuell implementierte Ausreißerkontrolle und –unterdrückung würde dann mit den Ausreißern auch die einzige Möglichkeit, das divergente Filterverhalten zu verändern, unterdrücken. Demzufolge muß bei der Ausreißerkontrolle und –beseitigung sehr vorsichtig vorgegangen werden, damit nicht unkritisch alle 'nicht ins Konzept passenden' Meßwerte als Ausreißer 'gebranntmarkt' und beseitigt werden, wodurch eine eventuell vorhandene Divergenzneigung des Kalman–Filters noch verstärkt würde. In einem solchen Fall kann dann aus der scheinbaren oder latenten Divergenz sehr leicht eine tatsächliche Divergenz werden.

Die Ausreißerkontrolle kann aber, trotz der mit ihr verbundenen Problematik, sehr wertvoll sein, z.B. in den Fällen, in denen sporadisch sehr starke Störphänomene auftreten, deren Auftreten aber so unregelmäßig oder selten ist, daß der Nutzen ihrer Modellierung den damit verbundenen Aufwand nicht rechtfertigen würde. In diese Kategorie gehören beispielsweise Netzstörungen durch Einschalten starker elektrischer Verbraucher, vorübergehende starke Bündelfehler der Meßdatengeber, zeitweilige Totalausfälle von Sensoren etc. In allen diesen Fällen kann die Ausreißerkontrolle und –detektion sehr wertvoll sein, da Meßgerätefehler oder –ausfälle in bestimmten Situationen (kritischen Regelsystemen) unbedingt sofort erkannt werden müssen. Beispiele für eine derartige Entdeckung von Instrumentenfehlern mit Hilfe von Kalman–Filtern in Verbindung mit einer im Kalman–Filter implementierten Plausibilitätskontrolle werden in /54, 55, 56/ behandelt. Eine weitere wichtige Anwendung der Plausibilitäts– und Ausreißerkontrolle macht von der Extrapolationseigenschaft des Kalman–Filters Gebrauch, wenn die entsprechenden Kalman–Gains bewußt zu Null gesetzt werden. In diesen Fällen werden die Prädiktionsschätzwerte nicht mehr durch die Messungen korrigiert, und das Kalman–Filter berechnet nur noch Prädiktionen. Wenn die Ausreißerkontrolle einige oder eine Folge von Ausreißern meldet, dann wird durch Nullsetzen der Kalman–Gains dafür gesorgt, daß diese Ausreißer zum einen nicht das Filterverhalten unnötig verschlechtern. Zum anderen liefert das Kalman–Filter trotzdem noch brauchbare Prädiktionsschätzwerte, so daß man trotz zeitweiliger Meßwertausfälle nicht auf Schätzwerte zu verzichten braucht.

5.9.3.1 Hypothesentests mit Likelihood–Funktionen

Aus Platzgründen kann hier leider nicht sehr detailliert auf die Technik der Plausibilitätstests mit Hilfe der Entscheidungstheorie eingegangen werden. Für eine fundierte Darstellung der entscheidungstheoretischen Grundlagen wird auf die spezielle Literatur, z.B. /5, 6/, verwiesen, Beschreibungen der Anwendung sowie der theoretischen Grundlagen von Hypothesentests zur Plausibilitätskontrolle finden sich in /44, 54, 55, 56, 57, 58, 59/. Wir wollen an dieser Stelle, ohne Anspruch auf Vollständigkeit zu erheben, nur kurz auf die prinzipielle Vorgehensweise bei der Plausibilitätskontrolle eingehen und die theoretischen Grundlagen in Form von Likelihoodverhältnistests kurz andiskutieren.

Entscheidungstheoretisch betrachtet lassen sich in Bezug auf die Ausreißerproblematik zwei verschiedene Hypothesen formulieren:

$$\begin{aligned} &H_0 : \text{Es liegt kein Ausreißer vor} \\ &H_1 : \text{Es liegt ein Ausreißer vor} \end{aligned} \tag{5.375}$$

Die den Hypothesen zugeordneten Entscheidungen, die von einem Entscheidungsverfahren getroffen werden, lauten dann d_0 bzw. d_1. Grundlage einer Entscheidungsfindung sind allgemein Informationen in Form von vorliegenden Meßwerten oder auch den Meßwerten äquivalente Zahlenfolgen, wie etwa die Innovationssequenz. Diese enthält, wie in den vorherigen Unterpunkten gezeigt wurde, die gleiche Information wie die Meßwerte, besitzt aber im Vergleich zu diesen einige ausgezeichnete Eigenschaften (wie etwa der Weißheit), die eine Betrachtung dieser Sequenz anstelle der originalen Meßdaten empfiehlt. Wir wollen die Entscheidungsfindung abhängig machen von der Wahrscheinlichkeit, mit der die entsprechende Hypothese gilt, d.h., wir betrachten die bedingte Wahrscheinlichkeitsverteilungsdichte der Innovationssequenz unter der Bedingung der Hypothese H_0 und der Hypothese H_1 und vergleichen beide Wahrscheinlichkeitswerte miteinander. Dazu führen wir zunächst den vergrößerten Innovations– oder Residuenvektor $\underline{r}_a(k)$ mit dem vergrößerten Realisationenvektor $\underline{r}_{ak}$ ein, der definiert ist durch:

$$\underline{r}_a(k) = \begin{bmatrix} \underline{r}(k-N+1) \\ \underline{r}(k-N+2) \\ \cdot \\ \cdot \\ \cdot \\ \underline{r}(k) \end{bmatrix} \quad \text{mit } \underline{r}_{ak} = \begin{bmatrix} \underline{r}_{k-N+1} \\ \cdot \\ \cdot \\ \cdot \\ \underline{r}_k \end{bmatrix} \tag{5.376}$$

Der Wert von N bestimmt die Länge des zur Entscheidungsfindung analysierten Datensatzes.

Der Wert der auf die Hypothese H_0 bedingten Verteilungsdichtefunktion:

$$f_{\underline{r}_a(k)/H_0}(\underline{r}_{ak}) \tag{5.377a}$$

ist ein Maß für die Wahrscheinlichkeit, daß die Residuensequenz die Realisation $\underline{r}_{ak}$ annimmt, wenn die Hypothese H_0 gilt. Analog liefert die bedingte Verteilungsdichtefunktion:

$$f_{\underline{r}_a(k)/H_1}(\underline{r}_{ak}) \tag{5.377b}$$

ein Maß für die Wahrscheinlichkeit, mit der die Residuensequenz $\underline{r}_a(k)$ den Wert $\underline{r}_{ak}$ annimmt, wenn die Hypothese H_1 gilt. Eine einfache Entscheidungsregel besagt nun, daß diejenige Hypothese die wahrscheinlichere ist, deren Beobachtung in Form der Residuensequenz die größere Wahrscheinlichkeit besitzt. Dies bedeutet, wir wählen die Entscheidung d_0, wenn $f_{\underline{r}_a(k)/H_0}(\underline{r}_{ak})$ größer ist als $f_{\underline{r}_a(k)/H_1}(\underline{r}_{ak})$ und umgekehrt. Formelmäßig abgekürzt lautet dann die Entscheidungsregel:

$$f_{\underline{r}_a(k)/H_1}(\underline{r}_{ak}) \underset{d_1}{\overset{d_0}{\lessgtr}} f_{\underline{r}_a(k)/H_0}(\underline{r}_{ak}) \tag{5.378a}$$

Unter Umständen möchte man erst die Entscheidung d_1 treffen, wenn die Wahrscheinlichkeit für H_1 ein Vielfaches größer als die Wahrscheinlichkeit für H_0 ist. Dann lautet das allgemeinere Entscheidungsgesetz:

$$f_{\underline{r}_a(k)/H_1}(\underline{r}_{ak}) \underset{d_1}{\overset{d_0}{\lessgtr}} q \cdot f_{\underline{r}_a(k)/H_0}(\underline{r}_{ak}) \tag{5.378b}$$

oder umgeformt:

$$\lambda(\underline{r}_{ak}) = \frac{f_{\underline{r}_a(k)/H_1}(\underline{r}_{ak})}{f_{\underline{r}_a(k)/H_0}(\underline{r}_{ak})} \underset{d_1}{\overset{d_0}{\lessgtr}} q \tag{5.378c}$$

Hierbei stellt $\lambda(\underline{r}_{ak})$ ein Wahrscheinlichkeitsverhältnis dar. Man kann nun zeigen, daß die Residuensequenz eines Kalman–Filters unter relativ allgemeinen Bedingungen gaußverteilt, jedoch im Fall eines divergierenden Kalman–Filters nicht mehr unbedingt weiß ist. Aufgrund dieser Tatsache ergibt sich durch die Bildung des natürlichen Logarithmus des Wahrscheinlichkeitsverhältnisses nach Gl. 5.378c eine Vereinfachungsmöglichkeit, und man kann schreiben.

$$l(\underline{r}_{ak}) = 2\cdot \ln(\lambda(\underline{r}_{ak})) = 2\cdot \ln\{\frac{f_{\underline{r}_a(k)/H_1}(\underline{r}_{ak})}{f_{\underline{r}_a(k)/H_0}(\underline{r}_{ak})}\} \underset{d_1}{\overset{d_0}{\lessgtr}} 2\cdot \ln(q) = \epsilon \qquad (5.378d)$$

$l(\underline{r}_{ak})$ ist ein logarithmisches Wahrscheinlichkeitsverhältnis und wird 'Likelihoodverhältnis' (Likelihoodratio) genannt. Durch Anwendung der Logarithmusrechenregeln erhalten wir sofort aus Gl. 5.378d:

$$l(\underline{r}_{ak}) = 2\cdot \ln(f_{\underline{r}_a(k)/H_1}(\underline{r}_{ak})) - 2\cdot \ln(f_{\underline{r}_a(k)/H_0}(\underline{r}_{ak})) = l_1(\underline{r}_{ak}) - l_0(\underline{r}_{ak}) \qquad (5.378e)$$

Die Ausdrücke $l_1(\underline{r}_{ak})$ und $l_0(\underline{r}_{ak})$ werden Likelihoodfunktionen genannt.
Diese Likelihoodfunktionen liefern die Wahrscheinlichkeiten für die jeweiligen Hypothesen H_1 und H_0, und eine Entscheidungsfindung besteht im Prinzip nur aus einem Vergleich der von den Likelihoodfunktionen gelieferten Likelihoodwerte

Wir verwenden nun die Vorkenntnisse, die wir über die Residuen– oder Innovationssequenz der Hypothesen H_0 und H_1 bezüglich der entsprechenden Verteilungsdichtefunktionen besitzen. Wir schreiben:

$$H_0: \longrightarrow f_{\underline{r}_a(k)/H_0}(\underline{r}_{ak}) = [(2\pi)^{N\cdot m/2}\cdot |P_{aa0}(k)|^{1/2}]^{-1}$$

$$\cdot \exp\{-1/2\cdot \underline{r}_{ak}^T\cdot P_{aa0}(k)^{-1}\cdot \underline{r}_{ak}\} \qquad (5.379a)$$

$$H_1 \longrightarrow f_{\underline{r}_a(k)/H_1}(\underline{r}_{ak}) = [(2\pi)^{N\cdot m/2}\cdot |P_{aa1}(k)|^{1/2}]^{-1}$$

$$\cdot \exp\{-1/2\cdot (\underline{r}_{ak}-\underline{\mu}_a(k))^T\cdot P_{aa1}(k)^{-1}\cdot (\underline{r}_{ak}-\underline{\mu}_a(k))\} \qquad (5.379b)$$

mit den Parametern:

$$P_{aa0}(k) = E\{\underline{r}_a(k)\cdot \underline{r}_a(k)^T\}_{|H_0} \tag{5.380a}$$

$$P_{aa1}(k) = E\{[\underline{r}_a(k)-E\{\underline{r}_a(k)\}]\cdot [\underline{r}_a(k)-E\{\underline{r}_a(k)\}]^T\}_{|H_1} \tag{5.380b}$$

$$\underline{\mu}_a(k) = E\{\underline{r}_a(k)\}_{|H_1} \tag{5.380c}$$

Die Kovarianzmatrix $P_{aa0}(k)$ in Gleichung 5.380a weist wegen der Unabhängigkeit der Residuen im Optimalfall Blockdiagonalgestalt auf und wird im Kalman–Filter laufend berechnet. Die Parameter $P_{aa1}(k)$ und $\underline{\mu}_a(k)$ kennzeichnen den Ausreißerfall und sind im allgemeinen nicht bekannt. Damit nehmen wir an, daß sich der Ausreißerfall in der Residuensequenz so auswirkt, daß sich die Kovarianzmatrix verändert, und daß die vorher erwartungswertfreie Residuensequenz durch Ausreißer oder Sensorausfall einen Erwartungswert bekommen kann.

Wendet man diese Art der Entscheidungsfindung zur Divergenzüberprüfung an, muß man sogar noch berücksichtigen, daß die Matrix $P_{aa1}(k)$ nicht einmal mehr Blockdiagonalform besitzt. Einsetzen der Gl. 5.379a und 5.379b in Gl. 5.378d ergibt für das Likelihoodverhältnis:

$$l(\underline{r}_{ak}) = \ln|P_{aa0}(k)| - \ln|P_{aa1}(k)|$$

$$+ \underline{r}_{ak}^T\cdot P_{aa0}(k)^{-1}\cdot \underline{r}_{ak} - (\underline{r}_{ak}-\underline{\mu}_a(k))^T\cdot P_{aa1}(k)^{-1}\cdot (\underline{r}_{ak}-\underline{\mu}_a(k)) \tag{5.381}$$

Dieses Likelihoodverhältnis muß zur Entscheidungsfindung nach Gl. 5.378d fortlaufend für jeden Zeitpunkt k berechnet werden. Als Schwierigkeit bei der Berechnung erweist sich die Tatsache, daß die Parameter $P_{aa1}(k)$ und $\underline{\mu}_a(k)$ der Residuensequenz im Ausreißerfall nicht bekannt sind. Bei konsequenter Anwendung entscheidungstheoretischer Prinzipien erhält man dann die Aussage, daß diese unbekannten Parameter zunächst aus der Residuensequenz geschätzt werden müssen. In der Regel führt ein solcher Ansatz wegen der fehlenden a–priori–Kenntnisse auf Maximum–Likelihood–Schätzverfahren zur Bestimmung der unbekannten Parameter (siehe auch Kapitel 3.16.3). Mit diesen geschätzten Parametern muß dann das Likelihoodverhältnis nach Gl. 5.381 bestimmt werden. Dieses Verfahren nennt sich verallgemeinertes Maximum–Likelihood–Detektionsverfahren /44, 58, 59/ und ist im allgemeinen sehr rechenintensiv und für die Plausibilitätskontrolle von Meßwerten in der Regel zu aufwendig.

Zu einer starken Vereinfachung des Berechnungsaufwandes gelangt man, indem man von einer ausdrücklichen Formulierung einer Alternativhypothese H_1 absieht und nur dann die Entscheidung d_1 trifft, wenn der Likelihoodwert für die Hypothese H_0 unter einen gewissen Schwellwert gesunken ist. Damit lautet das vereinfachte Entscheidungskriterium:

$$f_{\underline{r}_a(k)/H_0}(\underline{r}_{ak}) \underset{d_0}{\overset{d_1}{\lesseqgtr}} q' \tag{5.382a}$$

bzw. mit der Likelihoodfunktion:

$$l_0(\underline{r}_{ak}) \underset{d_0}{\overset{d_1}{\lesseqgtr}} 2\cdot \ln(q') = \epsilon' \tag{5.382b}$$

Die Likelihoodfunktion nach Gl. 5.382b ergibt sich durch Einsetzen von Gl. 5.379a zu:

$$l_0(\underline{r}_{ak}) = -\ln\{(2\pi)^{N\cdot m}\cdot |P_{aa0}(k)|\} - \underline{r}_{ak}^T\cdot P_{aa0}(k)^{-1}\cdot \underline{r}_{ak} \tag{5.382c}$$

Wir berücksichtigen nun die Weißheit der Residuensequenz, die sich in der Blockdiagonalgestalt von $P_{aa0}(k)$ äußert, so daß wir schreiben können:

$$\ln|P_{aa0}(k)| = \ln\{\prod_{i=k-N+1}^{k} |P_{\underline{r},\underline{r}}(i)|\} = \sum_{i=k-N+1}^{k} \ln\{|P_{\underline{r},\underline{r}}(i)|\} \tag{5.383a}$$

$P_{\underline{r},\underline{r}}(i)$ ist die Kovarianzmatrix des i–ten Residuums und gegeben durch:

$$P_{\underline{r},\underline{r}}(i) = E\{\underline{r}(i)\cdot \underline{r}(i)^T\} = C(i)\cdot P^-(i)\cdot C(i)^T + R(i) \tag{5.383b}$$

Diese Kovarianzmatrix wird im Kalman–Filter fortlaufend als Teil des Kovarianzenzyklus berechnet.

Weiterhin gilt aufgrund der Blockdiagonalität von $P_{aa0}(k)$:

$$\underline{r}_{ak}^T\cdot P_{aa0}(k)^{-1}\cdot \underline{r}_{ak} = \sum_{i=k-N+1}^{k} \underline{r}_i^T\cdot P_{\underline{r},\underline{r}}(i)^{-1}\cdot \underline{r}_i \tag{5.383c}$$

Damit erhalten wir mit den Gleichungen 5.383a – 5.383c für die Likelihoodfunktion $l_0(\underline{r}_{ak})$ nach Gl. 5.382c zum Zeitpunkt k in Verbindung mit dem Entscheidungsgesetz nach Gl. 5.382b:

$$l_0(\underline{r}_{ak}) = -N\cdot m\cdot \ln(2\pi) - \sum_{i=k-N+1}^{k} \ln|P_{\underline{r},\underline{r}}(i)| - \sum_{i=k-N+1}^{k} \underline{r}_i^T\cdot P_{\underline{r},\underline{r}}(i)^{-1}\cdot \underline{r}_i \underset{d_0}{\overset{d_1}{\lesseqgtr}} = \epsilon' \tag{5.384}$$

Gl. 5.384 beschreibt das Entscheidungsverfahren, welches aus der Analyse der letzten N Realisationen der Residuensequenz eine Entscheidung trifft, ob das k–te Residuum ausreißerverdächtig ist oder nicht. Die ersten beiden Terme ändern sich nur langsam über der Zeit und hängen nicht von dem Wert der analysierten Residuen ab. Nur die letzte Summe hängt von den aktuellen Residuenrealisationen ab. Ist der Likelihoodwert kleiner als eine vorgegebene Schwelle ϵ', wird die Entscheidung 'Ausreißer' getroffen und eine entsprechende Ausreißerbehandlung eingeleitet, ansonsten setzt das Filter seine Berechnung fort.

Der Spezialfall skalarer Beobachtungen offenbart die Wirkungsweise des Plausibilitätstests sehr gut. In diesem Fall erhalten wir nämlich aus Gl. 5.384:

$$l_0(\underline{r}_{ak}) = -N\cdot \ln(2\pi) - \sum_{i=k-N+1}^{k} \ln(\sigma_r^2(i)) - \sum_{i=k-N+1}^{k} \frac{r_i^2}{\sigma_r^2(i)} \underset{d_0}{\overset{d_1}{\lesseqgtr}} = \epsilon' \tag{3.385a}$$

Dies bedeutet, man vergleicht die Summe der quadrierten und auf ihre Varianz normierten Residuenrealisationen mit einer Schwelle. Wird diese Schwelle überschritten, wird ein Ausreißeralarm ausgelöst. Reduziert man die Fensterlänge auf N=1, erhält man aus Gl. 3.385a:

$$l_0(r_k) = -\ln(2\pi) - \ln(\sigma_r^2(k)) - \frac{r_k^2}{\sigma_r^2(k)} \underset{d_0}{\overset{d_1}{\lesseqgtr}} = \epsilon' \tag{3.385b}$$

mit:

$$\sigma_r^2(k) = C(k)\cdot P^-(k)\cdot C(k)^T + R(k) \tag{3.385c}$$

Mit einer solchen einfachen Schwellenabfrage kann bereits eine sehr wirksame Ausreißerkontrolle von Meßwert zu Meßwert durchgeführt werden. Mit dieser Abfrage werden strenggenommen nicht solche Meßwerte aussortiert, die mit einer gegebenen Wahrscheinlichkeit Ausreißer sind, sondern deren Wahrscheinlichkeit, kein Ausreißer zu sein, geringer ist als eine gewisse Schwellwahrscheinlichkeit. Diese Schwellwahrscheinlichkeit ist ein Designparameter und wird in der Praxis so eingestellt, daß sich eine wirksame Unterdrückung der offensichtlichen Ausreißer ergibt, andererseits aber noch nicht zu stark in die Meßwertstatistik eingegriffen wird.

5.9.3.2 Behandlung von Ausreißern

Die Natur eines objektiven Meßwertausreißers ist dadurch gekennzeichnet, daß dieser Ausreißer keinerlei nützliche Information über die interessierenden Schätzwertgrößen enthält und demzufolge überhaupt nicht zur Korrektur eines Prädiktionsschätzwertes verwendet werden sollte. Die Korrektur der l–ten Komponente des Prädiktionsschätzwertes $\underline{\hat{x}}^-(k)$ durch die j–te Komponente des Residuenvektors $\underline{r}(k)$ geschieht durch das l, j–te Element $K_{l,j}(k)$ der Kalman–Gainmatrix, wobei sich folgende Form ergibt:

$$\hat{x}_l^+(k) = \hat{x}_l^-(k) + \sum_{i=1}^{m} K_{l,i} \cdot r_i(k) \tag{5.386}$$

Wird nun durch den Ausreißertest die j–te Komponente des Residuenvektors als Ausreißer identifiziert, kann eine Korrekturunterdrückung am wirkungsvollsten dadurch erfolgen, daß die entsprechende Komponente $K_{l,j}$, die diese Komponente gewichtet, zu Null gesetzt wird, d.h.

$$r_j(k) \text{ ausreißerverdächtig} \longrightarrow K_{l,j}(k) = 0 \text{ für } l=1,2,\ldots n \tag{5.387}$$

Durch diese Wahl von $K_{l,j}(k)$ wird automatisch auch die Veränderung der entsprechenden Elemente der Estimationsfehlerkovarianzmatrix $P^+(k)$ verhindert. Dies entspricht genau der Tatsache, daß durch die Unterdrückung des ausreißerverdächtigen Meßwertes keinerlei zusätzliche Information zur Genauigkeitsverbesserung des Schätzwertes gewonnen wurde. Diese fehlende Information wird dann teilweise durch die Prädiktion ersetzt. Bild 5.6 zeigt das charakteristische Verhalten der vorzeicheninvertierten Likelihoodfunktion als Folge einer Serie von Ausreißern. Die vorzeicheninvertierte Darstellung wurde aufgrund der besseren Übersichtlichkeit gewählt. Die Fensterlänge wurde auf 1 Wert beschränkt, so daß jeder einzelne Ausreißer in der Likelihoodfunktion sichtbar wird.

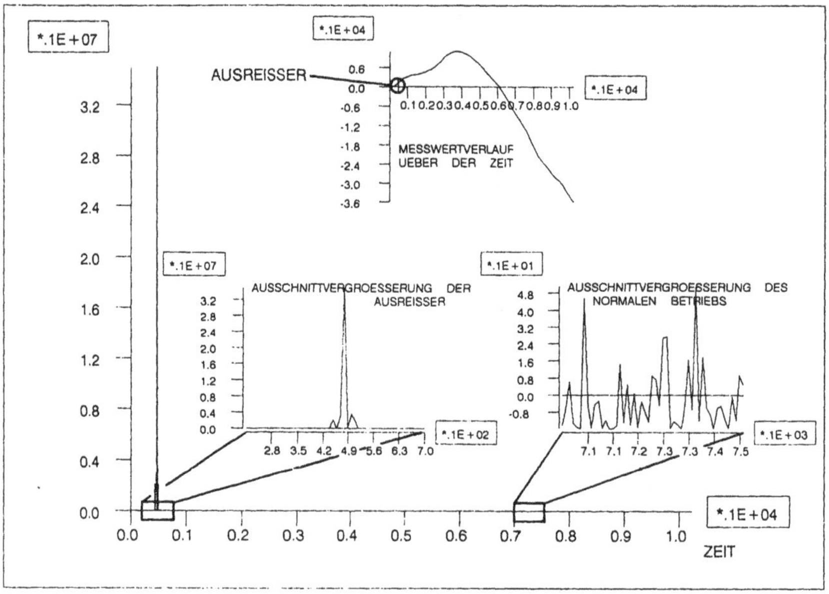

Bild 5.6: Verhalten der Likelihoodfunktion bei einer skalaren Residuensequenz als Folge von Meßwertausreißern (vorzeicheninvertierte Darstellung)

5.10 Zusammenfassung

In diesem Kapitel wurde der zeitdiskrete Kalman–Filteralgorithmus mit verschiedenen Ansätzen abgeleitet und in seinen Eigenschaften analysiert. Die Herleitung über die fortlaufende Berechnung der bedingten Verteilungsdichtefunktionen eines vektoriellen Gauß–Markov–Prozesses zeigte, daß das für diese Prozesse optimale Kalman–Filter eine lineare Form besitzt, ohne dies ausdrücklich vorher zu verlangen oder vorauszusetzen. Dies zeigte letztlich nur, daß unter diesen Voraussetzungen das lineare Kalman–Filter das in jeder Hinsicht optimale Filter ist. An diese Herleitung schloß sich eine Betrachtung der statistischen Eigenschaften einiger filterinterner Prozesse im Kalman–Filter an. Es zeigte sich dabei, daß die Residuensequenz erwartungswertfrei und weiß und damit auch orthogonal ist. Diese Tatsache läßt sich direkt aus der Optimalität des Kalman–Filters schließen.

In einem zweiten Ansatz wurden die Orthogonalitätseigenschaften des Estimationsfehlers und der Residuensequenz in Form der orthogonalen Projektionen ausgenutzt, um eine alternative Ableitung des Kalman–Filters anzugeben. Die Ableitung mit diesem Ansatz setzt nicht unbedingt die Existenz aller bedingten Verteilungsdichtefunktionen, die bei der ersten Ableitung benötigt wurden, voraus. Es handelt sich bei dem Ansatz orthogonaler Projektionen um ein abstraktes, teilweise geometrisch interpretierbares Optimalitätsprinzip, welches die Formulierung optimaler Estimationsalgorithmen im Sinne einer quadratischen Schätzfehlerkostenfunktion gestattet, ohne sich um die statistischen Eigenschaften des Prozeßmodelles zu kümmern. Zusätzlich wird jedoch implizit durch den Ansatz linearer Vektorräume die Linearität des Optimalfilters vorausgesetzt, eine Annahme, die bei der ersten Ableitung nicht nötig war. Im Fall vektorieller Gauß–Markov–Modelle erwies sich die Optimalität im Sinne quadratischer Fehlerkriterien als äquivalent mit allen anderen Optimalitätskriterien.

Der dritte Ansatz zur Ableitung des Kalman–Filters in Form des Innovationsansatzes stellte eine Verallgemeinerung des Estimationsvorganges dar. Die Bedeutung dieses Ansatzes ging wesentlich über die Lösung des reinen Estimationsproblems hinaus. Dieser Ansatz zeigte, daß zu einer gegebenen Folge von Zufallsvektoren eine sogenannte Innovationssequenz gefunden werden kann, die die gleiche Information wie die gegebene Folge von Zufallsvektoren besitzt. Zusätzlich ist diese Sequenz eine orthogonale, erwartungswertfreie Sequenz, die außerdem durch eine kausale und invertierbare Operation aus den originalen Daten berechnet werden kann. In dem untersuchten Fall, in dem die gegebene Folge von Zufallsvektoren einem Gaußprozeß entstammte, erwiesen sich die Zusammenhänge zur Ermittlung der Innovationssequenz als linear. Mit dieser Innovationssequenz konnten Estimationsprobleme außerordentlich vereinfacht werden. Als Beispiel für die Leistungsfähigkeit des Innovationsansatzes wurde das Kalman–Filter für die Problematik korrelierten Prozeß– und Störrauschens abgeleitet.

An die Herleitung der Kalman–Filteralgorithmen schloß sich eine Betrachtung mathematisch äquivalenter, numerisch aber unterschiedlicher Formulierungen dieses Algorithmus an. Das spezielle Interesse galt dabei der Formulierung des inversen Kovarianz–Filters und den Zusammenhängen zwischen der inversen Schätzfehlerkovarianzmatrix und der Fisher'schen Informationsmatrix.

Einige Stabilitätsbetrachtungen des Kalman–Filters lieferten dem potentiellen Filteranwender die für den praktischen, stabilen Filterbetrieb hinreichenden Voraussetzungen in

Form der stochastischen Beobachtbarkeit und stochastischen Steuerbarkeit des zugrundeliegenden Systemmodells.
Die Betrachtung des Stabilitätsverhaltens im Falle fehlerfreier Messungen eröffnete einige Parallelen zur Beobachtertheorie, diese wurden jedoch nur kurz angerissen und nicht weiter vertieft.

Für die Fälle, in denen die Modellierungsvoraussetzungen für das Kalman–Filterdesign in Form des Zustandsraummodelles nicht vollständig gegeben sind, stattdessen aber Kenntnisse des Kovarianzkerns der Meßdaten vorliegen, wurde in einem weiteren Unterpunkt ein Designverfahren aus Kovarianzdaten vorgestellt. Dieses Verfahren fand seine Verallgemeinerung im sogenannten Innovationsmodell, welches aus diesen Kovarianzdaten in Verbindung mit den Systemmatrizen ableitbar ist, und welches das kausal inverse System zum Kalman–Filter darstellt.

Den Abschluß dieses Kapitels und damit die Überleitung zum nächsten Kapitel bildete eine Betrachtung praktischer Filterprobleme. Dabei wurden das Phänomen der Divergenz, Ursachen der Divergenz und Möglichkeiten zu ihrer Vermeidung diskutiert. Das Konzept von Plausibilitäts– und Ausreißertests, welches für den praktischen Filterbetrieb außerordentlich nützlich sein kann, wurde anschließend kurz vorgestellt.

5.11 Literatur zu Kapitel 5

1.) Maybeck, P.S., Stochastic Models, Estimation and Control, Vol. I, Academic Press, New York, 1979

2.) Kalman, R.E., 'A New Approach to Linear Filtering and Prediction Problems', J. Basic Eng., Trans. ASME, Series D, Vol. 82, No. 1, March 1960, S. 35–45

3.) Kalman, R.E., 'New Methods in Wiener Filtering Theory', in Proc. 1st Symp. of Engineering Applications of Random Function Theory and Probability, John Wiley & Sons, Inc., New York, 1963, S. 270–388

4.) Anderson, B.D.O., Moore, J.B., Optimal Filtering, Prentice Hall, Inc., Englewood Cliffs, New Jersey, 1979

5.) Sage, A.P., Melsa, J.L., Estimation Theory with Applications to Communications and Control, McGraw–Hill, Inc., New York, 1971

6.) Melsa, J.L., Cohn, D.L., Decision and Estimation Theory, McGraw–Hill, Inc., New York, 1978

7.) Sage, A.P., White, C.W., Optimum Systems Control, Prentice Hall Inc., Englewood Cliffs, New Jersey, 1977

8.) Gelb, A. (Ed.), Applied Optimal Estimation, M.I.T. Press, Cambridge, Massachusetts, 1974

9.) Kailath, Th. (Ed.), Linear Least Squares Estimation, Dowden, Hutchinson & Ross Inc., Stroudsburg, Pennsylvania, 1977

10.) Kailath, Th., 'The Innovations Approach to Detection and Estimation Theory', IEEE Proc., Vol. 58, No. 5, May 1970, S. 680–695

11.) Kailath, Th., 'An Innovations Approach to Least–Squares Estimation, Part I: Linear Filtering in Additive White Noise', IEEE Trans. on Automatic Control, Vol. AC–13, No. 6, Dec. 1968, S. 646–655

12.) Kailath, Th., Frost, P.A. 'An Innovations Approach to Least–Squares Estimation, Part II: Linear Smoothing in Additive White Noise', IEEE Trans. on Automatic Control, Vol. AC–13, No. 6, Dec. 1968, S. 655–660

13.) Frost, P.A., Kailath, Th., 'An Innovations Approach to Least–Squares Estimation, Part III: Nonlinear Estimation in White Gaussian Noise', IEEE Trans. on Automatic Control, Vol. AC–16, No. 3, Jun. 1971, S. 217–226

14.) Kailath, Th., Geesey, R.A. 'An Innovations Approach to Least–Squares Estimation, Part IV: Recursive Estimation Given Lumped Covariance Functions', IEEE Trans. on Automatic Control, Vol. AC–16, No. 6, Dec. 1971, S. 720–727

15.) Kailath, Th., Geesey, R.A. 'An Innovations Approach to Least–Squares Estimation, Part V: Innovations Representations and Recursive Estimation in Colored Noise', IEEE Trans. on Automatic Control, Vol. AC–18, No. 5, Oct. 1973, S. 435–452

16.) Box, G.E, Jenkins, G.M., Time Series Analysis, Forecasting and Control, Holden Day, San Francisco, 1970

17.) Birkenfeld, W. Methoden zur Analyse kurzer Zeitreihen, Birkhäuser–Verlag, Basel und Stuttgart, 1977

18.) Mehra, R.K., 'Approaches To Adaptive Filtering', IEEE Trans. on Automatic Control, Vol. AC 17, No. 5, 1972, S. 693–698

19.) Mehra, R.K., 'On the Indentification of Variances and Adaptive Kalman Filtering', IEEE Trans. on Automatic Control, Vol. AC 15, No. 2, 1970, S. 175–184

20.) Maybeck, P.S., Stochastic Models, Estimation and Control, Vol. II, Academic Press, New York, 1982

21.) Bellantoni, J.F., Dodge, K.W., 'A Square Root Formulation of the Kalman–Schmidt Filter', AIAA J., Vol. 5, No. 7, 1967, S. 1309–1314

22.) Biermann, G.J., Factorization Methods for Discrete Sequential Estimation, Academic Press, New York, 1977

23.) Biermann, G.J., 'Measurement Updating Using the U–D–Factorization', Proc. IEEE Control and Decision Conf., Houston, Texas, 1973, S. 337–346

24.) Carlson, N.A!, 'Fast Triangular Formulation of the Square Root Filter', AIAA J. Vol. 11, No. 9, 1973, S. 1259–1265

25.) Maybeck, P.S., 'Solutions to the Kalman Filter Wordlength Problem: Square Root and U–D–Factorizations', Tech. Rep. AFIT–TR–77–6, Air Force Institute of Technology, Wrigth Patterson AFB, Ohio, Sep. 1977

26.) Potter, J.E., 'W Matrix Augmentation', M.I.T. Instrumentation Laboratory Memo SGA 5–64, Cambridge, Massachusetts, Jan. 1964

27.) Schmidt, S.F., 'Computational Techniques in Kalman Filtering', in Theory and Applications of Kalman–Filtering, AGARDograph 139, Nato Advisory Group for Aerospace Research and Development, London, Feb. 1970

28.) Fraser, D.C., Potter, J.E., 'The Optimum Linear Smoother as a Combination of Two Linear Filters', IEEE Trans. on Automatic Control, Vol. AC–14, No. 4, Aug. 1969, S. 387–390

29.) Kalman, R.E., Bertram, J.E., 'Control Systems Analysis and Design Via the 'Second Method' of Lyapunov', J. Basic Eng., Jun. 1960, S. 371–400

30.) Deyst, J.J., Price, C.F., 'Conditions for Asymptotic Stability of the Discrete Minimum–Variance Linear Estimator', IEEE Trans. on Automatic Control, Vol. AC–13, No. 6, Dec. 1968, S. 702–705

31.) Jazwinsky, A.H., Stochastic Processes and Filtering Theory, Academic Press, New York, 1970

32.) Jazwinsky, A.H., 'Adaptive Filtering', Acta Automatica, Vol. 5, Pergamon Press, 1969, S. 475–485

33.) McGarty, T.P., Stochastic Systems and State Estimation, John Wiley & Sons, Inc., New York, 1974

34.) Luenberger, D.G., 'An Introduction to Observers', IEEE Trans. on Automatic Control, Vol. AC–16, 1971, S. 596–602

35.) Luenberger, D.G., 'Observing the State of a Linear System', IEEE Trans. Military Electronics, Vol. ME–8, Apr. 1964, S. 74–80

36.) Luenberger, D.G., 'Observers for Multivariable Systems', IEEE Trans. on Automatic Control, Vol. AC–11, 1966, S. 190–197

37.) Leondes, C.T.(ED.), Theory and Application of Kalman Filtering, AGARDograph 139, The Nato Advisory Group for Aerospace Research & Development, London, 1970

38.) Schmidt, G.T., Practical Aspects of Kalman Filtering Implementation, AGARD–LS–82, The Nato Advisory Group for Aerospace Research & Development, London, 1976

39.) Price, C.F., 'An Analysis of The Divergence Problem in the Kalman Filter', IEEE Trans. on Automatic Control, Vol. AC–13, No.6, Dec. 1968, S. 699–702

40.) Schlee, F.H., Standish, C.J., Toda, N.F., 'Divergence in the Kalman Filter', AIAA J. Vol. 5, No. 6, Jun. 1967, S. 1114–1120

41.) Sims, F.L., Lainiotis, D.G., 'Sensitivity Analysis of Kalman Filters', Proc. Record Asilomar Conf. on Circuits and Systems, 2nd, 1968, S. 147–152

42. Loffeld, O., 'A Switched Kalman Filter for the Implementation on Microprocessor Units for On–Line Applications', Proc. IASTED International Symposium Applied Signal Processing and Digital Filtering, Paris, Jun. 1985

43.) Loffeld, O., 'Ein neuartiges "Switched Kalman–Filter" mit geringer Wortbreite zur hochauflösenden Entfernungsmessung nach dem Laserpuls–Laufzeitverfahren, Dissertation FB12, Universität–Gesamthochschule–Siegen, Siegen, 1986

44.) Loffeld, O., 'A "Switched Kalman–Filter" for 3D–Contourmeasuring Problems with a Laser Diode Range Finder', Proc. ASST '87, 6. Aachener Symposium für Signaltheorie, Sep. 1987, Informatik–Fachberichte Bd. 153, Springer, S. 361–371

45.) Stipad, A.B., 'Performance Degradation in Digitally Implemented Kalman Filters', IEEE Trans. on Aerospace and Electronic Systems, Vol. AES–17, No. 5, Sep. 1981, S. 626–634

46.) Papadourakis, G.M., Skavantzos, A., 'Logarithmic Kalman Filter', Proc. IASTED International Symposium Applied Signal Processing and Digital Filtering, Paris, Jun. 1985

47.) Heffes, H., 'The Effect of Erroneous Models on the Kalman Filter Response', IEEE Trans. on Automatic Control, Vol. AC–11, Jul. 1966, S. 541–547

48.) Griffin, R.E., Sage, A.P., 'Large and Small Scale Sensitivity Analysis of Optimum Estimation Algorithms', IEEE Trans. on Automatic Control, Vol. AC–13, No. 4, Aug. 1968, S. 320–329

49.) Huddle, J.R., Wismer, D.A., 'Degradation of Linear Filter Performance Due to Modeling Error', IEEE Trans. on Automatic Control, Vol. AC–13, No. 4, Aug. 1968, S. 421–423

50.) Nash, R.A., Tuteur, F.B., 'The Effect of Uncertainties in the Noise Covariance Matrices on the Maximum Likelihood Estimate of a Vector', IEEE Trans. on Automatic Control, Vol. AC–13, No. 1, Feb. 1968, S. 86–88

51.) Griffin, R.E., Sage, A.P., 'Sensitivity Analysis of Discrete Filtering and Smoothing Algorithms', AIAA J. Vol. 7, No. 10, 1969, S.1890–1897

52.) Neil, S.R., 'Linear Estimation in the Presence of Errors in Assumed Plant Dynamics', IEEE Trans. on Automatic Control , Vol. AC–12, No. 5, 1967, S. 592–594

53.) Maybeck, P.S., 'Performance Analysis of a Particularly Simple Kalman Filter', AIAA J. Guidance and Control, Vol. 1, No. 6, 1978, S. 391–396

54.) Belkoura, Mokhtar, 'Entdeckung von Instrumentenfehlanzeigen mittels Kalman–Filter', Dissertation, FB Elektrotechnik, Universität–GH–Duisburg, Duisburg, 1983

55.) Maybeck, P.S., 'Failure Detection Without Excessive Hardware Redundancy', Proc. IEEE Nat. Aerospace and Electron. Conf., Dayton, Ohio,, May 1976

56.) Maybeck, P.S., 'Failure Detection Through Functional Redundancy', Tech. Rep. AFFDL–TR–74–3, Air Force Flight Dynamics Laboratory, Wright Patterson AFB, Ohio, Jan. 1974

57.) Schweppe, F.C., 'Evaluation of Likelihood Functions for Gaussian Signals', IEEE Transactions on Information Theory Vol. IT–11, 1965, S.61–70

58.) Willsky, A.S., Jones, H.L., 'A Generalized Likelihood Ratio Approach to State Estimation in Linear Systems Subject to Abrupt Changes', Proc. 1974 IEEE Decision and Control Conf., Phoenix Ariz., Nov. 1974, S. 846–853

59.) Willsky, A.S., Jones, H.L., 'A Generalized Likelihood Ratio Approach to Detection and Estimation of Jumps in Linear Systems', IEEE Transactions on Automatic Control, Feb. 1976, S. 108–112

60.) Brammer, K., Siffling G., Kalman–Bucy–Filter, Oldenbourg–Verlag, München Wien, 1985

61.) Kroschel, K., Statistische Nachrichtentheorie, Zweiter Teil: Signalschätzung, Springer–Verlag, Berlin, Heidelberg, 1974

6 Anwendung von Kalman-Filtern

Dieses Kapitel widmet sich nun 'endlich' der praktischen Anwendung von Kalman-Filtern. Damit soll das Verständnis weiter vertieft werden, und auch der gesamte Vorgang des Filterdesigns für ein gegebenes Problem in seiner chronologischen Reihenfolge beschrieben werden. Es wird sich dabei herausstellen, daß der praktische Filterentwurf im Prinzip ein 'Kurzrepetitorium' sämtlicher vorangegangener Kapitel darstellt, angefangen bei der deterministischen Modellbildung im Zustandsraum nach Kapitel 2 über die wahrscheinlichkeitstheoretischen Grundlagen und stochastischen Prozesse nach Kapitel 3 und 4 zur Beschreibung des Filter- und Verarbeitungsproblems als Voraussetzung für die Filterformulierung. Die eigentliche Filterformulierung gründet sich dann auf die Ergebnisse von Kapitel 5 und verursacht einen im Vergleich zur Problemmodellierung geringen Zusatzaufwand. An diese Filterentwicklung würde sich in der Praxis die sogenannte 'Performance'-Analyse logisch anschließen.

Die Anwendung estimationstheoretischer Methoden, wie z.B. eines Kalman-Filters, ist vielleicht eines der wenigen Gebiete, in denen der praktisch meßbare Erfolg einer Anwendung von Filter- oder Prädiktionsalgorithmen ganz wesentlich von den theoretischen Grundkenntnissen des Anwenders abhängt. Zumindest auf diesem Gebiet scheint die klassische Teilung zwischen 'Theorie und Praxis' nicht zu existieren, zumal es offensichtlich völlig unmöglich ist, ein Kalman-Filter erfolgreich anzuwenden, ohne seine Grundlagen und Voraussetzungen vollständig verstanden zu haben. Man kann diesen Sachverhalt sogar noch krasser formulieren, indem man sagt, daß das Verständnis der theoretischen Grundlagen eine notwendige, jedoch nicht unbedingt auch hinreichende Voraussetzung für die erfolgreiche Anwendung estimationstheoretischer Methoden ist. Nach Ansicht des Autors ist dies vielleicht die zutreffendste Begründung dafür, daß das Kalman-Filter trotz seiner unbestrittenen und herausragenden Eigenschaften im praktischen Einsatz verhältnismäßig wenig Beachtung erfährt, gemessen an seinen möglichen Einsatzgebieten. Auch ist gerade die erste Formulierung des Kalman-Filters im Jahre 1960 der Impuls gewesen, den die Estimationstheorie benötigte, um aus einer stagnierenden Betrachtungsweise in eine extrem kreative Entwicklungsphase überzugehen – das Ergebnis ist eine extreme Fülle von verschiedenartigsten Veröffentlichungen sowohl praktischer als auch theoretischer Art. Beispielsweise verweist Th. Kailath in seinem, mittlerweile berühmten Übersichtspaper 'A View of Three Decades of Linear Filtering Theory (in /1/) auf weit über 350 Originalveröffentlichungen auf diesem Gebiet, die allein für diesen Übersichtsaufsatz 'reviewed' wurden. In dieser Hinsicht ist die gesamte Estimationstheorie sicherlich ein sehr gründlich und auf breiter internationaler Front erforschtes und immer noch 'beforschtes' Gebiet, trotzdem sind die Anwendungen von Kalman–Filtern vergleichsweise wenig zahlreich und bleiben einer relativ geringen Anzahl von 'Spezialisten' vorbehalten. Weiterhin füllen Veröffentlichungen über Theorie und Anwendungen der Kalman–Filtertheorie ganze Veröffentlichungsbände, beispielsweise /2, 3/, und diese Anwendungen sind weit davon entfernt, trivial oder als überflüssige Wiederholung 'bekannter Tatsachen' zu erscheinen. Auch Jazwinsky beschreibt den Vorgang der praktischen Filterimplementierung als 'very long and difficult'(/4/, S. 268), der noch zusätzlich darunter leidet, daß der theoretisch nicht vorgebildete Anwender in den speziellen Veröffentlichungen erfolgreicher Anwendungen in erster Linie nur die erfolgreichen Endergebnisse und weniger den Weg zur erfolgreichen Anwendung verstehen kann. Die in /2 und 3/ enthaltenen Veröffentlichungen, von denen auch Jazwinsky einige zitiert, bilden hierzu ein gutes Beispiel.

Andererseits ist die Anzahl einfacher, praktischer Anwendungsbeipiele, die aber trotzdem die Leistungsfähigkeit des Ansatzes demonstrieren, begrenzt, wie auch Jazwinsky schreibt. Der Autor hofft, mit den hier gebrachten Anwendungsbeispielen, die aus der praktischen Erfahrung des Autors stammen, einen guten Kompromiß gefunden zu haben. Trotzdem sei vor allzu übertriebenen Erwartungen in Bezug auf die 'praktische' Verständlichkeit gewarnt. Es wird sich zeigen, daß die Anzahl der verwendeten Formeln keinesfalls geringer ist als in den weniger praktisch orientierten Kapiteln. Dies liegt daran, daß auch der praktisch orientierte Ingenieur bei der Anwendung der Kalman–Filtertheorie sehr viel, unter Umständen auch sehr verschiedenartige, mathematische Hilfsmittel verwenden muß. Diese Vielfalt der mathematischen Hilfsmittel macht allerdings eine Darstellung der systematischen Vorgehensweise nicht notwendigerweise zu einer mathematischen Darstellung, wie auch die Verwendung mathematischer Hilfsmittel noch nicht den Mathematiker ausmacht. Die Vielfalt dieser Hilfsmittel verbietet eigentlich nur, praktische Probleme als 'Vehikel' für die theoretische Darstellung zu 'mißbrauchen', da sie sonst die dahinter verborgene Systematik leicht überdecken kann. Ich hoffe, auch in diesem Sinne den Aufbau dieser Darstellung richtig gewählt zu haben.

6.1 Anwendung des Kalman–Filters zur Meßwertverarbeitung in einem Laser–puls–Radar

6.1.1 Beschreibung des Meßproblems und der Zielsetzung

Das in diesem Unterpunkt betrachtete Anwendungsbeispiel stammt aus dem Forschungsbereich des Institutes für Nachrichtenverarbeitung, in dem die Problematik der berührungslosen Entfernungsmessung nach dem Laserpuls–Laufzeitprinzip bearbeitet wird. Das Prinzip dieser Entfernungsmessung ist in Bild 6.1 dargestellt und soll im folgenden mit der gebotenen Kürze beschrieben werden.

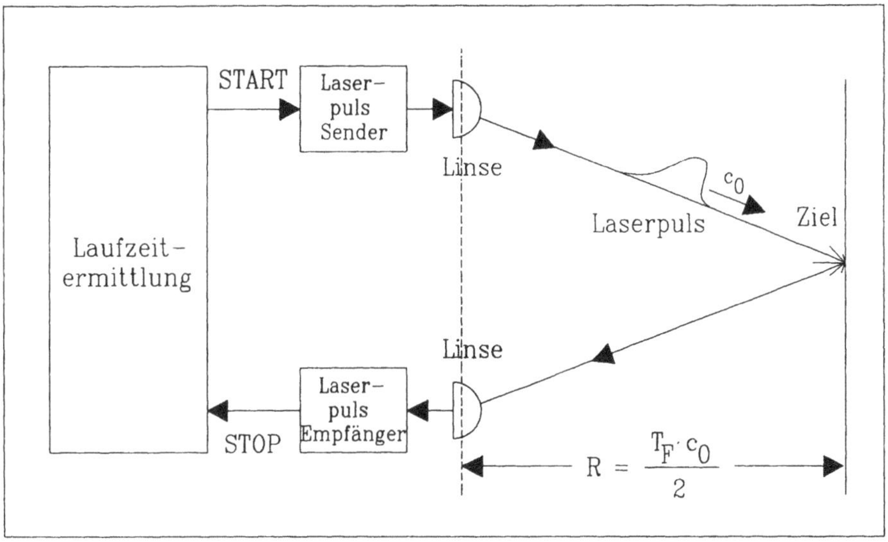

Bild 6.1: Prinzip der berührungslosen Entfernungsmessung nach dem Laserpuls–Laufzeitverfahren

Eine von einem Pulsgenerator angesteuerte Halbleiterlaserdiode emittiert periodisch mit einer gegebenen Taktrate kurze Laserpulse, die von einem zu vermessenden (i.A. nicht notwendigerweise ruhenden) Ziel reflektiert werden und nach einer der Entfernung des Zieles proportionalen Verzögerungszeit T_F von einer Empfangseinheit detektiert werden.

Die Größe der Verzögerungszeit ist mit der zu messenden Entfernung über die Lichtgeschwindigkeit c_0 folgendermaßen verknüpft:

$$T_F = 2\cdot\frac{R}{c_0} \tag{6.1}$$

wobei R den Abstand des Ziels darstellt, und c_0 für die Lichtgeschwindigkeit in dem Meßmedium, in dem die Entfernungsmessung stattfindet, steht. Lichtgeschwindigkeitsänderungen durch Inhomogenitäten des Mediums und dadurch bedingte, von der Entfernung abhängige Meßfehler sollen wegen der Vernachlässigbarkeit ihrer Größe im Verhältnis zu den sonstigen auftretenden Meßfehlern an dieser Stelle nicht betrachtet werden. Weiterhin wird angenommen, daß der Abstand zwischen Sender– und Empfangseinheit klein gegenüber dem zu messenden Zielabstand ist, so daß auch eine nichtlineare Umrechnung der tatsächlichen Lichtlaufstrecke in die gewünschte Zielentfernung über den Cosinus des Einfallswinkels zum Lot auf der Zielebene entfallen kann. Es sollte allerdings hier schon klar sein, daß die beiden vorangegangenen Überlegungen zwar unmittelbar einleuchtende Vereinfachungen darstellen, die aber den wichtigen Effekt haben, daß die Beobachtung der Lichtlaufzeit linear mit dem Entfernungszustand des zu vermessenden Zieles verknüpft ist. Ohne auf die weiteren Details des Meßverfahrens und die damit verbundenen Probleme, welche in /5, 6, 7, 8, 9, 10/ beschrieben sind, eingehen zu wollen, soll ein einfaches Zahlenbeispiel die Meßproblematik verdeutlichen:

Eine Entfernungsänderung von $\Delta R = 1\text{mm}$ entspricht einer Lichtlaufzeitänderung von $\Delta T_F = 2\text{mm}/(2.9979\cdot 10^{11}\text{mms}^{-1}) = 6.6\cdot 10^{-12}\text{s}$!! Eine derartige Lichtlaufzeitänderung müßte meßbar sein, um die oben angegebene Einzelmeßauflösung zu erzielen. Sollte diese angestrebte Auflösung direkt der Wertigkeit des geringstwertigen Bits (LSB–Wertigkeit) bei einer digitalen Auszählung der Lichtlaufzeit entprechen, würde hierzu ein Zähltakt von $f_0 = \frac{1}{6,6}\cdot 10^{12}\text{s}^{-1} = 150$ GHz benötigt, eine technisch nicht praktikable Forderung. Zieht man weiterhin noch in Betracht, daß die im allgemeinen temperaturabhängigen Gatterlaufzeiten der Laufzeitauswerteelektronik (ECL–100k–Technik) in der Größenordnung von einigen Nanosekunden liegen, also um Zehnerpotenzen größer als die angestrebte Auflösung sind, bekommt man eine ungefähre Vorstellung von der Größe der zu erwartenden Meßfehler. Auf die Technik der Laufzeitbestimmung wird in /7, 8/ näher eingegangen, so daß wir uns an dieser Stelle mit einer globalen Angabe der in einer Einzelmessung erreichbaren Standardabweichung von etwa 3cm begnügen können.

Das Ziel der Meßwertverarbeitung besteht darin, die Meßfehler bei der Lichtlaufzeitbestimmung so weit wie möglich zu reduzieren und aus der Beobachtung der Lichtlaufzeit zwei Zustandsgrößen des im allgemeinen bewegten Ziels, nämlich aktuelle Entfernung des Ziels vom Meßsystem (range) und aktuelle Zielgeschwindigkeit in radialer Meßrichtung (velocity), zu bestimmen. Die dazu verwendete Meßwertverarbeitung soll aus estimationstheoretischer Sicht möglichst optimal sein, so daß man dieses Verarbeitungsproblem als ein Kalman–Filterproblem identifiziert. (Eine Gegenüberstellung der Leistungsfähigkeit verschiedener konventioneller Verarbeitungsalgorithmen und der Kalman–Filteralgorithmen für diese Problematik findet sich in /6/.).

6.1.2 Modellierung des Problems

6.1.2.1 Bewegungsmodell des bewegten Zieles, kontinuierliches Zustandsraummodell

Das bewegte Ziel kann, ohne einen allzugroßen Fehler zu machen, als ein bewegter, konzentrierter Massenpunkt betrachtet werden, der den physikalischen, nicht relativistischen Bewegungsgesetzen unterworfen ist. Nichtlineare Umwelteinflüsse auf die Bewegung des Ziels, wie z.B. der von der Zielgeschwindigkeit abhängige, die Bewegung des Zieles hemmende Luftwiderstand, sollen aus Vereinfachungsgründen, die die Verarbeitungsgüte nicht negativ beeinflussen, vernachlässigt werden. Die Bewegung des Zieles kann dann durch das folgende Differentialgleichungssystem beschrieben werden:

$$\dot{x}_1(t) = v(t) = x_2(t) \tag{6.2a}$$

$$\dot{x}_2(t) = a(t) = x_3(t) \tag{6.2b}$$

$$\dot{x}_3(t) = -\alpha \cdot x_3(t) + w(t) \tag{6.2c}$$

In dieser Darstellung beschreibt die Größe $x_1(t)$ die Entfernung des Ziels vom Meßgerät zum Zeitpunkt t. Die Zielgeschwindigkeit in radialer Meßrichtung zum Zeitpunkt t wird durch $x_2(t) = v(t)$ beschrieben, und die Ableitung der Geschwindigkeit, die dem Beobachter absolut unbekannte Radialbeschleunigung des Ziels zum Zeitpunkt t, wird durch die negativ autokorrelierte Größe $x_3(t)$ in Gl. 6.2c dargestellt. Der Korrelationsparameter α ist ein sogenannter freier Modellierungsparameter, der so gewählt werden kann, daß das reale Bewegungsverhalten des Ziels möglichst gut beschrieben wird. Auf diese Wahl werden wir anschließend noch näher eingehen. Die Größe w(t) beschreibt einen gaußverteilten, weißen Prozeß, bzw. die Zufallsvariable dieses Prozesses zum Zeitpunkt t. Dieser weiße Rauschprozeß kann als Folge der Überlegungen von Kapitel 4 als die formale Ableitung eines Brown'schen Prozesses konstanter Diffusion q betrachtet werden. Damit modellieren wir w(t) wie folgt:

$$E\{w(t)\} = 0 \tag{6.3a}$$

und

$$E\{w(t) \cdot w(t+\tau)\} = q \cdot \delta(\tau) \tag{6.3b}$$

Weiterhin wird w(t) als unabhängig von allen anderen auftretenden Größen angenommen.

Es sollte an dieser Stelle angemerkt werden, daß die Annahme eines weißen Rauschprozesses mit zeitinvarianter Kovarianz, also eines stationären Rauschprozesses, eine wichtige Vereinfachung des Gesamtproblems darstellt. Da der Rest des angenommenen Systemmodells zeitinvariant ist, würde ein instationärer Rauschprozeß den Vorteil der zeitinvarianten, stationären Systemmodellierung unter Umständen leichtfertig wieder aufs Spiel setzen, obwohl instationäre Rauschprozesse in vielen realen Fällen, wie z.B. bei mutwilligen Ausweichmanövern bei inkooperativen Zielen, die angemessenere Modellierung wäre. Es kann jedoch nicht häufig genug betont werden, daß die Forderungen an eine 'optimale' Modellbildung durchaus bivalent sind. Die Realitätstreue einer Modellierung muß immer auch im Lichte des Modellierungsaufwandes gesehen werden, umso mehr in dem Maße, daß durch eine erhöhte Realitätstreue in der Regel auch zusätzliche, im allgemeinen aber unbekannte Modellierungsparameter entstehen, wie in dem hier betrachteten Beispiel der zeitliche Verlauf einer nicht konstanten Kovarianz q(t). Wählt man diese Parameter aber falsch, ist der durch diesen Modellierungsfehler im allgemeinen entstehende Verarbeitungsgütenverlust schwerwiegender als bei einer kompletten Nichtmodellierung des unbekannten Phänomens. Dies ist eine Tatsache, die sich fast beliebig verallgemeinern läßt: **falsch modellierte Phänomene sind fast immer folgenschwerer als nicht modellierte Phänomene.** Auch die Unabhängigkeit des Rauschprozesses $\mathbf{w}(\cdot,\cdot)$ von allen anderen auftretenden zurückliegenden Bewegungsgrößen ist eine derartige Vereinfachung, die in der Praxis kaum zutrifft.(Man betrachte etwa den Vorgang des Autofahrens zur Verdeutlichung).

Das Bewegungsmodell des bewegten Zieles erscheint damit vollständig und einleuchtend; was verkörpert dieses einfache Modell aber in mathematischer Hinsicht?

Bei einer mathematischen Betrachtungsweise verlieren die dargestellten Differentialgleichungen ihren physikalisch einfachen Sinn, das weiße Rauschen existiert ja, wie in Kapitel 4 eingehend diskutiert, nur als formale Ableitung eines Brown'schen Prozesses. Konsequenterweise müßten die entsprechenden Differentialgleichungen 6.2 als stochastische Differentialgleichungen mit unabhängigen, weißen Inkrementen interpretiert werden, die von stochastischen Integralen gelöst werden. Allerdings wurde in Kapitel 4 gezeigt, daß eine formale Rechnung mit weißem Rauschen bei linearen Systemmodellen auf die gleichen Ergebnisse führt wie die mathematisch rigorose Betrachtungweise. Damit vermittelt uns Kapitel 4 ein in dieser Hinsicht ruhiges Gewissen, solange wir lineare Probleme mit weißem Rauschen betrachten. (Dies allein mag vielen Lesern vielleicht schon als ausreichende Begründung für den in Kapitel 4 betriebenen Aufwand erscheinen.)

Damit erhalten wir für das Systemmodell im Zustandsraum:

$$\dot{\underline{x}}(t) = F \cdot \underline{x}(t) + G \cdot w(t) \tag{6.4a}$$

mit:

$$F = \begin{bmatrix} 0 & 1 & 0 \\ 0 & 0 & 1 \\ 0 & 0 & -\alpha \end{bmatrix} \tag{6.4b}$$

und

$$G = \begin{bmatrix} 0 \\ 0 \\ 1 \end{bmatrix} \tag{6.4c}$$

6.1.2.1.1 Bestimmung der freien Modellparameter α und q:

Wir wollen nun die freien Modellparameter q und α des Beschleunigungsvorganges so bestimmen, daß die Realität möglichst gut approximiert wird. Dazu betrachten wir zunächst die Musterfunktionen des Beschleunigungsvorganges $x_3(t)$:

Die allgemeine Lösung von Gleichung 6.2c lautet in der Schreibweise mit weißem Rauschen:

$$x_3(t) = e^{-\alpha(t-t_0)} \cdot x_3(t_0) + \int_{t_0}^{t} e^{-\alpha(t-\tau)} \cdot w(\tau) \cdot d\tau \tag{6.5}$$

Gleichung 6.5 sagt aus, daß der aktuelle Beschleunigungswert $x_3(t)$ sich zusammensetzen läßt aus einem vorangegangenen Beschleunigungswert und einer unbekannten, stochastischen Änderung, die aus dem gewichteten, über die Zeitdifferenz integrierten weißen Rauschen besteht. Einige Musterfunktionen eines derartigen Beschleunigungsverlaufes über der Zeit sind in Bild 6.2 aufgetragen. Die Musterfunktionen wurden zeitdiskret erzeugt, wobei lediglich die Startzahlen des Zufallszahlengenerators variiert, alle anderen Parameter aber, wie z.B. die Varianz des weißen Rauschens, konstant gehalten wurden.

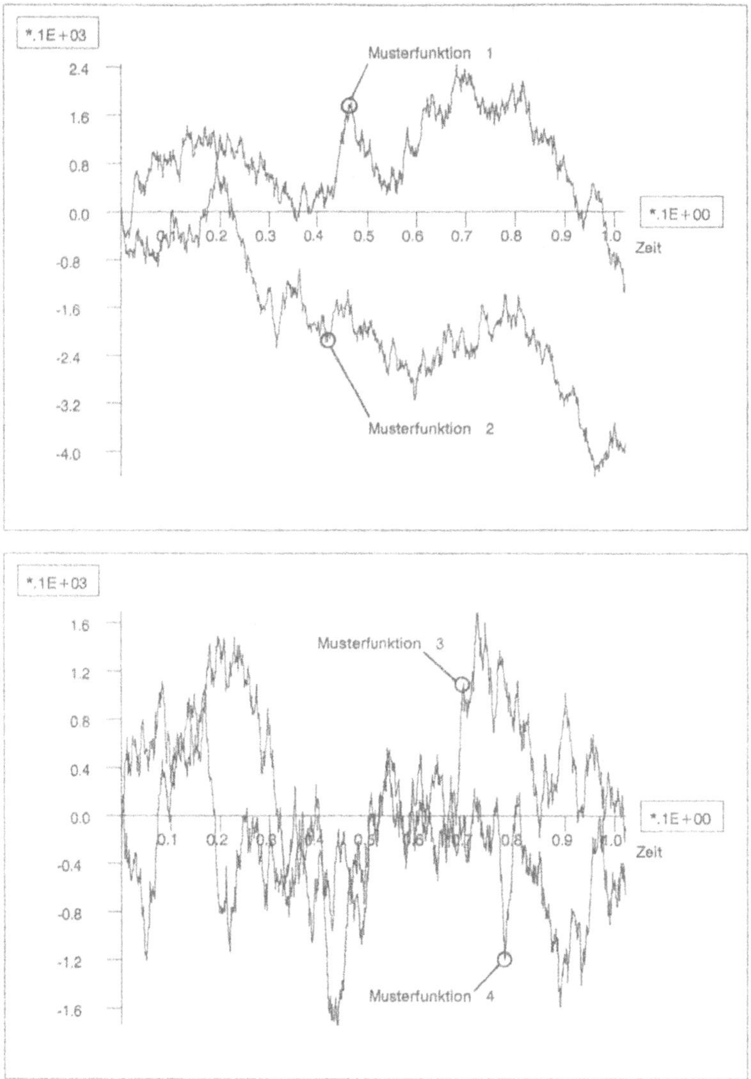

Bild 6.2: Musterfunktionen des modellierten Beschleunigungsvorganges

Aus Gleichung 6.5 bestimmt man die ersten beiden Momente des Beschleunigungsvorganges mit der in Kapitel 4 entwickelten Rechentechnik in der folgenden Weise:

$$E\{x_3(t)\} = e^{-\alpha(t-t_0)} \cdot E\{x_3(t_0)\} \tag{6.6a}$$

Wir wollen keine Vorzugsrichtung der Beschleunigung annehmen, deshalb fordern wir:

$$E\{x_3(t_0)\} = 0 \tag{6.6b}$$

Dies entspricht zum Beispiel einem Fahrverhalten beim Autofahren, bei dem Beschleunigung und Abbremsen im Mittel gleich stark und auch gleich wahrscheinlich auftreten.

Die Kovarianzberechnung des Beschleunigungsvorganges kann entweder rigoros, wie in Kapitel 4 als Spezialfall von Gl. 4.191, geschehen, oder in der weniger rigorosen, dafür aber physikalisch einleuchtenderen Form mit weißem Rauschen, die hier beispielhaft noch einmal vorgeführt werden soll. Für die Kovarianz zum Zeitpunkt t schreiben wir dann (unter Berücksichtigung von Gl. 6.6a und 6.6b):

$$P_{x_3x_3}(t) = E\{(x_3(t) - E\{x_3(t)\})^2\} = E\{x_3(t)^2\}$$

$$= E\left\{\left[e^{-\alpha(t-t_0)} \cdot x_3(t_0) + \int_{t_0}^{t} e^{-\alpha(t-\tau)} \cdot w(\tau) \cdot d\tau\right]\right.$$

$$\left.\cdot \left[e^{-\alpha(t-t_0)} \cdot x_3(t_0) + \int_{t_0}^{t} e^{-\alpha(t-\xi)} \cdot w(\xi) \cdot d\xi\right]\right\} \tag{6.7a}$$

Unter Berücksichtigung der Unabhängigkeit von w(t) von allen vorangegangenen Beschleunigungswerten von $x_3(t)$ verschwinden dann beim Ausrechnen von Gl. 6.7a die Mischterme, und man erhält:

$$P_{x_3x_3}(t) = e^{-2\alpha(t-t_0)} \cdot E\{x_3(t_0)^2\} + \int_{t_0}^{t}\int_{t_0}^{t} e^{-\alpha(2t-\tau-\xi)} \cdot E\{w(\tau) \cdot w(\xi)\} \cdot d\tau \cdot d\xi \tag{6.7b}$$

Durch Einsetzen von Gleichung 6.3b in Gl. 6.7b und aufgrund der Erwartungswertfreiheit können wir dann weiter umformen:

$$P_{x_3x_3}(t) = e^{-2\alpha(t-t_0)} \cdot P_{x_3x_3}(t_0) + \int_{t_0}^{t}\int_{t_0}^{t} e^{-\alpha(2t-\tau-\xi)} \cdot q \cdot \delta(\xi-\tau) \cdot d\tau \cdot d\xi$$

$$= e^{-2\alpha(t-t_0)} \cdot P_{x_3x_3}(t_0) + \int_{t_0}^{t} e^{-2\alpha(t-\tau)} \cdot q \cdot d\tau \tag{6.7c}$$

wobei nur die Siebeigenschaft des Diracstoßes im Integral ausgenutzt wurde. Die abschließende Integration ergibt das Endergebnis:

$$P_{x_3x_3}(t) = e^{-2\alpha(t-t_0)} \cdot P_{x_3x_3}(t_0) + \frac{q}{2\alpha} \cdot [1 - e^{-2\alpha(t-t_0)}] \tag{6.7d}$$

Betrachtet man nun beispielsweise den Grenzwert $\alpha \to 0$, welcher den physikalischen Fall modelliert, daß die Ableitung der Beschleunigung weißes Rauschen ist, erhält man für die Beschleunigung $x_3(t)$ durch formale Integration einen Brown'schen Prozeß konstanter Diffusion q mit:

$$\lim_{\alpha \to 0} P_{x_3x_3}(t) = P_{x_3x_3}(t_0) + \lim_{\alpha \to 0} \frac{q}{2\alpha} \cdot [1 - e^{-2\alpha(t-t_0)}]$$

$$= P_{x_3x_3}(t_0) + q \cdot (t-t_0) \tag{6.7e}$$

Dies wäre ein Prozeß, dessen Varianz ständig mit der Zeit zunimmt, also keine sehr realistische Annahme.

Ein weiterer Grenzwert entsteht bei $\alpha > 0$, wenn man den Zeitpunkt t_0 gegen $-\infty$ streben läßt. Dann erhält man aus Gleichung 6.7d:

$$\lim_{t_0 \to -\infty} P_{x_3x_3}(t) = \frac{q}{2\alpha} \tag{6.7f}$$

Dieser Grenzwert kennzeichnet die stationären Beschleunigungswerte und ist für unsere

Betrachtungen von besonderem Interesse. Wir nehmen ein stationäres Beschleunigungsverhalten an, von dem wir beispielsweise aus Beschleunigungsversuchen wissen, daß eine sinnvolle Obergrenze der auftretenden Beschleunigungsvarianz, die nur selten überschritten wird, σ_b^2 ist. Demzufolge können wir die Rauschleistungsdichte des weißen Rauschens w(t) aus Gleichung 6.7f folgendermaßen bestimmen:

$$q = 2\cdot \alpha\cdot \sigma_b^2 \tag{6.8}$$

Zur Bestimmung des Korrelationsparameters α betrachten wir den Kovarianzkern des Beschleunigungsprozesses für $t_2>t_1$ und schreiben:

$$\mathrm{cov}\{x_3(t_1),x_3(t_2)\} = E\left\{\left[x_3(t_1) - E\{x_3(t_1)\}\right]\cdot\left[e^{-\alpha(t_2-t_1)}\cdot(x_3(t_1)-E\{x_3(t_1)\}) + \int_{t_1}^{t_2} e^{-\alpha(t_2-\tau)}\cdot w(\tau)\cdot d\tau\right]\right\} \tag{6.9a}$$

Wegen der Unabhängigkeit von w(t) von $x_3(t_1)$ verschwindet wieder das gemischte Glied, so daß wir weiter unter Berücksichtigung der Erwartungswertfreiheit schreiben können:

$$\mathrm{cov}\{x_3(t_1),x_3(t_2)\} = e^{-\alpha(t_2-t_1)}\cdot P_{x_3x_3}(t_1) = e^{-\alpha(t_2-t_1)}\cdot \sigma_b^2 \tag{6.9b}$$

wobei die letzte Umformung die angenommene Stationarität des Beschleunigungsverhaltens ausnutzt. Die auf die stationäre Beschleunigungskovarianz normierte Kovarianzfunktion:

$$\mathrm{cov}\{x_3(t_1),x_3(t_2)\}\cdot \sigma_b^{-2} = \mu_{x_3x_3}(t_2-t_1)\cdot \sigma_b^{-2} = e^{-\alpha(t_2-t_1)} \tag{6.10}$$

hängt im stationären Fall nur von der Zeitdifferenz ab, und in unserem Beispiel sei bekannt, daß diese Kovarianzfunktion für eine relative Verschiebung von T_c= 1 Sekunde den Wert 1/e annimmt. Dies bedeutet, die Korrelation der Zielbeschleunigung ist bei einer Relativverschiebung von T_c auf 1/e des Maximalwertes abgefallen. Damit bestimmt man aus Gl. 6.10 den Parameter α zu:

$$e^{-\alpha\cdot T_c} = e^{-1} \tag{6.11a}$$

und

$$\alpha = 1/T_c \tag{6.11b}$$

Man bezeichnet die Zeit $T_c = 1/\alpha$ als Korrelationszeitkonstante des Beschleunigungsprozesses. Mit der Korrelationszeit T_c kann dann nach Gl. 6.8 die Rauschleistungsdichte des Rauschprozesses w(t) endgültig festgelegt werden:

$$q = 2/T_c \cdot \sigma_b^2 = 2 \cdot \alpha \cdot \sigma_b^2 \tag{6.12}$$

6.1.2.2 Globale Zustandsübergangsfunktion, Berechnung der Systemübergangsmatrix Zeitdiskretes Äquivalent

Als nächstes wollen wir die globale Übergangsfunktion für die Zustandsraumdarstellung nach Gl. 6.4a – 6.4c mit der Parameterwahl nach Gl. 6.11b und 6.12 berechnen und die entstehenden Musterfunktionen betrachten, um abschließend entscheiden zu können, ob das gewählte Zustandsraummodell die Realität qualitativ genau beschreibt. Eine derartige Betrachtung ist oft sehr nützlich, da man allein aus der Betrachtung der entstehenden Musterfunktionen und ihrer Eigenschaften oft schon auf eventuelle Modellierungsmängel schließen kann.

Wir wissen, daß wegen der Zeitinvarianz der Modellierung die allgemeine Lösung der Gleichungen 6.4a – 6.4c die folgende Form besitzt:

$$\begin{aligned} \underline{x}(t) &= \phi(t-t_0) \cdot \underline{x}(t_0) + \int_{t_0}^{t} \phi(t-\tau) \cdot G \cdot w(\tau) \cdot d\tau \\ &= e^{F(t-t_0)} \cdot \underline{x}(t_0) + \int_{t_0}^{t} e^{F(t-\tau)} \cdot G \cdot w(\tau) \cdot d\tau \end{aligned} \tag{6.13}$$

Die Systemübergangsmatrix $\phi(t)$ kann mit Hilfe der Laplace–Transformation nach folgender Formel berechnet werden:

$$\phi(t) = \mathfrak{L}^{-1}\{[s \cdot I - F]^{-1}\} \tag{6.14}$$

Für die zu invertierende Matrix $[s\cdot I - F]$ erhalten wir durch Einsetzen von Gl. 6.4b:

$$[s\cdot I - F]^{-1} = \begin{bmatrix} s & -1 & 0 \\ 0 & s & -1 \\ 0 & 0 & s+\alpha \end{bmatrix}^{-1} = \begin{bmatrix} \frac{1}{s} & \frac{1}{s^2} & \frac{1}{s^2\cdot(s+\alpha)} \\ 0 & \frac{1}{s} & \frac{1}{s\cdot(s+\alpha)} \\ 0 & 0 & \frac{1}{(s+\alpha)} \end{bmatrix} \tag{6.15a}$$

Die Rücktransformation unter Anwendung der Rechenregeln der Laplace–Transformation ergibt schließlich:

$$\phi(t) = \begin{bmatrix} 1 & t & 1/\alpha\cdot[t - 1/\alpha\cdot[1-e^{-\alpha\cdot t}]] \\ 0 & 1 & 1/\alpha\cdot[1-e^{-\alpha\cdot t}] \\ 0 & 0 & e^{-\alpha\cdot t} \end{bmatrix} \tag{6.15b}$$

An der Stelle t=T erhalten wir dann aus Gl. 6.15b für die Zustandsübergangsmatrix der äquivalenten, zeitdiskreten Zustandsraumdarstellung des Problems:

$$\phi(T) = \begin{bmatrix} 1 & T & 1/\alpha\cdot[T - 1/\alpha\cdot[1-e^{-\alpha\cdot T}]] \\ 0 & 1 & 1/\alpha\cdot[1-e^{-\alpha\cdot T}] \\ 0 & 0 & e^{-\alpha\cdot T} \end{bmatrix} \tag{6.15c}$$

Die zeitdiskrete, äquivalente Zustandsraumdarstellung des bewegten Ziels lautet somit:

$$\underline{x}(k+1) = \phi(T)\cdot\underline{x}(k) + \int_{t_k}^{t_{k+1}} \phi(t_{k+1}-\tau)\cdot G\cdot w(\tau)\cdot d\tau \tag{6.16a}$$

$$= A\cdot\underline{x}(k) + \underline{w}_d(k) \tag{6.16b}$$

Der in Gleichung 6.16b auftretende diskrete Rauschprozeß $\underline{w}_d(k)$ entsteht aus dem zeitkontinuierlichen weißen und gaußverteilten Rauschprozeß durch eine lineare Operation und ist damit selbst ein Gaußprozeß. Zur vollständigen Charakterisierung des diskreten, stochastischen, weißen Rauschens $\underline{w}_d(k)$ benötigen wir deshalb nur die ersten beiden

Momente, die wir nun berechnen wollen:

$$E\{\underline{w}_d(k)\} = \int_{t_k}^{t_{k+1}} \phi(t_{k+1}-\tau)\cdot G\cdot E\{w(\tau)\}\cdot d\tau = \underline{0} \tag{6.17a}$$

und:

$$E\{\underline{w}_d(k)\cdot \underline{w}_d(k)^T\} = \int_{t_k}^{t_{k+1}} \phi(t_{k+1}-\tau)\cdot G\cdot q\cdot G^T\cdot \phi(t_{k+1}-\tau)^T\cdot d\tau \tag{6.17b}$$

Bei der letzten Identität haben wir die Ergebnisse von Kapitel 4 in Form der Gleichungen 4.212 – 4.222 verwendet.

Der Wert q ist ein Skalar, zudem noch zeitkonstant und kann deswegen aus der Integration herausgezogen werden. Einsetzen der Matrix G nach Gl. 6.4c und ein Ausrechnen des inneren Matrizenproduktes mit gleichzeitigem Einsetzen der Übergangsmatrizen nach Gl. 6.15b liefert dann das Zwischenergebnis:

$$E\{\underline{w}_d(k)\cdot \underline{w}_d(k)^T\} = q\cdot \int_{t_k}^{t_{k+1}} \begin{bmatrix} 1 & t_{k+1}-\tau & 1/\alpha\cdot [t_{k+1}-\tau - 1/\alpha\cdot [1-e^{-\alpha\cdot (t_{k+1}-\tau)}]] \\ 0 & 1 & 1/\alpha\cdot [1-e^{-\alpha\cdot (t_{k+1}-\tau)}] \\ 0 & 0 & e^{-\alpha\cdot (t_{k+1}-\tau)} \end{bmatrix}$$

$$\cdot \begin{bmatrix} 0 & 0 & 0 \\ 0 & 0 & 0 \\ 0 & 0 & 1 \end{bmatrix} \cdot \begin{bmatrix} 1 & t_{k+1}-\tau & 1/\alpha\cdot [t_{k+1}-\tau - 1/\alpha\cdot [1-e^{-\alpha\cdot (t_{k+1}-\tau)}]] \\ 0 & 1 & 1/\alpha\cdot [1-e^{-\alpha\cdot (t_{k+1}-\tau)}] \\ 0 & 0 & e^{-\alpha\cdot (t_{k+1}-\tau)} \end{bmatrix}^T d\tau \tag{6.17c}$$

Auf das weitere, allerdings etwas langwierige ('straight forward'–)Ausrechnen des Matrizenproduktes sowie auf die sich anschließende Integration der einzelnen Matrixelemente verzichten wir an dieser Stelle aus Platzgründen und geben nur das für die weiteren Betrachtungen wichtige Endergebnis an:

$$Q_d(k) = E\{\underline{w}_d(k) \cdot \underline{w}_d(k)^T\} = \begin{bmatrix} q_{d11} & q_{d12} & q_{d13} \\ q_{d21} & q_{d22} & q_{d23} \\ q_{d31} & q_{d32} & q_{d33} \end{bmatrix} \qquad (6.18a)$$

Mit den folgenden Abkürzungen:

$$a = e^{-\alpha \cdot T} \qquad (6.18b)$$

$$b = \alpha \cdot T \qquad (6.18c)$$

ergeben sich die Matrixelemente in Gl. 6.18a zu:

$$q_{d11} = \sigma_b^2 \cdot T^4 \cdot [1 + 2b \cdot (1-b+b^2/3) - 4ab - a^2]/b^4 \qquad (6.18d)$$

$$q_{d12} = q_{d21} = \sigma_b^2 \cdot T^3 \cdot [1 - 2b + b^2 + 2a \cdot (b-1) + a^2]/b^3 \qquad (6.18e)$$

$$q_{d13} = q_{d31} = \sigma_b^2 \cdot T^2 \cdot [1 - 2ab - a^2]/b^2 \qquad (6.18f)$$

$$q_{d22} = \sigma_b^2 \cdot T^2 \cdot [2b + 4a - a^2 - 3]/b^2 \qquad (6.18g)$$

$$q_{d23} = q_{d32} = \sigma_b^2 \cdot T \cdot [1 - a]^2/b \qquad (6.18h)$$

$$q_{d33} = \sigma_b^2 \cdot [1 - a^2] \qquad (6.18i)$$

T ist die Periodendauer des Abtastvorganges und stellt damit den zeitlichen Abstand zwischen zwei diskreten Zuständen $\underline{x}(k+1)$ und $\underline{x}(k)$ dar.

Dieses Modell ist auch in /12/ zitiert und wird dort zur Modellierung von Flugbahnen zur Radarzielverfolgung verwendet. Die berechneten Matrixelemente besitzen schon eine hinreichend unübersichtliche Form, trotz des relativ einfachen Problemmodells in kontinuierlicher Zeit. Man erkennt vor allem nach längerer Betrachtung der Zusammenhänge zwischen den einzelnen Kovarianzmatrixelementen, daß trotz des skalaren Prozeßrauschens in kontinuierlicher Zeit für die diskrete Rauschmodellierung ein Rausch<u>vektor</u> $\underline{w}_d(k)$ benötigt wird, da die vorhandenen Matrixelementzusammenhänge nicht mit einer Matrixzerlegung der Form:

$$G_d(k)\cdot q\cdot G_d(k)^T$$

realisiert werden können. Aus diesem Grunde wurde ein zeitdiskretes Systemmodell entsprechend Gl. 4.213b und nicht entsprechend Gl. 4.213a gewählt. Dies ist eine Erkenntnis, die sich ohne weiteres verallgemeinern läßt. Wenn die diskreten Zustandsraummodelle als stochastisches Äquivalent eines kontinuierlichen, im Zustandsraum modellierten Prozesses entwickelt werden, dann besitzt die diskrete Formulierung des Prozesses immer die Form nach Gl. 4.213b oder nach Gleichung 4.213a, wenn die Matrix $G_d(k)$ durch die Einheitsmatrix I ersetzt wird.

6.1.2.2.1 Vereinfachung der Systemmatrix A und der Kovarianzmatrix für kleine Abtastzeiten

6.1.2.2.1.1 Vereinfachung der Systemmatrix A

Die Systemmatrix $A = \phi(T)$ nach Gleichung 6.15c weist eine Form auf, die sich für kleine Abtastzeiten vereinfachen läßt. Ein möglicher Ansatz, der zum Beispiel in /12/ angeregt wird, geht von einer geeigneten Taylorreihenentwicklung der auftretenden Exponentialterme aus. Damit kann man schreiben:

$$e^{-\alpha\cdot T} = 1 - \alpha\cdot T + 1/2\cdot \alpha^2\cdot T^2 - 1/6\cdot \alpha^3\cdot T^3 \ldots \qquad (6.19)$$

Wir betrachten nun das Element a_{13} der Matrix $A=\phi(T)$ nach Gleichung 6.15c:

$$a_{13} = 1/\alpha\cdot [T - 1/\alpha\cdot [1-e^{-\alpha\cdot T}]] \cong 1/\alpha\cdot [T - 1/\alpha\cdot [\alpha\cdot T]] = 0 \qquad (6.20a)$$

$$a_{23} = 1/\alpha\cdot [1-e^{-\alpha\cdot T}] \cong 1/\alpha\cdot [1 - 1 + \alpha\cdot T] = T \qquad (6.20b)$$

Das Matrixelement a_{33} darf nicht in dieser Weise vereinfacht werden, da sonst unter Umständen die Korrelationseigenschaften des Beschleunigungsprozesses verfälscht werden.

Damit erhalten wir für die Systemmatrix A unter Vernachlässigung des Elementes a_{13} und durch Vereinfachung von a_{23}:

$$A \cong \begin{bmatrix} 1 & T & 0 \\ 0 & 1 & T \\ 0 & 0 & a \end{bmatrix} \tag{6.20c}$$

mit

$$a = e^{-\alpha \cdot T} \tag{6.20d}$$

Die Wirkung der Vereinfachung läßt sich physikalisch wie folgt interpretieren. Für kleine Abstände zwischen den Abtastzeitpunkten berechnet sich die Geschwindigkeit des Zieles zum Zeitpunkt t_k aus der letzten Geschwindigkeit zum Zeitpunkt t_{k-1}, zuzüglich der durch die als konstant angenommene Beschleunigung im Intervall $[t_{k-1}, t_k)$ hervorgerufenen Geschwindigkeitsänderung. In der gleichen Weise hängt die neue Entfernung nur von der letzten Entfernung zuzüglich der mit dem Abtastabstand multiplizierten Geschwindigkeit des vorangegangenen Zeitpunktes ab. Einflüsse der nicht konstanten Geschwindigkeit in diesem Intervall werden vernachlässigt.

6.1.2.2.1.2 Vereinfachung der Kovarianzmatrix Q_d

Die Kovarianzmatrix Q_d kann in der gleichen Weise vereinfacht werden, indem man die folgenden Elemente nacheinander betrachtet:

$$q_{d11} = \frac{\sigma_b^2}{\alpha^4} \cdot [1 + 2\alpha T - 2\alpha^2 T^2 + 2/3 \cdot \alpha^3 T^3 - 4 \cdot e^{-\alpha T} \cdot \alpha \cdot T - e^{-2\alpha T}]$$

$$\cong \frac{\sigma_b^2}{\alpha^4} \cdot [2/3 \cdot \alpha^3 T^3 - 2\alpha^3 T^3 + \frac{1}{3!} \alpha^3 T^3 \cdot 2^3]$$

$$\cong \frac{\sigma_b^2}{\alpha^4} \cdot 0 = 0 \tag{6.21a}$$

$$q_{d12} = \frac{\sigma_b^2}{\alpha^3} \cdot [1 - 2\alpha T + \alpha^2 T^2 + 2 \cdot e^{-\alpha T}[\alpha T - 1] + e^{-2\alpha T}]$$

$$\cong \frac{\sigma_b^2}{\alpha^3} \cdot [1 - 2\alpha T + \alpha^2 T^2 + 2 \cdot [1 - \alpha T + 1/2 \cdot \alpha^2 T^2 - 1/6 \cdot \alpha^3 T^3] \cdot [\alpha T - 1]$$

$$+ 1 - 2 \cdot \alpha T + 2 \cdot \alpha^2 T^2 - 4/3 \cdot \alpha^3 T^3 + 2/3 \cdot \alpha^4 T^4]$$

$$= \frac{\sigma_b^2}{\alpha^3} \cdot [+1/3 \cdot \alpha^4 T^4] \cong 0 \tag{6.21b}$$

Durch Hinzunahme weiterer Summanden der Reihenentwicklung können die folgenden Matrixelemente vereinfacht werden.

$$\begin{aligned} q_{d13} &= \frac{\sigma_b^2}{\alpha^2} \cdot [1 - 2 \cdot e^{-\alpha T} \cdot \alpha T - e^{-2\alpha T}] \\ &\cong \frac{\sigma_b^2}{\alpha^2} \cdot [1 - 2 \cdot [1 - \alpha T] \cdot \alpha T - [1 - 2\alpha T + 1/2 \cdot 4\alpha^2 T^2]] \\ &= \frac{\sigma_b^2}{\alpha^2} \cdot 0 = 0 \end{aligned} \tag{6.21c}$$

$$\begin{aligned} q_{d22} &= \frac{\sigma_b^2}{\alpha^2} \cdot [2\alpha T + 4 \cdot e^{-\alpha T} - e^{-2\alpha T} - 3] \\ &\cong \frac{\sigma_b^2}{\alpha^2} \cdot [2\alpha T + 4 - 4\alpha T + 2\alpha^2 T^2 - 1 + 2\alpha T - 2\alpha^2 T^2 - 3] \\ &= \frac{\sigma_b^2}{\alpha^2} \cdot 0 = 0 \end{aligned} \tag{6.21d}$$

$$\begin{aligned} q_{d23} &= \frac{\sigma_b^2}{\alpha} \cdot [1 - e^{-2\alpha T}]^2 \cong \frac{\sigma_b^2}{\alpha} \cdot [1 - 2 \cdot [1 - \alpha T] + 1 - 2\alpha T]^2 \\ &= \frac{\sigma_b^2}{\alpha} \cdot 0 = 0 \end{aligned} \tag{6.21e}$$

Das Element q_{d33} wird nicht weiter vereinfacht, um die Korrelationseigenschaften des Prozeßrauschens nicht zu verändern.

Damit steht für kleine Abtastzeiten T ein erstes vereinfachtes Systemmodell zur Verfügung. Die Wirkung dieser Vereinfachungen ist nun vielschichtig.

Durch diese Vereinfachung verschwinden die Nebendiagonalterme der Kovarianzmatrix des Prozeßrauschens, man erhält also unkorrelierte Rauscheingangsgrößen.

Des weiteren verschwinden die Hauptdiagonalterme der Kovarianzmatrix für die Rauschgrößen $w_1(k)$ und $w_2(k)$ und damit die Rauschgrößen selbst. Dies besagt letztlich nur, daß für kleine Abtastzeiten die aktuelle Geschwindigkeit aus der letzten Beschleunigung durch Extrapolation bestimmt werden kann. Ebenso kann die aktuelle Entfernung aus der letzten Geschwindigkeit bestimmt werden. Durch die Vernachlässigung der stochastischen Eingangsterme entsteht bei dieser Extrapolation keine zusätzliche Unsicherheit (neben der zunehmenden Extrapolationsunsicherheit).

In diesem Fall kann der Rauschvektor $\underline{w}_d(k)$ der exakten, zeitdiskreten Systemmodellierung durch einen skalaren Rauschbeitrag $w_{d3}(k)$ mit der durch q_{d33} gegebenen Kovarianz ersetzt werden, und man erhält die vereinfachte Gesamtsystemdarstellung:

$$\underline{x}(k+1) = \begin{bmatrix} 1 & T & 0 \\ 0 & 1 & T \\ 0 & 0 & a \end{bmatrix} \cdot \underline{x}(k) + \begin{bmatrix} 0 \\ 0 \\ 1 \end{bmatrix} \cdot w(k) \tag{6.22a}$$

und:

$$E\{w(k)^2\} = q_{d33} = \sigma_b^2 \cdot [1 - a^2] \tag{6.22b}$$

6.1.2.2.1.3 Interpretation der Modellvereinfachung

In den Abbildungen 6.3 – 6.11 sind einige Musterfunktionen für den Entfernungs–, Geschwindigkeits– und Beschleunigungsverlauf über der Zeit für verschiedene Korrelationszeitkonstanten der Beschleunigung dargestellt. Diese Musterfunktionen charakterisieren die 'Erwartungshaltung' eines auf dieser Modellbildung beruhenden Kalman–Filters. Das Kalman–Filter 'rechnet' mit einem derartigen Verhalten des bewegten Zieles. Aus der Betrachtung dieser Musterfunktionen und der Überlegung, ob diese Musterfunktionen das Verhalten eines bewegten Zieles in dem betrachteten Zeitausschnitt beschreiben könnten, erhält man vielfach schon wertvolle Hinweise über die ausreichende Realitätsnähe des Modells. Die Parameter für diese Untersuchung sind die Abtastzeit T = 0,1 ms und $\sigma_b^2 = 100\ m^2/s^4$.

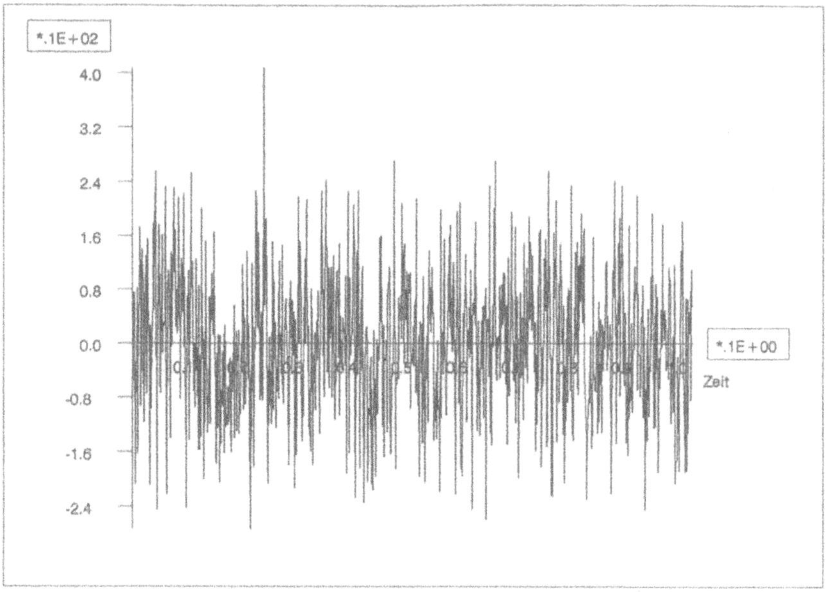

Bild 6.3: Musterfunktion des Beschleunigungsverlaufes über der Zeit (Korrelationszeitkonstante des Beschleunigungsrauschens $T_c = T$)

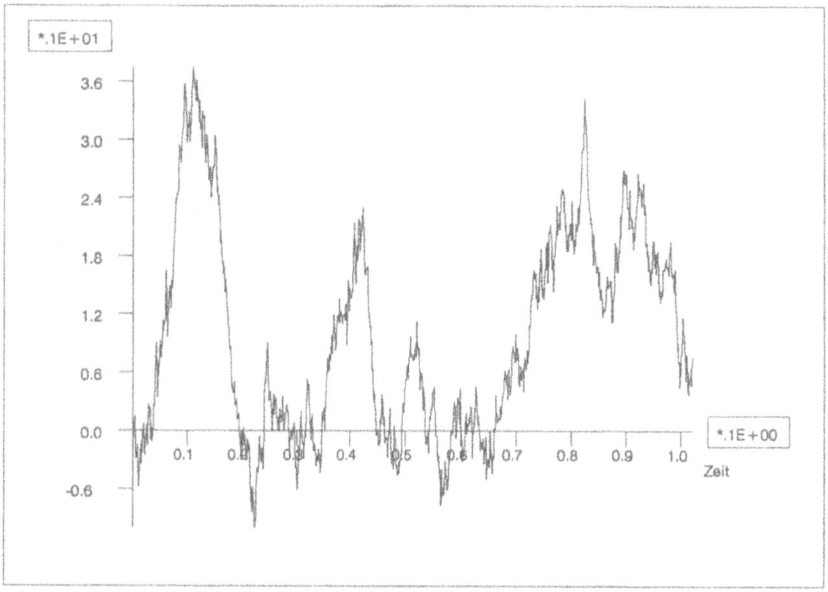

Bild 6.4: Musterfunktion des Beschleunigungsverlaufes über der Zeit (Korrelationszeitkonstante des Beschleunigungsrauschens $T_c = 1s$)

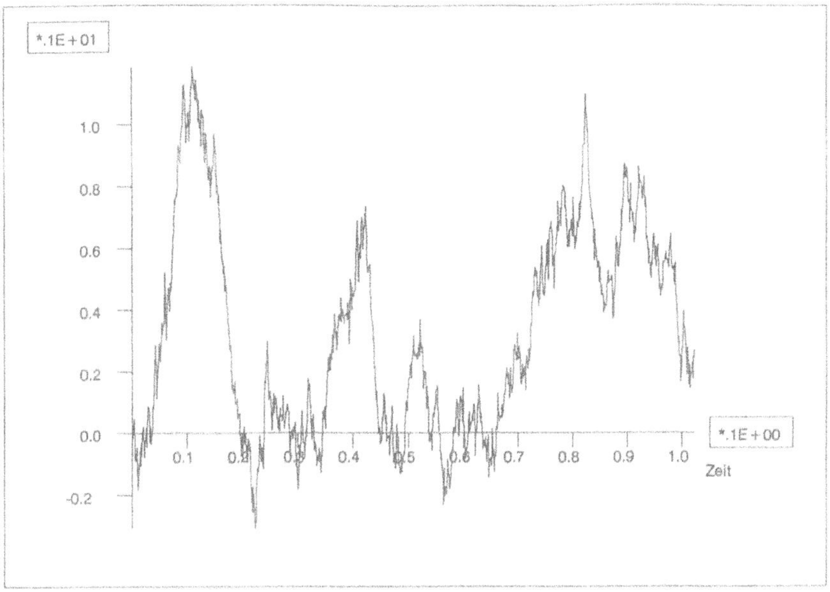

Bild 6.5: Musterfunktion des Beschleunigungsverlaufes über der Zeit (Korrelationszeitkonstante des Beschleunigungsrauschens $T_c = 10s$)

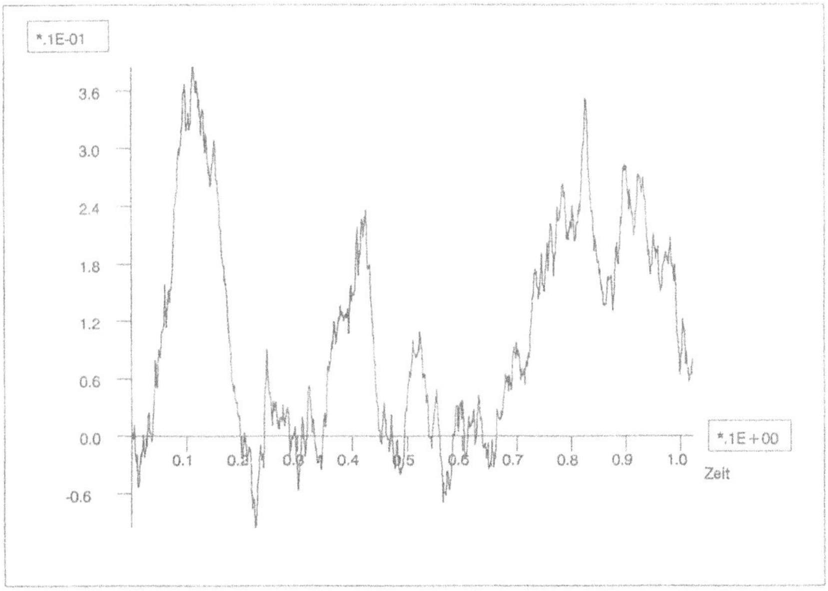

Bild 6.6: Musterfunktion des Geschwindigkeitsverlaufes über der Zeit (Korrelationszeitkonstante des Beschleunigungsrauschens $T_c = T$)

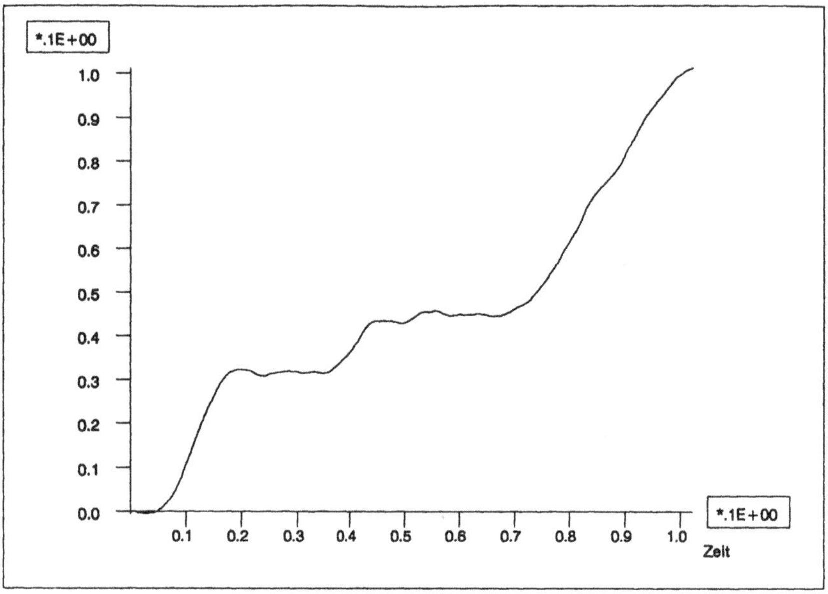

Bild 6.7: Musterfunktion des Geschwindigkeitsverlaufes über der Zeit (Korrelationszeit–konstante des Beschleunigungsrauschens $T_c = 1s$)

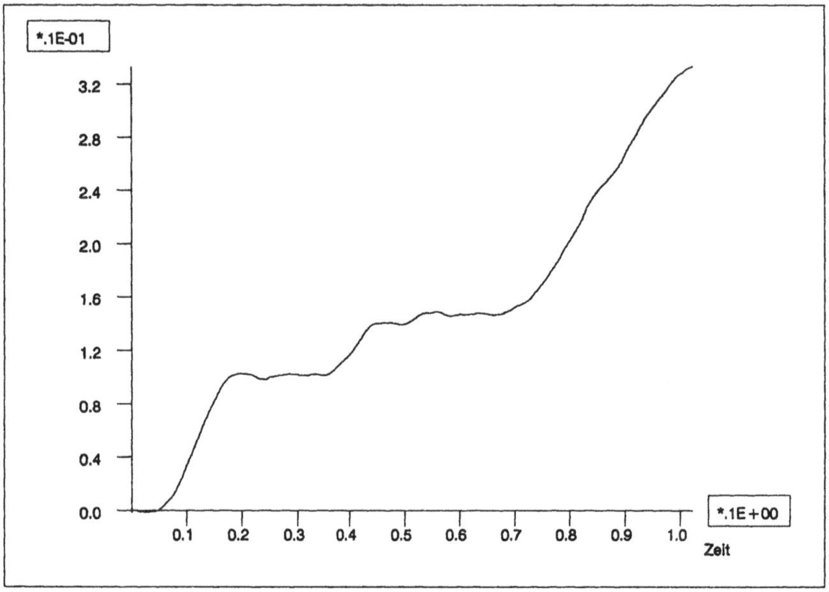

Bild 6.8: Musterfunktion des Geschwindigkeitsverlaufes über der Zeit (Korrelationszeit-konstante des Beschleunigungsrauschens $T_c = 10s$)

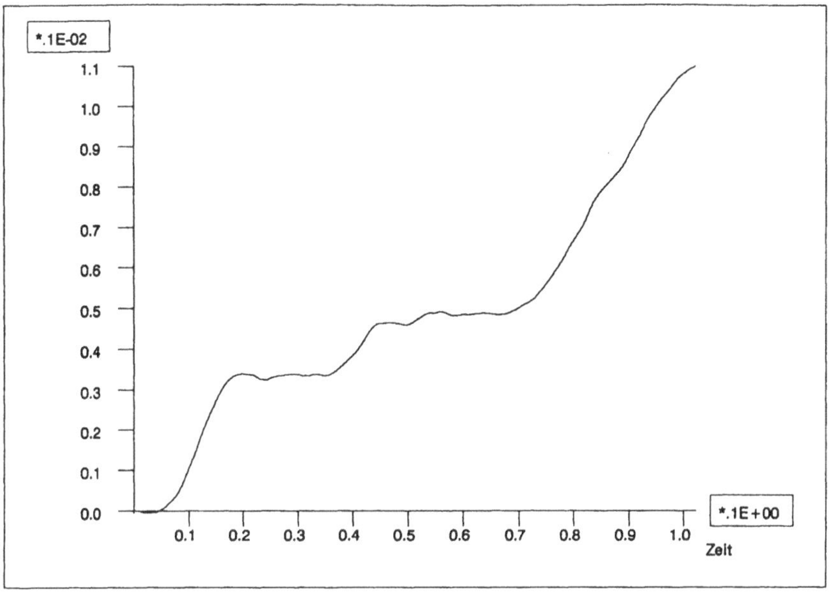

Bild 6.9: Musterfunktion des Entfernungsverlaufes über der Zeit (Korrelationszeitkonstante des Beschleunigungsrauschens $T_c = T$)

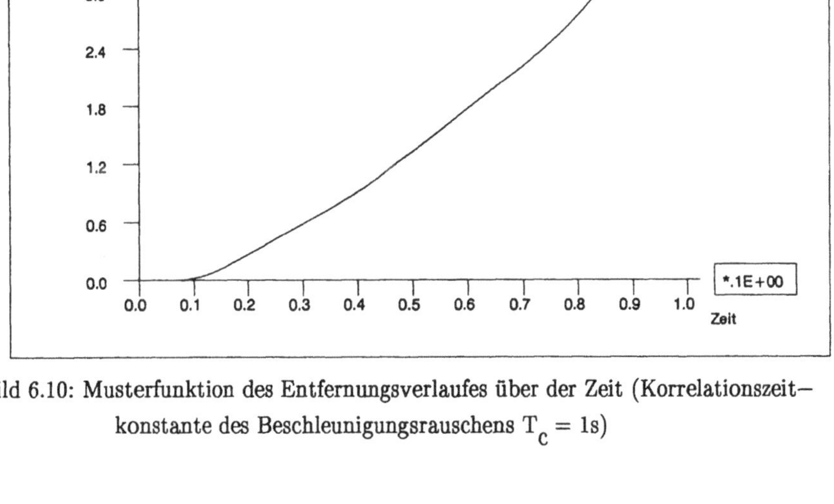

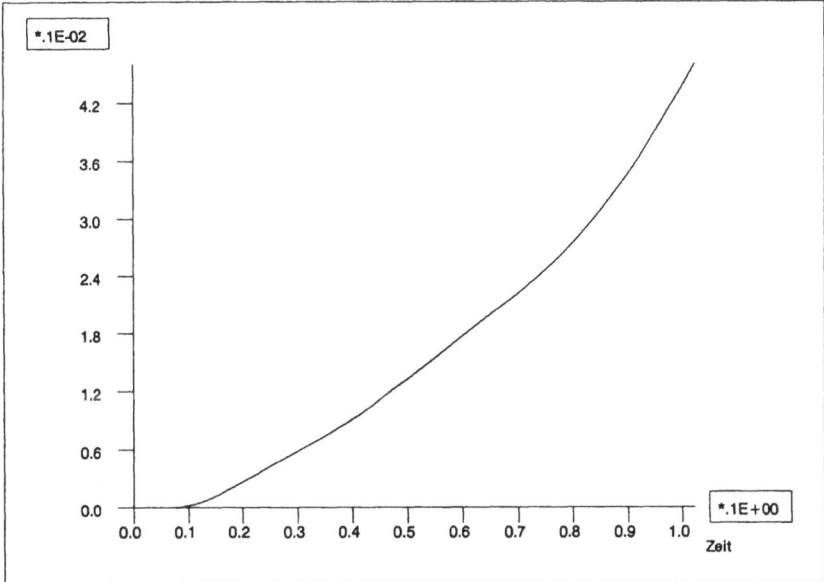

Bild 6.10: Musterfunktion des Entfernungsverlaufes über der Zeit (Korrelationszeit–konstante des Beschleunigungsrauschens $T_c = 1s$)

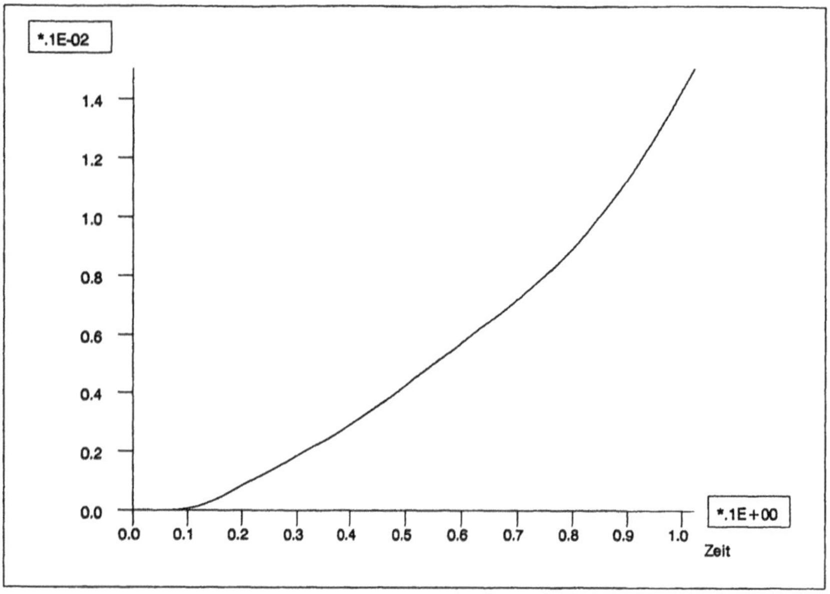

Bild 6.11: Musterfunktion des Entfernungsverlaufes über der Zeit (Korrelationszeitkonstante des Beschleunigungsrauschens $T_c = 10s$)

6.1.2.2.1.4 Modellreduzierung – Vereinfachtes Bewegungsmodell

Bei der Betrachtung der vereinfachten Modellgleichungen 6.22a und 6.22b fällt auf, daß die beiden Beschleunigungsparameter σ_b^2 und a^2 multiplikativ bei der Bestimmung der Kovarianz des diskreten Beschleunigungsrauschens zusammenwirken, so daß man vermuten kann, daß beide Terme näherungsweise durch eine Ersatzgröße ausgedrückt werden können. Dann würde die Kenntnis dieser Ersatzgröße ausreichen, um die statistischen Eigenschaften des Beschleunigungsprozesses näherungsweise zu beschreiben. Eine weitere Überlegung ergibt, daß in vielen realen Anwendungsfällen die aktuelle Beschleunigung eines bewegten Zieles von keinerlei Interesse für die weitere Regelung ist, also nicht geschätzt und damit auch nicht modelliert werden muß. Es fragt sich dann, ob man nicht den Beschleunigungsprozeß durch weißes, gaußverteiltes Rauschen modellieren kann und wie in einem solchen Fall die Rauschparameter dieses weißen Beschleunigungsprozesses gewählt werden müssen.

Wir gehen dazu von den Gleichungen 6.2a – 6.2c oder 6.4a – 6.4c aus und fragen uns, durch welchen Grenzübergang wir für den Beschleunigungsprozeß $x_3(t)$ ein weißes Rauschen erhalten. Dazu betrachten wir den Korrelationskern des kontinuierlichen Beschleunigungsprozesses $x_3(t)$ nach Gl. 6.9b, für den für eine beliebige Relativverschiebung τ unter der Annahme der Stationarität gilt:

$$\mathrm{cov}\{x_3(t),x_3(t+\tau)\} = e^{-\alpha\cdot|\tau|}\cdot\sigma_b^2 \quad \text{für } \tau \text{ beliebig} \tag{6.23}$$

wobei $\alpha=1/T_c$ die reziproke Korrelationszeit des Prozesses ist.

Die Fouriertransformierte des Korrelationskerns ist das Leistungsdichtespektrum $\phi^L_{x_3x_3}(f)$ des Beschleunigungsprozesses:

$$\phi^L_{x_3x_3}(f) = \frac{2T_c}{1+(2\pi f T_c)^2}\cdot\sigma_b^2 = \frac{2\alpha}{\alpha^2+(2\pi f)^2}\cdot\sigma_b^2 = \frac{\alpha^2}{\alpha^2+(2\pi f)^2}\cdot 2\cdot T_c\cdot\sigma_b^2 \tag{6.24}$$

Das Leistungsdichtespektrum eines weißen kontinuierlichen Beschleunigungsprozesses ist gegeben durch:

$$\phi^L_{x_3x_3}(f) = q_0 = \text{const} \tag{6.25}$$

Läßt man in Gl. 6.24 den Parameter $\alpha=1/T_c$ gegen Unendlich streben, also die Korrelationszeit gegen Null gehen, erhält man:

$$\lim_{\alpha\to\infty}\phi^L_{x_3x_3}(f) = \lim_{\alpha\to\infty}\frac{\alpha^2}{\alpha^2+(2\pi f)^2}\cdot 2\cdot T_c\cdot\sigma_b^2 = 2\cdot T_c\cdot\sigma_b^2 \overset{!}{=} q_0 \tag{6.26}$$

Daraus ergibt sich die Bestimmungsvorschrift für die Rauschleistungsdichte eines weißen Beschleunigungsprozesses, der den korrelierten Beschleunigungsprozeß ersetzt:

$$q_0 = 2\cdot T_c\cdot\sigma_b^2 = 2/\alpha\cdot\sigma_b^2 \tag{6.27}$$

Die sich hieraus ergebende alternative Beschreibung des kontinuierlichen Systemmodells lautet dann:

$$\dot{\underline{x}}(t) = \begin{bmatrix}0 & 1\\0 & 0\end{bmatrix}\cdot\underline{x}(t) + \begin{bmatrix}0\\1\end{bmatrix}\cdot w_0(t) \tag{6.28a}$$

und:

$$E\{w_0(t) \cdot w_0(t+\tau)\} = q_0 \cdot \delta(\tau) \tag{6.28b}$$

Diese Modellierung modelliert den Beschleunigungsprozeß $x_3(t)$ durch einen weißen Rauschprozeß, dessen Rauschleistungsdichte konstant für alle Frequenzen ist und den gleichen Wert besitzt wie die Rauschleistungsdichte des kontinuierlichen farbigen Beschleunigungsprozesses im Frequenznullpunkt, wie man aus Gl. 6.26 erkennt. Der Vorteil dieser Betrachtungsweise liegt in der Reduzierung der Modelldimension schon im kontinuierlichen Bereich. Da die Parameter σ_b^2 und α nicht mehr getrennt auftreten, braucht man sie auch nicht zu bestimmen. Man verwendet an ihrer Stelle die Ersatzgröße q_0, die sich aus ihrem Quotienten ergibt. Wie sich diese Modellvereinfachung allerdings auf die Filtergüte eines auf dieser Modellierung beruhenden Kalman–Filters auswirkt, welches die Meßdaten eines bewegten Zieles mit farbigem Beschleunigungsprozeß verarbeiten soll, ist im voraus schwer abzuschätzen und hängt von sehr vielen verschiedenen Einflußgrößen ab. Eine wichtige Rolle spielen dabei die sonstigen Vernachlässigungen und die statistischen Eigenschaften der Meßstörungen. Wir formulieren zunächst das äquivalente, zeitdiskrete Modell für diese alternative Problembeschreibung und erhalten analog zur Vorgehensweise im Unterpunkt 6.1.2.2:

$$\underline{x}(k+1) = \begin{bmatrix} 1 & T \\ 0 & 1 \end{bmatrix} \cdot \underline{x}(k) + \underline{w}_d(k) \tag{6.29a}$$

mit

$$E\{\underline{w}_d(k)\} = \underline{0} \tag{6.29b}$$

und

$$E\{\underline{w}_d(k) \cdot \underline{w}_d(k)^T\} = \begin{bmatrix} 1/3 \cdot T^3 & 1/2 \cdot T^2 \\ 1/2 \cdot T^2 & T \end{bmatrix} \cdot q_0 \tag{6.29c}$$

mit der Vereinfachungsmöglichkeit für kleine Abtastzeiten T:

$$E\{\underline{w}_d(k) \cdot \underline{w}_d(k)^T\} \cong \begin{bmatrix} 0 & 0 \\ 0 & T \end{bmatrix} \cdot q_0 \tag{6.29d}$$

6.1.2.2.1.5 Interpretation der Modellvereinfachung und Vergleich mit dem ersten Entwurf

In den Abbildungen 6.12 – 6.17 sind einige Musterfunktionen für den Entfernungs– und Geschwindigkeitsverlauf über der Zeit für die verschiedenen, sich aus den verschiedenen Korrelationszeitkonstanten der Beschleunigung des letzten Unterpunktes ergebenden Rauschleistungsdichten $q_0 = 2/\alpha \cdot \sigma_b^2$ dargestellt. Diese Musterfunktionen charakterisieren die 'Erwartungshaltung' eines auf dieser reduzierten Modellbildung beruhenden Kalman–Filters. Die Beschleunigungsparameter und die Abtastzeit wurden wie in Unterpunkt 6.1.2.2.1.3 gewählt.

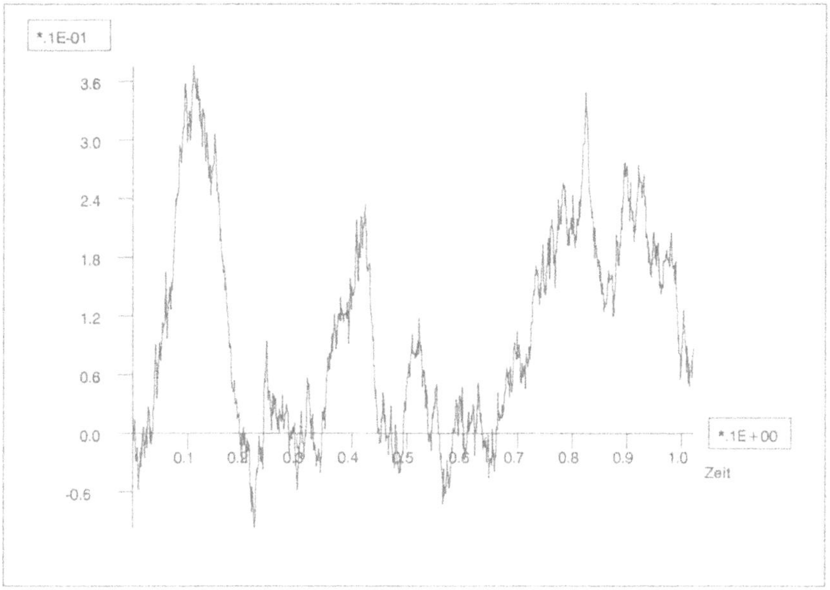

Bild 6.12: Musterfunktion des Geschwindigkeitsverlaufes über der Zeit (Korrelationszeitkonstante des Beschleunigungsrauschens $T_c = T$)

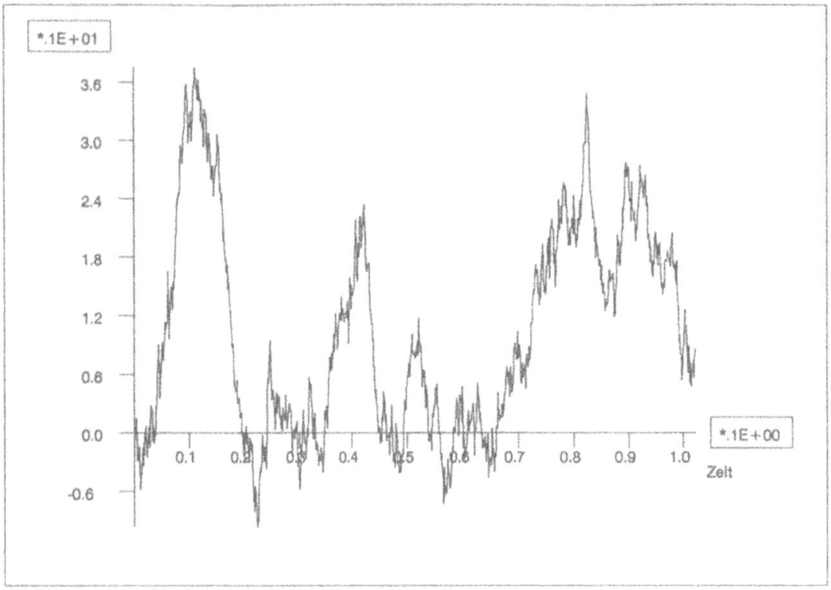

Bild 6.13: Musterfunktion des Geschwindigkeitsverlaufes über der Zeit (Korrelations– zeitkonstante des Beschleunigungsrauschens $T_c = 1s$)

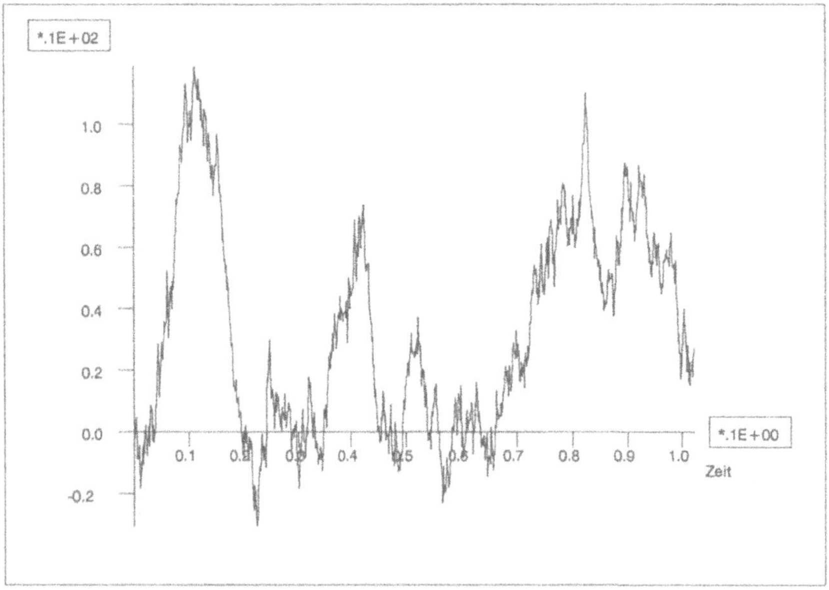

Bild 6.14: Musterfunktion des Geschwindigkeitsverlaufes über der Zeit (Korrelations– zeitkonstante des Beschleunigungsrauschens $T_c = 10s$)

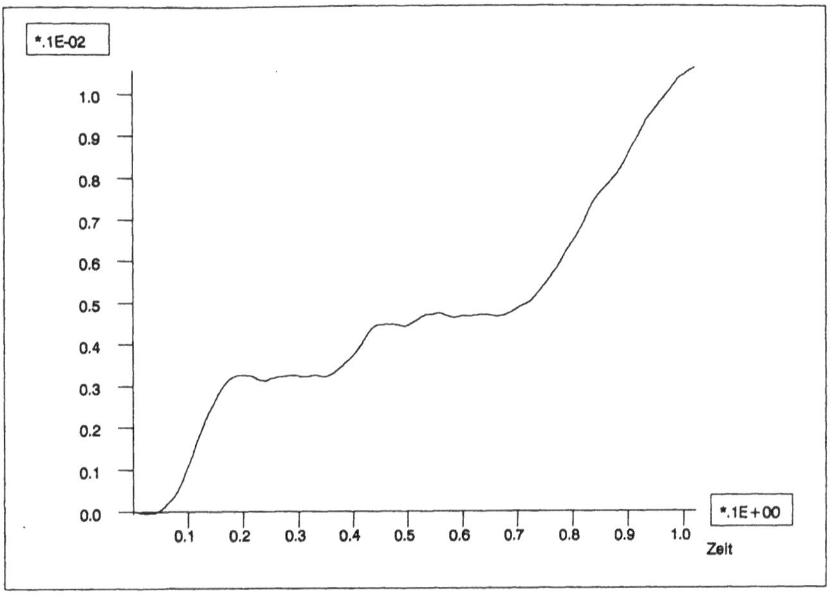

Bild 6.15: Musterfunktion des Entfernungsverlaufes über der Zeit (Korrelationszeit–konstante des Beschleunigungsrauschens $T_c = T$)

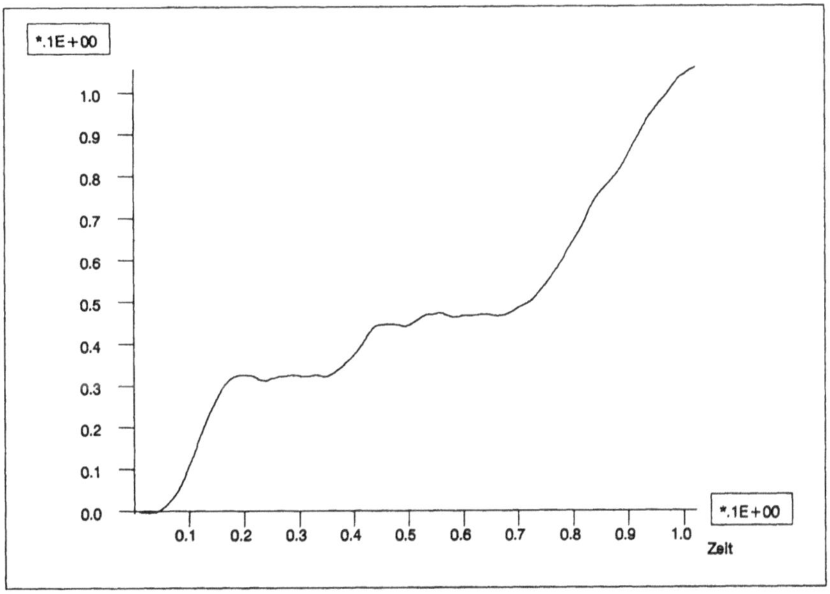

Bild 6.16: Musterfunktion des Entfernungsverlaufes über der Zeit (Korrelationszeit–konstante des Beschleunigungsrauschens $T_c = 1s$)

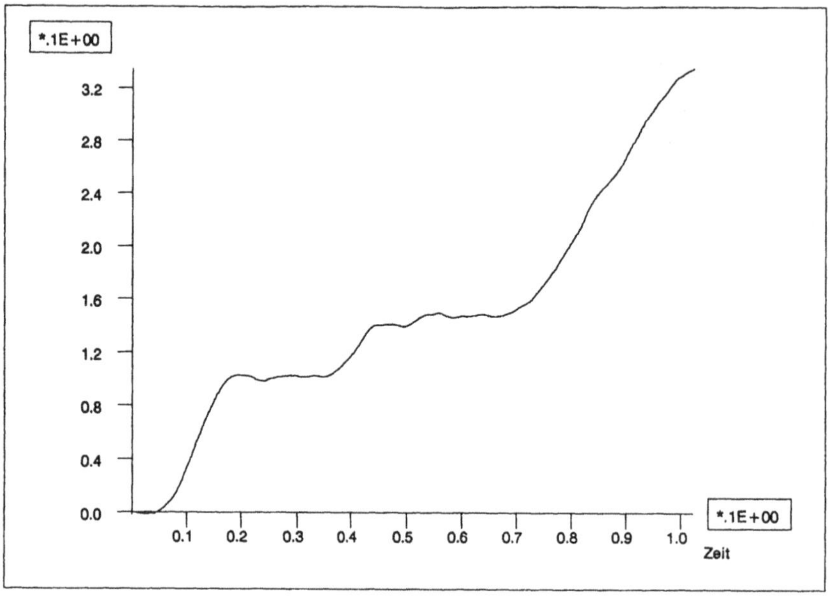

Bild 6.17: Musterfunktion des Entfernungsverlaufes über der Zeit (Korrelationszeit–konstante des Beschleunigungsrauschens $T_c = 10s$)

Offensichtlich ist die Modellvereinfachung durch eine Beschleunigungsmodellierung mit weißem Rauschen angepaßter Kovarianz mit Ausnahme von gewissen Grenzbereichen durchaus zulässig und auch wirkungsvoll. Die Grenzbereiche, in denen diese Modellvereinfachung versagt und wesentlich andere Musterfunktionen erzeugt, scheinen dadurch gekennzeichnet zu sein, daß der Rekursivparameter a des äquivalenten, zeitdiskreten Beschleunigungsmodells gegen 1 strebt, oder mit anderen Worten die Korrelationszeit T_c des kontinuierlichen Beschleunigungsprozesses lang gegenüber der Abtastzeit T ist. Um diese Vermutung zu untermauern, vergleichen wir die Musterfunktionen von Entfernungs- und Geschwindigkeitsverlauf, die sich zum einen mit der exakten Beschleunigungsmodellierung für verschiedene Parameter a und zum anderen mit der weißen Rauschmodellierung ergeben, direkt miteinander. Dabei wird die Kovarianz des weißen Rauschens nach Gl. 6.27 angepaßt. Die Kovarianz des farbigen, kontinuierlichen Beschleunigungsprozesses ist wiederum $\sigma_b^2 = 100\ m^2/s^4$, die Abtastzeit wurde wieder zu $T=10^{-4}s$ gewählt.

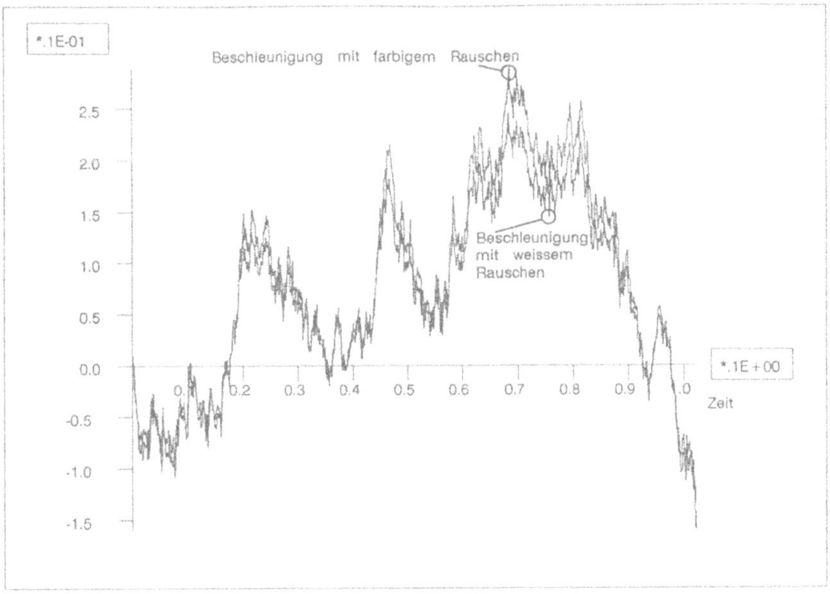

Bild 6.18: Geschwindigkeitsverlauf für farbiges (a=0.1, T_c=0.000043s) und weißes Beschleunigungsrauschen (σ_w^2=T· T_c· $2\sigma_b^2$)

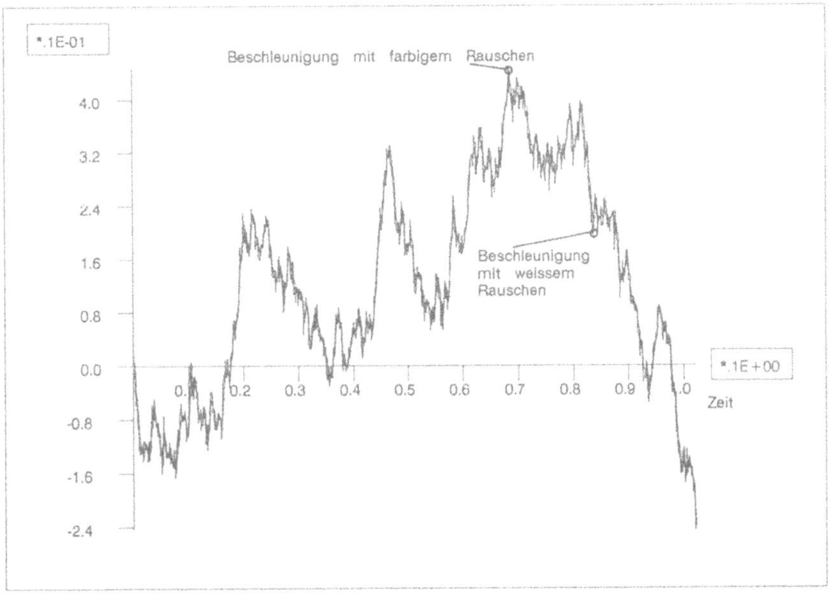

Bild 6.19: Geschwindigkeitsverlauf für farbiges (a=0.5, T_c=0.000144s) und weißes Beschleunigungsrauschen (σ_w^2=T· T_c· $2\sigma_b^2$)

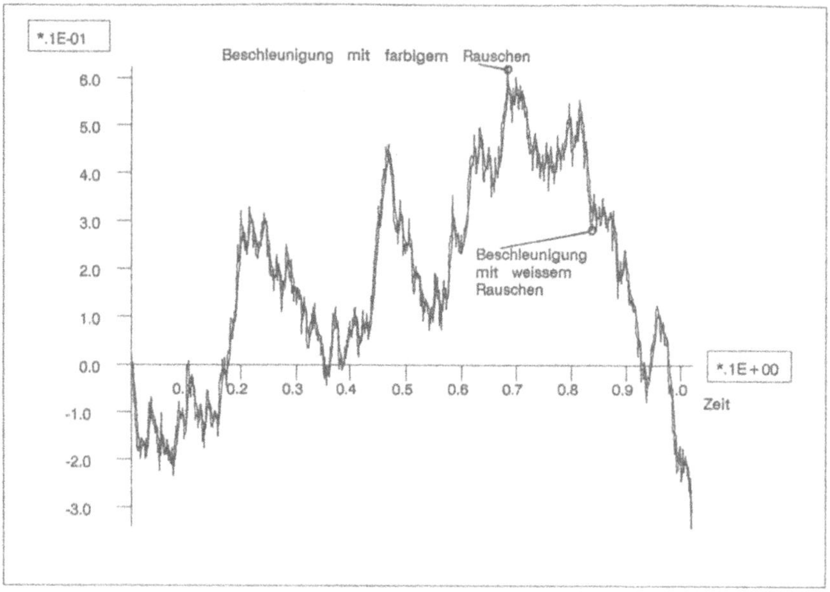

Bild 6.20: Geschwindigkeitsverlauf für farbiges (a=0.7, T_c=0.00028s) und weißes Beschleunigungsrauschen ($\sigma_w^2 = T \cdot T_c \cdot 2\sigma_b^2$)

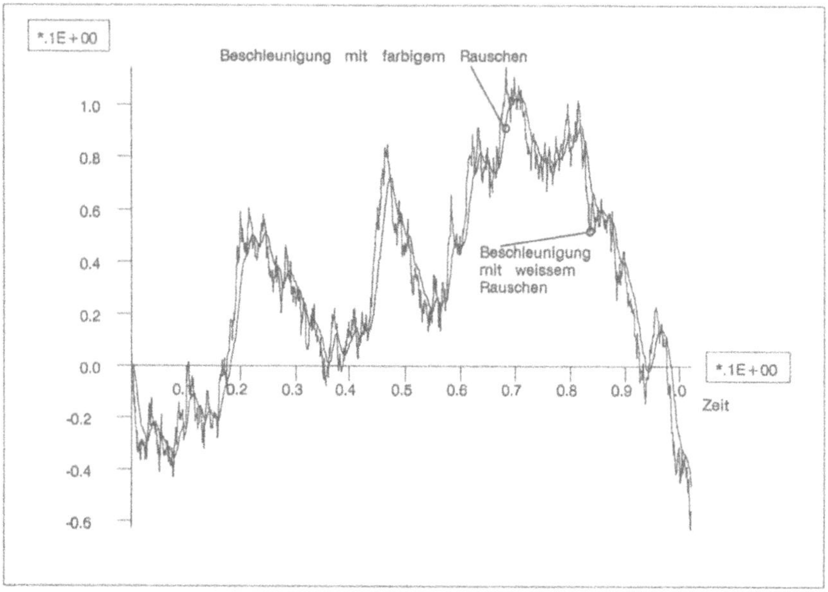

Bild 6.21: Geschwindigkeitsverlauf für farbiges (a=0.9, T_c=0.00095s) und weißes Beschleunigungsrauschen ($\sigma_w^2 = T \cdot T_c \cdot 2\sigma_b^2$)

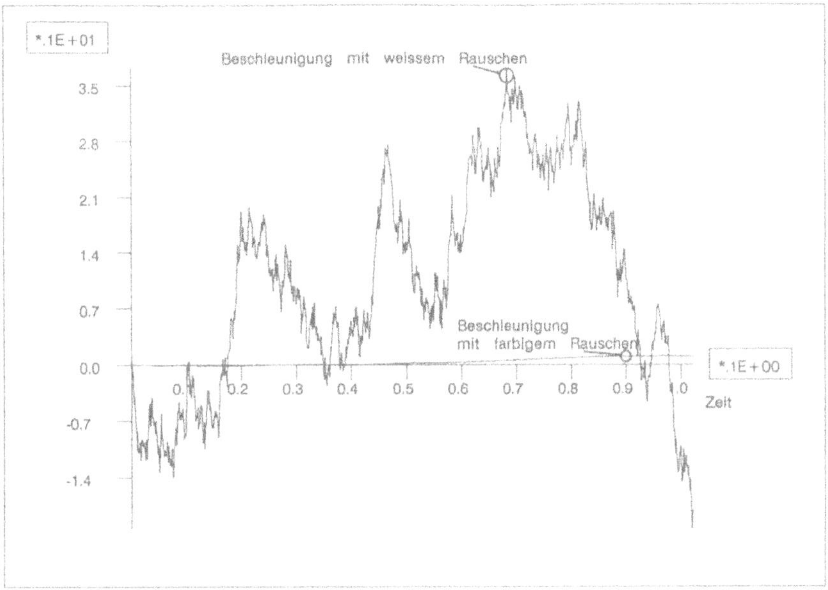

Bild 6.22: Geschwindigkeitsverlauf für farbiges (a=0.9999, T_c=1s) und weißes Beschleunigungsrauschen ($\sigma_w^2 = T \cdot T_c \cdot 2\sigma_b^2$)

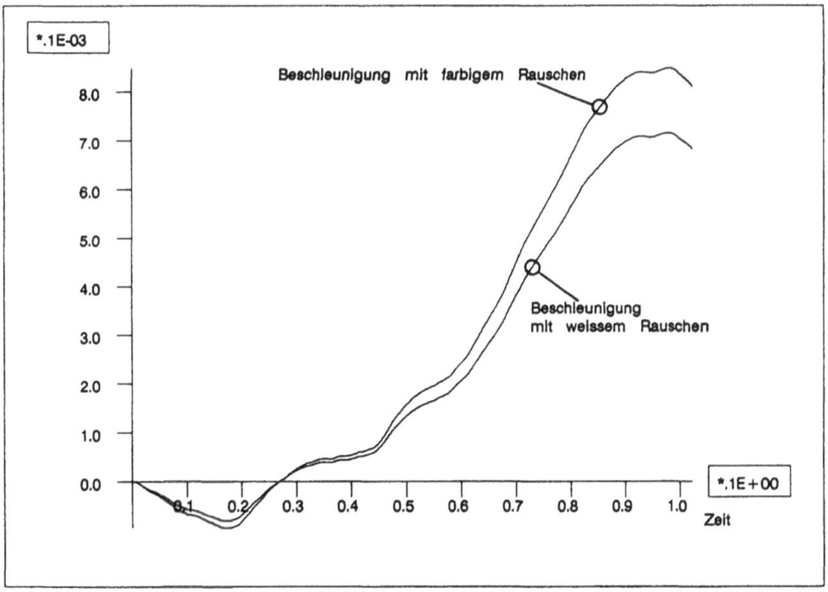

Bild 6.23: Entfernungsverlauf für farbiges (a=0.1 T_c=0.000043s) und weißes Beschleunigungsrauschen ($\sigma_w^2 = T \cdot T_c \cdot 2\sigma_b^2$)

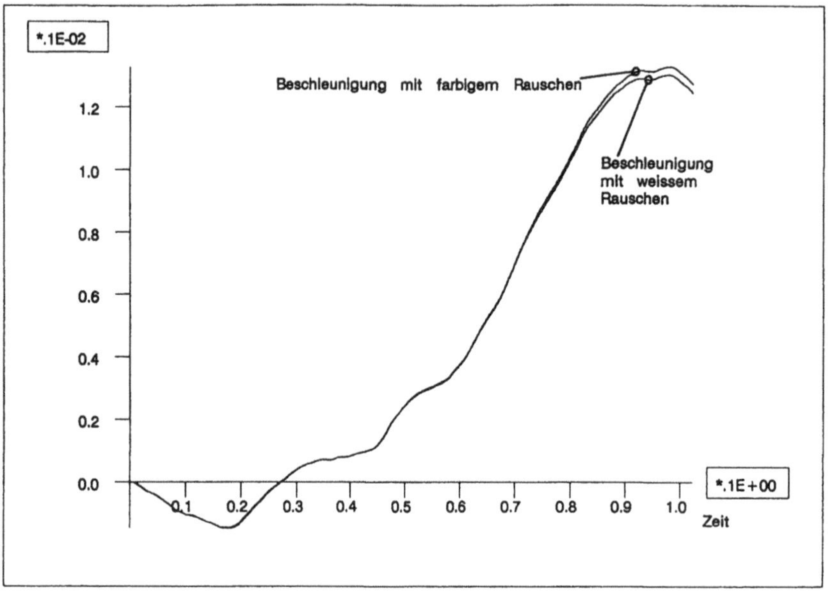

Bild 6.24: Entfernungsverlauf für farbiges (a=0.5, T_c=0.000144s) und weißes Beschleunigungsrauschen (σ_w^2=T· T_c· $2\sigma_b^2$)

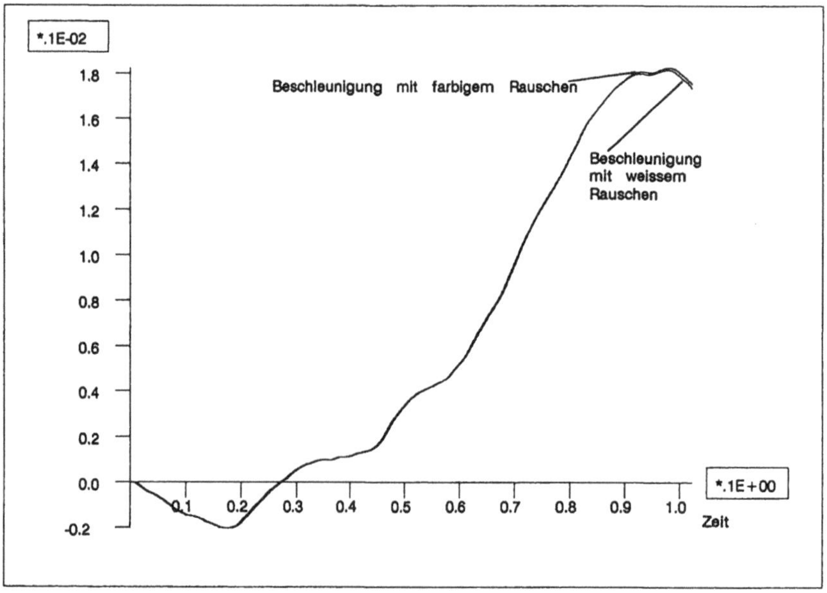

Bild 6.25: Entfernungsverlauf für farbiges (a=0.7, T_c=0.00028s) und weißes Beschleunigungsrauschen (σ_w^2=T· T_c· $2\sigma_b^2$)

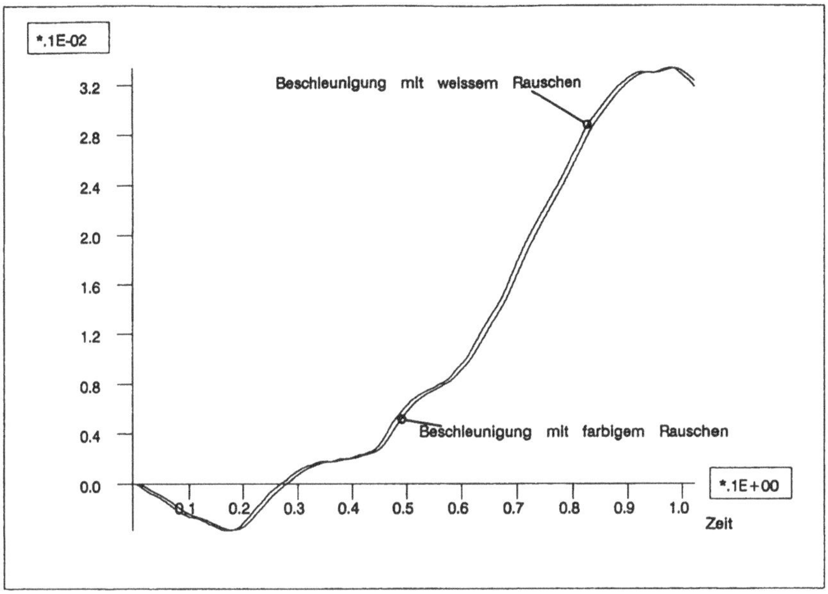

Bild 6.26: Entfernungsverlauf für farbiges (a=0.9, T_c=0.00095s) und weißes Beschleunigungsrauschen ($\sigma_w^2 = T \cdot T_c \cdot 2\sigma_b^2$)

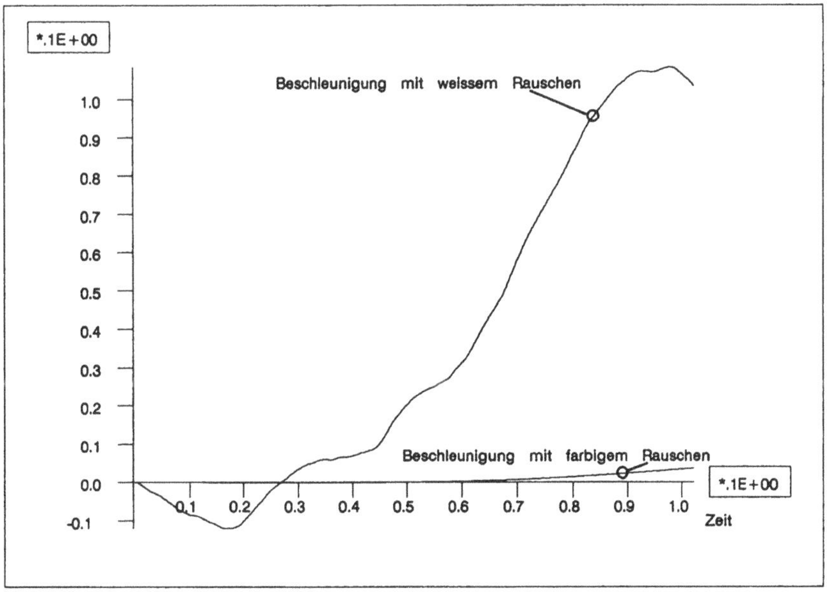

Bild 6.27: Entfernungsverlauf für farbiges (a=0.9999, T_c=1s) und weißes Beschleunigungsrauschen ($\sigma_w^2 = T \cdot T_c \cdot 2\sigma_b^2$)

6.1.2.2.1.6 Zusammenfassung der Erkenntnisse

Die Erkenntnisse, die sich aus der Betrachtung und dem Vergleich der Musterfunktionen der beiden Bewegungsmodelle ergeben, sollen nun kurz zusammengefaßt und interpretiert werden.

1.) Der Unterschied zwischen einer Beschleunigungsmodellierung durch farbiges Rauschen und der Modellierung durch weißes Rauschen wirkt sich in erster Linie auf die Musterfunktionen des Geschwindigkeitsverlaufes und weniger auf die Musterfunktionen des Entfernungsverlaufes aus. Diese Erkenntnis ist vergleichbar mit der Tatsache, daß bei einer Beschleunigungsmodellierung durch farbiges Rauschen die Korrelationszeit der Beschleunigung relativ wenig Einfluß auf das qualitative Verhalten des Entfernungsverlaufes, dafür aber starken Einfluß auf den Geschwindigkeitsverlauf des Zieles besitzt. Dies ist erklärbar durch die zweimalige 'Integration' der Beschleunigung, um den Entfernungsverlauf zu berechnen. Diese zweimalige Integration 'verwischt' die Korrelationseigenschaften des Beschleunigungsprozesses. Lediglich der Geschwindigkeitsverlauf ist umso 'unruhiger', je unkorrelierter die Beschleunigung ist. Daraus folgt dreierlei für das Verhalten eines Kalman–Filters. Bei einem Ersatz eines korrelierten Beschleunigungsvorganges durch einen weißen Beschleunigungsvorgang wird sich die Entfernungsschätzgenauigkeit eines Kalman–Filters weniger verschlechtern als die Geschwindigkeitsschätzgenauigkeit, da sich die Erwartungshaltung des Kalman–Filters bezüglich des Entfernungsverlaufes nur wenig ändert. Andererseits ist die Veränderung der Erwartungshaltung bezüglich des Geschwindigkeitsverhaltens umso stärker, je korrelierter der Beschleunigungsprozeß ist, der durch weißes Rauschen ersetzt wird. Legt man in erster Linie nur Wert auf eine möglichst gute Entfernungsschätzung bei einer verschlechterten Geschwindigkeitsschätzung, wird eine Modellvereinfachung durch weißes Beschleunigungsrauschen in vielen Fällen gerechtfertigt sein.

2.) Betrachtet man die Auswirkung der Modellvereinfachung durch weißes Beschleunigungsrauschen auf die Geschwindigkeitsschätzung, so kann man sagen, daß in bestimmten Fällen eine derartige Vereinfachung auch die Geschwindigkeitsschätzung sich nicht wesentlich verschlechtern wird. Diese Fälle sind dadurch gekennzeichnet, daß der Beschleunigungsvorgang im Verhältnis zur Abtastzeit kurz korreliert ist, also das Verhältnis T/T_C in der Größenordnung von 1 liegt oder größer als 1 ist. In diesen Fällen zeigt sich, daß ein derartiger Beschleunigungsprozeß näherungsweise durch weißes Rauschen mit nach Gl. 6.27 angepaßter Kovarianz beschrieben werden kann, ohne daß sich die Musterfunktionen des Geschwin–

digkeitsverlaufes und damit die Erwartungshaltung eines Kalman–Filters qualitativ ändern. Ist der Beschleunigungsprozeß dagegen lang gegenüber der Abtastzeit korreliert, wie in den Beispielen mit Korrelationszeiten von 1s und 10 s, zeigt sich, daß die Musterfunktionen des Entfernungsverlaufes bei der Modellierung mit weißem Beschleunigungsrauschen näherungsweise so aussehen wie die Musterfunktionen des Geschwindigkeitsverlaufes bei der Modellierung mit korreliertem Rauschen. Die Musterfunktionen des Geschwindigkeitsverlaufes bei der Modellierung mit weißem Beschleunigungsrauschen sehen dagegen fast so aus wie die Musterfunktionen des farbigen Beschleunigungsrauschens, sind also im Prinzip zu 'unruhig'. In diesen Fällen werden auch die Geschwindigkeitsschätzwerte eines Kalman–Filters, welches auf dem vereinfachten Modell beruht, zu verrauscht sein, während nur die Entfernungsschätzwerte einigermaßen brauchbar sein werden.

3.) Modelliert man allerdings einen realen Beschleunigungsprozeß mit kurzer Korrelationsdauer durch einen farbigen Beschleunigungsprozeß mit zu langer Korrelationszeit, wird das Filterergebnis fatal werden. Das Kalman–Filter rechnet mit einem zu trägen Geschwindigkeits– und Entfernungsverlauf. Es kann dann unter Umständen dem tatsächlichen Verlauf überhaupt nicht mehr folgen. Ein solches Filterverhalten bezeichnet man mit Filterdivergenz – Schätzwertverläufe und tatsächliche Verläufe laufen mit zunehmender Zeit auseinander, sie divergieren. Auf derartige Probleme, die unter allen Umständen vermieden werden müssen, wird an späterer Stelle noch eingegangen.

6.1.2.3 Meß– und Beobachtungsmodell des Problems

Das Meß– und Beobachtungsmodell ergibt sich aufgrund des Meßprinzips nach Gleichung 6.1 zu:

$$y_1(k) = T_F(k) = 2 \cdot x_1(k)/(c_0 \cdot T_0) + \mathrm{err}(k) \tag{6.30a}$$

$$= c_1 \cdot x_1(k) + \mathrm{err}(k) \tag{6.30b}$$

wobei err(k) die in der Messung enthaltenen Fehlerbeiträge beschreibt. c_0 steht für die Lichtgeschwindigkeit in dem betrachteten Meßmedium, und T_0 ist die Periodendauer des Zähltaktes, der zur Auszählung der Lichtlaufzeit verwendet wird, so daß $y_1(k)$ die Anzahl der Zählpulse im Lichtlaufzeitintervall darstellt. Der Fehlerterm err(k) bedarf der weiteren Analyse, damit die auftretenden Meßfehler in ihren stochastischen Eigenschaften qualitativ richtig und quantitativ ausreichend genau beschrieben werden können.

6.1.2.3.1 Identifikation der Fehlerquellen

Detaillierte Meßwertanalysen /10/ ergeben, daß die auftretenden Meßfehler grob in drei verschiedene Anteile zerlegt werden können:

$$err(k) = d(k) + s(k) + v_1(k) \tag{6.31}$$

Bei dieser Zerlegung repräsentiert d(k) eine langsam veränderliche Systemdrift mit relativ langer Korrelationszeit aufgrund thermischer Störeinflüsse auf die Meßelektronik.
Der Term s(k) steht für einen sinusförmigen Störanteil mit unbekannter und zeitweise variierender Amplitude und Nullphase, dessen Ursachen in Brummeinstreuungen in die äußerst empfindliche Meßelektronik zu suchen sind. Diese Brummeinstreuungen weisen nur geringe Spannungsamplituden von einigen mV auf, sind meßtechnisch äußerst schwierig zu erfassen und nicht weiter zu beseitigen, wirken sich aber auf die Ermittlung der Lichtlaufzeiten spürbar störend aus, so daß sie durch die Meßwertverarbeitung beseitigt werden müssen. Genaugenommen treten mehrere Brummfrequenzen mit Vielfachen der Netzfrequenz von 50 Hz auf. Die Meßwertanalysen zeigen jedoch, daß der Brummanteil mit einer Frequenz von 100 Hz den wesentlichen Beitrag zu dem periodischen Störanteil in den Messungen liefert, so daß aus Aufwandsgründen nur dieser Störanteil modelliert werden soll.

Der dritte Anteil $v_1(k)$ steht für die weißen, näherungsweise gaußverteilten Meßstörungen, deren Kovarianz zu:

$$E\{v_1(k)^2\} = 10^{-4} m^2 \tag{6.32a}$$

ermittelt wird. Diese Störungen sind erwartungswertfrei, damit gilt:

$$E\{v_1(k)\} = 0 \tag{6.32b}$$

6.1.2.3.2 Modellierung der Systemdriften

Die Systemdriften erweisen sich als sehr stark zeitkorreliert. Es stellt sich zudem heraus, daß diese Systemdriften ein ganz ähnliches Verhalten besitzen wie der Beschleunigungsprozeß des bewegten Zieles, im Unterschied zu diesem aber eine längere Korrelationszeit von ca. 20 Sekunden aufweisen. Diese Zeitangabe stellt einen Mittelwert dar, die tatsächliche Korrelationszeit erweist sich in den einzelnen Untersuchungsreihen als sehr stark

variierend, ein Umstand, der sich später als ausgesprochen unangenehm erweisen wird. Dies bedeutet, daß die angenommene Korrelationszeit im Einzelfall fast beliebig falsch sein kann und dann zu einem stark verschlechterten Filterverhalten führt.
Die prinzipielle Modellierung dieser korrelierten Drift geschieht dann völlig analog zu der Modellierung des korrelierten Beschleunigungsprozesses im Unterpunkt 6.1.2.1.1, so daß man zunächst für die zeitkontinuierliche Darstellung folgende Modellgleichung erhält:

$$\dot{d}(t) = -\beta \cdot d(t) + w_d(t) \tag{6.33a}$$

mit

$$E\{w_d(t)\} = 0 \tag{6.33b}$$

und

$$E\{w_d(t) \cdot w_d(t+\tau)\} = q_d \cdot \delta(\tau) \tag{6.33c}$$

Analog, wie in Unterpunkt 6.1.2.1.1 ist $1/\beta$ die Korrelationszeitkonstante des Driftprozesses, und zwischen der Varianz des Driftprozesses und der Varianz q_d des kontinuierlichen, weißen Rauschens besteht wieder der folgende Zusammenhang:

$$q_d = 2\beta \cdot \sigma_d^2 \tag{6.33d}$$

Die Zeitdiskretisierung liefert das zeitdiskrete, äquivalente Modell:

$$d(k+1) = e^{-\beta \cdot T} \cdot d(k) + w_{dd}(k) \tag{6.34a}$$

und

$$E\{w_{dd}(k)^2\} = \sigma_d^2 \cdot (1 - e^{-2\beta T}) \tag{6.34b}$$

wobei $1/\beta$ die Korrelationszeitkonstante der Systemdrift darstellt.

6.1.2.3.3 Modellierung der Brummeinflüsse

6.1.2.3.3.1 Kontinuierliche Modellierung der Brummeinflüsse und anschließende Zeitdiskretisierung

Für die Modellierung der Brummeinflüsse stehen prinzipiell zwei verschiedene Ansätze zur Verfügung. Der erste Ansatz geht von der kontinuierlichen Beschreibung einer Sinusschwingung unbekannter Phase und Amplitude durch eine Differentialgleichung 2. Ordnung aus. Für die sinusförmigen Musterfunktionen eines solchen Prozesses schreibt man:

$$s(t) = s_0 \cdot \sin(\omega_0 \cdot t + \varphi) \tag{6.35a}$$

Durch zweimaliges Differenzieren von Gl. 6.35a findet man dann:

$$\dot{s}(t) = s_0 \cdot \omega_0 \cdot \cos(\omega_0 . t + \varphi) \tag{6.35b}$$

und

$$\ddot{s}(t) = -s_0 \cdot \omega_0^2 \cdot \sin(\omega_0 \cdot t + \varphi) = -\omega_0^2 \cdot s(t) \tag{6.35c}$$

Führt man nun die folgenden Brummzustandsgrößen ein, mit:

$$s_1(t) = s(t) \tag{6.36a}$$

und

$$\dot{s}_1(t) = \dot{s}(t) = s_2(t) \tag{6.36b}$$

und

$$\dot{s}_2(t) = \ddot{s}(t) = -\omega_0^2 \cdot s(t) \tag{6.36c}$$

dann sind die homogenen Zustandsraumgleichungen für den Brummzustand gefunden worden. Die Vektor–Matrixdarstellung der Gleichungen 6.36 a – c lautet dann:

$$\dot{\underline{s}}_h(t) = \begin{bmatrix} 0 & 1 \\ -\omega_0^2 & 0 \end{bmatrix} \cdot \underline{s}_h(t) \tag{6.36d}$$

Die Anfangswerte für die angestrebte Sinusschwingung erhält man durch Betrachtung der Ableitungen nach Gl. 6.36b und 6.36c an der Stelle t = 0:

$$s_{1h}(0) = s_h(0) = s_0 \cdot \sin(\varphi) \tag{6.36e}$$

$$s_{2h}(0) = \dot{s}_h(0) = s_0 \cdot \omega_0 \cdot \cos(\varphi) \tag{6.36f}$$

Wir werden noch einen stochastischen Eingangsrauschprozeß mit geringer Kovarianz hinzufügen, um die Brummzustandsraumdarstellung stochastisch steuerbar zu machen, was für die Stabilität eines späteren Kalman–Filters von ausschlaggebender Bedeutung sein kann. Damit bekommen wir das abschließende Zustandsraummodell:

$$\dot{\underline{s}}(t) = \begin{bmatrix} 0 & 1 \\ -\omega_0^2 & 0 \end{bmatrix} \cdot \underline{s}(t) + \begin{bmatrix} 0 \\ 1 \end{bmatrix} \cdot w_s(t) \tag{6.36g}$$

mit:

$$E\{w_s(t)\} = 0 \tag{6.36h}$$

und

$$E\{w_s(t)\cdot w_s(t+\tau)\} = q_s\cdot \delta(\tau) \tag{6.36i}$$

Berechnung der Übergangsmatrix des zeitdiskreten Äquivalentes

Die gefundene kontinuierliche Zustandsraummodellierung eines harmonischen Oszillators mit stochastischem Eingangsrauschen kann nun äquivalent zeitdiskretisiert werden und liefert die folgende Zustandsübergangsmatrix:

$$\phi_s(s) = [s\cdot I - F_s]^{-1} = \begin{bmatrix} s & -1 \\ \omega_0^2 & s \end{bmatrix}^{-1} = \begin{bmatrix} \frac{1}{s} - \frac{r}{s\cdot(s^2+r)} & \frac{1}{s^2+r} \\ -\frac{r}{s^2+r} & \frac{s}{s^2+r} \end{bmatrix} \tag{6.37a}$$

mit

$$r = \omega_0^2 \tag{6.37b}$$

Die Rücktransformation in den Zeitbereich ergibt dann:

$$\phi_s(T) = \begin{bmatrix} \cos(\omega_0\cdot T) & \omega_0^{-1}\cdot \sin(\omega_0\cdot T) \\ -\omega_0\cdot \sin(\omega_0\cdot T) & \cos(\omega_0\cdot T) \end{bmatrix} \tag{6.37c}$$

Berechnung der Kovarianzmatrix des diskreten Eingangsrauschens

Für die Kovarianzmatrix des diskreten Eingangsrauschprozesses erhalten wir mit Gl. 4.220 aus Kapitel 4:

$$Q_{ds}(k) = \int_{t_k}^{t_k+T} \phi(t_k+T-\tau)\cdot \begin{bmatrix} 0 \\ 1 \end{bmatrix} \cdot q_s\cdot [0\ 1]\cdot \phi(t_k+T-\tau)^T d\tau = q_s\cdot \int_0^T \phi(u)\cdot \begin{bmatrix} 0 & 0 \\ 0 & 1 \end{bmatrix} \cdot \phi(u)^T du \tag{6.38a}$$

Die Berechnung der einzelnen Matrixelemente verläuft 'straight forward', so daß wir auf die Darstellung des Rechenganges an dieser Stelle verzichten können und nur das Endergebnis angeben:

$$Q_{ds}(k) = \begin{bmatrix} q_{ds11} & q_{ds12} \\ q_{ds21} & q_{ds22} \end{bmatrix} \tag{6.38b}$$

mit:

$$q_{ds11} = 1/(2\omega_0^2) \cdot T \cdot [1 - \frac{\sin(2\omega_0 \cdot T)}{2\omega_0 \cdot T}] \cdot q_s \tag{6.38c}$$

$$q_{ds12} = q_{ds21} = 1/(4\omega_0^2) \cdot [1 - \cos(2\omega_0 T)] \cdot q_s \tag{6.38d}$$

$$q_{dss22} = 1/2 \cdot T \cdot [1 + \frac{\sin(2\omega_0 \cdot T)}{2\omega_0 \cdot T}] \cdot q_s \tag{6.38e}$$

Näherungslösung für kleine Abtastzeiten: $\omega_0 \cdot T << 1$:

$$q_{ds11} \cong 0 \tag{6.39a}$$

$$q_{ds12} = q_{ds21} = 0 \tag{6.39b}$$

$$q_{ds22} = T \cdot q_s \tag{6.39c}$$

Für kleine Abtastzeiten gegenüber der Periodendauer der harmonischen Schwingung erhalten wir damit eine skalar getriebene, äquivalente, zeitdiskrete Zustandsraumdarstellung des Netzbrumms.

6.1.2.3.3.2 Kritik der Modellbildung

Die äquivalente, zeitdiskrete Modellierung der Brummstörungen führt in Form von Gl. 6.37c und 6.38 – 6.39 auf Systemmatrizen, die nur für kleine Abtastzeiten eine numerisch günstige Form annehmen. Besonders die Übergangsmatrix $\phi_s(T)$ des zeitdiskreten Modells kann nicht leicht vereinfacht werden, ohne die Korrelationseigenschaften des Prozesses zu verändern und dadurch nicht absehbare Konsequenzen zu provozieren. Speziell die Nebendiagonalelemente der Übergangsmatrix besitzen in der Regel ungünstige numerische Werte, die nicht beide gleichzeitig vernachlässigt werden dürfen, da dann die speziellen Rückkopplungseigenschaften der Zustandsgrößen verschwinden. Vernachlässigt man die kleinere der beiden Größen, verändert man das Symmetrieverhalten der Zustandsraumdarstellung mit nicht absehbaren Folgen. Somit muß für die effiziente spätere Implementierung eine Zustandsraumdarstellung gesucht werden, deren Übergangsmatrix eine numerisch günstigere Form besitzt.

6.1.2.3.3.2 Modellierung eines zeitdiskreten Sinus– Cosinusgenerators

Die zeitdiskrete Darstellung einer harmonischen Schwingung mit beliebigem Nullphasenwinkel lautet:

$$s(k) = C\cdot \cos(\varphi_a \cdot k) + D\cdot \sin(\varphi_a \cdot k) \tag{6.40a}$$

mit dem Nullphasenwinkel in reiner Cosinusdarstellung:

$$\varphi_0 = -\arctan(\frac{D}{C}) \tag{6.40b}$$

und dem Inkrementwinkel:

$$\varphi_a = \omega_0 \cdot T \tag{6.40c}$$

Bei der Suche nach einer geeigneten Zustandsraumdarstellung dieser zeitdiskreten, harmonischen Schwingung benötigen wir zunächst eine Differenzengleichung, die die harmonische Schwingung geeignet beschreibt. Zur Suche dieser Differenzengleichung stehen prinzipiell zwei Vorgehensweisen zur Verfügung. 1.) die Anwendung der Additionstheoreme und 2.) die Verwendung der Z–Transformation. Wir verwenden hier die Z–Transformation, deren Prinzipien wir als bekannt voraussetzen. Einer Transformationstabelle entnehmen wir für die Z–Transformierten der beiden harmonischen Anteile von s(k):

$$\mathcal{Z}\{\cos(\varphi_a \cdot k)\} = \frac{z\cdot (z-\cos(\varphi_a))}{z^2-2z\cdot \cos(\varphi_a) + 1} \tag{6.41a}$$

und:

$$\mathcal{Z}\{\sin(\varphi_a \cdot k)\} = \frac{z\cdot \sin(\varphi_a)}{z^2-2z\cdot \cos(\varphi_a) + 1} \tag{6.41b}$$

Mit Gl. 6.41a und 6.41b erhalten wir für die Z–Transformierte der Sequenz s(k):

$$S(z) = \mathcal{Z}\{s(k)\} = C \cdot \frac{z\cdot (z-\cos(\varphi_a))}{z^2-2z\cdot \cos(\varphi_a) + 1} + D \cdot \frac{z\cdot \sin(\varphi_a)}{z^2-2z\cdot \cos(\varphi_a) + 1}$$

$$= \frac{C\cdot z^2 + z\cdot [D\cdot \sin(\varphi_a) - C\cdot \cos(\varphi_a)]}{z^2 - 2z\cdot \cos(\varphi_a) + 1} \tag{6.42}$$

Durch Ausmultiplizieren von Gl. 6.42 erhalten wir dann:

$$S(z) \cdot [z^2 - 2z\cdot \cos(\varphi_a) + 1] = C\cdot z^2 + z\cdot [D\cdot \sin(\varphi_a) - C\cdot \cos(\varphi_a)] \tag{6.43a}$$

und durch Umordnen:

$$S(z)\cdot z^2 - C\cdot z^2 - z\cdot [D\cdot \sin(\varphi_a) + C\cdot \cos(\varphi_a)] = [S(z) - C]\cdot 2\cos(\varphi_a)\cdot z - S(z) \tag{6.43b}$$

Daraus folgt unter Berücksichtigung der Anfangswerte s(o) und s(1):

$$S(z)\cdot z^2 - s(0)\cdot z^2 - s(1)\cdot z = [S(z)\cdot z - s(0)\cdot z]\cdot 2\cdot \cos(\varphi_a) - S(z) \tag{6.43c}$$

Mit den Verschiebungstheoremen der Z–Transformation folgt dann für die Rücktransformation in den Sequenzenbereich:

$$s(k+2) = 2\cdot \cos(\varphi_a)\cdot s(k+1) - s(k) \tag{6.43d}$$

mit den Startwerten:

$$s(0) = C \tag{6.43e}$$

und

$$s(1) = D\cdot \sin(\varphi_a) + C\cdot \cos(\varphi_a) \tag{6.43f}$$

Die gewünschte homogene, zeitdiskrete Zustandsraumdarstellung erhalten wir nun durch die folgenden Substitutionen:

$$s_1(k) = s(k) \tag{6.44a}$$

$$s_2(k) = s(k+1) \tag{6.44b}$$

Daraus folgt sofort:

$$s_1(k+1) = s_2(k) \tag{6.44c}$$

und:

$$s_2(k+1) = 2\cdot \cos(\varphi_a)\cdot s_2(k) - s_1(k) \tag{6.44d}$$

Daraus erhalten wir in Vektor–Matrix–Notation die homogene, zeitdiskrete Zustandsraumdarstellung der Brummstörung:

$$\underline{s}_h(k+1) = \begin{bmatrix} 0 & 1 \\ -1 & 2\cos(\varphi_a) \end{bmatrix} \cdot \underline{s}_h(k) \tag{6.44e}$$

mit den oben angegebenen Startwerten.

Um zu einer stochastisch steuerbaren Brummodellierung zu gelangen, addieren wir einen kleinen stochastischen, weißen, zeitdiskreten Brummbeitrag und erhalten:

$$\underline{s}(k+1) = \begin{bmatrix} 0 & 1 \\ -1 & 2\cos(\varphi_a) \end{bmatrix} \cdot \underline{s}(k) + \begin{bmatrix} 0 \\ 1 \end{bmatrix} \cdot w_{sd}(k) \tag{6.45a}$$

mit:

$$E\{w_{sd}(k)\} = 0 \tag{6.45b}$$

und:

$$E\{w_{sd}(k)^2\} = q_{sd} \tag{6.45c}$$

Die Kovarianz des Prozeßrauschens ist ein sogenannter 'Designparameter'. Bei der Bestimmung von Designparametern kommt es weniger auf eine realistische Wahl an, welche sich sehr schwierig gestaltet, sondern darauf, durch diese Wahl das Modell stochastisch steuerbar zu machen, um ein gutes Filterverhalten zu erzielen. Demzufolge kann die Bestimmung dieses Parameters (der so klein wie möglich gewählt werden sollte) erst bei dem abschließenden 'Filtertuning' erfolgen.

Die auf diese Weise gefundene Systemübergangsmatrix zeigt ein ausgezeichnetes numerisches Verhalten, die Nebendiagonalelemente besitzen den Absolutwert von 1, erfordern also bei der späteren Berechnung keinerlei Multiplikationen, was sich besonders günstig auf eventuelle Rundungsfehler auswirkt. Ebenso verschwindet das Matrixelement ϕ_{s11}, womit einige weitere Rechenoperationen eingespart werden können.

6.1.2.3.4 Zusammenfassung des Störmodells

Wir führen zur Zusammenfassung der Zustandsraumdarstellung für die Störphänomene den Störzustandsvektor $\underline{x}_s(k)$ ein, der folgendermaßen definiert ist:

$$\underline{x}_s(k) = \begin{bmatrix} d(k) \\ s_1(k) \\ s_2(k) \end{bmatrix} \tag{6.46a}$$

Für den Störzustandsvektor erhalten wir dann mit den Gleichungen 6.34a und 6.45a:

$$\underline{x}_s(k+1) = \begin{bmatrix} e^{-\beta T} & 0 & 0 \\ 0 & 0 & 1 \\ 0 & -1 & 2\cdot\cos(\varphi_a) \end{bmatrix} \cdot \underline{x}_s(k) + \begin{bmatrix} w_d(k) \\ 0 \\ w_s(k) \end{bmatrix}$$

$$= A_s \cdot \underline{x}_s(k) + \underline{w}_s(k) \tag{6.46b}$$

mit:

$$\beta = 1/T_d \text{ (reziproke Korrelationszeit der Drift)} \tag{6.46c}$$

$$\varphi_a = \omega_0 \cdot T \tag{6.46d}$$

$$\omega_0 \mathrel{\hat{=}} \text{Kreisfrequenz des Brumms} \tag{6.46e}$$

$$T \mathrel{\hat{=}} \text{Abtastzeit} \tag{6.46f}$$

Die stochastischen Parameter des Prozeßrauschens für den Störzustandsvektor ergeben sich dann aus den Gleichungen 6.34b und 6.45c:

$$E\{\underline{w}_s(k)\} = \underline{0} \tag{6.46g}$$

und:

$$Q_s = E\{\underline{w}_s(k)\cdot \underline{w}_s(k)^T\} = \begin{bmatrix} \sigma_d^2\cdot(1-e^{-2\beta T}) & 0 & 0 \\ 0 & 0 & 0 \\ 0 & 0 & q_{sd} \end{bmatrix} \tag{6.46h}$$

Für die in den Zielmessungen enthaltenen Störungen findet man mit Gl. 6.31 schließlich das zusammenfassende Störbeobachtungsmodell:

$$err(k) = C_s\cdot \underline{x}_s(k) + v_1(k) \tag{6.47a}$$

$$= [1\ ,\ 1,\ 0]\cdot \underline{x}_s(k) + v_1(k) \tag{6.47b}$$

Die Parameter des weißen, gaußverteilten Störanteils schreibt man mit Gl. 6.32a und 6.32b:

$$E\{v_1(k)\} = 0 \tag{6.47c}$$

und:

$$E\{v_1^2(k)\} = R_1 = 10^{-4} m^2 \tag{6.47d}$$

6.1.2.4 Zusammenfassung von Bewegungsmodell und Beobachtungsmodell

Der nächste Modellierungsschritt besteht aus der Zusammenfassung des in 6.1.2.1 entwickelten zeitdiskreten Bewegungsmodells mit dem im Unterpunkt 6.1.2.3 entwickelten Beobachtungsmodell. Beide Modelle wurden im Zustandsraum formuliert, und die entsprechenden Zustandsvektoren bestanden jeweils aus drei Komponenten. Diese Teilzustände werden nun zu einem vergrößerten Gesamtzustandsvektor zusammengefaßt, mit:

$$\underline{x}_a(k) = \left[\begin{array}{c} \underline{x}(k) \\ \hline \underline{x}_s(k) \end{array}\right] \tag{6.48}$$

Für das entsprechende vergrößerte Zustandsraummodell verwenden wir das vereinfachte Bewegungsmodell mit drei Zuständen für kleine Abtastzeiten nach Gleichung 6.22a und das Störmodell entnehmen wir den Gleichungen 6.46a – 6.47c. Des weiteren benutzen wir die folgenden Abkürzungen:

$$a = e^{-\alpha \cdot T} \tag{6.49a}$$

$$\gamma = e^{-\beta \cdot T} \tag{6.49b}$$

$$\kappa = 2 \cdot \cos(\varphi_a) = 2 \cdot \cos(\omega_0 T) \tag{6.49c}$$

Zusammenfassend erhalten wir dann:

$$\underline{x}_a(k+1) = \left[\begin{array}{c} \underline{x}(k+1) \\ \hline \underline{x}_s(k+1) \end{array}\right] = A_a \cdot \underline{x}_a(k) + \underline{w}_a(k) \tag{6.50a}$$

$$= \left[\begin{array}{c|c} A & 0 \\ \hline 0 & A_s \end{array}\right] \cdot \left[\begin{array}{c} \underline{x}(k) \\ \hline \underline{x}_s(k) \end{array}\right] + \left[\begin{array}{c} \underline{w}(k) \\ \hline \underline{w}_s(k) \end{array}\right] \tag{6.50b}$$

Setzt man nun noch die entsprechenden Matrizen und Teilvektoren in Gl. 6.50b ein, erhält man schließlich:

$$\underline{x}_a(k+1) = \begin{bmatrix} x_1(k+1) \\ x_2(k+1) \\ x_3(k+1) \\ x_4(k+1) \\ x_5(k+1) \\ x_6(k+1) \end{bmatrix} = \begin{bmatrix} 1 & T & 0 & 0 & 0 & 0 \\ 0 & 1 & T & 0 & 0 & 0 \\ 0 & 0 & a & 0 & 0 & 0 \\ 0 & 0 & 0 & \gamma & 0 & 0 \\ 0 & 0 & 0 & 0 & 0 & 1 \\ 0 & 0 & 0 & 0 & -1 & \kappa \end{bmatrix} \cdot \begin{bmatrix} x_1(k) \\ x_2(k) \\ x_3(k) \\ x_4(k) \\ x_5(k) \\ x_6(k) \end{bmatrix} + \begin{bmatrix} 0 \\ 0 \\ w(k) \\ w_d(k) \\ 0 \\ w_s(k) \end{bmatrix} \tag{6.50c}$$

mit der vergrößerten Kovarianzmatrix des Prozeßrauschens $\underline{w}_a(k)$:

$$Q_a(k) = E\{\underline{w}_a(k) \cdot \underline{w}_a(k)^T\} = E\left\{ \left[\frac{\underline{w}(k)}{\underline{w}_s(k)} \right] \cdot [\underline{w}(k)^T \mid \underline{w}_s(k)^T] \right\} = \left[\begin{array}{c|c} Q & 0 \\ \hline 0 & Q_s \end{array} \right] \tag{6.50d}$$

mit:

$$Q = \begin{bmatrix} 0 & 0 & 0 \\ 0 & 0 & 0 \\ 0 & 0 & \sigma_b^2 \cdot [1-a^2] \end{bmatrix} \tag{6.50e}$$

und:

$$Q_s = \begin{bmatrix} \sigma_d^2 \cdot [1-\gamma^2] & 0 & 0 \\ 0 & 0 & 0 \\ 0 & 0 & q_{sd} \end{bmatrix} \tag{6.50f}$$

Für das Beobachtungsmodell des vergrößerten Zustandsvektors erhalten wir dann durch Einsetzen von Gl. 6.30a, 6.30b, 6.45a und 6.45b:

$$y(k) = C_a \cdot \underline{x}_a(k) + v_1(k) \tag{6.51a}$$

$$= [C \mid C_s] \cdot \left[\frac{\underline{x}(k)}{\underline{x}_s(k)} \right] + v_1(k) \tag{6.51b}$$

$$= [c_1,0,0,1,1,0] \cdot \begin{bmatrix} x_1(k) \\ x_2(k) \\ x_3(k) \\ x_4(k) \\ x_5(k) \\ x_6(k) \end{bmatrix} + v_1(k) \tag{6.51c}$$

wobei:

$$c_1 = \frac{2}{c_0 \cdot T_0} \tag{6.51d}$$

Damit ist das Gesamtsystemmodell, bestehend aus Bewegungsmodell des Zieles und Störmodell der Meßelektronik, bestimmt.

Im realen Praxisfall schließt sich an die Systemmodellierung eine Steuerbarkeits– und Beobachtbarkeitsanalyse an, bei der untersucht wird, ob das Systemmodell stochastisch steuerbar und beobachtbar ist. Wenn diese Bedingungen erfüllt sind, kann mit Sicherheit gesagt werden, daß das auf dieser Modellierung beruhende Kalman–Filter asymptotisch stabil ist.

Steuerbarkeits– und Beobachtbarkeitsanalysen verursachen im zeitinvarianten Fall, der auch hier vorliegt, keine Schwierigkeiten. Anders als im zeitvarianten Allgemeinfall muß die Beobachtbarkeit und Steuerbarkeit nur für einen einzigen, beliebig wählbaren Zeitpunkt nachgewiesen werden. Aufgrund der Zeitinvarianz des Systems folgt dann auch die Steuerbarkeit und Beobachtbarkeit für alle anderen Zeitpunkte. Für den Nachweis der strengeren Bedingungen der stochastischen Beobachtbarkeit und Steuerbarkeit gilt das gleiche. Trotzdem gestalten sich derartige Untersuchungen im Einzelfall, vor allen Dingen bei höheren Zustandsvektorordnungen, rechnerisch aufwendig, da die Potenzen der Systemübergangsmatrix bis zur Ordnung n–1 berechnet werden müssen, wenn n die Zustandsvektordimension ist.

Eine willkommene Vereinfachung, z.B. der Steuerbarkeitsanalyse, ergibt sich in solchen Fällen, wie auch hier, in denen sich der Zustandsvektor in einzelne, voneinander entkoppelte Teilzustandsvektoren geringer Dimension zerlegen läßt. In diesen Fällen folgt aus der einfacher nachzuweisenden (stochastischen) Steuerbarkeit der Teilzustände auch die (stochastische) Steuerbarkeit des Gesamtsystems.

Die Systemmodellierung in dem hier betrachteten Anwendungsfall wurde gerade so gewählt, daß jeder der entkoppelten Teilzustände einzeln stochastisch steuerbar ist. (Bei der Brummodellierung wurde gerade aus diesem Grunde ein stochastischer Eingangsterm hinzugefügt.). Demzufolge ist auch das Gesamtmodell stochastisch steuerbar, und eine weitere Steuerbarkeitsanalyse kann hier entfallen.

Auf die ausführliche Beobachtbarkeitsanalyse soll an dieser Stelle ebenso, allerdings aus Platzgründen, verzichtet werden, sie ergibt als Endergebnis die vollständige stochastische Beobachtbarkeit aller Zustandsvektorkomponenten des Modells. Allerdings soll an dieser Stelle auf eine wichtige Eigenschaft aller Kalman–Filter hingewiesen werden, die auf Systemmodellen, ähnlich dem hier vorliegenden, beruhen. Das hier vorliegende Systemmodell ist stochastisch beobachtbar, dies ergibt die Analyse. Die Beobachtbarkeit ist indessen allerdings nicht sehr ausgeprägt. Betrachtet man die zur Verfügung stehende skalare Entfernungsmessung, so müssen aus der Meßwertefolge dieser Messung 6 verschiedene Zustandsvektorkomponenten ermittelt werden, die Entfernung, die Geschwindigkeit, die Beschleunigung des Zieles, dann weiterhin die Driften des Meßgerätes sowie die Brummstörungen. Dies kann sich in der Praxis als schwierig erweisen, denn z.B. die langsam veränderlichen Driften des Meßgerätes unterscheiden sich von den Bewegungen des Zieles, die ja von den Driften getrennt werden sollen, nur durch die unterschiedlichen Korrelationseigenschaften beider Prozesse. Aus diesem Grunde schon werden sehr viele Meßwerte und damit eine lange Einschwingzeit vonnöten sein, ehe das Kalman–Filter seine stationäre Genauigkeit erreicht. Nimmt man ferner aufgrund unvollkommener Vorkenntnisse noch fehlerhafte Zahlenwerte der Korrelationszeitkonstanten des Beschleunigungsprozesses und des Driftprozesses an, können Zielbewegungen unter Umständen überhaupt nicht mehr von Drifterscheinungen getrennt werden. Aus der schwachen Beobachtbarkeit bei exakten Modellkenntnissen ergibt sich die praktische Nichtbeobachtbarkeit aufgrund von Parameterfehlern oder Parameteränderungen. Ebenso werden Modellierungsfehler des Brummzustandes voll auf die Ermittlung der interessierenden Schätzwerte von Zielentfernung und vor allem von Zielgeschwindigkeit und Zielbeschleunigung durchschlagen. Die Auswirkungen auf die letzteren Zielgrößen ergeben sich wiederum aus der nur indirekten Beobachtbarkeit von Zielgeschwindigkeit und –beschleunigung aus der Entfernungsmessung. In jedem Fall ergeben sich aus der schwachen Beobachtbarkeit insgesamt lange Einschwingzeiten und langsame Konvergenzen des Kalman–Filters gegen die stationäre Genauigkeit.

Aus diesem Grunde sollte der Filterentwickler in solchen Fällen vor einer weiteren Fortsetzung der Filterentwicklung zusammen mit den Konzeptverantwortlichen überlegen, wie die Beobachtbarkeitssituation verbessert werden kann. In dem hier vorliegenden Fall wäre beispielsweise zu überlegen, wie durch zusätzliche, unabhängige Messungen eventuell zusätzliche Informationen über die weniger beoabachtbaren Zustände gewonnen werden könnten. Für den Anwendungsfall, in dem das Entfernungsmeßgerät beispielsweise in einem Fahrzeug installiert wäre, könnten die Geschwindigkeitsmessungen durch den Fahrzeugtachometer die direkte Beobachtung der Fahrzeuggeschwindigkeit ermöglichen. Diese Lösung wäre allerdings nur in solchen Fällen gültig, in denen die Fahrzeugumgebung, also auch das vom Laserradar anvisierte Fahrzeugziel ruht, da der Tachometer die Absolutgeschwindigkeit des Fahrzeuges mißt, die zu schätzende Zustandsvektorkomponente aber die Relativgeschwindigkeit zwischen Meßgerät und Ziel beschreibt.

6.1.2.4.1 Verbessertes Beobachtungsmodell

Eine weitere Beobachtung der Systemdriften und teilweise auch der Brummstörungen kann aber verhältnismäßig einfach im Entfernungsmeßgerät implementiert werden, und zwar durch das Konzept der 'Referenzmessungen'. Dies sind Entfernungsmessungen über eine bekannte Referenzstrecke. Diese Referenzmeßstrecke wird im Entfernungsmeßgerät durch eine Glasfasermeßstrecke bekannter Länge realisiert, deren Länge mit dem Meßgerät periodisch vermessen wird. Nimmt man einen festen Zeitbezug zwischen diesen Referenz– und Zielmessungen an, wobei die Referenzmessungen genügend häufig im Verhältnis zur Korrelationszeit der Driften durchgeführt werden müssen, um vergleichbare Meßverhältnisse bei Ziel– und Referenzmessungen zu haben, kann man annehmen, daß die lang korrelierten Systemdriften bei der Referenzmessung relativ direkt beobachtet werden können. Die in den Zielmessungen enthaltenen Brummstörungen können ebenfalls teilweise beobachtet werden, doch treten durch das Umschalten von Ziel– auf Referenzmessungen (da Ziel– und Referenzmessungen nicht gleichzeitig durchgeführt werden können) unter Umständen geringe Phasenänderungen in der Brummstörung auf. Des weiteren wirken sich die Brummstörungen bei der Referenzmessung nicht so stark aus wie bei der Zielmessung. Bezeichnet man diese zusätzliche Referenzmessung mit $y_2(k)$ und die Zielmessung mit $y_1(k)$, wobei wir zur Vereinfachung des Modells die Gleichzeitigkeit beider Messungen annehmen, können wir nun den Beobachtungsvektor $\underline{y}(k)$ einführen mit:

$$\underline{y}(k) = \begin{bmatrix} y_1(k) \\ \hline y_2(k) \end{bmatrix} = C_{a1} \cdot \underline{x}_a(k) + \begin{bmatrix} v_1(k) \\ \hline v_2(k) \end{bmatrix} \tag{6.52a}$$

$$= \begin{bmatrix} C_a \\ \hline C_e \end{bmatrix} \cdot \underline{x}_a(k) + \begin{bmatrix} v_1(k) \\ \hline v_2(k) \end{bmatrix} \tag{6.52b}$$

$$= \begin{bmatrix} C & | & C_s \\ \hline 0 & | & C_r \end{bmatrix} \cdot \underline{x}_a(k) + \begin{bmatrix} v_1(k) \\ \hline v_2(k) \end{bmatrix} \tag{6.52c}$$

$$= \begin{bmatrix} c_1 & 0 & 0 & 1 & 1 & 0 \\ 0 & 0 & 0 & 1 & c_2 & 0 \end{bmatrix} \cdot \begin{bmatrix} x_1(k) \\ x_2(k) \\ x_3(k) \\ x_4(k) \\ x_5(k) \\ x_6(k) \end{bmatrix} + \begin{bmatrix} v_1(k) \\ \hline v_2(k) \end{bmatrix} \tag{6.52d}$$

mit:

$$R_a = E\{\underline{v}(k) \cdot \underline{v}(k)^T\} = \left[\begin{array}{c|c} R_1 & 0 \\ \hline 0 & R_2 \end{array} \right] \tag{6.52e}$$

In der Praxis liegt c_2 zwischen 0.1 und 0.5 und $R_2 \cong 0.8 \cdot R_1$.

6.1.3 Kalman–Filterformulierung

Mit der im vorangegangenen Unterpunkt abgeschlossenen Modellierung des Verarbeitungsproblems im Zustandsraum sind die Voraussetzungen für die Formulierung des Kalman–Filters geschaffen worden. Das auf diesem Modell beruhende Kalman–Filter kann sofort aus den Gleichungen 5.90a – 5.95 abgeleitet werden und lautet dann in der Schreibweise mit Zufallsvariablen:

$$\hat{\underline{x}}_a^-(k) = A_a \cdot \hat{\underline{x}}_a^+(k-1) \tag{6.53a}$$

$$P_a^-(k) = A_a \cdot P_a^+(k-1) \cdot A_a^T + Q_a \tag{6.53b}$$

$$K_a(k) = P_a^-(k) \cdot C_{a1}^T \cdot [C_{a1} \cdot P_a^-(k) \cdot C_{a1}^T + R_a]^{-1} \tag{6.53c}$$

$$\underline{r}(k) = \underline{y}(k) - C_{a1} \cdot \hat{\underline{x}}_a^-(k) \tag{6.53d}$$

$$\hat{\underline{x}}_a^+(k) = \hat{\underline{x}}_a^-(k) + K_a(k) \cdot \underline{r}(k) \tag{6.53e}$$

$$P_a^+(k) = P_a^-(k) - K_a(k) \cdot C_{a1} \cdot P_a^-(k) \tag{6.53f}$$

Damit ist der Vorgang der Filterformulierung abgeschlossen, und die Filtergleichungen 6.53 könnten nun auf dem zur Verfügung stehenden Verarbeitungsrechner implementiert werden.

In vielen praktischen Anwendungsfällen stehen auf dem Verarbeitungsrechner Routinen zur Verfügung, die in der Lage sind, Matrix–Gleichungen zu berechnen und die Ergebnisse wieder in Vektor– oder Matrixform auszugeben. Dies ist für den Filterprogrammierer ein willkommener Komfort, der es gestattet, die Vektor– Matrixformulierung des Kalman–Filters direkt zu programmieren. Andererseits wird dieser Komfort aber durch längere Ausführungszeiten des Filterzyklus erkauft, vor allen Dingen dann, wenn die betrachteten Systemmatrizen nur schwach oder mit vielen Einsen besetzt sind. In einem solchen Fall können die Multiplikationen mit Null oder Eins, die von den Matrixroutinen immer durchgeführt werden, bei einer skalaren Formulierung des Filters eingespart werden. Dies führt manchmal zu einem erheblichen Gewinn bezüglich der Filterschnelligkeit. Ein weiterer Vorteil einer skalaren Formulierung der Kalman–Filtergleichungen ist oft eine vertiefte Einsicht über die Wirkung einiger Filterparameter.

Schreibt man in diesem Sinne beispielsweise die vektorielle Prädiktionsgleichung skalar aus, erhält man:

$$\hat{x}_1^-(k) = \hat{x}_1^+(k-1) + T\cdot \hat{x}_2^+(k-1) \tag{6.54a}$$

$$\hat{x}_2^-(k) = \hat{x}_2^+(k-1) + T\cdot \hat{x}_3^+(k-1) \tag{6.54b}$$

$$\hat{x}_3^-(k) = a\cdot \hat{x}_3^+(k-1) \tag{6.54c}$$

$$\hat{x}_4^-(k) = \gamma\cdot \hat{x}_4^+(k-1) \tag{6.54d}$$

$$\hat{x}_5^-(k) = \hat{x}_6^+(k-1) \tag{6.54e}$$

$$\hat{x}_6^-(k) = -\hat{x}_5^+(k-1) + \kappa\cdot \hat{x}_6^+(k-1) \tag{6.54f}$$

Aus dieser skalaren Formulierung erkennt man schon eindeutig, wie die Prozeßmodellierung die Erwartungshaltung des Kalman–Filters beeinflußt:

Betrachtet man beispielsweise die ersten drei Prädiktionsgleichungen des Ziels, erkennt man die Prädiktionsphilosophie des Kalman–Filters für die Zielbewegung. Basierend auf einem vorliegenden Schätzwert des Bewegungszustandes zum Zeitpunkt t_{k-1} vermutet das Kalman–Filter das Ziel zum Zeitpunkt t_k an der neuen Position $\hat{x}_1^-(k)$, die sich aus der letzten geschätzten Position ergibt, die um die letzte geschätzte Geschwindigkeit, multipliziert mit der Zeitdifferenz korrigiert wurde. Einflüsse der möglicherweise nicht konstanten Geschwindigkeit im Prädiktionsintervall werden aufgrund der Modellvereinfachung für kleine Abtastzeiten, die dem Filter zugrunde liegt, vernachlässigt. Auf die gleiche Weise wird ein Prädiktionswert für die Geschwindigkeit berechnet.

Betrachtet man die Prädiktionsgleichung für die Beschleunigung, erkennt man die Wirkung der Korrelationszeit bei der Modellierung des Beschleunigungsprozesses:

Der Parameter $a = e^{-\alpha T}$ bestimmt das Gedächtnis des Kalman–Filters bei der Berechnung der Prädiktion. Je mehr der Wert a gegen 1 strebt, umso mehr wird der vergangene Beschleunigungsschätzwert bei der Berechnung der Beschleunigungsvoraussage berücksichtigt. Umgekehrt sorgt ein gegen Null strebender Wert für diesen Parameter dafür, daß die Vergangenheit in Form des zurückliegenden Beschleunigungswertes schnell 'vergessen' wird. Hieraus erkennt man insbesondere die Probleme einer falschen Einstellung von a: Wählt man a zu groß, berücksichtigt das Kalman–Filter die Vergangenheit zu stark, es wird damit 'konservativ' und träge. Zu kleine Werte von a machen das Kalman–Filter zwar schnell und anpassungsfähig, aber durch die zu geringe Bewertung der Vergangenheit ist die Filterwirkung auch ungenügend. Das Kalman–Filter rechnet mit einem zu unruhigen Beschleunigungsverhalten des Ziels und damit mit einem unruhigen Geschwindigkeitsverlauf. Bei der Geschwindigkeitsermittlung wird daher zu wenig von den Rauschstörungen weggefiltert.

Ähnlich ist die Wirkung des Korrelationsparameters auf die Schätzung der Systemdrift. Zu große Korrelationsparameter lassen das Kalman–Filter den Driften nur ungenügend folgen, diese nur ungenügend beseitigten Driften werden dann folglich den anderen Zustandsgrößen zugeschlagen. Das Kalman–Filter hält diese für sein internes Driftmodell zu 'schnellen' Änderungen für Zielbewegungen und teilweise für Brummstörungen, demzufolge schlagen Modellierungsfehler der Drift auch unmittelbar auf den Schätzfehler bei der Entfernungs– und Geschwindigkeitsbestimmung durch.

Die skalare Formulierung der Prädiktionsfehlerkovarianz in Verbindung mit der skalaren Berechnung der einzelnen Elemente der Kalman–Gainmatrix kann wertvolle Fingerzeige über die Wirkung der Vergrößerung oder Verkleinerung der Kovarianzen der einzelnen Driving–Prozesse liefern. Hier soll allerdings auf diese Betrachtung wegen der damit verbundenen Unübersichtlichkeit der Darstellung verzichtet werden.

Stattdessen wollen wir die skalare Formulierung von Gleichung 6.53d betrachten, um einen Einblick zu bekommen, wie sich die Erwartungshaltung des Kalman–Filters auf die Berechnung der Residuen (Innovationen) auswirkt. Wir erhalten schließlich:

$$r_1(k) = y_1(k) - c_1 \cdot \hat{x}_1^-(k) - \hat{x}_4^-(k) - \hat{x}_5^-(k) \tag{6.55a}$$

$$r_2(k) = y_2(k) - \hat{x}_4^-(k) - c_2 \cdot \hat{x}_5^-(k) \tag{6.55b}$$

Die Residuen (Innovationen) enthalten die neue Information, die in den Messungen $y_1(k)$ und $y_2(k)$ enthalten ist und die noch nicht in den Prädiktionsschätzwerten (die ja aus der Beobachtung der Vergangenheit berechnet werden) enthalten ist (Aussage des Orthogonalitätstheorems). Man erkennt hier insbesondere die Wichtigkeit der Referenzmessung für die Ermittlung der neuen Information. Es steht durch diese Messung selektiv neue Information zur Korrektur der Driftschätzung und teilweise auch der Brummschätzung zur Verfügung, während ohne diese Messung die Korrekturinformation für sämtliche Zustandsschätzwerte aus einer einzigen skalaren Information 'herausgerechnet' werden muß.

Wir betrachten nun die skalare Formulierung der Schätzwertgleichung 6.53e etwas genauer. Wir schreiben:

$$\hat{x}_1^+(k) = \hat{x}_1^-(k) + K_{11}(k)\cdot r_1(k) + K_{12}(k)\cdot r_2(k) \qquad (6.56a)$$
$$\hat{x}_2^+(k) = \hat{x}_2^-(k) + K_{21}(k)\cdot r_1(k) + K_{22}(k)\cdot r_2(k) \qquad (6.56b)$$
$$\hat{x}_3^+(k) = \hat{x}_3^-(k) + K_{31}(k)\cdot r_1(k) + K_{32}(k)\cdot r_2(k) \qquad (6.56c)$$
$$\hat{x}_4^+(k) = \hat{x}_4^-(k) + K_{41}(k)\cdot r_1(k) + K_{42}(k)\cdot r_2(k) \qquad (6.56d)$$
$$\hat{x}_5^+(k) = \hat{x}_5^-(k) + K_{51}(k)\cdot r_1(k) + K_{52}(k)\cdot r_2(k) \qquad (6.56e)$$
$$\hat{x}_6^+(k) = \hat{x}_6^-(k) + K_{61}(k)\cdot r_1(k) + K_{62}(k)\cdot r_2(k) \qquad (6.56f)$$

Man erkennt sofort, daß jeder Prädiktionsschätzwert durch die zweifach vorhandene neue Information doppelt korrigiert wird, wobei die Korrekturgewichtung durch die entsprechenden Elemente der Kalman–Gainmatrix gerade so eingestellt wird, daß sich eine optimale Verteilung der neuen Information auf die entsprechenden Zustandsschätzwerte ergibt. So sorgt zum Beispiel das Element $K_{12}(k)$ bei der Korrektur des Entfernungsprädiktionsschätzwertes dafür, daß eine Änderung des Driftzustandes des Meßgerätes möglichst wenig bei der Bestimmung des neuen Entfernungsschätzwertes verwendet wird. Die Information über die Gerätedrift ist ja fast direkt in $r_2(k)$ enthalten. Eine ähnliche Rolle spielt die in r_2 enthaltene gewichtete Information bei der Bestimmung des neuen Geschwindigkeits– und Beschleunigungsschätzwertes. Umgekehrt sorgt die Linearkombination der beiden Innovationssequenzen bei der Bestimmung des Driftschätzwertes dafür, daß nur solche Entfernungsänderungen zur Bestimmung der neuen Drift verwendet werden, die in Referenz– und Zielmessung gleich auftreten. Man erkennt hieraus die Bedeutung der zusätzlichen Information für die Selektivität des Filters, das ist die Eigenschaft des Kalman–Filters, Änderungen der verschiedenen Zustandsvektorkomponenten aus Messungen zu selektieren, die nur summarische Information über die Gesamtheit aller einzelnen Änderungen enthalten. Je mehr von diesen verschiedenartigen Messungen und damit an verschiedenartiger Information vorliegt, desto besser ist diese Selektivität und umso kürzer ist damit die Einschwingzeit des Kalman–Filters auf stationäre Genauigkeit. Selbst wenn eine weitere Messung im deterministischen Sinn linear von den anderen Messungen abhängig ist, enthält sie doch im stochastischen Sinn wichtige neue Information, die durch die in Kapitel 5.6.2.1.2 eingeführte Fisher'sche Informationsmatrix (Gl. 5.290) beschrieben wird.

6.1.3.1 Filterarbeitsweise – Musterfunktionen der Schätzwertverläufe

Das im vorangegangenen Unterpunkt formulierte und in seiner prinzipiellen Wirkungsweise diskutierte Kalman–Filter mit 6 Zuständen soll nun mit Hilfe von simulierten Testmeßdaten auf seine Tauglichkeit untersucht werden. Für diese Untersuchungen wird ein Simulationssystem benötigt, welches in der Lage ist, das Verhalten des realen Systems, welches im praktischen Anwendungsfall die Meßdaten liefert, hinreichend genau zu beschreiben. Der Idealfall einer solchen simulativen Nachbildung der Realität wäre dadurch gekennzeichnet, daß ein außenstehender Betrachter nicht unterscheiden könnte, ob die Meßdaten einem realen Meßproblem oder dem Simulator entstammen. In diesem Sinne erzeugt ein Simulator Musterfunktionen der Realität. Ein nachgeschaltetes Kalman–Filter liefert dann für jede Musterfunktion des Meßwertverlaufes Musterfunktionen der entsprechenden Schätzwertverläufe. Solche Musterfunktionen der Schätzwertverläufe sind sehr instruktiv und anschaulich, stochastisch besitzen sie jedoch wenig Aussagekraft: Man möchte ja eigentlich das Filterverhalten nicht nur für einige wenige Musterfunktionen des simulierten Verarbeitungsproblems verifizieren, sondern sichergehen, das das (gute) Verhalten des Kalman–Filters repräsentativ für alle möglichen Musterfunktionen des simulierten Verarbeitungsproblems ist. Erst dann hat man die notwendige Sicherheit, daß das Kalman–Filter auch für alle möglichen Musterfunktionen der Realität optimal arbeitet. Voraussetzung dafür ist natürlich die Übereinstimmung von Realität und Simulationsmodell. Die benötigte stochastische Aussagekraft einer derartigen Untersuchung läßt sich simulativ nur durch sogenannte 'Monte–Carlo–Simulationen' gewinnen. Dies sind Simulationen, bei dem das Filterverhalten mit einer großen Anzahl (5.000–10.000) von Musterfunktionen der gestörten Meßdaten getestet wird. Für jeden Zeitpunkt wird dann aus der Differenz zwischen Zustandswert und Schätzwert des Zustandes der individuelle Schätzfehler bestimmt, so daß man zu jeder Meßwertmusterfunktion und Zustandsvektorkomponente eine Fehlermusterfunktion über der Zeit erhält. Durch die Bestimmung der Ensemblemittelwerte erhält man anschließend für jeden Zeitpunkt einen Ensemblemittelwert für den Fehler und für die Fehlervarianz. Aus diesen Verläufen, die ja bei einem richtig eingestellten Filter mit den filterintern berechneten theoretischen Werten übereinstimmen, kann auf das Fehlerverhalten im stochastischen Mittel geschlossen werden. Zusammenfassend ergibt sich dann das in Bild 6.28 dargestellte Simulationsblockschaltbild.

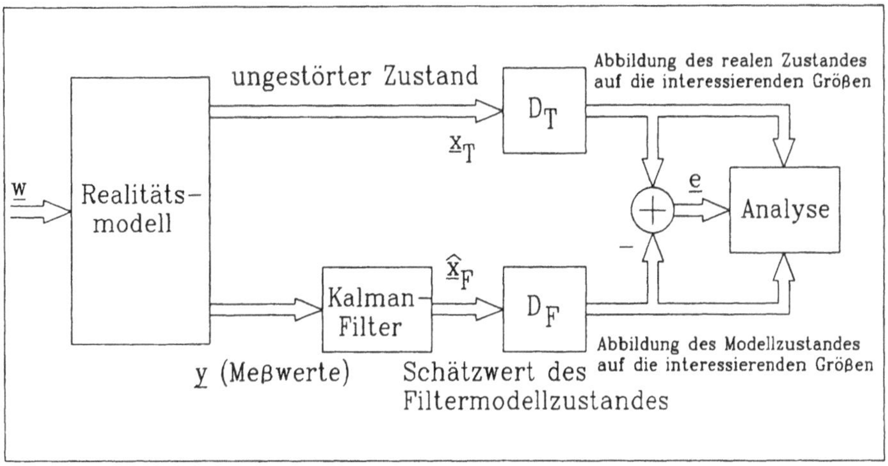

Bild 6.28: Blockschaltbild für den simulativen Filtertest

Das Realitätsmodell beschreibt die vollständige Entstehung der real zur Verfügung stehenden Meßdaten und ist durch einen realen Zustandsvektor $\underline{x}_T(k)$ gekennzeichnet, der den Zustand der realen Meßwerterzeugung, in unserem Fall den Zustand eines bewegten Zieles sowie den Störzustand der Meßwerterfassung, beschreibt. Durch die Projektion dieses Zustandsvektors mit anschließender Störung entstehen die realen und gestörten Meßdaten, die dem Kalman–Filter anschließend zugeführt werden. Das Kalman–Filter basiert nicht notwendigerweise auf dem Realitätsmodell, sondern in den meisten Fällen auf dem sogenannten Filtermodell, welches gegenüber dem Realitätsmodell vereinfacht sein kann, um beispielsweise Berechnungsaufwand zu sparen. Die Schätzwerte des Kalman–Filters beziehen sich demzufolge auf die Zustandsgrößen des Filtermodells und werden dann mit $\hat{\underline{x}}_F(k)$ bezeichnet. Sie müssen deshalb nicht notwendigerweise mit den praktisch interessierenden Schätzgrößen identisch sein, ebensowenig, wie die Zustandsgrößen des Realitätsmodells identisch mit den nach außen in Erscheinung tretenden und interessierenden Kenngrößen sein müssen. Bei beiden Modellierungszuständen kann es sich um mathematisch abstrakte Beschreibungsformen handeln (vgl. Kapitel 2). Die Abbildung der Modellgrößen auf die praktisch interessierenden Kenngrößen erfolgt durch die linearen Transformationsmatrizen D_T und D_F. Die Beurteilung der Estimationsgüte eines Kalman–Filters erfolgt dann durch den Vergleich der Abbildungen von Sollwert und Schätzwert des Sollwertes, bzw. durch die stochastische Analyse des Estimationsfehlers $\underline{e}$.

In dem Fall, in dem Filtermodell und Realitätsmodell übereinstimmen und auch mit den physikalisch interessierenden Größen identisch sind, werden die Abbildungsmatrizen D_T und D_F zu Einheitsmatrizen. Dies ist in dem hier betrachteten Beispiel der Fall. Um einen guten Überblick über die Wirkungsweise des entwickelten Kalman–Filters zu bekommen, werden wir zudem die Differenzbildung zwischen Sollwert und Schätzwert dem Auge überlassen. Wir werden Schätzwerte und Sollwerte der entsprechenden Zustandsgrößen graphisch ausgeben und in ihrem Zeitverlauf miteinander vergleichen. Dieser Vergleich wird anhand einzelner Musterfunktionen erfolgen, der zwar stochastisch nicht sehr aussagekräftig, dafür aber umso anschaulicher ist. Wir verzichten an dieser Stelle auf Monte–Carlo–Simulationen, stattdessen präsentieren wir die intern vom Kalman–Filter berechneten Fehlerkovarianzen. Wir verlassen uns dabei darauf, daß im Fall der Übereinstimmung von Realitäts– und Filtermodell diese intern berechneten Fehlerkovarianzen identisch mit den realen Größen sind und damit zur Charakterisierung der stochastischen Eigenschaften des Estimationsfehlers vollkommen ausreichen.

Es sollte jedoch noch einmal betont werden, daß es im Allgemeinfall, bei dem Filtermodell und Realitätsmodell <u>nicht</u> übereinstimmen, <u>keinesfalls</u> genügt, die intern berechneten Fehlerkovarianzen des Kalman–Filters zu betrachten, da diese in einem solchen Fall nicht unbedingt mit den tatsächlichen Werten übereinstimmen, wie in Kapitel 5 schon gezeigt wurde.

Neben der Monte–Carlo–Simulationstechnik existiert ein weiteres Analyseverfahren, welches bei linearen Meß– und Verarbeitungsproblemen die gleichen Aussagen liefert. Dies sind sogenannte Erwartungswert– und Kovarianzanalysen des sich real ergebenden Estimationsfehlers. Im Gegensatz zur Monte–Carlo–Simulation, bei der Erwartungswerte und Kovarianzen als Ensemblemittelwerte einer großen Anzahl von 'Filterruns' mit simulierten Meßdaten berechnet werden, ermittelt man bei dem zweiten Verfahren ein Zustandsraummodell für den sich real ergebenden Estimationsfehler in Abhängigkeit von Realitätsmodell und Filtermodell. Auf der Basis dieses Estimationsfehlermodells ergeben sich dann Differentialgleichungen, bzw. Differenzengleichungen für die stochastischen Momente des realen Estimationsfehlers. Diese Differential–, bzw. Differenzengleichungen werden dann auf einem Digitalrechner implementiert und gelöst und lieferen dann das zeitliche Verhalten der realen Estimationsfehlermomente. Dieses Verfahren spart sehr viel Rechenzeit, erfordert aber einigen theoretischen Aufwand. Aus Platzgründen können wir an dieser Stelle weder auf die Einzelheiten der Monte–Carlo–Simulationstechnik noch auf Erwartungswert– und Kovarianzanalysen eingehen. Der interessierte Leser findet einen guten Überblick über diese Analyseverfahren in /17/ und eine relativ ausführliche Beschreibung der Erwartungswert– und Kovarianzanalysen an Hand des praktischen Beispiels der Laserentfernungsmessung in /11/. Eine Anwendung der Monte–Carlo–Simulationstechnik und der Erwartungswert– und Kovarianzanalysen zur Untersuchung des numerischen Verhaltens verschiedener Kalman–Filter findet man in /5/.

6.1.3.1.1 Simulation

Realitätsmodell und Filtermodell wurden entsprechend den Modellgleichungen 6.48 bis 6.50f gewählt, das Beobachtungsmodell entstammt den Gleichungen 6.52a – 6.52e. Modelliert wurde das Bewegungsverhalten eines Zieles mit einer Obergrenze der Beschleunigungsleistung von $\sigma_b^2 = 100\ m^2/s^4$. Die Abtastzeit T wurde wieder mit 0,1 ms angenommen. Es wurde eine Korrelationszeit der Beschleunigung von $T_c = 10s$ angenommen, woraus sich das Matrixelement $a_{33} = 0{,}99999$ ergibt. Die Korrelationszeit der Gerätedrift wurde sehr groß gegen die Abtastzeit angenommen, dies ergibt das Matrixelement $a_{44} = \gamma = 1$. Die wesentliche störende Brummfrequenz wurde zu 100 Hz identifiziert, dies ergibt im Zusammenhang mit der Abtastzeit den Wert $a_{66} = 1{,}996$. Die Rauschkovarianz q_{44} des Prozeßrauschens der Drift wurde zu 1 E–12 gewählt, ebenso wie die Rauschkovarianz q_{66} des Brummprozeßrauschens. Beide Werte sind Designparameter. Die Beobachtungskonstanten wurden zu $c_{11} = c_{14} = c_{15} = c_{24} = 1$, $c_{25} = 0{,}8$ gewählt. Abweichend von der Realität wurden die Störkovarianzen kleiner als real zu $R_1 = 4$ E–08 m^2 und $R_2 = 2$ E–08 m^2 gewählt. Dies hat seine Gründe in der besseren Anschaulichkeit der so entstehenden Graphiken: Aufgrund der kurzen Abtastzeit in Verbindung mit der relativ geringen Beschleunigung des zu vermessenden Zieles ändert sich die Entfernung zwischen zwei Abtastungen nur relativ wenig, dies entspricht dem Eindruck, daß das bewegte Ziel relativ zur kurzen Abtastzeit 'ruht'. Beginnt man nun mit Entfernungsstartwerten von 0 m, so ändert sich diese Entfernung in dem betrachteten Simulationszeitraum von 0,1 Sekunden (entsprechend 1000 Zeitpunkten mit einem Abtastabstand von 0,1 ms) nur im Millimeter–Bereich. Überlagerte man nun eine weiße, gaußverteilte Störung mit einer

Störkovarianz im cm–Bereich, so verschwände in den entstehenden Bildern der Meßwerte jegliche Nutzinformation in diesem Rauschen. Dies führt zu relativ unanschaulichen Bildern der Meßwertverläufe, aus denen man keinesfalls mehr die Überlagerung der einzelnen Störeffekte erkennen könnte. Für das Kalman–Filter bedeuten große Störkovarianzen jedoch keinerlei Einschränkung der Wirksamkeit. Im Gegenteil, die auf die Störleistung bezogene Reduktion der Schätzfehlerleistung strebt umso mehr gegen 1, je größer die Leistung des Störrauschens bei unveränderter Leistung des Prozeßrauschens wird. Darum erscheint diese Abweichung von der Realität durchaus gerechtfertigt.

Dargestellt wird in allen simulierten Verläufen ein Zeitausschnitt von 0,1 Sekunden, dies entspricht der Darstellung von 1000 Abtastzeitpunkten mit einer Abtastzeit von 0,1 ms.

Die Abbildungen 6.29 und 6.30 zeigen zunächst die gestörten Ziel– und Referenzmeßwerte, die als Eingangsgrößen des Kalman–Filters auftreten. Deutlich erkennt man die überlagerten, sinusförmigen Brummanteile, deren Amplitude zeitlich nicht konstant ist. Ebenso sind die weißen Rauschstörungen, die sich der Brummstörung überlagern, gut zu erkennen. Der ungestörte Entfernungsverlauf über der Zeit ist der besseren Übersichtlichkeit halber bei den Zieldaten mit eingezeichnet, während bei den Referenzdaten der Verlauf der Gerätedrift der besseren Anschaulichkeit halber mit eingezeichnet ist. Der Verlauf der Meßgerätedrift wäre ohne diese Hilfestellung in beiden Bildern nicht sehr deutlich zu erkennen, die vorhandene Drift verschwindet in den anderen überlagerten Störungen. Trotzdem wird sie, ebenso wie die anderen Störungen, vom Kalman–Filter erkannt und beseitigt, wie sich später herausstellen wird. Auch der Entfernungsverlauf über der Zeit ist nicht direkt als Symmetrielinie der Entfernungsmeßdaten identifizierbar, da in diesen Meßdaten ebenfalls die überlagerten Drifteinflüsse enthalten sind.

Die Abbildungen 6.31 – 6.36 zeigen die vom Kalman–Filter berechneten Schätzwertverläufe über der Zeit. Als Hilfestellung sind jeweils auch die entsprechenden Sollwertverläufe mit eingezeichnet, also die Zeitverläufe der entsprechenden Zustandsgrößen. Die jeweiligen Estimationsfehler ergeben sich dann aus der Differenz zwischen Sollwert– und Schätzwertverlauf. Die Bilder 6.31, 6.32 und 6.33 zeigen die für die praktische Anwendung interessierenden Schätzwertverläufe von Zielentfernung, Zielgeschwindigkeit und Zielbeschleunigung. Die in den Bildern 6.34, 6.35 und 6.36 dargestellten Schätzwertverläufe der Drift und der beiden Brummkomponenten sind dagegen für die praktische Anwendung von weniger Interesse. Sie werden aber trotzdem zusammen mit den entsprechenden Sollwertverläufen dargestellt, da man aus der Schätzgüte dieser Größen Rückschlüsse auf die Schätzgüte der eigentlich interessierenden Größen ziehen kann.

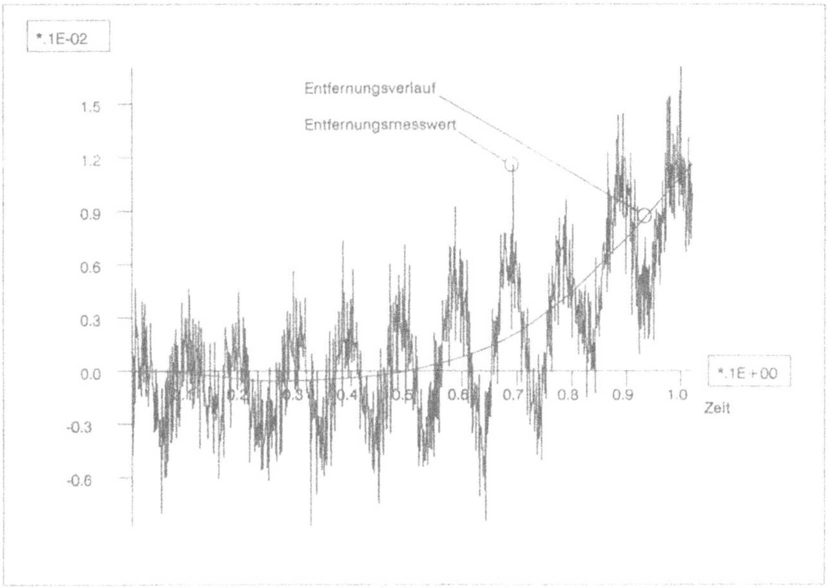

Bild 6.29: Entfernungsverlauf und Meßwertverlauf der Zielmessungen

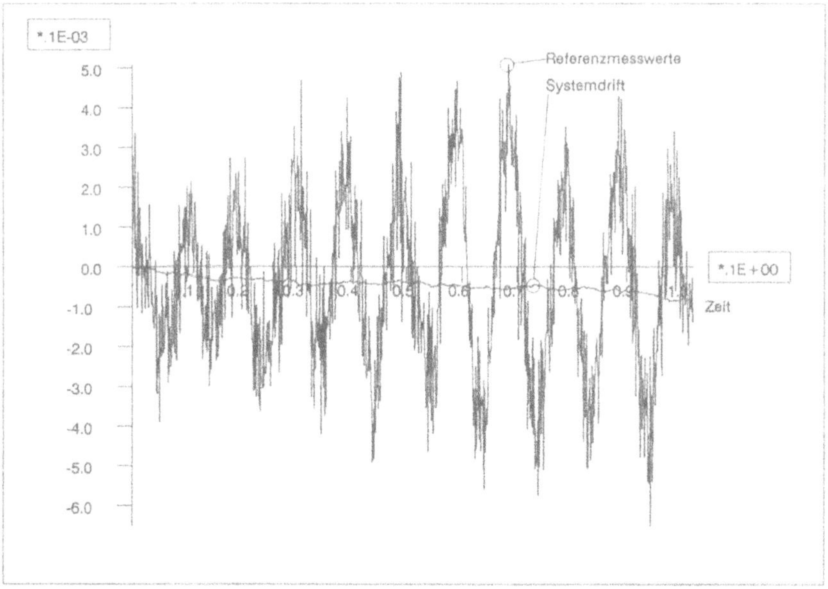

Bild 6.30: Referenzmeßwertverlauf und Zeitverlauf der Systemdrift

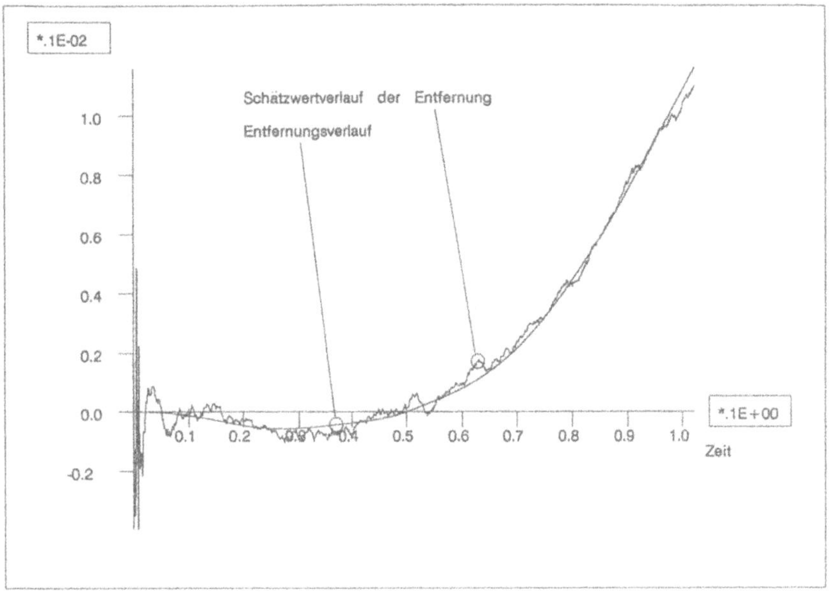

Bild 6.31: Schätzwertverlauf der Zielentfernung und Entfernungsverlauf

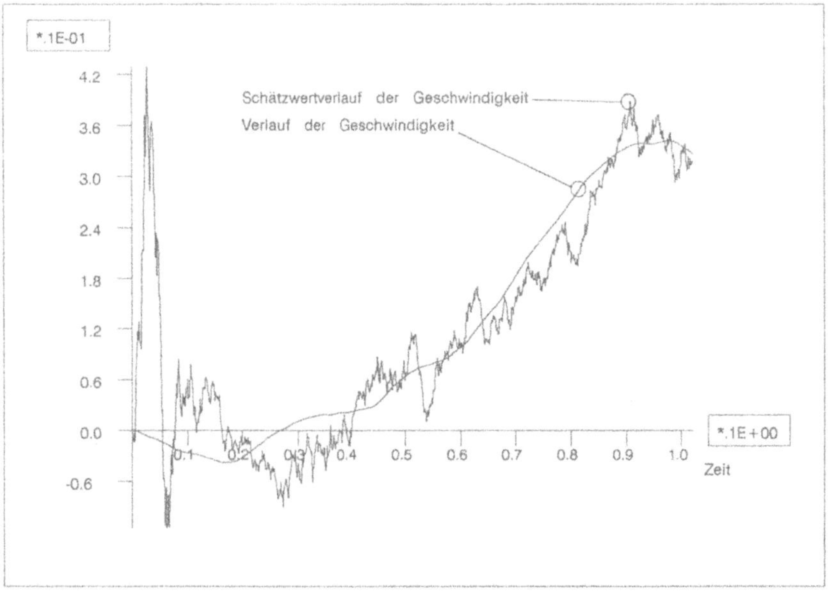

Bild 6.32: Schätzwertverlauf der Zielgeschwindigkeit und Geschwindigkeitsverlauf

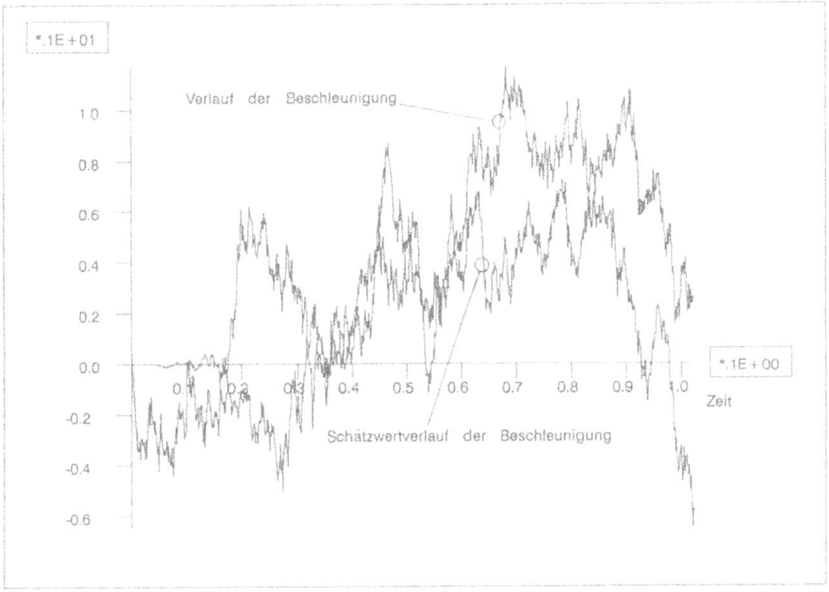

Bild 6.33: Schätzwertverlauf der Zielbeschleunigung und Beschleunigungsverlauf

Schon bei oberflächlicher Betrachtung der Schätzwertverläufe fallen drei bemerkenswerte Eigenschaften auf. Alle Schätzwerte weisen relativ geringe Schätzfehler auf, was umso erstaunlicher ist, wenn man die zur Verfügung stehenden Meßdaten in Bild 6.29 und Bild 6.30 betrachtet. Der Schätzwertverlauf der Entfernung (Bild 6.31) ist als ausgezeichnet zu betrachten, die vorher sehr ausgeprägten Brumm–, Rausch– und Driftstörungen sind beinahe vollständig beseitigt worden. Des weiteren fällt auf, daß die Schätzwerte von Geschwindigkeit und Beschleunigung des Zieles (Bilder 6.32, 6.33) im Vergleich zur Entfernungsschätzung zunehmend ungenauer werden. Trotzdem sind die Schätzwerte als gut zu bezeichnen. Die Verschlechterung gegenüber der Entfernungsschätzung erklärt sich aus der indirekteren Beobachtbarkeit von Geschwindigkeit und Beschleunigung aus den gestörten Entfernungsmeßdaten. Im Idealfall ergäbe sich die Geschwindigkeit aus der Entfernung durch zeitdiskretes Differenzieren, die Beschleunigung entstände durch eine zweimalige zeitdiskrete Differentiation. Diese Methode versagt aber sofort bei einer Überlagerung von Störungen zu den Entfernungsmeßdaten, jegliche Differenzenbildung verstärkt solche Störungen enorm. Die Abhilfe im Kalman–Filter entsteht durch die stochastisch gewichtete Korrektur der Prädiktionswerte durch die Differenzeninformation. Durch dieses Verfahren wird die neue Information quasi 'aufintegriert' und damit der durch die Differenzenbildung entstehende zusätzliche Fehler soweit als möglich reduziert. Dies ändert jedoch nichts an der grundsätzlichen Tatsache, daß die Schätzwerte von Zustandsgrößen umso ungenauer werden, je indirekter die Zustandsgröße in den gestörten Messungen beobachtbar ist. Die in Kapitel 5 eingeführte rekursive Darstellung der Fisher'schen Informationsmatrix (Gl. 5.290) beschreibt diese Tatsache mathematisch. Der Zuwachs der Hauptdiagonalelemente dieser Matrix ist direkt ein Maß für den Informationsgewinn bezüglich der entsprechenden Zustandsvektorkomponente, der durch die Verarbeitung einer hinzukommenden Messung entsteht. Dieser Informationszuwachs ist umso geringer, je schwächer die Beobachtungsmatrix besetzt ist. In unserem Beispiel sind Geschwindigkeit und Beschleunigung überhaupt nicht direkt beobachtbar, die entsprechenden Einträge in der Beobachtungsmatrix C sind damit Null.

Trotzdem sind die Geschwindigkeitsschätzwerte ohne Einschränkung als gut zu bezeichnen. Die Beschleunigungsschätzwerte sind in ihrer Tendenz noch richtig, während die absoluten Werte dagegen weniger mit den Sollwerten übereinstimmen. Insgesamt könnte man alle drei Schätzwertverläufe mit dem saloppen Urteil: 'Besser geht es (eben) nicht!' charakterisieren. Dieses saloppe Urteil wird an späterer Stelle weiter begründet und untermauert.

Eine dritte auffallende Tatsache ist das kurze Einschwingverhalten des Kalman-Filters. Die Einschwingzeit der einzelnen Schätzwerte ist umso kürzer, je direkter die entsprechende Zustandsgröße in den Messungen beobachtbar ist. Der Einschwingvorgang der Entfernungsschätzwerte ist nach ca. 50 Abtastpunkten abgeschlossen, die Geschwindigkeitsschätzung schwingt erst nach etwa 200 Abtastwerten ein, während die Beschleunigungsschätzung schon etwa 300 Abtastzeitpunkte benötigt. Auch diese Tatsache läßt sich mit dem durch das Anwachsen der Fisher'schen Informationsmatrix gekennzeichneten Informationszuwachs pro verarbeiteter Messung erklären. Zieht man aber den Zeitmaßstab von 0,1 ms je Abtastwert in Betracht, so ist ein Einschwingvorgang mit einer Maximaldauer von 0,03 Sekunden immerhin noch als relativ kurz zu bezeichnen. Auch die Einschwingzeit kann ohne weiteres jetzt schon als optimal bezeichnet werden, auch diese Behauptung wird an späterer Stelle noch weiter untermauert werden.

Die Abbildungen 6.34 – 6.36 zeigen die Schätzwertverläufe der Drift– und Brummstörungen. Auffallend ist hier die relativ kurze Einschwingzeit sämtlicher Schätzwerte, aber auch die anfänglichen massiven Überschwinger. Aus diesem Grunde wurde zur Driftschätzung eine Ausschnittvergrößerung hinzugefügt, die den Estimationsfehler besser zeigt.

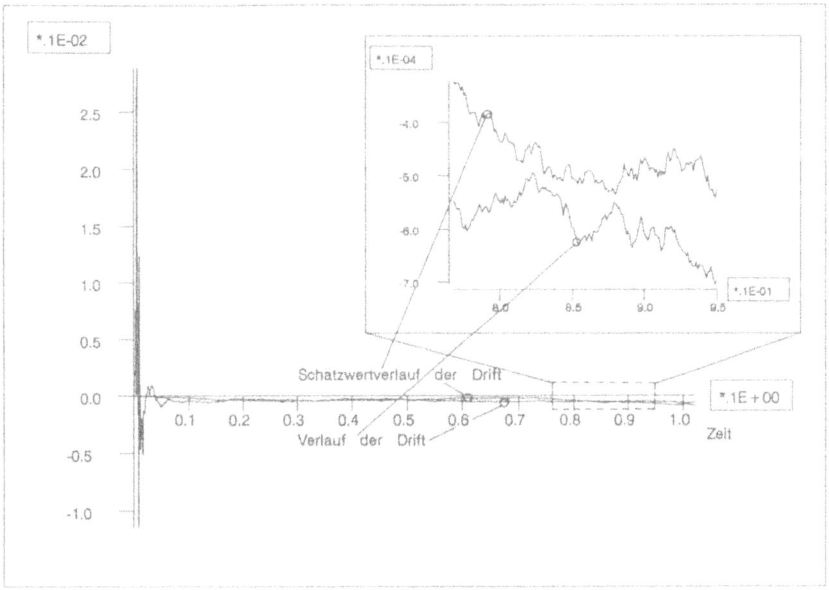

Bild 6.34: Schätzwertverlauf der Drift und Driftverlauf mit Ausschnittvergrößerung

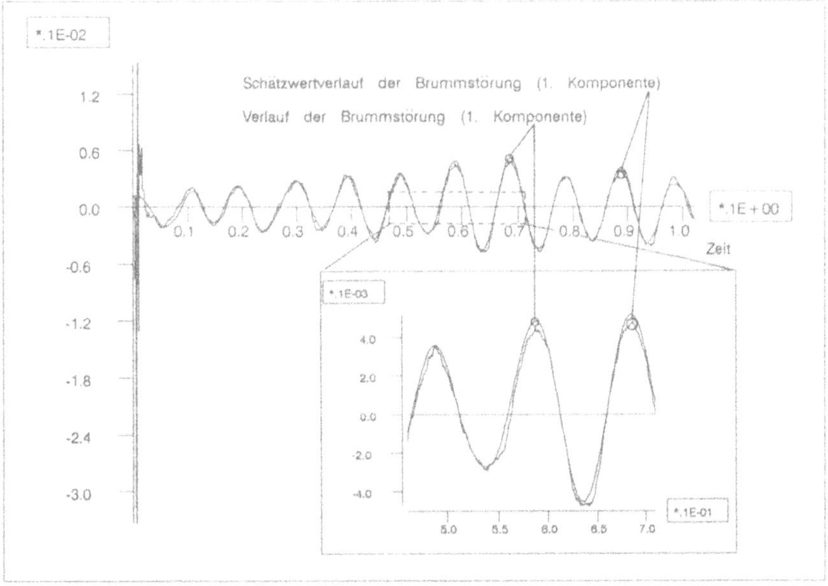

Bild 6.35: Schätzwertverlauf der 1. Brummkomponente und Zeitverlauf der Brumm- störung mit Ausschnittvergrößerung

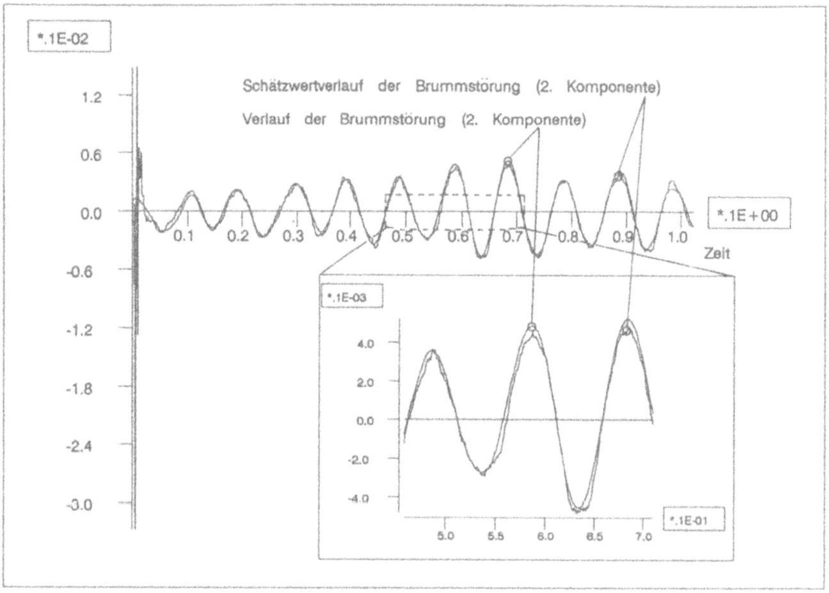

Bild 6.36: Schätzwertverlauf der 2. Brummkomponente und Zeitverlauf der Brummstörung mit Ausschnittvergrößerung

Die gute Schätzwertqualität aller drei Zustandsgrößen ist auf den ersten Blick frappierend, doch bei eingehenderer Betrachtung verständlich. Die kleinen Schätzfehler der Drift erklären sich in erster Linie aus der Verarbeitung der zusätzlichen Referenzmessung, die die Driftauswirkung direkt beobachtbar macht. Demzufolge ist diese Drifterscheinung sehr gut vom Bewegungsverhalten des Zieles zu trennen. Die ebenfalls überlagerten sinusförmigen Störungen in der Referenzmessung schwächen diese Beobachtbarkeit kaum, da die Korrelationseigenschaften der Drift und der Brummstörungen zu verschieden sind. So hat das Kalman–Filter keinerlei Mühe, die Brummstörungen von den Drifterscheinungen und auch von den Zielbewegungen zu trennen. Bedeutend schwieriger wäre beispielsweise die Trennung von zwei unabhängigen Drifterscheinungen mit nur leicht unterschiedlichen Korrelationszeiten. Dies wäre kaum möglich, ist aber, solange keine exakten Schätzungen der Einzeldriften benötigt werden, auch nicht nötig, da es sich ja um Fehlereinflüsse handelt.

Die gute Schätzung der Driftfehler und auch der Brummstörungen offenbart einiges über die Schätzgenauigkeit der eigentlich interessierenden Zustandsgrößen Entfernung, Geschwindigkeit und Beschleunigung. Je genauer die Schätzung dieser Fehlerkomponenten ist, umso besser ist auch die Unterdrückung dieser Fehler bei der Berechnung der interessierenden Schätzwerte. Die gute Schätzgenauigkeit der Brummkomponenten geht beispielsweise direkt einher mit der optimalen Brummunterdrückung in den Entfernungs–, Geschwindigkeits– und Beschleunigungsschätzwerten. Werden diese Brummkomponenten aufgrund falscher Modellparameter, wie beispielsweise der Brummfrequenz, nur ungenügend genau geschätzt, erscheinen alle anderen Schätzwerte sofort total 'verbrummt'. Umgekehrt kann man aus der Überlagerung eines Brummanteils im Schätzwertverlauf der anderen Größen sofort auf eine falsche Brummodellierung schließen, so daß das Kalman–Filter die tatsächlichen Brummstörungen nicht vollständig seinem internen Brummodell zuordnen kann und dann teilweise den anderen Zustandsgrößen zuordnet. Hieraus ergibt sich insbesondere die Wichtigkeit einer richtigen Wahl der Modellierungsparameter. Die kurzen Einschwingzeiten aller Schätzwerte der Störungen erklären sich wieder unmittelbar aus der guten Beobachtbarkeit dieser Einflüsse durch die Referenz– und Zielmessung.

Wir wollen im folgenden die Residuen– oder Innovationssequenzen des Kalman–Filters betrachten, da man aus diesen Sequenzen sofort auf die Optimalität bzw. Nichtoptimalität eines Kalman–Filters schließen kann. Modellierungsfehler der Zustandskomponenten, beispielsweise der Drift– oder Brummstörungen, wirken sich hier sofort und gut sichtbar aus, so daß man aus dem Vorhandensein von ausgeprägten Korrelationseigenschaften der Residuensequenz sofort auf nicht oder falsch modellierte Zustände schließen kann. Eine falsche Brummodellierung läßt beispielsweise sofort eine starke Brummkomponente in den entsprechenden Residuensequenzen entstehen. Tritt diese Brummkomponente in beiden Residuensequenzen etwa gleich stark auf, handelt es sich um einen Modellierungsfehler im Systemmodell. Tritt diese Komponente in nur einer Residuensequenz stark auf, in der anderen dagegen kaum, kann man auf einen Fehler im Beobachtungsmodell schließen, bzw. auf einen möglichen Sensorfehler. Die beiden Residuensequenzen des Kalman–Filters sind in den Abbildungen 6.37 und 6.38 dargestellt. Die Residuensequenzen eines optimal eingestellten Kalman–Filters sind weiß, erwartungswertfrei und gaußverteilt. Dies ist anschaulich so zu interpretieren, daß die Prädiktionswerte eines Kalman–Filters mit richtigem Filtermodell, welches mit dem Realitätsmodell übereinstimmt, genauso häufig nach oben wie nach unten korrigiert werden.

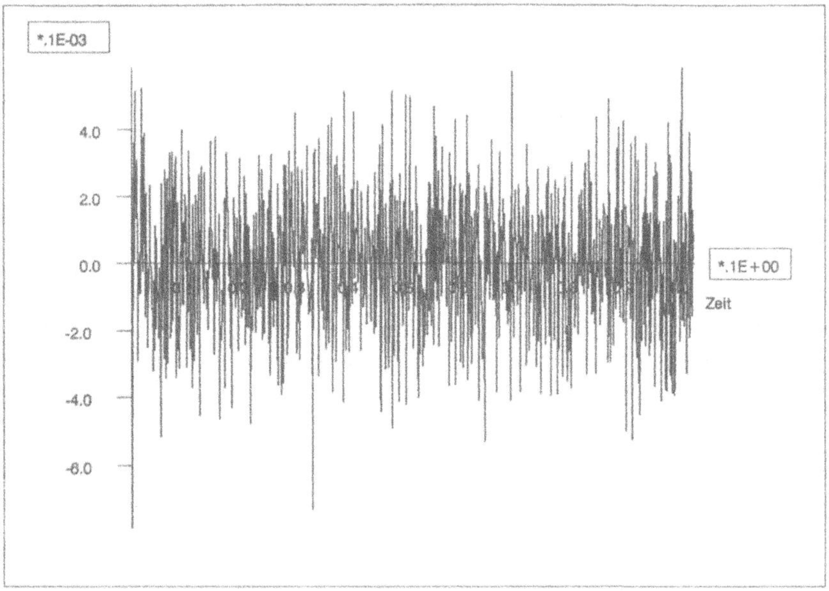

Bild 6.37: Residuensequenz der Zielmessungen des Kalman–Filters

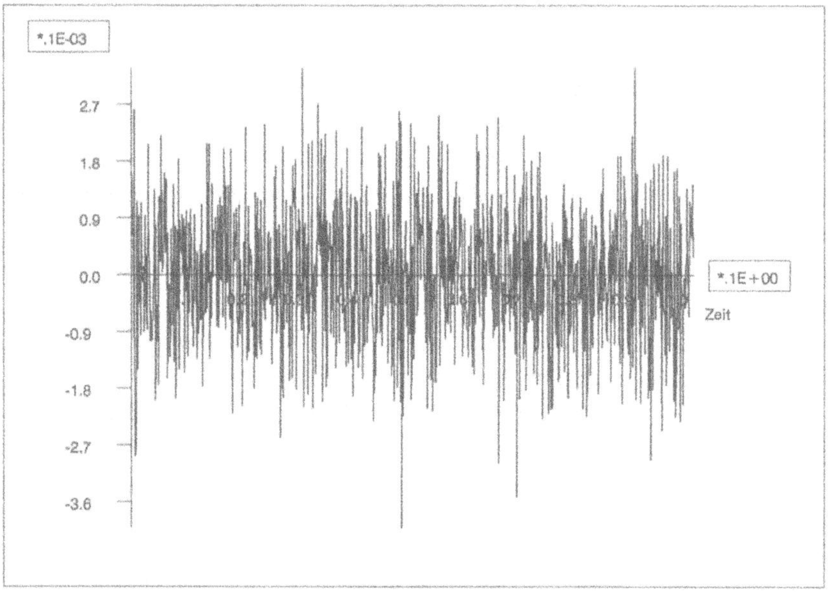

Bild 6.38: Residuensequenz der Referenzmessungen des Kalman–Filters

Die Residuensequenzen nach Bild 6.37 und 6.38 erscheinen insgesamt und auch während der Einschwingphase offensichtlich erwartungswertfrei und relativ unkorreliert. Dies ist zwar eine oberflächlich wirkende Beurteilungstechnik, doch mit ein wenig Erfahrung auf diesem Gebiet kann man sich in den meisten praktischen Anwendungfällen, bei denen es um lineare Filter geht, auf die Leistungen des menschlichen Auges als optischer Korrelator sehr gut verlassen. Aus diesen mit der Theorie übereinstimmenden Eigenschaften der realen Residuensequenz gewinnen wir eine weitere Bestätigung für die optimale Einstellung des Kalman–Filters. Wichtig erscheint an dieser Stelle noch die eingehende Betrachtung der Einschwingphase, die sich bei der Berechnung der Beschleunigungsschätzwerte immerhin über ca. 300 Abtastwerte erstreckte. Es ist immer lohnenswert, zu verifizieren, daß die Länge einer Einschwingphase durch eine eventuell fehlerhafte Einstellung der stochastischen Startparameter (Anfangskovarianz $P^+(0)$) des Kalman–Filters nicht unnötig vergrößert wird. Sind diese Parameter einigermaßen richtig gewählt und stimmen auch die restlichen Modellierungsparameter, so sind die Residuensequenzen eines Kalman–Filters auch während der Einschwingphase weiß und erwartungswertfrei, da die in den ersten Meßwerten enthaltene Information bei richtiger Wahl der stochastischen Startparameter optimal ausgenutzt wird. Die Residuensequenzen zeigen beide ein einigermaßen 'ausgewogenes' und weißes Verhalten schon während der Einschwingphase, so daß auch die Startwerte des Kalman–Filters nicht mehr korrigiert werden müsssen.

Zuletzt betrachten wir die sogenannten 'Selbstdiagnosegrößen' des Kalman–Filters, dies sind die Fehlerkovarianzmatrizen $P^+(k)$ über der Zeit. Wenn das Filtermodell mit dem Realitätsmodell übereinstimmt, beschreiben die Hauptdiagonalelemente dieser Fehlerkovarianzmatrix zu jedem Zeitpunkt die Varianz des Schätzfehlers der entsprechenden Zustandsvektorkomponente. Stimmen Filtermodell und Realitätsmodell nicht überein, ist der Verlauf der Fehlerkovarianzmatrix $P^+(k)$ eine reine Selbstdiagnosegröße und beschreibt letztlich nur, mit welcher Genauigkeit das Kalman–Filter 'glaubt', die Schätzwerte zu berechnen. In unserem Fall sind die Selbstdiagnosegrößen durchaus identisch mit den realen Fehlerkovarianzen, die Betrachtung ihrer Zeitverläufe offenbart damit auch die zu jedem Zeitpunkt erreichte Schätzgenauigkeit des Kalman–Filters.

Die Zeitverläufe der Hauptdiagonalelemente der Fehlerkovarianzmatrix $P^+(k)$ sind in den Abbildungen 6.39 – 6.44 dargestellt. Teilweise sind Ausschnittvergrößerungen mit eingefügt, um den Verlauf während der Einschwingphase besser darzustellen.

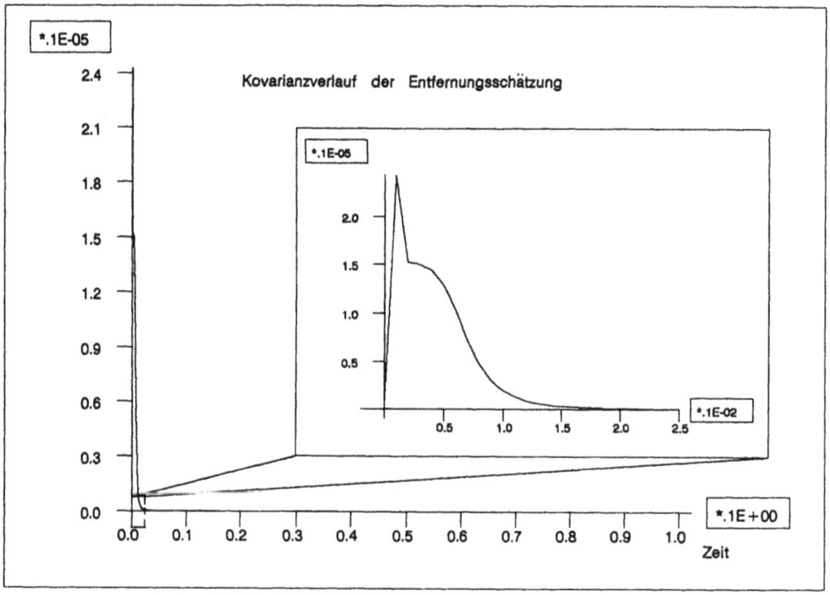

Bild 6.39: Verlauf der Schätzfehlerkovarianz der Entfernungsschätzung mit Ausschnittvergrößerung

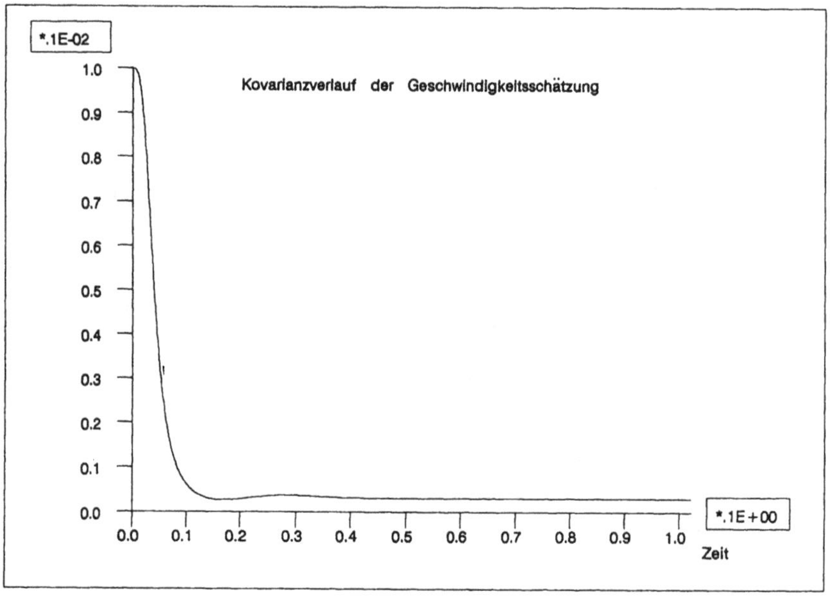

Bild 6.40: Verlauf der Fehlerkovarianz der Geschwindigkeitsschätzung

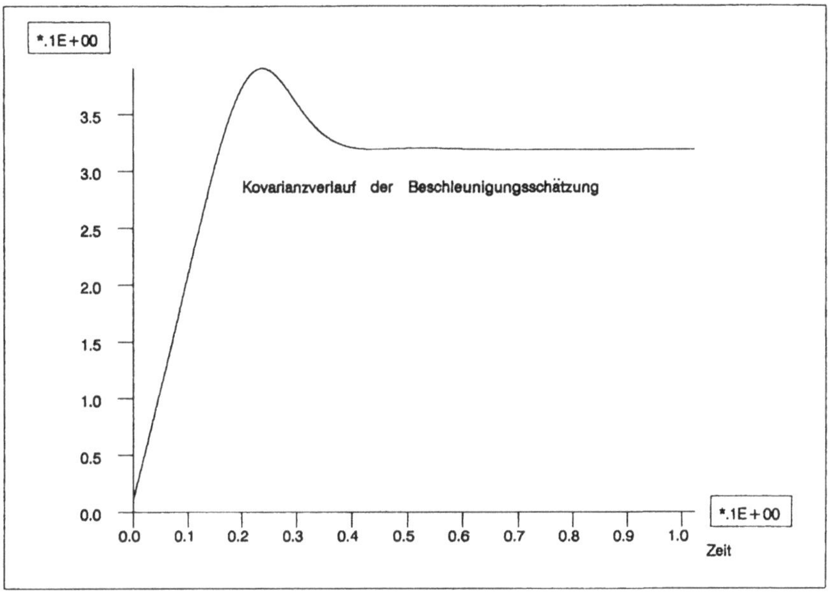

Bild 6.41: Verlauf der Schätzfehlerkovarianz der Beschleunigungsschätzung

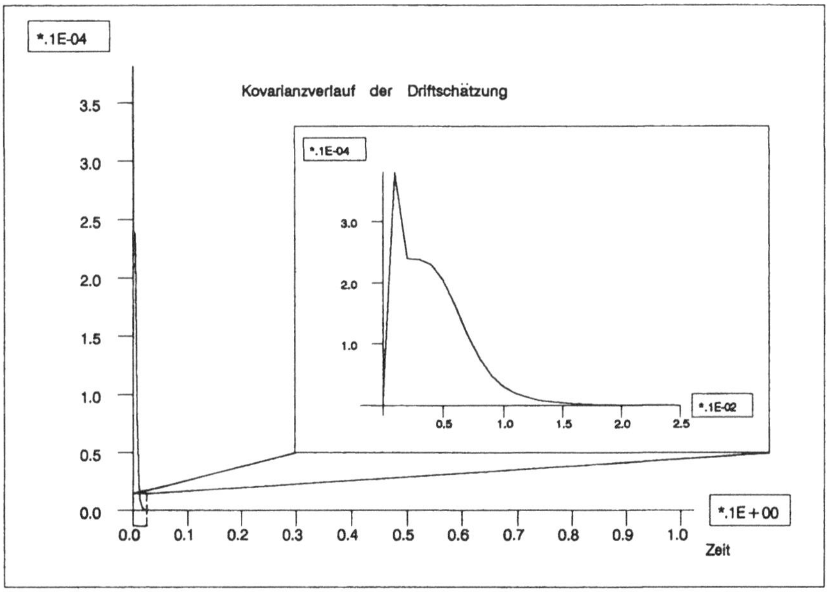

Bild 6.42: Verlauf der Schätzfehlerkovarianz der Driftschätzung mit Ausschnittvergrößerung

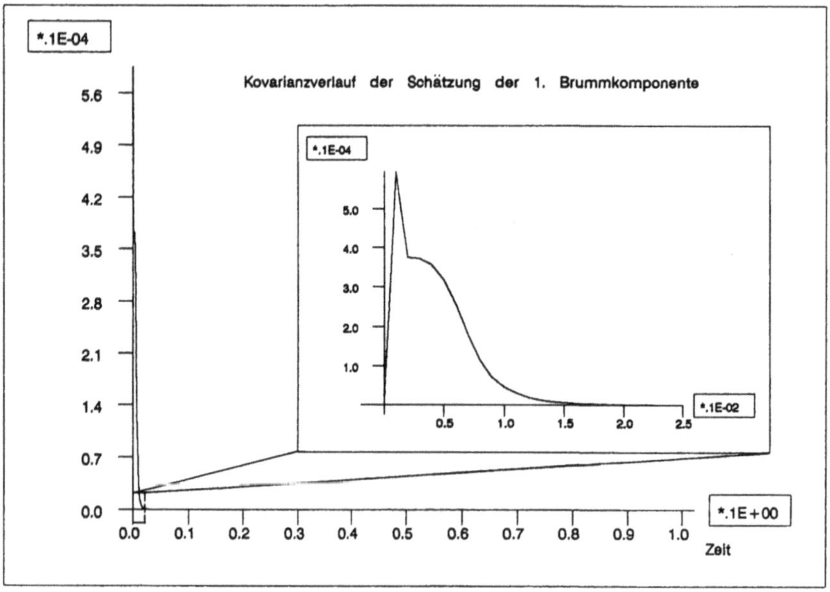

Bild 6.43: Verlauf der Schätzfehlerkovarianz der Brummschätzung (1. Komponente) mit Ausschnittvergrößerung

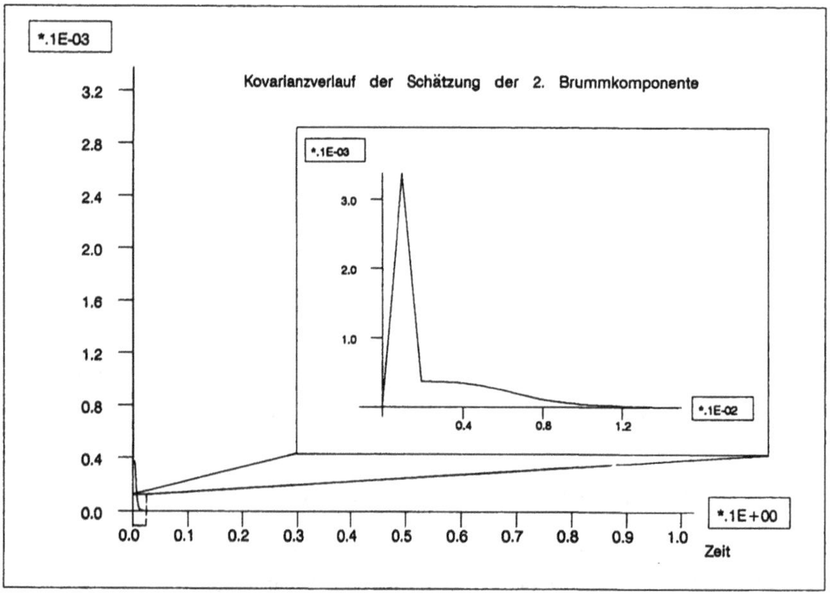

Bild 6.44: Verlauf der Schätzfehlerkovarianz der Brummschätzung (2. Komponente) mit Ausschnittvergößerung

Alle Kovarianzverläufe offenbaren eine ausgezeichnete stationäre Schätzgenauigkeit. Diese Genauigkeit liegt für die Entfernungsschätzung bei einer Fehlervarianz von $< 10^{-7} m^2$! Für die stationäre Geschwindigkeitsschätzfehlervarianz erhalten wir immerhin noch einen Wert von $< 10^{-4}\ m^2/s^2$ und für die Beschleunigungsschätzung eine stationäre Fehlerkovarianz von $< 0{,}35\ m^2/s^4$. Ebenso lassen sich für die Drift– und Brummkomponenten ausgezeichnete stationäre Genauigkeiten ablesen, die hier aber weniger von Interesse sind, da nur die Schätzgenauigkeiten von Entfernung, Geschwindigkeit und Beschleunigung des Zieles für die Anwendung wichtig sind. Interessant ist auch hier wieder das Einschwingverhalten der Kovarianzen. Die Einschwingphasen der einzelnen Kovarianzverläufe sind, wenn nötig, ausschnittsweise vergrößert dargestellt worden, so daß man die enge Korrespondenz zwischen der Einschwingzeit der Fehlerkovarianz und der Einschwingzeit der entsprechenden Schätzwertverläufe beobachten kann. Die Einschwingdauer der Beschleunigungsschätzwerte von etwa 300 Abtastpunkten ist auch sehr gut im entsprechenden Schätzfehlerkovarianzverlauf zu beobachten, ebenso wie die Einschwingzeiten von Entfernungs– und Geschwindigkeitsschätzwerten, bzw. ihrer Schätzfehlerkovarianzen. Auch dies deutet auf die sich aus der richtigen Einstellung des Kalman–Filters ergebende Optimalität hin. Zu jedem Zeitpunkt 'kennt' das Kalman–Filter die Momente des Schätzfehlers, den es verursacht, es 'diagnostiziert' sein eigenes Verhalten richtig. Aus dieser Kenntnis heraus ist es in der Lage, jeden hinzukommenden neuen Meßwert optimal zu gewichten, d.h. weder über–, noch unter zu bewerten.

Der Kovarianzverlauf der Beschleunigungsschätzung weicht als einziger etwas von den anderen Kovarianzverläufen ab. Während alle anderen Kovarianzverläufe mit einer relativ großen Anfangskovarianz beginnen und mit einer bedeutend kleineren stationären Endkovarianz enden, beginnt der Fehlerkovarianzverlauf der Beschleunigungsschätzung mit kleinen Zahlenwerten und endet mit relativ großen Zahlenwerten. Dies ist eine Folge der Anfangsinitialisierung des Kalman–Filters. Für den Beschleunigungsstartwert wurden relativ genaue Vorkenntnisse angenommen, d.h. der Startwert der Schätzung wurde, wie bei der Erzeugung der Musterfunktion auch, zu Null angenommen, und die entsprechende Anfangsfehlerkovarianz wurde aufgrund dieser genauen Kenntnisse sehr gering gewählt. Dies stellte einen Gegensatz zu allen anderen Startwerten dar, die etwas ungenauer angenommen wurden. Das Ansteigen der Fehlerkovarianz mit fortschreitender Zeit sagt dann nur aus, daß sich die anfangs genauen Kenntnisse im Zeitverlauf nicht beibehalten lassen und ungenauer werden. Ein umgekehrter Verlauf ist jedoch ebenso möglich und sagt dann aus, daß die Anfangskenntnisse, beispielsweise der Entfernung und der Geschwindigkeit, wesentlich ungenauer waren als die im weiteren Zeitverlauf berechneten Schätzwerte. Aufgrund der gleichmäßigen, globalen, asymptotischen Stabilität wirken sich unterschiedliche Startwerte für die Fehlerkovarianzen und die jeweiligen Schätzwertverläufe nur auf die Einschwingphase, nicht aber auf das stationäre Verhalten des Kalman–Filters aus. Beschreiben die Anfangskovarianzen die Genauigkeit der vorliegenden Schätzwerte richtig, bleibt die Länge der Einschwingzeit konstant und minimal, unabhängig von der Größe der Anfangswerte. Falsche Anfangswerte beeinflussen diese Einschwingzeit negativ, ändern aufgrund der Stabilitätseigenschaften nicht die stationäre Genauigkeit. Legt man also Wert auf ein optimal kurzes Einschwingverhalten eines Kalman–Filters, muß man notwendigerweise auch die Startwerte richtig wählen. Ist die Dauer der Einschwingphase dagegen relativ unkritisch, spielen die Anfangswerte eine weniger wichtige Rolle. Das Kalman–Filter erweist sich bei einigermaßen richtigem Filtermodell als ausgesprochen 'gutmütig' in dieser Hinsicht. Dies ist auch der Grund, daß in der Mehrzahl aller praktischen Filterapplikationen relativ wenig Wert auf die Frage der Anfangsinitialisierung eines Kalman–Filters gelegt wird.

Völlig andere Verhältnisse herrschen allerdings bei nichtlinearen Filterproblemen, wie beispielsweise nichtlinearen Beobachtungsmodellen. In vielen Fällen werden diese Nichtlinearitäten um einen 'Arbeitspunkt' linearisiert und führen auf das sogenannte 'Linearisierte (Linearized)' Kalman–Filter. Eine andere Möglichkeit besteht in der adaptiven Wahl des Entwicklungspunktes der Nichtlinearität (entweder entsprechend dem jeweiligen Prädiktionsschätz– oder Filterschätzwert). Diese Technik führt auf das 'Extended' Kalman–Filter. Diese Filter erweisen sich in ihrem Verhalten als extrem sensibel gegenüber einer falschen Wahl der Startwerte. Dies ist auch unmittelbar einsichtig: Beide Filterarten verwenden 'Kleinsignalnäherungen', sind also linear bezüglich kleiner Abweichungen vom jeweils gewählten Linearisierungspunkt. Große Abweichungen indessen werden von dem linearisierten Modell nicht richtig wiedergegeben, können demzufolge auch nicht mehr korrigiert werden und führen in der Konsequenz leicht zu divergentem Filterverhalten. Hier ist also eine gewisse Vorsicht geboten. Aus Platzgründen können diese Aspekte hier leider nicht vertieft werden, der interessierte Leser wird bezüglich der nichtlinearen Estimationsproblematik auf die Speziallitaratur verwiesen.

6.2 Reduktion der Filtermodellordnung, Suboptimale Filterung

6.2.1 Filteraufwandsbetrachtungen – Reduzierung des Filtermodells

Der Hauptkritikpunkt an dem zuvor abgeleiteten Filter ist, trotz seiner unbestrittenen Leistungsfähigkeit, der mit der Implementierung verbundene Rechenaufwand. Dieser Rechenaufwand wird dadurch verursacht, daß, um die interessierenden Zielgrößen Entfernung und Geschwindigkeit zu schätzen, die für Anwendungszwecke eigentlich unwichtigen Größen Zielbeschleunigung, Meßgerätedrift und Meßbrumm mit geschätzt werden müssen. Dieser Mehraufwand wird mit anderen Worten dazu verwendet, die interessierenden Zustandsgrößen möglichst optimal von den Störgrößen zu trennen. Interpretiert man das Verhältnis der Anzahl der für die Anwendung wichtigen Zustandsgrößen zur Gesamtanzahl der Zustände als Wirkungsgrad der Modellierung, dann ergibt sich in dem betrachteten Anwendungsfall ein 'Modellierungswirkungsgrad' von:

$$\eta_m = \frac{2}{6} = 33\ \%$$

oder maximal, wenn die Beschleunigungsschätzwerte zusätzlich für Zielverfolgungsprobleme benötigt werden:

$$\eta_{mmax} = \frac{3}{6} = 50\ \%$$

Dieser Wirkungsgrad ist damit auch ein Maß für den Zusatzmodellierungsaufwand, der erbracht werden muß, um die interessierenden Größen möglichst genau zu schätzen. Der Modellierungswirkungsgrad ist neben der Filtergüte auch ein wichtiges Kriterium zur Beurteilung der Effektivität eines Kalman–Filters, wenn man berücksichtigt, daß die Anzahl der Rechenoperationen im Kalman–Filter in etwa proportional der dritten Potenz der Zustandsvektorordnung ist, d.h.:

$$r_a \simeq n^3$$

Beschreibt man nun den Rechenaufwand, der für die alleinige Schätzung der interessierenden Zustandsvektorkomponenten benötigt würde mit r_{a1}, also:

$$r_{a1} \simeq (\eta_m \cdot n)^3$$

und setzt diese beiden Aufwandszahlen geeignet ins Verhältnis, erhält man ein Maß für den Mehraufwand, der zur Genauigkeitsverbesserung der interessierenden Schätzwerte betrieben wird:

$$\eta_f = \frac{r_{a1}}{r_a} = \eta_m^3$$

Diese Maßzahl gibt an, welchen Bruchteil der Gesamtrechenleistung ein reduziertes Filter näherungsweise benötigen würde, um nur die tatsächlich interessierenden Zustandsvektorkomponenten zu schätzen, ohne die weiteren Zustandsvektorkomponenten zu berücksichtigen. In diesem Beispiel würde ein reduziertes Kalman–Filter, welches nur Entfernung, Beschleunigung und Geschwindigkeit schätzt, nur 12% der Rechenleistung des hier vorliegenden Kalman–Filters benötigen. Die verbleibenden 88% der Rechenleistung werden also eigentlich nur zur Verbesserung der Schätzgenauigkeit verwendet.

Nur ein Vergleich der Filtergüten von exaktem und Minimalfilter kann dann abschließend klären, ob der Genauigkeitsgewinn durch die exaktere Modellbildung den dadurch verursachten Mehraufwand auch rechtfertigt.

Als Vorüberlegung zur Modellvereinfachung betrachten wir die Driftkomponente des Zustandsvektors ($x_4(k)$), die nur zur Modellierung der in der Zielmessung enthaltenen Driftstörung eingeführt wurde. Diese Störung kann aber in der zusätzlich eingeführten Referenzmessung direkt beobachtet werden. Bildet man die Differenz von Zielmessung und Referenzmessung, und betrachtet man das Ergebnis als neue skalare Beobachtung, so erhält man aus den Gleichungen 6.52a – 6.52d:

$$\begin{aligned} y'(k) &= y_1(k) - y_2(k) = [1\ -1] \cdot \underline{y}(k) \\ &= [1\ -1] \cdot \begin{bmatrix} C_a \\ \hline C_e \end{bmatrix} \cdot \underline{x}_a(k) + [1\ -1] \cdot \begin{bmatrix} v_1(k) \\ \hline v_2(k) \end{bmatrix} \\ &= [1\ -1] \cdot \begin{bmatrix} c_1 & 0 & 0 & 1 & 1 & 0 \\ 0 & 0 & 0 & 1 & c_2 & 0 \end{bmatrix} \cdot \begin{bmatrix} x_1(k) \\ x_2(k) \\ x_3(k) \\ x_4(k) \\ x_5(k) \\ x_6(k) \end{bmatrix} + v'(k) \\ &= [c_1\ \ 0\ \ 0\ \ 0\ \ 1-c_2\ \ 0] \cdot \begin{bmatrix} x_1(k) \\ x_2(k) \\ x_3(k) \\ x_4(k) \\ x_5(k) \\ x_6(k) \end{bmatrix} + v'(k) \end{aligned} \qquad (6.57a)$$

Damit ist die Drift nicht mehr in der Messung $y'(k)$ beobachtbar, stört auch die Entfernungsmessung nicht mehr und braucht, da sie auch unabhängig von den anderen Zustandsvektorkomponenten ist, demzufolge nicht mehr modelliert zu werden. Der Preis für diese Modellvereinfachung ist eine gestiegene Kovarianz des weißen Störrauschens v'(k). Aufgrund der Unabhängigkeit von $v_1(k)$ und $v_2(k)$ erhalten wir für die Kovarianz:

$$R' = R_1 + R_2 \tag{6.57b}$$

Die Brummstörungen werden durch diese Modifikation des Beobachtungsmodells allerdings nicht beseitigt, müßten also weiter modelliert werden. Vertraut man allerdings darauf, daß die Brummstörungen teilweise durch die mittelnden Eigenschaften des Kalman–Filters beseitigt werden, auch wenn sie nicht modelliert werden, kann man auch diese zwei entsprechenden Zustände im Filtermodell vernachlässigen und muß dann allerdings später eingehend untersuchen, wie sich diese Vernachlässigungen auswirken.

Eine letzte Vereinfachungsmöglichkeit ergibt sich durch die eingangs besprochene Modellierung des Beschleunigungsprozesses durch weißes Rauschen. Diese Annahme ist aber aufgrund der geringen Abtastzeit und der vergleichsweise langen Korrelationszeit in der Größenordnung von Sekunden am wenigsten gerechtfertigt. Ein abschließender Filtertest soll jedoch darüber Aufschluß geben, wie nachteilig sich diese Vernachlässigung schließlich auswirkt.

Unter Einbeziehung aller Vereinfachungsmöglichkeiten erhalten wir dann für das vereinfachte Filtermodell:

$$\underline{x}_F(k+1) = \begin{bmatrix} 1 & T \\ 0 & 1 \end{bmatrix} \cdot \underline{x}_F(k) + \underline{w}_F(k) \tag{6.58a}$$

mit:

$$E\{\underline{w}_F(k)\} = \underline{0} \tag{6.58b}$$

und

$$E\{\underline{w}_F(k) \cdot \underline{w}_F(k)^T\} = \begin{bmatrix} 1/3 \cdot T^2 & 1/2 \cdot T \\ 1/2 \cdot T & 1 \end{bmatrix} \cdot T \cdot q_0' \tag{6.58c}$$

bzw:

$$E\{\underline{w}_F(k) \cdot \underline{w}_F(k)^T\} \tilde{=} \begin{bmatrix} 0 & 0 \\ 0 & 1 \end{bmatrix} \cdot q_{df} \tag{6.58d}$$

Hierbei wurden die Modellgleichungen 6.29a – 6.29d verwendet. Das entsprechende Beobachtungsmodell des Filters lautet:

$$y'(k) = C_F \cdot \underline{x}_F(k) + v_F(k) = [c_1 \ 0] \cdot \underline{x}_F(k) + v_F(k) \tag{6.58e}$$

mit:

$$E\{v_F(k)^2\} = R_F \qquad (6.58f)$$

Die Indizes 'F' kennzeichnen, daß es sich um ein reines Filtermodell als Vereinfachung der realen Modellierung handelt. Demzufolge werden auch die stochastischen Parameter R_F und q_{df} des Filtermodells, die ja die Unsicherheit der Beschreibung der realen Welt durch die entsprechende Modellierung beschreiben, nicht unbedingt identisch mit den stochastischen Parametern des ersten, exakteren Modells sein; denn das Filtermodell ist ja wesentlich ungenauer als das erste Modell. Wir werden in diesem Sinne das erste Modell als Realitätsmodell oder 'truth model' bezeichnen. Das Modell, auf dem das Kalman–Filter beruht, nennen wir dann Filter Modell (filter model).

Diese vereinfachte Modellbildung ergibt einen Modellierungswirkungsgrad von:

$$\eta_m = 100\%$$

und eine Maßzahl für die Filterauslastung zur Berechnung der Entfernungs– und Geschwindigkeitsschätzwerte von:

$$\eta_f = 100\%$$

Dies sind sehr gute Werte, allerdings wird die Verringerung des Berechnungsaufwandes sicherlich durch die Verschlechterung der Schätzgenauigkeit erkauft werden müssen. Diese Verschlechterung wird im nun folgenden Unterpunkt betrachtet.

6.2.1.1 Arbeitsweise des reduzierten Filters – Musterfunktionen der Schätzwerte

Die in diesem Unterpunkt dargestellten Musterfunktionen basieren direkt auf den Musterfunktionen der exakten Modellbildung des vorangegangenen Unterpunktes. Es wurden keinerlei neue Meßdatenverläufe erzeugt, sondern der vektorielle Meßdatenverlauf mit Ziel– und Referenzmessung des vorangegangenen Unterpunktes wurde durch Differenzbildung auf einen skalaren Meßwertverlauf abgebildet. Abweichend von der exakten Modellierung ist das Filtermodell nun jedoch, wie durch die Gl. 6.58a – 6.58f vorgeschlagen, durch einen zweidimensionalen Zustandsvektor mit den Komponenten Zielentfernung und Zielgeschwindigkeit gekennzeichnet. Wenig läßt sich im voraus über die beste Wahl der stochastischen Parameter Driving Noise Kovarianzmatrix (Gl. 6.58d) und Measurement Noise Kovarianz (Gl. 6.58f) aussagen, da diese Matrizen aufgrund der Nichtübereinstimmung von Modell und Wirklichkeit keine direkten realen Äquivalente mehr besitzen. Gegenüber der exakten Modellierung der vorangegangenen Unterpunkte kann hier nur festgehalten werden, daß die Modellierungsunsicherheit eindeutig zugenommen hat. Damit muß der Wert der Driving Noise Kovarianzmatrix gegenüber der exakten Modellierung mit Sicherheit vergrößert werden. Auch die in den Messungen enthaltenen Störungen sind eindeutig stärker geworden. Durch die Differenzbildung von Ziel und Referenzmessungen addieren sich die Kovarianzen der weißen Rauschanteile. Weiterhin müssen ja auch die nichtmodellierten Brummstörungen durch eine Anhebung der Störkovarianz berücksichtigt werden.

Die optimale Wahl der stochastischen Parameter wird sich dabei in einer 'Trial and Error' Strategie ergeben, wobei das Filterverhalten anhand der Musterfunktionen der Schätzwertverläufe von Zielentfernung und Zielgeschwindigkeit beurteilt werden soll.
Es wird sich des weiteren herausstellen, daß die Residuensequenz, die ja bei exakter Modellbildung ein äußerst empfindlicher Indikator für die Optimalität eines Filters ist, bei einer Nichtübereinstimmung von Filtermodell und Realität diese Optimalitätsaussagen nicht mehr ohne weiteres gestattet.

Zunächst zeigt Abbildung 6.45 den Meßwertverlauf y'(k) der sich aus der Subtraktion von Ziel– (Bild 6.29) und Referenzmessungen (Bild 6.30) ergibt. Deutlich erkennt man das Anwachsen der Störkovarianz der weißen Rauschstörungen durch die Differenzbildung. Weiterhin kann man gut erkennen, daß die Differenzbildung die in beiden Einzelmessungen enthaltenen Brummstörungen nicht ganz beseitigen kann. Dies liegt ja bekanntlich daran, daß die Brummstörungen in den subtrahierten Einzelmessungen nicht gleich stark vetreten waren.

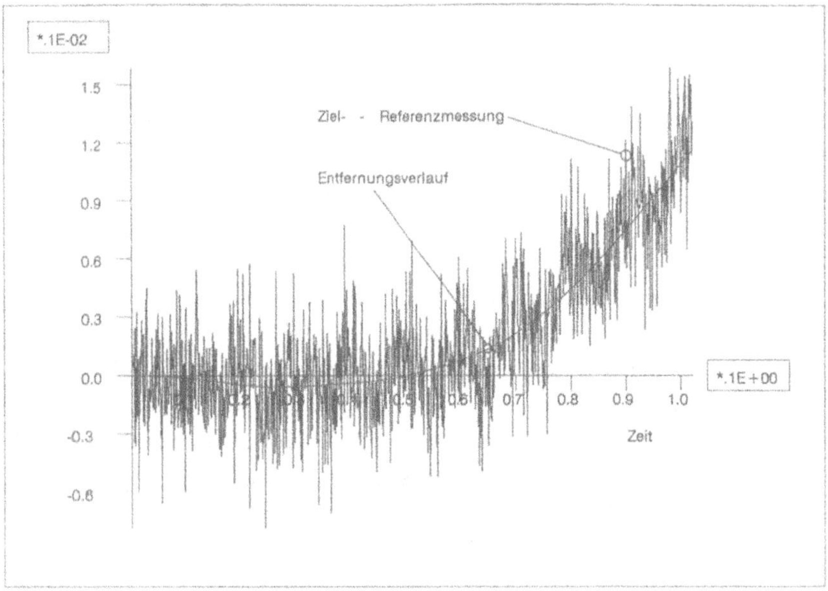

Bild 6.45: Zeitverlauf der Differenzbildung Ziel– – Referenzmessung

Die Bilder 6.46 und 6.47 zeigen nun die Schätzwertverläufe von Zielentfernung und –geschwindigkeit für verschiedene Werte der Kovarianzmatrizen. Die verwendeten Filterparametersätze sind in der nachfolgenden Tabelle zusammengefaßt:

Parametersatz	q_{11F}	q_{22F}	R_F
a	1,999E–03	1E–02	1
b	0	0,1	0,1
c	0	0,2	0,1

Die Elemente der Systemübergangsmatrix des Filtermodells waren $a_{11F} = a_{22F} = 1$, $a_{12F} = T = 1E{-}04$, $a_{21F} = 0$, die Beobachtungskonstanten des Filtermodells waren $c_{11F} = 1$, $c_{12F} = 0$.
Die ungestörten Verläufe von Zielentfernung und –geschwindigkeit sind der besseren Übersichtlichkeit halber jeweils mit eingezeichnet.

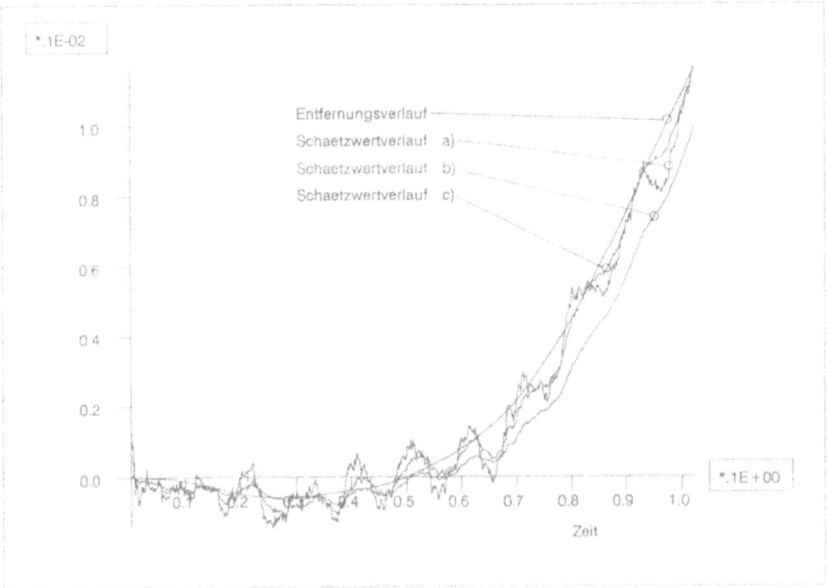

Bild 6.46: Schätzwertverläufe der Zielentfernung des reduzierten Kalman–Filters

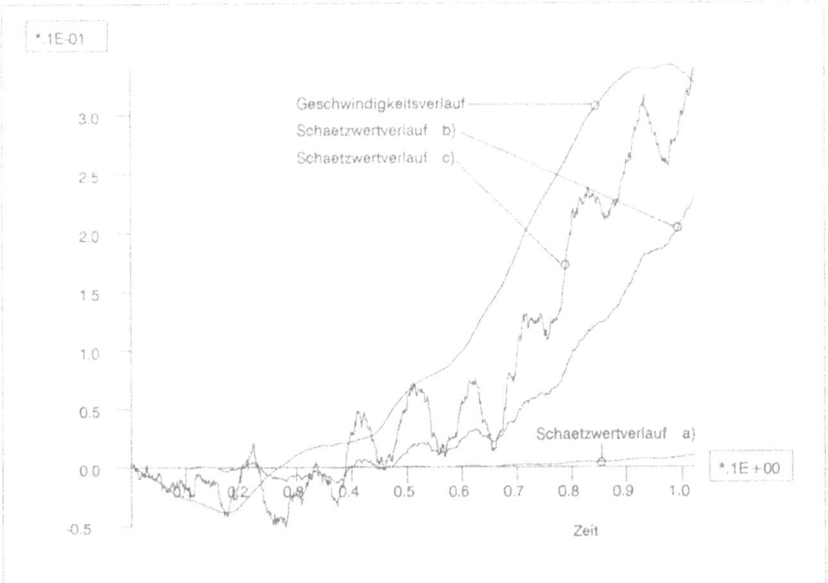

Bild 6.47: Schätzwertverläufe der Zielgeschwindigkeit des reduzierten Kalman–Filters

Wir beginnen mit der Interpretation der Schätzwertverläufe des reduzierten Kalman–Filters für den Parametersatz a). Die Störkovarianz R_F wurde mit 1 wesentlich größer angenommen, als es sich rechnerisch aus der Summation der Störkovarianz von Referenz– und Zielmessung ergeben würde (R_1+R_2 = 6 E–08). Dieser große Wert sollte die nichtmodellierten Brummstörungen berücksichtigen. Gleichzeitig wurde die Nichtmodellierung der Brummstörungen im Filtermodell mit einem Kovarianzeinfluß von weißem Geschwindigkeitsrauschen auf die Zielentfernung von q_{11F} = 1,999E–03 berücksichtigt. Dieser Einfluß trat vorher nicht auf und soll im Filtermodell letztlich nur die Tatsache berücksichtigen, daß jede neue Zielentfernung in einer nicht vorausberechenbaren Weise mit der letzten Zielentfernung und der letzten Zielgeschwindigkeit verknüpft ist. Diese Anhebung der stochastischen Komponente wird also für eine etwas stärkere Gewichtung der Meßwerte bei der Korrektur der Zielentfernungsprädiktionen sorgen. Die Kovarianz des weißen Beschleunigungsrauschprozesses wurde mit dem Wert 1E–02 auch größer als im exakten Modell gewählt (q_{33}=1,9999E–03), dies sollte die gestiegene Unsicherheit bei der Voraussage der Geschwindigkeit berücksichtigen. Betrachtet man nun zunächst den Schätzwertverlauf der Entfernung, so fällt auf, daß dieser Verlauf zwar dem Sollwertverlauf einigermaßen gut folgt, daß er aber im Vergleich zu diesem unübersehbar 'verbrummt' ist. Gleichzeitig weist der Verlauf der Geschwindigkeitsschätzwerte eindeutig Divergenzerscheinungen auf, die Geschwindigkeitsschätzwerte können den Sollwerten nicht folgen. Das reduzierte Filter ist bezüglich der Geschwindigkeitskomponente zu träge. Diese Trägheit hat nun im wesentlichen zwei Ursachen: Eine zu große Wahl der Störkovarianz R_F sorgt insgesamt für eine zu schwache Gewichtung der Meßwerte, die bezüglich der Entfernungsschätzwerte teilweise durch eine ebenso zu große Wahl des Parameters q_{11F} teilweise kompensiert wird. Die Folge dieser zu großen Wahl von q_{11F} ist die gute Folgsamkeit des Filters bezüglich des Entfernungsverlaufes. Negativfolge dieser Wahl ist gleichzeitig aber eine schlechte Brummfilterung. Bezüglich der Geschwindigkeit macht der zu große Wert von R_F das Filter zu träge, und diese Trägheit wird noch von einer zu kleinen Wahl von q_{22F} verstärkt.

Eine mögliche Verbesserung besteht nun darin, die Meßstörkovarianz zu verkleinern, was zu einer generell stärkeren Gewichtung der Meßwerte und damit zu einer besseren Folgsamkeit des Kalman–Filters führt. Gleichzeitig würde dann der Entfernungsschätzwertverlauf bei sonst gleichen Parametern noch weniger von den Brummstörungen bereinigt. Um dennoch eine stärkere Filterwirkung bezüglich der Brummstörungen bei der Entfernungsschätzung zu gelangen, verringern wir die Kovarianz des weißen Geschwindigkeitsrauschens auf Null, d.h., wir setzen q_{11F} = 0. Gleichzeitig verstärken wir die Kovarianz des Beschleunigungsrauschens um eine Zehnerpotenz, d.h., wir setzen q_{22F} = 0,1.

Dies soll eine noch bessere Folgsamkeit der Geschwindigkeitsschätzung gewährleisten. Damit erhalten wir den Parametersatz b, dessen Wirkung wir nun anhand der entsprechenden Schätzwertverläufe beurteilen. Wir sehen eine eindeutige Verbesserung des Schätzwertverlaufes der Geschwindigkeit, die jedoch noch nicht ausreichend ist. Der Entfernungsschätzwertverlauf hat sich auf zweierlei Arten verändert: Die Brummstörungen sind in der erhofften Weise verringert worden, allerdings auf Kosten der Folgsamkeit des Kalman–Filters. Das Kalman–Filter ist nun insgesamt zu träge.

Aufgrund dieser Erkenntnis vergrößern wir nun die Kovarianz des Beschleunigungsrauschens ein wenig und hoffen damit, sowohl die Folgsamkeit des Kalman–Filters bezüglich der Geschwindigkeitsschätzung als auch bezüglich der Entfernungsschätzung zu verbessern. Probeweise wählen wir: $q_{22F} = 0{,}2$. Dies ergibt den Parametersatz c. Das Ergebnis bestätigt die Vorgehensweise. Der Entfernungsschätzwertverlauf nähert sich dem Sollwertverlauf an, die Folgsamkeit des Filters ist besser. Gleichzeitig ist die Filterwirkung bezüglich der Brummstörungen wesentlich stärker als im allerersten Versuch. Auch die Folgsamkeit der Geschwindigkeitsschätzung ist gegenüber dem Parametersatz b stark verbessert, allerdings auf Kosten der Brummunterdrückung. Die Geschwindigkeitsschätzung weist eine nicht zu übersehende Brummstörung auf.

Es erscheint nun klar, wie sich eine weitere Erhöhung der Kovarianz q_{22F} (oder eine Verringerung von R_F) auf die Schätzwertverläufe auswirken würde. Eine Vergrößerung von q_{22F} bewirkt ein weitere Verbesserung der Filterfolgsamkeit bezüglich der Geschwindigkeit bei gleichzeitigem Ansteigen der Brummstörungen. Gleichzeitig steigen auch die Brummstörungen bei der Entfernungsschätzung an, allerdings etwas langsamer als bei der Geschwindigkeitsschätzung. Die Folgsamkeit der Entfernungsschätzung steigt dann zwar auch weiter an, allerdings braucht diese ja eigentlich nicht weiter verbessert zu werden.

Eine Verringerung von R_F wirkt sich prinzipiell ähnlich aus. Sie sorgt generell für eine stärkere Gewichtung der Meßwerte bei der Berechnung beider Schätzwertverläufe. Damit wird die Folgsamkeit insgesamt vergrößert, jedoch führte eine weitere Vergrößerung gegenüber den bisherigen Werten zwangsläufig auch zu einer geringeren Rauschunterdrückung der weißen Rauschstörungen und der Brummstörungen. Dieses Anwachsen der Störeinflüsse wäre auch sofort bei den Geschwindigkeitsschätzwerten zu beobachten. Diese wären noch stärker verbrummt und noch stärker verrauscht, als in der Kurve c dargestellt.

Insgesamt ist uns mit den Parametern nach Parametersatz c also ein gewisses 'Filtertuning' gelungen. Das Filter ist zwar suboptimal, aber ein optimiertes suboptimales Filter.

Gleichzeitig erkennt man einen gewichtigen Nachteil der reduzierten Modellbildung. Die Brummunterdrückung des reduzierten Filters bewirkt auf jeden Fall eine gewisse Trägheit, oder umgekehrt, um eine gewisse Brummunterdrückung zu erreichen, muß das Filter notwendigerweise träge sein. Ferner ist diese angestrebte Brummunterdrückung nicht in allen Zustandsvektorkomponenten gleich groß. Gelingt es noch bei der Entfernungsschätzung, die Brummeinflüsse bei nicht allzu großem Verlust an Filterfolgsamkeit zu unterdrücken, gelingt dies offensichtlich bei der Geschwindigkeitsschätzung nicht mehr. Die Brummeinflüsse sind unübersehbar, obwohl die Filterfolgsamkeit immer noch nicht gut ist. Dies liegt daran, daß sich die vorhandenen Brummstörungen aufgrund der teilweise differenzierenden Berechnungsvorschrift für die Geschwindigkeitsschätzung hier auch stärker auswirken.

Für einen abschließenden Vergleich der Schätzwertverläufe des reduzierten Filters und des exakten Filters betrachten wir die Abbildungen 6.48 und 6.49. Diese zeigen die optimierten Schätzwertverläufe des suboptimalen Filters und die Schätzwertverläufe des auf der exakten Modellierung beruhenden optimalen Kalman–Filters. Die Verringerung des Filteraufwandes kann nun mit der dadurch verursachten Verschlechterung der Schätzgenauigkeit verglichen werden. Anhand dieses Vergleiches kann dann entschieden werden, ob die Modellreduktion sinnvoll ist. Berücksichtigt man nun, daß das reduzierte Filter nur 12% der Rechenleistung des exakten Filters benötigt, erscheint der Genauigkeitsverlust der Entfernungsschätzung auf jeden Fall gegenüber dem Rechenzeitvorteil vernachlässigbar. Bezüglich der Genauigkeit bei der Geschwindigkeitsschätzung ergeben sich schon schwerwiegendere Einbußen des reduzierten Filters. In vielen Fällen, in denen die Geschwindigkeitsschätzung nicht so sehr von Interesse ist, erscheint diese Einbuße aber durchaus vertretbar. Werden in der Realität allerdings möglichst genaue Geschwindigkeitsschätzwerte benötigt, muß auf jeden Fall das exakte und aufwendigere Kalman–Filter verwendet werden.

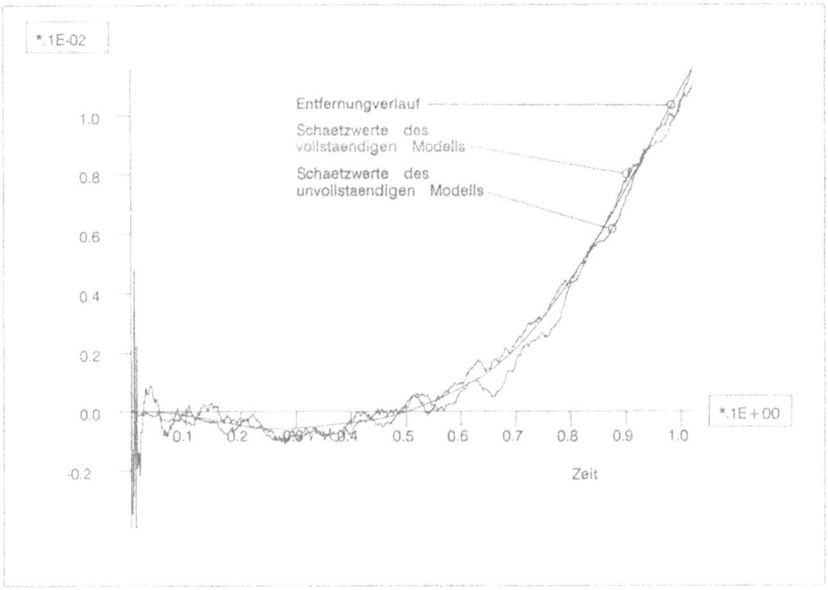

Bild 6.48: Vergleich der Entfernungsschätzwerte von exaktem und reduziertem Filter

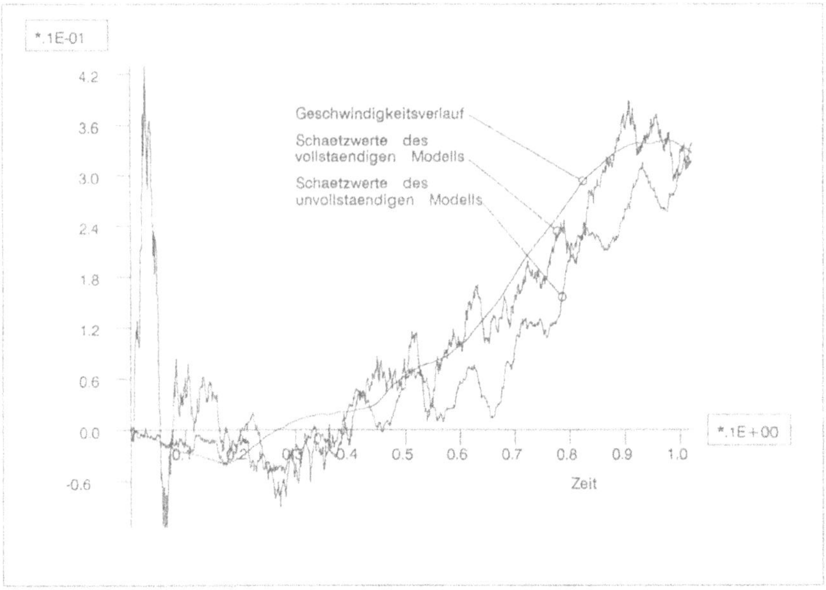

Bild 6.49: Vergleich der Geschwindigkeitsschätzwerte von exaktem und reduziertem Filter

Die vorangegangenen Erkenntnisse lassen sich nun weiter verallgemeinern. Die Nichtmodellierung von realen Phänomenen wirkt sich umso nachteiliger auf die Genauigkeit eines Kalman–Filters aus, je stärker die zeitlichen Korrelationseigenschaften des nichtmodellierten Phänomens sind. Sinusförmige Brummstörungen sind über der Zeit sehr stark korreliert, und selbst für eine gegen Unendlich strebende Relativverschiebung verschwinden diese Korrelationseigenschaften nicht. Der Effekt einer Nichtmodellierung dieser Störungen ist demzufolge schwerwiegend, die restlichen Schätzwerte sind sofort 'verbrummt'.

Eine weitere Eigenschaft des Kalman–Filters ist genauso offensichtlich. Das Kalman–Filter 'verteilt' die in den Meßwerten enthaltenen korrelierten Effekte auf seine internen Modellgrößen entsprechend seinen Modellkenntnissen. Die nichtmodellierten Brummstörungen werden dabei auf Entfernungs– und Geschwindigkeitsverläufe 'verteilt'. Der 'Verteilungsschlüssel' ergibt sich dabei aus der Größe der entsprechenden stochastischen Parameter und aus den Korrelationseigenschaften der modellierten Größen. Je ähnlicher die Korrelationseigenschaften der vernachlässigten Modellgrößen und die Korrelationseigenschaften einer modellierten Größe sind, umso stärker wird der Einfluß der nicht modellierten Größe der modellierten Größe mit ähnlichen Korrelationseigenschaften zugeschlagen. Demzufolge ist eine Modellvernachlässigung umso berechtigter, je weniger ausgeprägt die zeitlichen Korrelationseigenschaften des nichtmodellierten Effektes sind, oder je unähnlicher der nichtmodellierte Effekt in seinen Korrelationseigenschaften den modellierten Effekten ist. Auf diese Weise erkennt man auch sofort, warum weißes Rauschen nicht modelliert werden muß: es ist zeitlich unkorreliert und wirkt sich demzufolge auch nicht speziell auf einige Schätzgrößen aus.

Aus den vorangegangenen Überlegungen ergeben sich nun einige interessante Konsequenzen bezüglich der Residuensequenz eines auf einer reduzierten Modellbildung beruhenden Kalman–Filters. Hatten wir noch bei der exakten Modellbildung die Residuensequenz eines Kalman–Filters als sensiblen Indikator für die Optimalität eines Kalman–Filters kennengelernt, so läßt sich diese Aussage bei einer Nicht–Übereinstimmung von Filtermodell und Realität offenbar nicht mehr uneingeschränkt aufrecht erhalten. Das Filtertuning hat gerade bei der Modellvereinfachung das Ziel, die Verteilung von nicht modellierten Einflußgrößen auf die modellierten Systemgrößen zu verhindern. In dem betrachteten Beispiel wurden die stochastischen Parameter ja gerade so gewählt, daß die nicht modellierten Brummstörungen so wenig wie möglich auf die interessierenden Schätzgrößen Entfernung und Geschwindigkeit 'durchschlugen', ohne dabei die Folgsamkeit des

Kalman–Filters zu sehr zu verschlechtern. Dies bedeutet nichts anderes, als daß die vorhandenen, aber nicht modellierten Brummstörungen nicht auf die modellierten Zustandsgrößen verteilt werden sollen. Diese nicht verteilbaren Einflüsse müssen sich dann aber zwangsläufig in der Residuensequenz des Kalman–Filters wiederfinden, die ja die Korrekturinformation für die entsprechenden Schätzgrößen enthält. Bei der reduzierten Modellbildung hat das Filtertuning aber gerade die Aufgabe, jenen Teil der Korrektur zu unterbinden, der die modellierten Zustandsgrößen mit den nicht modellierten Störeinflüssen korrigiert. Dies bedeutet jedoch, daß ein reduziertes und optimiertes Kalman–Filter keine weiße Residuensequenz besitzen darf, da alle nichtmodellierten Einflußgrößen enthalten sein müssen. Umgekehrt deutet dann eine weiß erscheinende Residuensequenz eines auf einer reduzierten Modellbildung beruhenden Kalman–Filters darauf hin, daß die nicht modellierten Effekte, wie etwa die vorhandenen Brummstörungen, auf alle anderen Schätzgrößen verteilt werden. Die nachfolgend dargestellten Residuensequenzen für die drei verschiedenen Parametersätze des reduzierten Kalman–Filters bestätigen diese Aussagen:

Abbildung 6.50 zeigt die Residuensequenz des reduzierten Kalman–Filters mit dem Parametersatz a. Dieser Parametersatz war dadurch gekennzeichnet, daß die auf die Entfernungsschätzung wirkende Geschwindigkeitsrauschkovarianz zu groß gewählt wurde, die Kovarianz des Beschleunigungsrauschens eher zu klein, die Kovarianz des Meßrauschens aber wieder zu groß. Wir erkennen, daß die Residuensequenz noch sinusförmige Komponenten enthält, aber insgesamt relativ 'weiß' wirkt. Diese Beobachtung geht direkt mit der schlechten Brummfilterung bezüglich der Entfernungsschätzung einher. Das total divergente Verhalten der Geschwindigkeitsschätzung läßt sich in der Residuensequenz nicht direkt beobachten.

Mit dem Parametersatz b wurde eine wesentlich bessere Brummunterdrückung bei der Entfernungs– und Geschwindigkeitsschätzung erreicht, allerdings waren beide Schätzwertverläufe zu träge. Dies ist in der Residuensequenz direkt beobachtbar. Sie enthält unübersehbar stärkere Brummeinflüsse, und auch die schlechte Folgsamkeit des Kalman–Filters bezüglich der Entfernungsschätzung ist durch einen ansteigenden Erwartungswertanteil gegen Ende des Zeitverlaufes zu erkennen. Die Trägheit der Geschwindigkeitsschätzung ist dagegen in der Residuensequenz nicht so direkt beobachtbar, da auch die Geschwindigkeit im Originalmodell nicht direkt in der Entfernungsmessung beobachtbar ist.

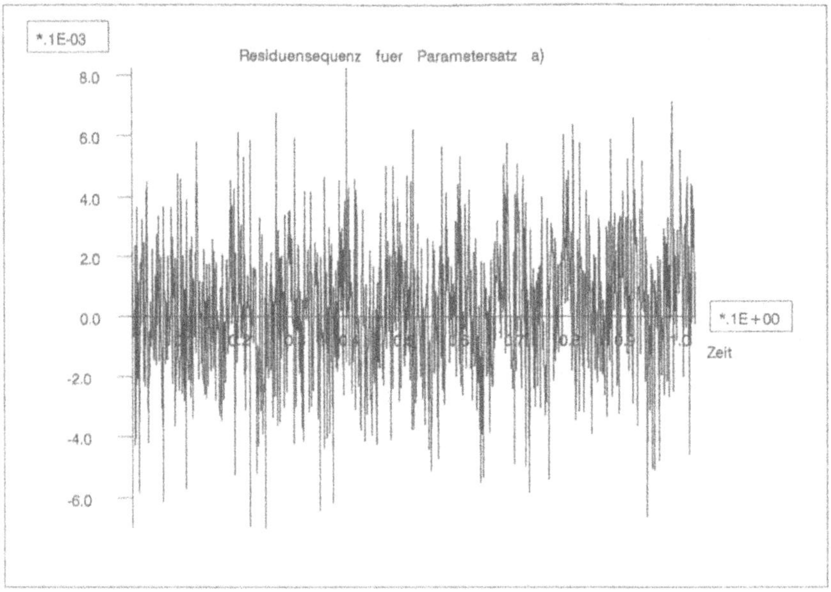

Bild 6.50: Residuensequenz des reduzierten Kalman–Filters (Parametersatz a)

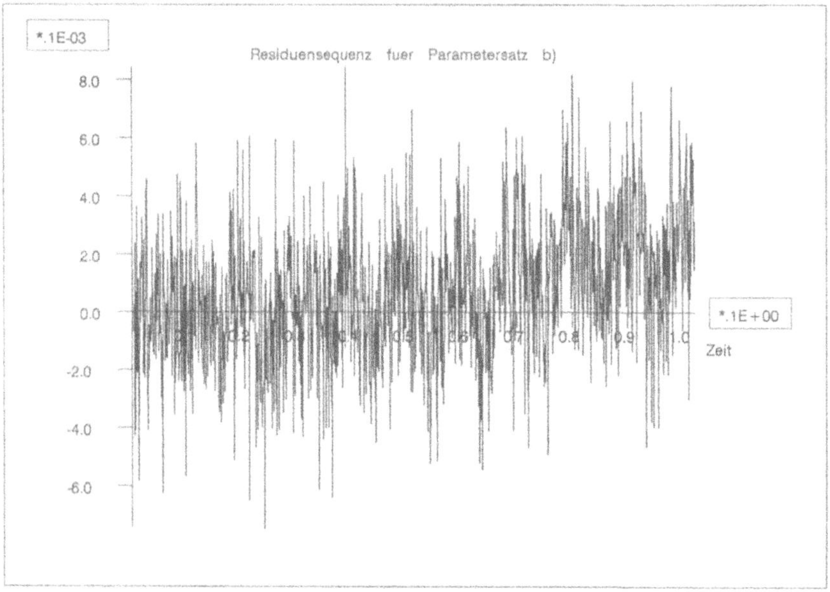

Bild 6.51: Residuensequenz des reduzierten Kalman–Filters (Parametersatz b)

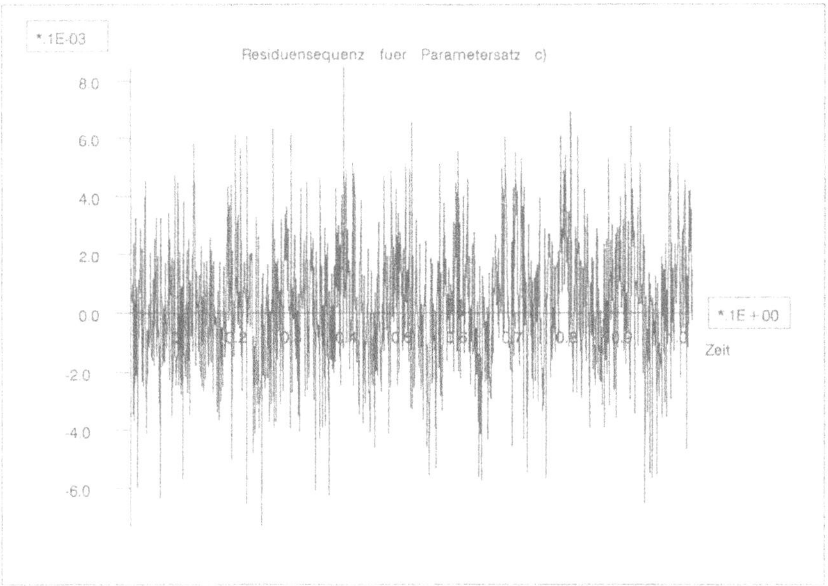

Bild 6.52: Residuensequenz des reduzierten Kalman–Filters (Parametersatz c)

Der Parametersatz c stellte den besten Kompromiß zwischen guter Brummunterdrückung und Filterfolgsamkeit dar. Die Residuensequenz des auf diesem Parametersatz beruhenden reduzierten Kalman–Filters ist in Bild 6.52 dargestellt. Die Brummeinflüsse sind noch gut zu erkennen und treten auch deutlicher in Erscheinung, als in Bild 6.50. Ebenso verschwindet die Divergenzneigung, die noch in Bild 6.51 erkennbar war.

Zusammenfassend kann festgehalten werden, daß die Residuensequenz eines auf einer reduzierten Modellbildung beruhenden Kalman–Filters nicht mehr die gleichen, einfach zu interpretierenden Optimalitätseigenschaften besitzt, die sie bei einer theoretisch exakten und sauberen Modellierung zwangsläufig besitzen muß. Trotzdem kann die Residuensequenz auch hier wichtige Erkenntnisse über die optimale Einstellung eines suboptimalen Kalman–Filters liefern, allerdings mit den folgenden wichtigen Einschränkungen: Die Residuensequenz kann nicht ohne Kenntnis der zu erwartenden Schätzwertverläufe und der Auswirkung der nichtmodellierten Zustandsgrößen interpretiert werden, und die Weißheit der Residuensequenz ist weder eine hinreichende, noch notwendige Bedingung für die optimale Einstellung (optimales Tuning) eines reduzierten Kalman–Filters.

Ebenso vorsichtig müssen demzufolge Divergenz– und Plausibilitätstests, die auf den Eigenschaften der Residuensequenz basieren, angewendet werden.

In der Praxis müssen die Auswirkungen des Filtertunings natürlich mit Hilfe stochastisch aussagekräftiger Simulationen (Monte–Carlo–Simulationen) untersucht werden, um die optimierten Eigenschaften eines reduzierten Kalman–Filters auch im stochastischen Mittel zu verifizieren. Auf die Einzelheiten dieser Simulations– und Analysetechniken im einzelnen einzugehen, ist an dieser Stelle aus Aufwandsgründen nicht möglich. Hierzu muß auf die in der Literaturliste diese Kapitels zitierte Spezialliteratur verwiesen werden.

6.3 Zusammenfassung des Kapitels

Kapitel 6 beschäftigte sich mit der praktischen Anwendung von Kalman–Filtern. Konkretes Anwendungsbeispiel war dabei die Meßdatenverarbeitung zur Entfernungs– und Geschwindigkeitsbestimmung bewegter Ziele mit dem Laserpuls–Laufzeitverfahren. Eine wesentliche Voraussetzung für die Anwendung von Kalman–Filtern ist die Modellbildung des real vorliegenden Problems. Die Modellierung des realen Bewegungsverhaltens des Zieles bildete demzufolge den ersten Punkt der Überlegungen. Vereinfachungsmöglichkeiten sollten schon gleich bei der Modellbildung auf ihre Auswirkungen und Zulässigkeit hin untersucht werden. Diese Überlegung schlossen sich direkt an die Modellierung des Bewegungsverhaltens des Ziels an. Zur Überprüfung der Richtigkeit modellmäßiger Überlegungen erweist sich die Betrachtung der durch die Modellbeschreibung erzeugten Musterfunktionen in vielen Fällen als wichtiges Hilfsmittel. Aus diesem Grunde wurde der Interpretation der graphischen Musterfunktionsverläufe schon bei der Modellbildung verhältnismäßig viel Raum gewidmet.

Praktische Störphänomene sind in den seltensten Fällen durch weißes gaußverteiltes Rauschen zu beschreiben und erfordern somit ebenso eine modellmäßige Beschreibung. Diese Störmodellierung, in dem betrachteten Beispiel Brumm– und Driftstörungen, schloß sich an die Modellbildung des Zielverhaltens unmittelbar an. Zur Modellierung stochastischer Sinus– und Cosinusverläufe wurden dabei zwei verschiedene Verfahren vorgestellt und miteinander verglichen.

Störmodell und Zielmodell zusammen bildeten dann das sogenannte Realitätsmodell, welches die praktisch vorliegende Meßdatenerzeugung möglichst genau beschreibt und einen für die spätere Estimation ausnutzbaren linearen Zusammenhang zwischen den zu schätzenden Größen und den real vorliegenden Meßwerten herstellt.

An diesem Punkt der Modellbildung sollten nun die für die später wichtigen Eigenschaften Beobachtbarkeit und Erreichbarkeit überprüft werden. Diese garantieren, daß das auf dieser Modellbildung beruhende Kalman–Filter die gewünschten Eigenschaften der globalen, gleichmäßigen und asymptotischen Stabilität besitzt.
Diese Überprüfung wurde bei dem konkret vorliegenden Beispiel nicht mathematisch formal, dafür aber überlegungsmäßig durchgeführt. Speziell bei Beobachtbarkeitsüberlegungen sollte sich der Filterentwickler schon frühzeitig Gedanken machen, ob sich durch Hinzunahme weiterer Messungen eine vorhandene Beobachtbarkeitssitutation nicht noch verbessern läßt. Zusätzliche Beobachtungen bedeuten im Prinzip immer einen Gewinn an Estimationsgenauigkeit und eine Verbesserung der Filterdynamik (Verkürzung der Einschwingzeit). In dem betrachteten Beispiel wurde die Beobachtbarkeit durch die Hinzunahme einer weiteren Messung, der sogenannten Referenzmessung, stark verbessert.

Ist das reale Problem einmal modelliert, kann das Kalman–Filter sofort angegeben werden. Diese Filterformulierung schloß sich direkt an die Modellbildung an. Die Wirkungsweise des Kalman–Filters wurde dann anhand der skalaren Formulierung einzelner Filtergleichungen noch einmal eingehend diskutiert. Den Abschluß dieser Überlegungen bildete die Betrachtung und Interpretation der Schätzwertverläufe, die von dem entwickelten Kalman–Filter berechnet wurden.

Bei praktischen Filterproblemen, die in Echtzeit gelöst werden sollen, spielt der durch die Filterimplementierung verursachte Rechenaufwand mitunter eine entscheidende Rolle. Filteraufwandsbetrachtungen müssen dann Aufschluß darüber geben, ob der durch die Komplexität der Modellbildung verursachte Filteraufwand im Verhältnis zur erreichten Estimationsgüte gerechtfertigt ist oder nicht. Hierbei taucht unmittelbar die Überlegung auf, wieviele Komponenten des modellierten Zustandsvektors für die praktische Applikation unbedingt erforderlich sind. Eine andere Überlegung gilt der Frage, wie die Hinzunahme der weiteren, für die Applikation nicht unmittelbar notwendigen Zustandsvektorkomponenten die Schätzgenauigkeit der für die Applikation wichtigen Zustandsgrößen verbessert. Diese Überlegungen führen in der Regel auf vereinfachte Modelle und, darauf basierend, auf vereinfachte Kalman–Filter mit reduziertem Berechnungsaufwand.

Das Verhalten eines derartigen reduzierten Kalman–Filters wurde zum Abschluß des Kapitels betrachtet. Es zeigte sich, daß Modellvereinfachungen, die zu vereinfachten, aber suboptimalen Kalman–Filtern führen, durchaus sinnvoll sein können, wenn man die verbleibenden Filterparameter richtig einstellt (Filtertuning). Andererseits gelten in solchen Fällen nicht mehr unbedingt die von optimalen Kalman–Filtern bekannten Eigenschaften der Residuensequenz, so daß man bei der Interpretation der Filtergüte anhand der Residuensequenz vorsichtig sein muß.

6.4 Literatur zu Kapitel 6

1.) Kailath, Th. (Ed.), Linear Least Squares Estimation, Dowden, Hutchinson & Ross, Inc., Stroudsburg, Pennsylvania, 1977

2.) Leondes, C.T. (Ed.), Theory and Application of Kalman Filtering, AGARDograph 139, The Nato Advisory Group for Aerospace Research & Development, London, 1970

3.) Schmidt, G.T. (Ed.), Practical Aspects of Kalman Filtering Implementation, AGARD–LS–82, The Nato Advisory Group for Aerospace Research & Development, London, 1970

4.) Jazwinsky, A.H., Stochastic Processes and Filtering Theory, Academic Press, New York, 1970

5.) Loffeld, O., 'Ein neuartiges "Switched Kalman–Filter" mit geringer Wortbreite zur hochauflösenden Entfernungsmessung nach dem Laserpuls–Laufzeitverfahren, Dissertation FB 12, Universität–Gesamthochschule–Siegen, Siegen, 1986

6.) Loffeld, O., Hartmann, K., 'Technical Assistance For The Use of Kalman–Filtering in Spaceborne Laser Diode Rangefinders', Final Report, ESA/ESTEC Contract No. 6120/84/NL/PR, Noordwijk, 1986

7.) MBB/INV, 'Laser Diode Rangefinder, Demonstration Model', Final Report, ESA/ESTEC Contract Report No. 5159/82/NL/HP, Noordwijk, 1985

8.) Schwarte, R., 'Performance Capabilities of Laser Ranging Sensors', Proc. ESA Workshop on Space Laser Applications amd Technology (SPLAT), Les Diablerets, 26–30 March 1984, ESA SP–202, May 1984

9.) Schwarte, R., 'Implementation of an Advanced Laser Ranging Sensor Concept', Proc. IAF Conference, Stockholm, 1985

10.) Hardelt, A., 'Statistische Analyse der Meßfehler von Referenz– und Zielmeßwerten und ihrer statistischen Zusammenhänge in einem laseroptischen Distanzmeter', Diplomarbeit am Institut für Nachrichtenverarbeitung (INV) der Universität Siegen, 1985

11.) Friedrichs, D., 'Sensitivitäsuntersuchungen von Kalman–Filtern mit unvollständigen A–priori–Kenntnissen', Studienarbeit am Institut für Nachrichtenverarbeitung (INV) der Universität Siegen, 1986

12.) Schuhmacher, W., 'Untersuchung Adaptiver Kalman–Filter zur Lösung des Radar–Zielverfolgungsproblems', Dissertation des Fachbereiches 10 Verfahrenstechnik an der Technischen Universität Berlin, 1979

13.) Friedland, B., 'Optimum Steady–State Position and Velocity Estimation Using Noisy Sampled Position Data', IEEE Trans. on Aerospace and Electronic Systems, Vol. AES–9, Nr. 6, Nov. 1973

14.) Hampton, R.L.T.; Cooke, J.R., 'Unsupervised Tracking of Maneuvring Targets', IEEE Trans. on Aerospace and Electronic Systems, Vol. AES–9, Nr. 2, März 1979, S. 197

15.) Thorp, J.S., 'Optimal Tracking of Maneuvring Targets', IEEE Trans. on Aerospace and Electronic Systems, Voll. AES–9, Nr. 4, Juli 1973, S. 512

16.) Van Keuk, G., 'Zielverfolgungsverfahren und sequentielle Schätzung kinematischer Flugparameter bei Elektronischem Radar', DGON Radarsymposium München, 1974

17.) Maybeck, P.S., Stochastic Models, Estimation and Control, Vol. I, Academic Press, New York, 1979

18.) Maybeck, P.S., 'Performance Analysis of a Particularly Simple Kalman Filter', AIAA J. Guidance and Control, Vol. 1, No. 6, 1978, S. 391–396

19.) Gelb, A. (Ed.), Applied Optimal Estimation, M.I.T. Press, Cambridge, Massachusetts, 1974

20.) Heffes, H., 'The Effect of Erroneous Models on the Kalman Filter Response', IEEE Trans. on Automatic Control, Vol. AC–11, Jul. 1966, S. 541–547

21.) Griffin, R.E., Sage, A.P., 'Large and Small Scale Sensitivity Analysis of Optimum Estimation Algorithms', IEEE Trans. on Automatic Control, Vol. AC–13, No. 4, Aug. 1968, S. 320–329

22.) Huddle, J.R., Wismer, D.A., 'Degradation of Linear Filter Performance Due to Modeling Error', IEEE Trans. on Automatic Control, Vol. AC–13, No. 4, Aug. 1968, S. 421–423

23.) Nash, R.A., Tuteur, F.B., 'The Effect of Uncertainties in the Noise Covariance Matrices on the Maximum Likelihood Estimate of a Vector', IEEE Trans. on Automatic Control, Vol. AC–13, No. 1, Feb. 1968, S. 86–88

24.) Griffin, R.E., Sage, A.P., 'Sensitivity Analysis of Discrete Filtering and Smoothing Algorithms', AIAA J. Vol. 7, No. 10, 1969, S.1890–1897

25.) Neil, S.R., 'Linear Estimation in the Presence of Errors in Assumed Plant Dynamics', IEEE Trans. on Automatic Control , Vol. AC–12, No. 5, 1967, S. 592–594

26.) Heinze, R., 'Systemtheoretische Modellierung der Meßwertgewinnung und Verarbeitungsalgorithmen in einem laseroptischen Distanzmeter', Diplomarbeit am Institut für Nachrichtenverarbeitung (INV) der Universität Siegen, 1984

27.) Seitz, C., 'Application of Kalman Filtering in Mains Networks Used For Communication Purposes', Tagungsband 5. Aachener Kolloquium über Mathematische Methoden in der Signalverarbeitung, Herausgeber P.L. Butzer, Aachen 1984

28.) Schrick, K.W. (Ed.), Anwendungen der Kalman–Filter–Technik (Anleitung und Beispiele)', R. Oldenbourg Verlag, München Wien, 1977

7 Anhänge

A 5 Anhang zu Kapitel 5

A 5.1 Determinantenidentitäten

Es seien die quadratischen [n×n]–Matrizen A und B gegeben. Dann gilt für die Determinanten der Matrizen:

$$1.)\quad |A\,B| = |A|\cdot|B| \qquad \text{(D1)}$$

$$2.)\quad |A| = |A^T| \qquad \text{(D2)}$$

Für drei quadratische [n×n]–Matrizen A_1, A_2 und A_3 und eine aus diesen drei Matrizen gebildete partitionierte Matrix U und deren Determinante gilt auch:

$$3.)\quad \det(U) = |U| = \left|\begin{array}{c|c} A_1 & A_2 \\ \hline 0 & A_3 \end{array}\right| = |A_1|\cdot|A_3| \qquad \text{(D3)}$$

A 5.2 LDL^T–Zerlegung einer quadratischen, partitionierten und symmetrischen Matrix

Es seien die quadratischen und symmetrischen Matrizen X_{11} und X_{22} (nicht notwendigerweise mit gleicher Dimension), die Matrix X_{12} und die aus diesen Matrizen gebildete partitionierte Matrix X gegeben mit:

$$X = \left[\begin{array}{c|c} X_{11} & X_{12} \\ \hline X_{12}^T & X_{22} \end{array}\right] \qquad \text{(L1)}$$

Die LDL^T–Zerlegung (LDL^T = Lower Diagonal Lower^{transposed}) von X lautet:

$$X = LDL^T = X = \left[\begin{array}{c|c} I & 0 \\ \hline B_1 & I \end{array}\right] \cdot \left[\begin{array}{c|c} D_{11} & 0 \\ \hline 0 & D_{22} \end{array}\right] \cdot \left[\begin{array}{c|c} I & B_1^T \\ \hline 0^T & I^T \end{array}\right] \qquad \text{(L2)}$$

Zur Bestimmung der einzelnen Teilmatrizen muß Gl. L2 ausgerechnet werden:

$$X = \left[\begin{array}{c|c} D_{11} & 0 \\ \hline B_1 D_{11} & D_{22} \end{array}\right] \cdot \left[\begin{array}{c|c} I & B_1^T \\ \hline 0 & I \end{array}\right] = \left[\begin{array}{c|c} D_{11} & D_{11} B_1^T \\ \hline B_1 D_{11} & B_1 D_{11} B_1^T + D_{22} \end{array}\right] \qquad \text{(l1)}$$

Ein Vergleich von Gl. L1 mit Gl. 11 liefert die Zerlegungsmatrizen:

$$D_{11} = X_{11} \tag{12a}$$

$$B_1^T = X_{11}^{-1} \cdot X_{12} \tag{12b}$$

$$B_1 = X_{12}^T \cdot X_{11}^{-1} \tag{12c}$$

$$D_{22} = X_{22} - X_{12}^T \cdot X_{11}^{-1} \cdot X_{12} \tag{12d}$$

Damit ist die gesuchte Zerlegung gefunden, und es gilt:

$$X = \left[\begin{array}{c|c} I & 0 \\ \hline X_{12}^T \cdot X_{11}^{-1} & I \end{array}\right] \cdot \left[\begin{array}{c|c} X_{11} & 0 \\ \hline 0 & X_{22} - X_{12}^T \cdot X_{11}^{-1} \cdot X_{12} \end{array}\right] \cdot \left[\begin{array}{c|c} I & X_{11}^{-1} \cdot X_{12} \\ \hline 0 & I \end{array}\right] \tag{L3}$$

A 5.2.1 Berechnung der Inversen X^{-1}

Es gilt:

$$X^{-1} = [L \cdot D \cdot L^T]^{-1} = L^{T-1} \cdot D^{-1} \cdot L^{-1} \tag{13}$$

Zunächst berechnen wir die Inversen der Dreiecksmatrizen:

$$L^{T-1} = \left[\begin{array}{c|c} I & B_1^T \\ \hline 0 & I \end{array}\right]^{-1} = \left[\begin{array}{c|c} I & -B_1^T \\ \hline 0 & I \end{array}\right] = \left[\begin{array}{c|c} I & -X_{11}^{-1} X_{12} \\ \hline 0 & I \end{array}\right] \tag{14}$$

Durch Transponieren erhalten wir dann:

$$L^{-1} = \left[\begin{array}{c|c} I & 0 \\ \hline -X_{12}^T X_{11}^{-1} & I \end{array}\right] \tag{15}$$

Die Diagonalmatrix D kann sehr einfach invertiert werden:

$$D^{-1} = \left[\begin{array}{c|c} D_{11}^{-1} & 0 \\ \hline 0 & D_{22}^{-1} \end{array}\right] \tag{16}$$

Durch Einsetzen der Bestimmungsgleichungen 12a und 12c und Anwenden von Gl. 13 folgt dann für X^{-1}:

$$X^{-1} = \left[\begin{array}{c|c} I & -X_{11}^{-1}\cdot X_{12} \\ \hline 0 & I \end{array}\right]\cdot\left[\begin{array}{c|c} X_{11}^{-1} & 0 \\ \hline 0 & [X_{22}-X_{12}^T\cdot X_{11}^{-1}\cdot X_{12}]^{-1} \end{array}\right]\cdot\left[\begin{array}{c|c} I & 0 \\ \hline -X_{12}^T\cdot X_{11}^{-1} & I \end{array}\right] \quad (L4)$$

A 5.2.2 Berechnung der Determinanten von X und X^{-1}

Es gilt mit den Determinantenidentitäten von Gl. D1 – D3:

$$\det(X) = \det(I)\cdot\det(I)\cdot\det(X_{11})\cdot\det(X_{22}-X_{12}^T X_{11}^{-1} X_{12})\cdot\det(I)\cdot\det(I)$$

$$= \det(X_{11})\cdot\det(X_{22}-X_{12}^T\cdot X_{11}^{-1}\cdot X_{12}) \quad (L5)$$

$$\det(X^{-1}) = \det(I)\cdot\det(I)\cdot\det(X_{11}^{-1})\cdot\det(X_{22}-X_{12}^T X_{11}^{-1} X_{12})^{-1}\cdot\det(I)\cdot\det(I)$$

$$= \det(X_{11}^{-1})\cdot\det(X_{22}-X_{12}^T\cdot X_{11}^{-1}\cdot X_{12})^{-1} \quad (L6)$$

Man weist leicht nach, daß:

$$\det(X^{-1}) = 1/\det(X) \quad (L7)$$

gilt.

A 5.3 Matrixinversionslemmata

1. Identität

Voraussetzung: P und R seien positiv definite, quadratische, symmetrische [n×n]–, bzw. [m×m]–Matrizen, C sei eine [m×n]–Matrix.

Dann gilt:

$$(P^{-1}+C^T\cdot R^{-1}\cdot C)^{-1} = P - P\cdot C^T\cdot(C\cdot P\cdot C^T+R)^{-1}\cdot C\cdot P \quad (M1)$$

Beweis:

Betrachte die partitionierte Matrix G:

$$G = \left[\begin{array}{c|c} P^{-1} & C^T \\ \hline C & -R \end{array}\right] \quad (m1a)$$

Aufgrund der Voraussetzungen existiert dann die inverse Matrix, die formal gegeben ist durch:

$$G^{-1} = \left[\begin{array}{c|c} D & F \\ \hline S^T & E \end{array}\right] \qquad \text{(m1b)}$$

Da beide Matrizen invers zueinander sind, muß ihr Produkt die Einheitsmatrix ergeben, d.h., es gilt:

$$G \cdot G^{-1} = \left[\begin{array}{c|c} I & 0 \\ \hline 0 & I \end{array}\right] \qquad \text{(m1c)}$$

Durch Ausführen der Matrixmultiplikation von Gl. m1c erhalten wir dann die Bestimmungsgleichungen für die Matrixpartitionen der Matrix G^{-1}:

$$\left[\begin{array}{c|c} P^{-1} & C^T \\ \hline C & -R \end{array}\right] \cdot \left[\begin{array}{c|c} D & F \\ \hline S^T & E \end{array}\right] = \left[\begin{array}{c|c} I & 0 \\ \hline 0 & I \end{array}\right] \qquad \text{(m2a)}$$

Daraus folgen die Einzelgleichungen:

$$P^{-1} \cdot D + C^T \cdot S^T = I \qquad \text{(m2b)}$$

$$P^{-1} \cdot F + C^T \cdot E = 0 \qquad \text{(m2c)}$$

$$C \cdot D - R \cdot S^T = 0 \qquad \text{(m2d)}$$

$$C \cdot F - R \cdot E = I \qquad \text{(m2e)}$$

Diese Bestimmungsgleichungen werden nun umgeformt. Aus Gl. m2b erhalten wir aufgelöst nach D:

$$D = P - P \cdot C^T \cdot S^T \qquad \text{(m3)}$$

wobei angenommen wurde, daß P und P^{-1} existieren. Aus m2d ergibt sich sofort:

$$R \cdot S^T = C \cdot D \qquad \text{(m4a)}$$

und:

$$S^T = R^{-1} \cdot C \cdot D \qquad \text{(m4b)}$$

Hierbei wurde die Invertierbarkeit von R vorausgesetzt. Durch Einsetzen von m4b in m3 erhalten wir:

$$D = P - P \cdot C^T \cdot R^{-1} \cdot C \cdot D \tag{m5a}$$

Sammeln der Terme auf einer Seite ergibt:

$$D + P \cdot C^T \cdot R^{-1} \cdot D = P \tag{m5b}$$

Auflösen nach D ergibt dann:

$$D = (I + P \cdot C^T \cdot R^{-1} \cdot C)^{-1} \cdot P \tag{m5c}$$

Durch Ausklammern und Invertieren von P erhalten wir dann sofort:

$$D = [\, P^{-1} \cdot (I + P \cdot C^T \cdot R^{-1} \cdot C)]^{-1} = [P^{-1} + C^T \cdot R^{-1} \cdot C]^{-1} \tag{m5d}$$

Aus Gl. m3 folgt durch Linksmultiplikation mit C:

$$C \cdot D = C \cdot P - C \cdot P \cdot C^T \cdot S^T$$

Durch Anwenden der Identität von m4a ergibt sich daraus:

$$C \cdot P - C \cdot P \cdot C^T \cdot S^T = R \cdot S^T$$

Sammeln der Terme auf einer Seite ergibt wieder:

$$C \cdot P = C \cdot P \cdot C^T \cdot S^T + R \cdot S^T = (C \cdot P \cdot C^T + R) \cdot S^T$$

und daraus folgt, aufgelöst nach S^T:

$$S^T = (C \cdot P \cdot C^T + R)^{-1} \cdot C \cdot P \tag{m6}$$

Wir setzen nun den Ausdruck für D nach Gl. m5d gleich mit dem Ausdruck für D nach Gl. m3, in den wir S^T nach Gl. m6 eingesetzt haben und erhalten:

$$[P^{-1} + C^T \cdot R^{-1} \cdot C]^{-1} = P - P \cdot C^T \cdot [C \cdot P \cdot C^T + R]^{-1} \cdot C \cdot P \tag{M1}$$

Damit ist die Gültigkeit des obigen Matrixinversionslemmas gezeigt.

Eine weitere Möglichkeit der Herleitung beginnt bei Gl. m5d:

$$D = [P^{-1} + C^T \cdot R^{-1} \cdot C]^{-1}$$

Es gilt also:

$$D \cdot D^{-1} = I$$

Damit folgt:

$$D \cdot [P^{-1} + C^T \cdot R^{-1} \cdot C] = I$$

woraus sich sofort:

$$D \cdot P^{-1} + D \cdot C^T \cdot R^{-1} \cdot C = I$$

und:

$$P = D + D \cdot C^T \cdot R^{-1} \cdot C \cdot P \qquad \text{(m7a)}$$

oder:

$$P - D = D \cdot C^T \cdot R^{-1} \cdot C \cdot P \qquad \text{(m7b)}$$

ergibt.

Die Multiplikation von m7a von rechts mit $C^T R^{-1}$ liefert:

$$P \cdot C^T \cdot R^{-1} = D \cdot C^T \cdot R^{-1} + D \cdot C^T \cdot R^{-1} \cdot C \cdot P \cdot C^T \cdot R^{-1}$$

$$= D \cdot C^T \cdot R^{-1} \cdot (I + C \cdot P \cdot C^T \cdot R^{-1}) \qquad \text{(m7c)}$$

Die Matrix: $(I + C \cdot P \cdot C^T \cdot R^{-1})$ ist pos. def. und invertierbar, deshalb kann man schreiben:

$$P \cdot C^T \cdot R^{-1} \cdot [I + C \cdot P \cdot C^T \cdot R^{-1}]^{-1} = D \cdot C^T \cdot R^{-1} \qquad \text{(m7d)}$$

Durch Hineinmultiplizieren von R^{-1} in die Klammer auf der linken Seite von Gl. m7d erhalten wir dann:

$$P \cdot C^T \cdot [R + C \cdot P \cdot C^T]^{-1} = D \cdot C^T \cdot R^{-1} \qquad \text{(m7e)}$$

Daraus ergibt sich durch Multiplikation mit $C \cdot P$ von rechts:

$$P \cdot C^T \cdot [R + C \cdot P \cdot C^T]^{-1} \cdot C \cdot P = D \cdot C^T \cdot R^{-1} \cdot C \cdot P \qquad \text{(m7f)}$$

Mit Gl. m7b folgt daraus:

$$P\cdot C^T\cdot [R + C\cdot P\cdot C^T]^{-1}\cdot C\cdot P = P - D \qquad \text{(m7g)}$$

Die erneute Anwendung von Gl. m5d ergibt dann:

$$P\cdot C^T\cdot [R + C\cdot P\cdot C^T]^{-1}\cdot C\cdot P = P - [P^{-1} + C^T\cdot R^{-1}\cdot C]^{-1}$$

und:

$$[P^{-1} + C^T\cdot R^{-1}\cdot C]^{-1} = P - P\cdot C^T\cdot [R + C\cdot P\cdot C^T]^{-1}\cdot C\cdot P \qquad \text{(M1)}$$

Damit ist das Matrixinversionslemma bewiesen.

2. Identität:

Die zweite Identität gilt für positiv definite [m×m]–Matrizen R und positiv semi–definite (nicht–negativ definite) [n×n]–Matrizen P. Die Matrix C ist wieder vom Format [m×n].

Es gilt:

$$[I - P\cdot C^T\cdot R^{-1}\cdot C]^{-1}\cdot P = P - P\cdot C^T\cdot [C\cdot P\cdot C^T + R]^{-1}\cdot C\cdot P \qquad \text{(M2)}$$

Die Ableitung dieses Lemmas beginnt mit Gl. m5c:

$$D = [I + P\cdot C^T\cdot R^{-1}\cdot C]^{-1}\cdot P$$

Aus Gleichung m3 folgt durch Linksmultiplikation mit C:

$$C\cdot D = C\cdot P - C\cdot P\cdot C^T\cdot S^T \qquad \text{(m8a)}$$

Für den Ausdruck C· D setzen wir nun wieder die Identität von m4a ein und erhalten:

$$C\cdot P - C\cdot P\cdot C^T\cdot S^T = R\cdot S^T \qquad \text{(m8b)}$$

Auflösen nach S^T ergibt:

$$S^T = (C\cdot P\cdot C^T + R)^{-1}\cdot C\cdot P \qquad \text{(m8c)}$$

Wir setzen nun Gl. m8c in Gl. m3 ein und erhalten:

$$D = P - P\cdot C^T\cdot [C\cdot P\cdot C^T + R]^{-1}\cdot C\cdot P \tag{m9}$$

Wenn wir nun abschließend Gl. m9 mit Gl. mit m5c gleichsetzen, erhalten wir:

$$[I + P\cdot C^T\cdot R^{-1}\cdot C]^{-1}\cdot P = P - P\cdot C^T\cdot [C\cdot P\cdot C^T + R]^{-1}\cdot C\cdot P \tag{M2}$$

Damit ist auch diese Form des Inversionslemmas bewiesen.

3. Folgerungen aus den Lemmata:

Aus M1 folgt durch Rechtsmultiplikation mit $C^T\cdot R^{-1}$:

$$[P^{-1} + C^T\cdot R^{-1}\cdot C]^{-1}\cdot C^T\cdot R^{-1}$$

$$= P\cdot C^T\cdot R^{-1} - P\cdot C^T\cdot [C\cdot P\cdot C^T + R]^{-1}\cdot C\cdot P\cdot C^T\cdot R^{-1}$$

$$= P\cdot C^T\cdot \left[I - [C\cdot P\cdot C^T + R]^{-1}\cdot C\cdot P\cdot C^T\right]\cdot R^{-1}$$

$$= P\cdot C^T\cdot [C\cdot P\cdot C^T + R]^{-1}\cdot \left[C\cdot P\cdot C^T + R - C\cdot P\cdot C^T\right]\cdot R^{-1} \tag{m10}$$

wobei die letzte Umformung durch Ausklammern von $[C\cdot P\cdot C^T + R]^{-1}$ bewerkstelligt wurde. Aus Gl. m10 folgt dann als weitere Identität:

$$[P^{-1} + C^T\cdot R^{-1}\cdot C]^{-1}\cdot C^T\cdot R^{-1} = P\cdot C^T\cdot [C\cdot P\cdot C^T + R]^{-1} \tag{M3}$$

Durch Linksmultiplikation von Gl. M3 mit C und durch Rechtsmultiplikation mit R erhalten wir dann:

$$C\cdot [P^{-1} + C^T\cdot R^{-1}\cdot C]^{-1}\cdot C^T = C\cdot P\cdot C^T\cdot [C\cdot P\cdot C^T + R]^{-1}\cdot R$$

$$+ R\cdot [C\cdot P\cdot C^T + R]^{-1}\cdot R - R\cdot [C\cdot P\cdot C^T + R]^{-1}\cdot R \tag{m11}$$

wobei wir auf der rechten Seite den Ausdruck $R\cdot [C\cdot P\cdot C^T + R]^{-1}\cdot R$ addiert und subtrahiert haben. Durch Zusammenfassen der rechten Seite von Gl. m11 ergibt sich dann:

$$C\cdot [P^{-1} + C^T\cdot R^{-1}\cdot C]^{-1}\cdot C^T = [C\cdot P\cdot C^T + R]\cdot [C\cdot P\cdot C^T + R]^{-1}\cdot R$$

$$- R\cdot [C\cdot P\cdot C^T + R]^{-1}\cdot R$$

$$= R - R\,[CPC^T + R]^{-1}R \qquad \text{(M4)}$$

Multipliziert man nun Gl. M4 von links und von rechts mit R^{-1}, erhält man eine weitere, häufig benötigte Äquivalenz:

$$R^{-1}\cdot C\cdot \left[P^{-1} + C^T\cdot R^{-1}\cdot C\right]^{-1}\cdot C^T\cdot R^{-1} = R^{-1} - [C\cdot P\cdot C^T + R]^{-1} \qquad \text{(M5)}$$

Multipliziert man Gl. M3 von links mit P^{-1} (unter der Annahme, daß P^{-1} existiert), erhält man die Äquivalenz:

$$C^T\cdot [C\cdot P\cdot C^T + R]^{-1} = P^{-1}\cdot [P^{-1} + C^T\cdot R^{-1}\cdot C]^{-1}\cdot C^T\cdot R^{-1} \qquad \text{(M6)}$$

Auch diese Identität ist im Zusammenhang mit der Ableitung des Kalman–Filters recht nützlich. Es sind noch andere Formulierungen von Matrixäquivalenzen möglich und ableitbar. Der interessierte Leser wird auf die entsprechende Literatur verwiesen.

Sachverzeichnis

www.ingramcontent.com/pod-product-compliance
Lightning Source LLC
Chambersburg PA
CBHW081530190326
41458CB00015B/5511